美国军事太空力量

艾赛江 张映昊 李义 赵军 等编著

国防工业出版社

·北京·

内 容 简 介

美国军事太空力量是美国遂行太空作战、支援联合作战的核心力量。美军通过成立太空司令部和天军，整合太空资产、精简组织结构、发展太空装备、优化指挥体制、创新太空理论，实现军事太空领域重大变革。本书从组成体系、领导核心、典型装备、指挥体系、演习演训、基地站点、理论指导等方面，对美国军事太空力量进行了系统、全面的论述。

本书可作为从事外军研究和航天领域专业人员的参考书，也可以作为相关领域爱好者的参考读物。

图书在版编目(CIP)数据

美国军事太空力量 / 艾赛江等编著. -- 北京：国防工业出版社, 2025.1. -- ISBN 978-7-118-13433-9

Ⅰ. E712.54

中国国家版本馆 CIP 数据核字第 2024CZ0980 号

※

国防工业出版社出版发行
（北京市海淀区紫竹院南路23号 邮政编码100048）
雅迪云印（天津）科技有限公司印刷
新华书店经售

*

开本 710×1000 1/16 印张 23¼ 字数 404 千字
2025 年 1 月第 1 版第 1 次印刷 印数 1—1600 册 定价 196.00 元

（本书如有印装错误，我社负责调换）

国防书店：(010)88540777　　　书店传真：(010)88540776
发行业务：(010)88540717　　　发行传真：(010)88540762

编审委员会

编写人员

艾赛江	张映昊	李　义	赵　军	
谢文杰	王　霞	唐启超	曹迎禧	
朱贵伟	宋　博	李　侃	赵　爽	
谢堂涛	宋易敏	覃　鹏	孟召娥	
王俊伟	邵明信	马旭升	蔺博宇	
赵亚利	眭露阳	赵　玲	付永爵	

审校人员

刘成来	张万亮	张志武	刘永利	
刘召友	任　玮	张　勇	李子刚	
臧　岩	汪　星	朱巍巍	龙　翔	

前言

美国天军成立以来,美国军事太空力量建设加速发展、大胆创新、不断变革,总的情况是组织架构持续优化、装备建设快速发展、理论学说迭代更新、演习演训动作频频、太空同盟不断扩大。美国天军在持续深化改革,加强整军备战的同时,重点推动《太空作战部长规划指南》《美国天军数字军种愿景》等理论指导文件的落地,通过不断加强装备建设和技术发展提升作战效能,全力拉拢日本、韩国、印度、法国、英国等盟国盟友,推动美国军事太空力量向军情民商盟一体化发展。

本书紧紧围绕美国天军成立以来的组织领导、装备建设、指挥体系、演习演训、基地站点、政策理论等重点阐述,是对美国军事太空力量进行全面梳理和系统研究形成的最新成果。本书注重内容的系统性、全面性和时效性。

全书共分7章。第1章阐述了美国军事太空力量组成体系,包括军令线上的太空司令部和军政线上的天军,以及其他军种太空力量和情民商盟等太空力量;第2章介绍了美军太空作战主要领导人,包括现任职务、基本情况、工作学习经历等;第3章论述了美军太空作战典型装备,从太空态势感知、天基信息支援、太空攻防、航天运输等方面对美军太空作战核心装备进行介绍;第4章分析了美军太空作战指挥基本模式,包括美军指挥体制的总体架构与基本模式,以及太空作战指挥关系等内容;第5章论述了美国太空演习演训和新技术试验,包括"施里弗"演习、"太空旗"演习、"全球哨兵"演习等传统演习,"天空"系列演习、"太空雷霆"演习等新型演习,以及"大规模弹性作战太空体系"等新技术试验;第6章是美国天军主要基地站点,对美国天军所属的7个基地和7个天军站的基本情况进行介绍;第7章全面梳理美国太空作战理论与指导文件,按照国家、国防部、参联会、太空司令部和天军五个层次,对美国天军成立以来,美国发布的太空战略、政策、条令、愿景、指南等进行分类梳理和内容介绍。

本书编写过程中,得到上级机关和有关部门领导的关心和支持,得到航天工程大学汤亚锋、李纪莲、程文华等专家的指导和帮助,北京空间科技信息研究所朱贵伟、宋博、李侃、赵爽,中国电子科技集团有限公司第十五研究所赵玲、付永爵等专家参与了本书的编写工作,在此表示衷心感谢!同时,特别感谢贾立德对本书出版工作的全力支持。

由于编者水平有限,加之美国军事太空力量发展变化迅速,本书难免存在不妥之处,恳请读者批评指正。

作 者

2024 年 5 月

目 录

第1章 美国军事太空力量组成体系 ... 1

1.1 太空司令部 ... 1
- 1.1.1 联盟联合部队太空组成司令部 ... 3
- 1.1.2 导弹防御联合职能组成司令部 ... 3
- 1.1.3 联合集成太空小组 ... 3
- 1.1.4 太空司令部天军 ... 4

1.2 美国天军 ... 7
- 1.2.1 三级组织管理结构 ... 8
- 1.2.2 天军总部 ... 9
- 1.2.3 天军直属司令部 ... 11
- 1.2.4 战区天军 ... 32
- 1.2.5 天军直接报告单位 ... 35
- 1.2.6 情报界天军要素 ... 36

1.3 其他军种太空力量 ... 37
- 1.3.1 陆军太空与导弹防御司令部 ... 37
- 1.3.2 海军太空司令部 ... 43
- 1.3.3 海军陆战队太空司令部 ... 43
- 1.3.4 空军第1航空队 ... 43

1.4 太空支援力量 ... 44
- 1.4.1 政府机构 ... 44
- 1.4.2 传统国防工业和商业航天公司 ... 45
- 1.4.3 盟国 ... 47

第2章 美军太空作战主要领导人 ... 48

2.1 美国太空司令部主要领导人 ... 48
- 2.1.1 太空司令部司令——斯蒂芬·N. 怀廷(Stephen N. Whiting) ... 48

Ⅶ

2.1.2　太空司令部副司令——托马斯·L.詹姆斯
　　　　　（Thomas L. James） ………………………………… 50
　　2.1.3　太空司令部天军司令、联盟联合部队太空组成司令——
　　　　　道格拉斯·A.希斯（Douglas A. Schiess） ……………… 52
2.2　美国天军主要领导人 …………………………………………… 54
　　2.2.1　太空作战部长——B.钱斯·萨尔茨曼
　　　　　（B. Chance Saltzman） ………………………………… 54
　　2.2.2　太空作战副部长——迈克尔·A.盖特林
　　　　　（Michael A. Guetlein） ………………………………… 55
　　2.2.3　太空作战部长办公厅主任——史蒂文·P.惠特尼
　　　　　（Steven P. Whitney） …………………………………… 57
　　2.2.4　首席人力资源官——凯瑟琳·凯莉（Katharine Kelley） ……… 58
　　2.2.5　首席情报官——格里高利·J.加格农（Gregory J. Gagnon） …… 59
　　2.2.6　首席作战官——迪安娜·M.伯特（DeAnna M. Burt） ……… 60
　　2.2.7　首席战略与资源官——肖恩·N.布拉顿（Shawn N. Bratton） … 62
　　2.2.8　首席技术与创新官——丽莎·A.科斯塔（Lisa A. Costa） ……… 63
　　2.2.9　太空作战司令部司令——大卫·N.米勒 Jr.
　　　　　（David N. Miller, Jr.） ………………………………… 64
　　2.2.10　太空系统司令部司令——菲利普·A.格兰特
　　　　　 （Philip A. Garrant） …………………………………… 66
　　2.2.11　太空训练与战备司令部司令——蒂莫西·A.塞巴
　　　　　 （Timothy A. Sejba） …………………………………… 67

第3章　美军太空作战典型装备 …………………………………… 69

3.1　太空态势感知装备 ……………………………………………… 69
　　3.1.1　天基太空态势感知装备 ……………………………………… 69
　　3.1.2　地基太空态势感知装备 ……………………………………… 76
3.2　天基信息支援装备 ……………………………………………… 81
　　3.2.1　情报监视侦察装备 …………………………………………… 81
　　3.2.2　导弹预警装备 ………………………………………………… 93
　　3.2.3　通信中继装备 ………………………………………………… 100
　　3.2.4　环境监测装备 ………………………………………………… 108
　　3.2.5　导航定位装备 ………………………………………………… 113
3.3　太空控制装备 …………………………………………………… 119
　　3.3.1　地基太空控制装备 …………………………………………… 120

     3.3.2 天基太空控制装备 ·· 126
  3.4 航天运输装备 ··· 133
     3.4.1 宇宙神-5系列 ·· 134
     3.4.2 德尔塔-4系列 ·· 135
     3.4.3 猎鹰-9系列 ·· 136
     3.4.4 "猎鹰"重型系列 ··· 136
     3.4.5 "金牛座"系列 ·· 137
     3.4.6 "飞马座"系列 ·· 138
     3.4.7 "米诺陶"系列 ·· 138

第4章 美军太空作战指挥基本模式 ·· 140

  4.1 美军指挥体制的总体架构与基本模式 ····························· 141
     4.1.1 行政管理体制 ··· 141
     4.1.2 作战指挥体制 ··· 143
  4.2 美军太空作战指挥关系 ·· 146

第5章 美国太空演习演训和新技术试验 ·································· 149

  5.1 "施里弗"演习 ··· 150
     5.1.1 "施里弗"演习基本情况 ······································ 150
     5.1.2 历次"施里弗"演习概况 ······································ 151
     5.1.3 "施里弗"演习分析 ·· 151
  5.2 "太空旗"演习 ··· 160
     5.2.1 "太空旗"演习基本情况 ······································ 160
     5.2.2 历次"太空旗"演习概况 ······································ 161
     5.2.3 "太空旗"演习分析 ·· 161
  5.3 "全球哨兵"演习 ·· 169
     5.3.1 "全球哨兵"演习基本情况 ···································· 169
     5.3.2 历次"全球哨兵"演习概况 ···································· 169
     5.3.3 "全球哨兵"演习分析 ··· 173
  5.4 其他演习 ··· 173
     5.4.1 "视差上升"演习 ·· 173
     5.4.2 "天空"系列演习 ·· 174
     5.4.3 "深红天空"演习 ·· 175
     5.4.4 "太空雷霆"演习 ·· 175

  5.4.5 "月光者"网络攻防演习 ·············· 176
5.5 新技术试验 ································· 176
  5.5.1 "深空先进雷达能力"项目 ·············· 176
  5.5.2 大规模弹性作战太空体系 ················ 177
  5.5.3 其他项目 ······························ 179

第 6 章 美国天军主要基地和站点 ············ 182

6.1 天军基地 ··································· 184
  6.1.1 巴克利天军基地 ························ 184
  6.1.2 彼得森天军基地 ························ 186
  6.1.3 施里弗天军基地 ························ 187
  6.1.4 范登堡天军基地 ························ 188
  6.1.5 洛杉矶空军基地 ························ 189
  6.1.6 帕特里克天军基地 ······················ 189
  6.1.7 皮图菲克太空基地 ······················ 190
6.2 天军站 ····································· 191
  6.2.1 科利尔天军站 ·························· 191
  6.2.2 卡弗利尔天军站 ························ 192
  6.2.3 新波士顿天军站 ························ 193
  6.2.4 科德角天军站 ·························· 193
  6.2.5 夏延山天军站 ·························· 194
  6.2.6 卡纳维拉角天军站 ······················ 195
  6.2.7 卡伊娜角天军站 ························ 196

第 7 章 美国太空作战理论与指导文件 ········ 198

7.1 美国国家层面 ······························· 200
  7.1.1 太空政策指令 ·························· 200
  7.1.2 《国家太空政策》 ······················ 205
  7.1.3 《美国太空优先事项框架》 ·············· 213
  7.1.4 《太空外交战略框架》 ·················· 216
7.2 美国国防部层面 ····························· 217
  7.2.1 《国防太空战略》 ······················ 218
  7.2.2 《联盟太空作战愿景 2031》 ············· 224
  7.2.3 《太空政策》 ·························· 227

- 7.2.4 《美国国防部商业太空整合战略》 ………………………… 229
- 7.3 美国参联会层面 …………………………………………………… 234
  - 7.3.1 《联合出版物(JP)3-14:太空作战》(修订版) …………… 234
  - 7.3.2 《联合出版物(JP)3-14:太空作战》(最新版) …………… 236
- 7.4 美国太空司令部层面 ……………………………………………… 237
  - 7.4.1 《太空司令部指挥官战略愿景》 …………………………… 237
  - 7.4.2 《太空司令部商业整合战略概览》 ………………………… 240
  - 7.4.3 《太空司令部战略愿景》 …………………………………… 242
- 7.5 美国天军层面 ……………………………………………………… 244
  - 7.5.1 美国天军理论文件 …………………………………………… 244
  - 7.5.2 美国天军太空条令 …………………………………………… 314

◎ 参考文献 ……………………………………………………………… 357

第 1 章
美国军事太空力量组成体系

美国军事太空力量经过长期发展,形成了以军事航天、情报界航天、美国航空航天(NASA)民用航天为主体,以商业航天为重要支撑、盟国航天为补充的"军情民商盟"高度融合的军事太空力量体系。其中,军事航天部分原来主要分布在其空军、陆军、海军三军种,并且绝大部分力量集中在空军。2019 年 12 月 20 日美国的天军正式成立以来,原先分散在各军种的军事太空力量逐渐转移至天军。2020 年 7 月 24 日,天军明确构建直属司令部、德尔塔部队和中队三级结构。目前,天军已完成太空作战司令部(SpOC)、太空系统司令部(SSC)、太空训练与战备司令部(STARCOM)这三大直属司令部的正式组建,即将成立第四大直属司令部——太空未来司令部。2021 年,天军正式成为美国情报体系第 18 位成员,并于 2022 年 6 月 24 日正式组建国家太空情报中心(NSIC)。

本章对美国的太空司令部、天军及其三大直属司令部进行详述,也对其陆军、海军的军事太空力量,以及情报界、民商盟等力量进行介绍。

◎ 1.1 太空司令部

美国太空司令部(USSPACECOM,本书中简称"太空司令部",其徽标见图 1-1)于 2019 年 8 月 29 日成立,是美国第 11 个联合作战司令部,负责运用各军种提供的兵力在太空域直接遂行任务。太空司令部是地理型联合作战司令部,其责任区为地表 100km 以上区域,负责统一领导、筹划和指挥控制太空联合作战,负责领导太空军事斗争,包括可能发生在太空域和地球等物理域(陆、海、空)的全球太空作战,以及在电磁频谱环境下的作战。

图 1-1 美国太空司令部徽标

太空司令部使命任务是，在太空、从太空、对太空遂行作战行动，慑止冲突，如必要，击败侵犯；为联合和多国部队提供太空战斗力；与盟国和伙伴一起保护美国至关重要的国家利益。具体为：

（1）做好部署和战备并克敌制胜。为威慑失败及竞争演变为冲突做好部署和战备，确保随时能打仗并击败敌人取得太空优势。

（2）提供太空战斗力。把太空能力融入联合部队，提升全域战备水平和杀伤力。

（3）保护美国、盟国和伙伴的利益。与盟国、联合部队和其他伙伴合作，遂行太空行动，保护各方利益和关键能力。

太空司令部于 2021 年 8 月宣布达到初始作战能力，并于 2023 年 12 月宣布达到完全作战能力。太空司令部认为具备完全作战能力的里程碑包括：

（1）能够在全球战役、演习和危机应对中完成统一指挥计划任务。

（2）配备掌握必要技能的人员。

（3）拥有支持跨任务和跨职能领域指挥控制所需的基础设施。

（4）具备必要的指挥程序和功能。

（5）能够设定未来战斗的条件和需求。

太空司令部总部暂设在科罗拉多州彼得森天军基地，其指挥架构如图 1-2 所示。太空司令部下辖军种部门包括太空司令部天军、陆军太空与导弹防御司

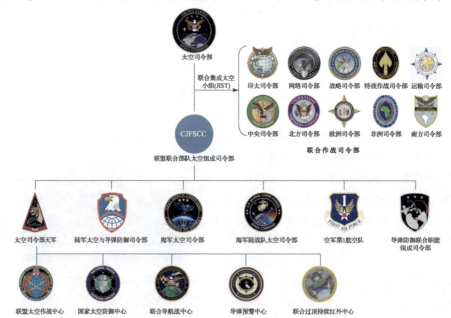

图 1-2 美国太空司令部指挥架构

令部、海军太空司令部、海军陆战队太空司令部和空军第 1 航空队。下辖职能部门包括联盟联合部队太空组成司令部、导弹防御联合职能组成司令部。

1.1.1 联盟联合部队太空组成司令部

联盟联合部队太空组成司令部(CJFSCC)成立于 2023 年 12 月 6 日,由原太空作战联盟联合特遣部队(CJTF – SO)、联盟部队太空组成司令部(CFSCC)以及太空防御联合特遣部队(JTF – SD)合并重组而成作为太空司令部的职能部门,同时具备对联盟太空部队和联合太空部队的战役级指挥权,实现太空司令部的全球太空作战目标。

联盟联合部队太空组成司令部司令一方面将作为联合部队太空作战指挥官,由太空司令部司令授权,具有对太空司令部各军种部门太空部队的作战指挥控制权;另一方面将作为联盟部队太空作战指挥官,负责全球太空作战,为各联合作战司令部、盟友和伙伴国家提供太空能力。

1.1.2 导弹防御联合职能组成司令部

导弹防御联合职能组成司令部(JFCC – IMD)最初成立于 2005 年 1 月,作为美战略司令部的下级职能司令部,其成立目的主要是为了进一步落实战略司令部的导弹防御任务,履行全球导弹防御职能,保护美国及其盟友伙伴免受弹道导弹攻击,主官为中将,由陆军太空和导弹防御司令部司令兼任。

2023 年 5 月,太空司令部宣布导弹防御联合职能组成司令部将自战略司令部移交太空司令部。太空司令部认为,通过将导弹预警、导弹防御和太空域感知三大任务统一纳入全球传感器管理体系,太空司令部将能够更有效地整合传感数据,以进行快速检测、表征、跟踪和分传,以确保击败任何威胁。此次移交同时包括将导弹防御职能自战略司令部移交至太空司令部,但不涉及美国战略司令部既有的综合威胁预警和攻击评估能力的移交。图 1 – 3 为导弹防御联合职能组成司令部徽标。

图 1 – 3 导弹防御联合职能组成司令部徽标

1.1.3 联合集成太空小组

联合集成太空小组(JIST)成立于 2021 年 11 月,是太空司令部与其他联合作战司令部的联络和协调机构,由来自各军种的文职人员构成,其成员被派驻到其他联合作战司令部,并在受援单位代表太空司令部,派驻人员的负责人为上校。联合集成太空小组成员需要融入受援的联合作战司令部,并向联合作战司令部指挥官和参谋部展示太空司令部如何提供支援,以及需要得到何种支援。

1.1.4 太空司令部天军

美国太空司令部天军(US Space Force – Space,本书中简称"太空司令部天军")成立于2023年12月6日,由原天军西部太空作战司令部(SpOC West)重组而成,作为天军组成直属司令部取代太空作战司令部成为太空司令部的天军军种组成部队,太空司令部天军司令为中将,首任司令为原西部太空作战司令部司令兼联盟部队太空组成司令部司令道格拉斯·希斯。太空司令部天军成立后,太空作战司令部不再承担太空司令部军种部门的职责。太空司令部天军成立当日,有关德尔塔部队和作战中心已移交太空司令部天军。

图1-4 太空司令部天军徽标

太空司令部天军作为太空司令部的军种部门、太空域战区的组成直属司令部,负责支持太空司令部司令,并根据作战指挥官授权对下辖天军部队进行作战指挥控制。其总部位于加利福尼亚州范登堡天军基地,下辖5个作战中心:联盟太空作战中心、国家太空防御中心、联合导航战中心、联合过顶持续红外中心、导弹预警中心。图1-4为太空司令部天军徽标。

太空司令部天军负责规划、整合、实施并评估全球太空作战,以便为作战指挥官、联盟伙伴、联合部队和国家在太空、从太空和向太空提供作战相关的太空效果。其提供的能力包括太空域感知、太空防御、太空电磁战、卫星通信、导弹预警、核爆炸探测、环境监测、军事情报监视和侦察、导航战、定位导航授时、太空指挥控制等,旨在支持太空司令部和其他联合作战司令部。在情报界的支持下,太空司令部天军同时协调军事、情报、民用和商业太空以实现统一的太空作战,并提高美国快速检测、警告、描述和归因威胁的能力。此外,太空司令部天军通过构建军民商盟一体化关系来建设太空能力,并实现联合部队的目标,负责代表太空司令部司令对指定的多国部队执行指挥控制,以支持"奥林匹克卫士行动",为联盟作战中心(Coalition Operations Centers)提供支持并从中获取支持,涉及的联盟太空作战中心包括澳大利亚太空作战中心、加拿大太空作战中心、英国太空作战中心。

1. 联盟太空作战中心

联盟太空作战中心(CSpOC)向联盟联合部队太空组成司令部报告,并执行联盟部队太空部队的作战指挥控制,以实现战区和全球作战目标。除第5太空德尔塔部队的人员外,联盟太空作战中心人员还包括美国陆军、海军、空军、海军陆战队的人员,澳大利亚、加拿大和英国的交换军官。联盟太空作战中心负责持续协调、规划、整合、同步和执行太空作战,根据作战需求提供定制的太空兵力以支持作战指挥官,并实现美国安全目标。联盟太空作战中心是联盟联合部队太空组成司令部集成太空作战,与联合过顶持续红外中心、导弹预警中心、联合导航战中心共同提供协同的多层网络,以支持太空司令部和联盟联合部队太空组成司令部。此外,联盟太空作战中心还与国家太空防御中心、国家侦察局作战中心,以及澳大利亚、加拿大、法国、德国、新西兰和英国的国家太空作战中心密切合作,协调指挥并控制全球战区指挥官和联盟太空兵力,确保战区部队在正确的时间、地点获得正确的能力。

联盟太空作战中心下设机构如下:

(1) 作战行动处(COD)。负责确保作战相关的部队保持同步,以达到预期效果。具体包括四项关键任务:①实时太空域监测,包括对联盟太空部队的状况、太空作战威胁的状况和太空作战环境变化情况的实时监测;②评估太空态势或太空能力变化的影响;③开发可靠的作战方针,酌情对太空部队的部署进行重新规划或调整;④通过太空指挥控制实现火力协调,确保当前太空部队执行的任务符合联盟联合部队太空组成司令部指挥官意图和国家方针。

(2) 战略和计划处(SPD)。负责危机行动规划、规划、命令管理,以及太空指挥控制任务分配协调。战略和计划处活动主要体现在太空作战指令(SOD)、太空纲领规划(MSP)、联合太空请求令(CSTO)、任务规划(MP)、作战评估(OA)及相关文件。

(3) 情报、监视与侦察处(ISRD)。负责处为联盟太空作战中心提供及时、预测性和可行动的情报,以在各个方面保障太空任务分配周期。负责协调整个规划、收集、处理和归纳、分析、生产和分传周期的情报保障。此外,情报、监视与侦察处是联盟太空部队指导、威胁分析和战区情报更新的单一联络点,通过指示和告警来识别对太空利用和情报预测的威胁。

(4) 卫星通信一体化行动处(SIOD)。负责同步、集成和协调全卫星通信体系的信息和活动,以便优化为全球终端用户和相关作战人员提供的集体卫星通信服务。

2. 国家太空防御中心

国家太空防御中心(NSDC)位于科罗拉多州施里弗天军基地,主官为上校,负责协调军事、情报、民用和商业太空机构,以实施统一的太空防御作战。国家太空防御中心整合了国防部、多个机构和情报界人员,执行联合太空任务指令和国家侦察局太空任务指令。其保密程度很高,公开信息很少。

3. 联合导航战中心

联合导航战中心(JNWC)位于新墨西哥州科特兰空军基地,原下辖于联盟部队太空组成司令部,2023年12月移交太空司令部天军,负责计划、集成和支持全球一体化导航战,包括保护和增强友方导航能力、防止敌方利用友方导航能力以及执行太空攻防行动清除敌方干扰能力和导航能力。联合作战司令部向太空司令部提交战区导航战兵力和能力申请,由太空司令部协调后派出战区导航战协调小组(TNWCC)和导航战专题事务专家(SME),为战区指挥官联合作战筹划、作战计划编制和导航战行动执行提供专业支持。JNWC与该小组及专题事务专家紧密协作,为其提供后方支援,协调太空、网络空间和电子战行动,共同为联合作战司令部指挥官提供导航战支持。JNWC运用仿真工具执行"定位导航授时战场评估"(POFA),评估对抗条件下战区导航战攻防能力及作战部队需求,针对风险点制定应对策略。JNWC还建立并维护着一份导航战通用态势图,包含友方和敌方导航战战斗序列、导航战职能参谋判断以及作战环境下定位导航授时能力优势和弱点分析等信息。

4. 导弹预警中心

导弹预警中心(MWC)位于科罗拉多州科罗拉多斯普林斯夏延山天军站,原下辖于联盟部队太空组成司令部,2023年12月移交太空司令部天军,负责代表太空司令部提供全球战略和战区导弹预警和核爆炸探测,以向国家级决策者、作战指挥官、战区指挥官和盟友提供相关支持。该中心同时还负责"集成战术预警和攻击评估"(ITW/AA)系统及其网络的控制、运行和维持工作。

5. 联合过顶持续红外中心

联合过顶持续红外中心(JOPC)位于科罗拉多州巴克利天军基地,是由国家地理空间情报局(NGA)和太空司令部下原联盟部队太空组成司令部(CFSCC)的人员组成的联合组织,2023年12月移交太空司令部天军,主要负责进行统一的任务管理,以优化国家级决策者、作战人员和情报界的过顶持续红外体系。该机构规划、分配、监控并评估过顶持续红外作战,并直接与全球收集管理合作,制定收集策略以及相应的传感器命令和传感器操作人员手册,优化过顶持续红外体系,以便高效且有效地满足国防部、情报界等用户的需求。此外,联合过顶持续红外中心还为其他联合作战司令部和盟友、伙伴的联盟作战中心提供定制化支持,受援机构包括澳大利亚太空作战中心、加拿大太空作战中心和英国太空作战中心。

1.2 美国天军

在美国天军(USSF,本书中简称"天军",其徽标和标志见图1-5)正式组建之前,美国的太空部队分散在国防部各军种之中,其中最重要的机构是空军航天司令部,管理着国防部下超过90%的太空部队与资源。2019年12月20日,美国正式在空军部之下成立新军种——天军,指定空军航天司令部转变为天军,空军航天司令部所属全部人员随所在部队和部门一起划归至天军。近年来,天军组织机构调整加速推进,太空作战司令部(SpOC)、太空系统司令部(SSC)、太空训练与战备司令部(STARCOM)这三大直属司令部相继成立,持续优化部队设计,改组调整中队并吸纳陆军及海军的太空装备采办力量。2022年10月1日,国防部太空发展局(SDA)正式转隶至天军。

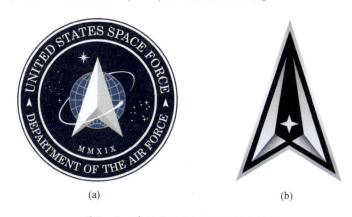

图1-5 美国天军徽标(a)和标志(b)

天军在空军内独立成军,是美国的第6个军种,国防部估计天军核心专业队伍规模约为1.6万人。天军没有单独建立自己的军种部,由空军部领导。空军部之下设有空军参谋长和太空作战部长,相互独立,级别相同,共同接受空军部长文官领导。空军部长通过空军部长办公厅领导两个军种,主要管理人员、装备综合计划、经费、审计和监察等。目前虽然遭到空军部内部的强烈反对,但依据美国国会的《国防授权法》,空军部设立了主管太空采办和集成的助理空军部长(SAF/SP)职位,令太空装备采办脱离了主管采办的助理空军部长(SAF/AQ)的控制,基本实现了空军和天军两个军种财务分离,在装备采办方面有两本综合计划。

《2020财年国防授权法案》赋予天军三项顶层职责:保护美国在太空中的利益,慑止在太空、自太空和对太空的侵犯,遂行太空作战。天军《太空顶层出版物：天权》文件明确了天军的三大使命任务：①维护太空域行动自由；②支撑联合部队战斗力和效能；③为美国领导层提供在/从/向太空的独立选项。美国国防部根据现行联合出版物《JP3-14 太空作战》所界定的"太空作战"任务，结合其他国家层面和军队层面的军事航天政策战略文件，目前确定天军负责组织、训练和装备部队完成以下任务：①太空优势；②太空域感知（包括军、民、商）；③进攻性和防御性太空控制；④太空部队和卫星运行的指挥和控制；⑤太空对作战的支援（如卫星通信）；⑥航天服务保障（如提供航天发射和发射场操作支持）；⑦为核指挥、控制、通信和核爆炸探测提供太空支援；⑧为导弹防御作战提供导弹预警和太空支援。

当前，天军主要下辖四类机构，包括直属司令部、战区天军、天军直接报告单位、情报界天军要素。

(1) 直属司令部：包括太空作战司令部（SpOC），主官为中将；太空系统司令部（SSC），主官为中将；太空训练与战备司令部（STARCOM），主官为少将。其中，太空作战司令部主要负责作战部队管理，太空系统司令部主要负责装备采办，太空训练与战备司令部主要负责教育、训练和考核。此外，天军即将成立第四个直属司令部——太空未来司令部，旨在重塑和优化天军结构，做好战备并确保美军在大国竞争时代取得胜利。

(2) 战区天军：即天军派往联合作战司令部的天军军种组成部队，包括太空司令部天军，主官为中将；印太司令部天军，主官为准将；驻韩美军天军，主官为中校；中央司令部天军，主官为上校；欧洲-非洲司令部天军，主官为上校；此外，天军即将成立驻日美军天军，后续还将成立战略-北方司令部天军、网络司令部天军、特种作战司令部天军等战区天军部队。战区天军作为联合作战司令部的天军军种组成部队，为联合作战司令部提供天军兵力。

(3) 天军直接报告单位：指直属于天军总部，直接向天军太空作战部长报告的单位，目前包括太空快速能力办公室（SpRCO）、太空发展局（SDA）。

(4) 情报界天军要素：指天军向部分情报界成员派驻的兵力，主要负责建立并维持与情报界其他成员的伙伴关系，协助双方完成天军和情报界的任务。情报界天军要素的保密级别较高，唯一对外公开的天军要素是国家侦察局天军要素（NRO Space Force Element）。

1.2.1 三级组织管理结构

天军的军事事务由太空作战部长负责，由于天军人员规模小，且基地尚未与空军完全达成移交协议，基地医疗和勤务保障等均由空军提供，因此，天军总部机构精简，将军种参谋部职能机构合并为1个办公厅和5个职能局。同时，精简了原空军由总部机关到"一级司令部—航空队—联队—大队—中队"的5级管理结构,以"聚焦任务、扁平精干、敏捷高效"为原则,聚焦太空作战组织、训练和装备核心任务,建立起由总部到"直属司令部—德尔塔部队—中队"的3级管理结构(图1-6)。

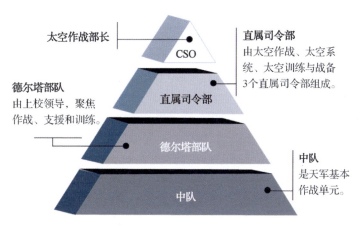

图1-6 天军三级结构层级图

第一层:3个直属司令部(Field Command)。太空作战司令部(SpOC),主官为中将级军官(O-9级);太空系统司令部(SSC),主官为中将级军官;太空训练与战备司令部(STARCOM),主官为少将级军官(O-8级)。

第二层:若干德尔塔部队(Delta)。主官为上校级军官(O-6级),主要承担作战、训练、作战支持等职能。

第三层:若干中队(Squadron)。主官为中校级军官(O-5级),是主要战术单位,天军基本作战单元。

1.2.2 天军总部

天军规模较小、能力更强,体现在更小、更精简的总部结构。天军总部,即太空作战部长办公室,与空军参谋部同级。天军由空军一级司令部升格为军种后,天军总部也搬入五角大楼的国防部总部办公。天军总部领导包括:1名太空作战部长(CSO),上将军衔,是参联会成员,相当于天军参谋长,负责天军部队建设,对天军部队不具作战指挥权;1名太空作战副部长(VCSO),上将军衔,相当于天军第一副参谋长,在太空作战部长离岗期间履行太空作战部长职责;1名天军总军士长(CMSSF),由特级军士长担任。图1-7为天军顶层管理结构。

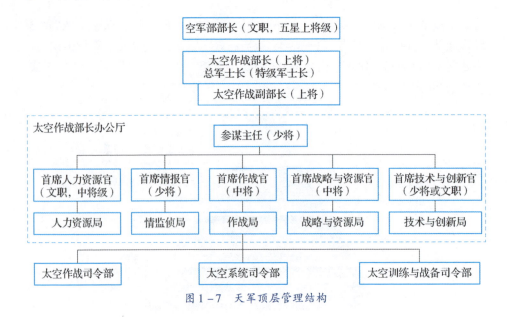

图1-7 天军顶层管理结构

天军总部下设1个办公厅和5个职能局。

1. 太空作战部长办公厅

太空作战部长办公厅,也可以非正式地称为天军参谋部(Space Staff),由天军参谋主任领导。参谋主任为少将(2023年6月前为中将,2023年7月新参谋主任就任后改为少将职位),总体负责为太空作战部长、太空作战副部长及天军总军士长提供行政参谋支持,也负责太空参谋部计划项的预算与执行等。办公厅负责总部机关的日常运行管理,制定和发布总部机关工作制度和程序,协助天军首长发布指令指示以及跨部门协调和监督落实。

2. 人力资源局

人力资源局(HCO)由负责人力资源的太空作战副部长(文职)又称首席人力资源官领导,负责制订政策并实施计划,以招募、培养和保有任务所需的高技能军事和民用太空、情报、部队现代化和网络专业人员。

3. 情监侦局

情监侦局,即情报、监视与侦察局,由负责情报的太空作战副部长(少将)又称首席情报官领导,负责培养并维持一支太空情报专业人员队伍,深入了解潜在对手的太空能力和太空对抗能力,并将这些知识有效融入到天军各个层面的行动中。

4. 作战局

作战局由负责作战、网络与核的太空作战副部长(中将)又称首席作战官领导,负责整合作战要求、政策、指导和计划,以打造、提供并维持太空部队,为联合部队指挥官提供太空支持;与首席战略与资源官合作,根据适用的法律和政策发展并维持盟友、合作伙伴和商业太空部门有关能力;同时根据国防部部长指示,提供部队、能力和指挥控制架构以支持作战司令部的作战、活动和投资,以确保持续的太空作战,维护美国的行动自由,并降低对手行动的有效性。

5. 战略与资源局

战略与资源局(SRO)由负责战略、规划和需求的太空作战副部长(中将)又称首席战略与资源官领导,负责提供综合的太空政策、战略、规划和要求,为联合部队指挥官提供有组织、训练有素且装备精良的天军卫士;还负责确保天军战略与美国国家政策方针一致,并与作战司令部的作战要求等保持同步;同时,负责为太空作战部长提供跨需求、部队设计、规划和预算等战略集成,确保太空架构经过完全设计和优化,以满足作战人员需求。

6. 技术与创新局

技术与创新局(TIO)由负责技术与创新的太空作战副部长(文职)又称首席技术与创新官领导,是为加速天军向数据驱动的"数字军种"转型而成立的新部门,将领导天军技术创新工作,统筹管理各单位的先进技术开发,领导建立天军现代化数据基础设施,以加快天军的数字化、自动化建设。

1.2.3 天军直属司令部

1.2.3.1 太空作战司令部

2020年10月21日,天军正式组建太空作战司令部(SpOC),总部设在太空司令部所在的彼得森天军基地,是天军成立的第1个直属司令部。图1-8为天军太空作战司令部标志。

太空作战司令部三大工作主线,包括:打造战备就绪、有弹性、战力可靠、敢于创新、准备在冲突领域中作战的天军;向作战司令部提供战备就绪、情报主导、网络安全的太空和作战支援部队,以交付太空能力;维持现有的基础设施及武器系统,同时部署更具弹性的新能力,以经受争议性作战并取得胜利。

太空作战司令部下辖2支太空基地德尔塔部队(Space Base Delta)、8支太空德尔塔部队(Space Delta)、1支综合任务德尔塔部队(Integrated Mission Delta)和太空作战分析中心。天军太空作战司令部及所属德尔塔部队,如图1-9所示。

图1-8 天军太空作战司令部标志

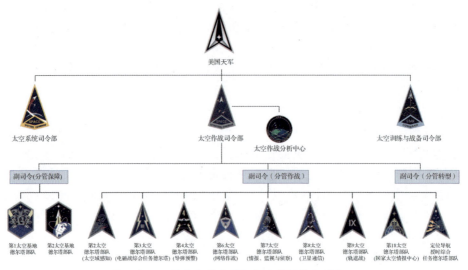

图 1-9　天军太空作战司令部及所属德尔塔部队

1. 太空基地德尔塔部队

2020 年 7 月 24 日，天军建立了 2 个卫戍部队，后更名为太空基地德尔塔部队，主要负责各天军基地、天军站的驻地维持工作。

1）第 1 太空基地德尔塔部队

第 1 太空基地德尔塔部队（Space Base Delta 1）总部设在彼得森天军基地，为科罗拉多州彼得森天军基地、科罗拉多州施里弗天军基地、科罗拉多州夏延山天军站、新罕布什尔州新波士顿天军站、夏威夷卡伊娜角天军站、格陵兰岛皮图菲克太空基地，以及全球其他 16 个天军任务点位内的德尔塔部队提供天军设施管理和保障及任务支持（包括医疗保健、任务准备、通信和信息技术、安全、土木工程、消防、环境管理、人力、人事、后勤、合同、基地服务和住房等方面的支持）。

2）第 2 太空基地德尔塔部队

第 2 太空基地德尔塔部队（Space Base Delta 2）总部设在巴克利天军基地，主要为与天基和地基导弹预警系统相关的基地和场站内的德尔塔部队提供天军设施管理和保障及任务支持，这些基地和站点包括科罗拉多州巴克利天军基地、马萨诸塞州科德角天军站、北达科他州卡佛利尔天军站、阿拉斯加州科利尔天军站，以及全球其他 10 个天军任务点位。

2. 太空德尔塔部队

太空作战司令部下辖 8 支太空德尔塔部队，负责太空域感知、太空电磁战、导弹预警、网络空间战、太空情监侦、军事卫星通信、轨道战等领域。

1)第 2 太空德尔塔部队——太空域感知

第 2 太空德尔塔部队(Space Delta 2)成立于 2020 年 7 月 24 日,位于彼得森天军基地,负责为其指定的太空域感知中队提供关键作战保障。其中,太空域感知指对与太空域相关的任何因素主动或被动的有效识别、表征和理解。这些因素可能会对太空作战、国家安全、经济发展或环境保护产生重要影响。第 2 太空德尔塔部队总部负责指挥指派部队和下属部队围绕太空域感知作战进行战备、呈现和战斗,以维护美国、盟国、民间和商业合作伙伴的太空行动自由,并在战时负责闭合杀伤链,以保护美国及其盟友伙伴免受来自太空的攻击。图 1 - 10 为第 2 太空德尔塔部队标志。

第 2 太空德尔塔部队下辖部队包括 2 支太空监视中队、2 支太空防御中队、1 支直属分队和 2 个分作战点位,分别是:

图 1 - 10　第 2 太空德尔塔部队标志

(1)第 15 太空监视中队(15th Space Surveillance Squadron):位于毛伊岛太空监视综合站,负责开发、评估、提供和操作尖端太空域感知能力以满足作战人员需求,同时负责操作光电深空监视系统。第 15 太空监视中队第 1 分队,位于美国陆军白沙导弹靶场,负责操作当地的光电深空监视系统。第 15 太空监视中队第 2 分队,位于英属印度洋领地迭戈加西亚环礁,负责操作当地的光电深空监视系统。

(2)第 18 太空防御中队(18th Space Defense Squadron):位于加利福尼亚州范登堡天军基地,负责太空域感知,以提供并推进对太空态势持续、全面且攸关作战的了解。第 18 太空防御中队第 1 分队,位于科罗拉多州施里弗天军基地,负责为在轨威胁提供及时且可行动的太空域感知。

(3)第 19 太空防御中队(19th Space Defense Squadron):位于弗吉尼亚州达尔格伦海军基地,负责为海军网络战司令部生产太空域感知产品,执行避免发射碰撞等联合评估,同时与商务部合作进行太空交通管理对接和跨体系太空域感知作战实验。第 19 太空防御中队 A 作战点位,位于马里兰州苏特兰,负责为天基环境监测任务提供国防气象卫星计划(DMSP)和光电红外天气系统地球静止星座(EWS - G)的卫星控制权和运行监测。

(4)第 20 太空监视中队(20th Space Surveillance Squadron):位于佛罗里达州艾格林空军基地,负责探测、跟踪并生成窄带太空物体情报,并为第 2 太空德尔塔部队提供有关近地和深空的物体报告。第 20 太空监视中队 A 作战点位,位于马绍尔群岛共和国夸贾林环礁,负责操作并维护当地的"太空篱笆"雷达

(AN/FSY-3)。

（5）第2太空德尔塔部队直属第2分队：位于新墨西哥州阿尔伯克基柯特兰空军基地星火光学靶场，负责开发夜间、近实时、高分辨率的卫星成像和近距物体探测能力，以满足太空司令部的需求并支持国家安全目标。

（6）第2太空德尔塔部队AA作战点位：位于科罗拉多州科罗拉多斯普林斯彼得森空军基地，负责开发并组建作战中心，以支持未来的太空域感知武器系统。

（7）第2太空德尔塔部队B作战点位：位于南澳大利亚阿德莱德爱丁堡皇家空军基地，负责雷达监视和太空态势感知。

2）第3太空德尔塔部队——太空电磁战

第3太空德尔塔部队（Space Delta 3）成立于2020年7月24日，位于彼得森天军基地，是太空电磁战的核心力量，可机动部署至战区，执行太空电磁支援和太空电磁攻击任务。2023年10月13日，天军将第3太空德尔塔部队调整为电磁战综合任务德尔塔部队，负责打造、呈现并维持下辖的电磁战专业人员，以执行电磁战，包括自太空和向太空的电磁攻击、电磁防护和电磁支援；负责告知并影响武器系统架构的演变，确保作战以情报为主导、具备网络弹性，并由创新驱动；同时最大限度地提高战备程度、弹性和耐用性，以便在竞争、降级和作战受限环境中实行作战。图1-11为第3太空德尔塔部队标志。

图1-11　第3太空德尔塔部队标志

第3太空德尔塔部队下辖部队包括1支战斗训练中队、4支电磁战中队和1支临时情监侦中队，分别是：

（1）第3战斗训练中队（3rd Combat Training Squadron）：位于彼得森天军基地，负责电磁战综合任务德尔塔部队及其下辖部队的战斗训练和保障。

（2）第4电磁战中队（4th Electromagnetic Warfare Squadron）：位于彼得森天军基地，负责向联合部队指挥官提供太空电磁战能力，其主要任务是执行太空电磁战行动以支持指挥官的优先事项。第4电磁战中队负责操控天军公开的唯一一种进攻性太空对抗装备"通信对抗系统"（CCS）地基电子战系统。该中队为机动部署中队，战时可编成作战分队空运前线部署。

（3）第5电磁战中队（5th Electromagnetic Warfare Squadron）：位于彼得森天军基地，负责为太空司令部司令提供战备就绪的电磁战部队，为美国和联盟的全球作战提供保护和防御。

（4）第16电磁战中队（16th Electromagnetic Warfare Squadron）：位于彼得森

天军基地,负责为国家、联合部队和盟国提供战备就绪的太空部队并通过太空控制系统防卫太空域。第 16 电磁战中队是国防部首要的防御性太空控制部队,为满足战区联合作战指挥官的作战需求,向前线部署和运用太空防御能力,探测、描述、定位和报告接近全球范围的威胁美国军用和商业卫星的电磁干扰,以保护关键卫星通信链路。第 16 电磁战中队操控有"快速攻击识别、探测和报告系统"(RAIDRS)、"RAIDRS 机动地面站"(RDGS)和"赏金猎人"(Bounty Hunter)系统,执行敌方卫星通信信号以及干扰友方卫星系统辐射源的搜索、截获、识别和定位。

(5)第 23 电磁战中队(23rd Electromagnetic Warfare Squadron):位于彼得森天军基地,具体职能未公开。

(6)临时情监侦中队[Intelligence, Surveillance, and Reconnaissance Squadron (Provisional)]:位于彼得森天军基地,负责为各电磁战中队提供情监侦支援。

3)第 4 太空德尔塔部队——导弹预警

第 4 太空德尔塔部队(Space Delta 4)成立于 2020 年 7 月 24 日,位于巴克利天军基地,为太空司令部导弹综合战术预警和攻击评估系统提供可靠、明确、及时、连续和准确的导弹预警和核爆检测传感器信息。第 4 太空德尔塔部队的任务是为美国、国际合作伙伴和作战指挥官提供战略和战区导弹预警和跟踪的现成部队,以阻止攻击、保护人员生命,并在必要时做出决定性反应。第 4 太空德尔塔部队总部负责打造并维持训练有素且战备就绪的部队操作天基系统执行战略和战区导弹预警任务。第 4 太空德尔塔部队的部队及装备除执行导弹预警等任务外,也可在必要时执行太空域感知和战场空间感知任务,或向其他导弹防御部队提供跟踪数据等信息。图 1-12 为第 4 太空德尔塔部队标志。

图 1-12 第 4 太空德尔塔部队标志

第 4 太空德尔塔部队下辖部队包括 8 支太空预警中队、1 支卫星通信中队、1 支直属分队和 1 个作战点位,分别是:

(1)第 2 太空预警中队(2nd Space Warning Squadron):位于巴克利天军基地,负责操作"天基红外系统"任务控制站,检测和处理天基传感器收集的红外数据。

(2)第 5 太空预警中队(5th Space Warning Squadron):位于巴克利天军基地,成立于 2023 年 10 月 13 日,负责操控原属于陆军的联合战术地面站导弹预警系统。联合战术地面站导弹预警系统于 2023 年 10 月 1 日正式由美国陆军移交天军,包括4座地面站,分别位于意大利、韩国、日本和卡塔尔,主要用于过顶天基传感器直接下行红外数据的接收、处理和传播,并向作战人员和联合作战指挥官提供弹道导弹告警或特殊事件消息。

(3)第6太空预警中队(6th Space Warning Squadron):位于马萨诸塞州科德角天军站,负责运行和维护AN/FPS-132升级预警雷达。

(4)第7太空预警中队(7th Space Warning Squadron):位于加利福尼亚州比尔空军基地,负责运行和维护AN/FPS-132升级预警雷达。第7太空预警中队A作战点位于科罗拉多州夏延山天军站,负责维护远程离识别雷达(LRDR)远程操控站,并远程操控位于科利尔天军站的远程离识别雷达。

(5)第10太空预警中队(10th Space Warning Squadron):位于北达科他州卡弗利尔天军站,负责运行和维护AN/FPQ-16"边界捕获雷达攻击特性系统"(PARCS)地面雷达系统。

(6)第11太空预警中队(11th Space Warning Squadron):位于巴克利天军基地,负责利用过顶持续红外数据开发新一代应用程序和提供产品。

(7)第12太空预警中队(12th Space Warning Squadron):位于格棱兰皮图菲克太空基地,负责运行和维护AN/FPS-132升级预警雷达。

(8)第13太空预警中队(13th Space Warning Squadron):位于阿拉斯加的科利尔天军站,负责运行和维护AN/FPS-132升级预警雷达。第13太空预警中队CD作战点位,位于阿拉斯加州谢米亚岛埃里克森航空站,负责埃里克森航空站的"丹麦眼镜蛇"雷达(AN/FPS-108)。第13太空预警中队A作战点位,负责跨军种支持协议的物资运输,为埃里克森航空站及"丹麦眼镜蛇"雷达提供后勤保障。

(9)第3卫星通信中队(3rd Satellite Communications Squadron):位于巴克利天军基地,负责运行和维护"天基红外系统"的链路段。

(10)第4太空德尔塔部队直属第2分队:位于科罗拉多州巴克利天军基地,负责训练天军卫士操控"天基红外系统"等用于导弹预警任务的系统。

(11)第4太空德尔塔部队F作战点位:即菲林代尔斯操作处,位于英国菲林代尔斯皇家空军基地,为英国皇家空军操作和维护AN/FPS-132升级预警雷达,并作为联络点。

4)第6太空德尔塔部队——网络空间作战

第6太空德尔塔部队(Space Delta 6)成立于2020年7月24日,位于施里弗天军基地,主要任务是运行和维护卫星控制网(SCN),并负责网络的安全防护。具体包括军方和政府卫星的测控联络和卫星异常挽救支持;测控频率干扰和飞行安全分析;远程跟踪站和卫星地面控制系统运行维护;卫星控制网的配置控制、技术数据管理、软件管理、系统工程和维修保障管理;天军通信网的运行维护;太空网络安全防御关联中心(CDCC-Space)的运行以及执行防御性网络空间作战;保护太空作战的任务系统和体系。图1-13为第6太空德尔塔部队标志。

第6太空德尔塔部队下辖3支太空作战中队和6支网络中队,分别是:

(1)第21太空作战中队(21st Space Operations Squadron):位于范登堡天军基地的范登堡跟踪站,呼号COOK,负责运行并维护4个卫星控制网远程跟踪站(范登堡跟踪站、迭戈加西亚跟踪站、关岛跟踪站、夏威夷跟踪站)和3个GPS地面天线和GPS监测站(迭戈加西亚岛、卡伊娜角、夸贾林环礁)。

图1-13 第6太空德尔塔部队标志

①第21太空作战中队第1分队(21 SPOS Det1):位于英属印度洋领地迭戈加西亚岛的迭戈加西亚跟踪站,呼号REEF。还负责当地的GPS地面天线和GPS监测站。

②第21太空作战中队第2分队(21 SPOS Det2):位于关岛安德森空军基地的关岛跟踪站,呼号GUAM。

③第21太空作战中队第3分队(21 SPOS Det3):位于夏威夷瓦胡岛卡伊纳岬的夏威夷跟踪站,呼号HULA。还负责当地的GPS监测站。

④第21太空作战中队CK作战点位:位于马绍尔群岛共和国夸贾林环礁,负责当地的GPS地面天线和GPS监测站。

(2)第22太空作战中队(22nd Space Operations Squadron):位于施里弗天军基地,通过制定、执行和实施太空访问任务命令(SpATO),并提供太空安全分析以保障卫星运行操控,从而通过卫星控制网完成卫星指挥控制。

(3)第23太空作战中队(23rd Space Operations Squadron):位于新波士顿天军站的新汉普郡跟踪站,呼号BOSS,运行并维护3个卫星控制网远程跟踪站和2个GPS地面天线和GPS监测站。

①第23太空作战中队第1分队(23 SOPS Det1):位于格陵兰皮图菲克太空基地的图勒跟踪站(TTS),呼号POGO,是纬度最高的远程跟踪站,能够有效支持极轨卫星运行,支持在轨卫星测控、任务数据回传。

②第23太空作战中队A作战点位(23 SOPS OL-A):位于英国奥克汉格尔皇家空军基地的奥克汉格尔跟踪站,呼号LION,还负责当地的GPS地面天线和GPS监测站。

③第 23 太空作战中队 CA 作战点位(23 SOPS OL – CA)：位于南大西洋阿森松岛，负责当地的 GPS 地面天线和 GPS 监测站。

④第 23 太空作战中队 CC 作战点位(23 SOPS OL – CC)：位于佛罗里达州卡纳维拉角天军站，提供发射前保障能力，还负责当地的 GPS 地面天线和 GPS 监测站。

(4)第 62 网络中队(62nd Cyberspace Squadron)：负责为第 2 太空德尔塔部队、第 3 太空德尔塔部队(电磁战综合任务德尔塔部队)提供防御性网络作战能力。

(5)第 64 网络中队(64th Cyberspace Squadron)：负责为第 4 太空德尔塔部队提供防御性网络作战能力。

(6)第 65 网络中队(65th Cyberspace Squadron)：负责为第 5 太空德尔塔部队提供防御性网络作战能力。

(7)第 68 网络中队(68th Cyberspace Squadron)：负责为第 8 太空德尔塔部队提供防御性网络作战能力。

(8)第 69 网络中队(69th Cyberspace Squadron)：负责为第 9 太空德尔塔部队提供防御性网络作战能力。

(9)第 645 网络中队(645th Cyberspace Squadron)：负责为第 45 太空发射德尔塔部队提供防御性网络作战能力，未来也可能为第 30 太空发射德尔塔部队提供防御性网络作战能力。

5)第 7 太空德尔塔部队——太空情监侦

第 7 太空德尔塔部队(Space Delta 7)成立于 2020 年 7 月 24 日，位于科罗拉多州彼得森天军基地，负责组建、派驻和维持下辖部队，以执行太空情监侦作战。太空情监侦作战包括：集成密码学和多域情监侦能力，以增强太空域感知能力，支持美军全频谱优势，并为作战指挥官提供时敏情报和战场空间感知；提供情监侦规划和指导、收集、处理和归纳、分析和产出、分传和集成；保障太空能力研究、开发、试验和鉴定；用于全球和战区作战的处理、归纳和分析，并为特殊项目提供情监侦支持。

第 7 太空德尔塔部队总部负责按照指定的天军军种密码学指挥官的指示开展情报活动，并按照指示向其他太空德尔塔部队提供跨职能的嵌入式支持。第 7 太空德尔塔部队的行动将以情报为主导，具备网络弹性，并由创新驱动，同时准备在竞争、被降级和作战受限的环境中取得成功。图 1 – 14 为第 7 太空德尔塔部队标志。

图 1 – 14　第 7 太空德尔塔部队标志

第 7 太空德尔塔部队下辖 6 支情监侦中队,分别是:

(1)第 71 情监侦中队(71st Intelligence, Surveillance, and Reconnaissance Squadron):位于彼得森天军基地,代表第 7 太空德尔塔部队向各太空德尔塔部队派出情监侦分队,为各部队提供直接支持。第 71 情监侦中队第 2 分队,负责为第 2 太空德尔塔部队的太空域感知体系提供定制化的情报支持。第 71 情监侦中队第 3 分队,负责为第 3 太空德尔塔部队提供情报、目指和任务规划活动,以支持进攻性和防御性太空电磁战。第 71 情监侦中队第 4 分队,负责驱动第 4 太空德尔塔部队天基和地基微波传感器的战略和战区发射指示和告警,提供全方位威胁评估和综合任务规划。第 71 情监侦中队第 6 分队,负责整合第 6 太空德尔塔部队的网络情报,实现太空任务保障、天军数字架构防御、通过卫星控制网确保太空进入等情报支持。第 71 情监侦中队第 8 分队,负责针对卫星通信及卫星定位导航授时的威胁信息情报,推动第 8 太空德尔塔部队卫星导航任务规划并实现任务保障和资产保护。第 71 情监侦中队第 9 分队,负责为第 9 太空德尔塔部队提供时间性任务规划、威胁告警、作战机会识别等面向轨道战的情报。

(2)第 72 情监侦中队(72nd Intelligence, Surveillance, and Reconnaissance Squadron):位于彼得森天军基地,负责向联合作战人员提供及时的太空情监侦,使决策优势能够在全域环境中的各种冲突中占据主导。第 72 情监侦中队第 3 分队,负责代表国家安全局开展太空信号情报作战。第 72 情监侦中队第 5 分队,负责充当美国空军与美国国家侦察局的情报联络机构,同步开展情报机构。第 72 情监侦中队第 7 分队,整合了 12 个不同的任务集,3 个国家情报界机构及所有天军太空德尔塔部队和国防部任务合作伙伴。

(3)第 73 情监侦中队(73rd Intelligence, Surveillance, and Reconnaissance Squadron):位于赖特·帕特森空军基地,负责在全球范围内规划、开发和执行以太空为中心的情监侦活动,并为联合作战司令部和天军的作战提供情监侦支持。第 73 情监侦中队第 2 分队,负责为联合作战司令部和天军的作战提供情监侦支持。第 73 情监侦中队第 4 分队,负责为美国欧洲司令部提供太空情监侦支持。第 73 情监侦中队第 6 分队,负责通过序列化报告提供定制情报,支持空军部的情报需求。

(4)第 74 情监侦中队(74th Intelligence, Surveillance, and Reconnaissance Squadron):位于施里弗天军基地,负责为战术太空作战提供定制的威胁分析和情报产品,提供有意义的威胁信息应用,使得太空作战能够对抗当前、新兴和未来的对手。

(5)第 75 情监侦中队(75th Intelligence, Surveillance, and Reconnaissance

Squadron）：位于彼得森天军基地，负责提供基于效果的目指解决方案，包括目标分析、目标制定和目标介入，以支持天军指挥官和联合作战司令部指挥官获得太空优势。

（6）第 76 情监侦中队（76th Intelligence, Surveillance, and Reconnaissance Squadron）：位于赖特·帕特森空军基地，负责改进并整合天军情报能力，实现太空综合军事优势负责处理并集成所有可用来源的情报数据，支撑美国的太空优势，并使美国在太空域获得决策优势。

6）第 8 太空德尔塔部队——军事卫星通信

第 8 太空德尔塔部队（Space Delta 8）成立于 2020 年 7 月 24 日，位于施里弗天军基地，负责防护军事通信卫星以及宽带军事通信卫星的测运控，在抵御敌方威胁的基础上为战略与战术部队和美国领导层提供军事卫星通信服务保障。第 8 太空德尔塔部队负责操作的卫星系列包括："先进极高频"卫星（AEHF）、"移动用户目标系统"卫星（MUOS）、"宽带全球卫星通信系统"卫星（WGS）、"国防卫星通信系统"卫星（DSCS）、"军事战略与战术中继星"卫星（MilStar）、"特高频后继"卫星（UFO）。图 1-15 为第 8 太空德尔塔部队标志。

第 8 太空德尔塔部队下辖 3 支太空作战中队和 1 支战斗训练中队，分别是：

图 1-15　第 8 太空德尔塔部队标志

（1）第 4 太空作战中队（4th Space Operations Squadron）：位于施里弗天军基地，负责操控 AEHF 和 MilStar 系列防护通信卫星的有效载荷。

（2）第 10 太空作战中队（10th Space Operations Squadron）：位于加利福尼亚州文图拉海军基地穆古角，负责操控 MUOS 和 UFO 系列窄带军事通信卫星的有效载荷。

（3）第 53 太空作战中队（53rd Space Operations Squadron）：位于施里弗天军基地，负责操控 WGS 和 DSCS 系列宽带军事通信卫星的有效载荷。

（4）第 8 战斗训练中队（8th Combat Training Squadron）：位于施里弗天军基地，负责第 8 太空德尔塔部队的人员训练、战备考核和技战术规程开发。

7）第 9 太空德尔塔部队——轨道战

第 9 太空德尔塔部队（Space Delta 9）成立于 2020 年 7 月 24 日，位于科罗拉多州施里弗天军基地，负责轨道战，其任务包括准备、派遣和投射下辖部队，以执行保护和防御行动，并为美国决策当局提供应对方案，以威慑并在必要时击败轨道威胁。第 9 太空德尔塔部队相关信息高度保密，公开信息很少。图 1-16 为第 9 太空德尔塔部队标志。

第 9 太空德尔塔部队下辖 2 支太空运行中队、1 支战斗训练中队、1 支直属分队,分别是:

(1)第 1 太空作战中队(1st Space Operations Squadron):位于施里弗天军基地,负责操控天基太空域感知装备,执行太空域感知、目标特性获取、目标指示等任务。操控装备包括"天基太空监视系统"卫星(SBSS)、"太空跟踪与监视系统"卫星(STSS)、"作战响应空间卫星"(ORS)、"地球同步轨道太空态势感知计划"卫星(GSSAP)。

图 1-16 第 9 太空德尔塔部队标志

(2)第 3 太空作战中队(3rd Space Operations Squadron):位于施里弗天军基地,负责操作轨道战装备,执行轨道战相关装备的技术试验和轨道战任务。操控装备包括"老鹰"卫星(EAGLE)、"麦考罗夫特"卫星(Mycroft)。

(3)第 9 战斗训练中队(9th Combat Training Squadron):位于施里弗天军基地,负责第 9 太空德尔塔部队人员训练、战备考核和技战术规程开发。

(4)直属第 1 分队(Det 1):位于施里弗天军基地,负责操控 X-37B 轨道试验飞行器。

8)第 18 太空德尔塔部队——美国国家太空情报中心

第 18 太空德尔塔部队(Space Delta 18)成立于 2022 年 6 月 24 日,位于俄亥俄州赖特·帕特森空军基地,作为美国国家太空情报中心(NSIC),负责以出众的技术专长产出,提供具备先进性、预测性和开拓性的情报,辅助美国领导人、联合作战人员和采办人员进行决策,保护美国及其盟友,使美国在太空领域"智胜"对手。在情报领域,第 18 太空德尔塔部队作为美国国家太空情报中心提供基础、科学和技术情报,为高级决策者、军种和国家采办、军事行动提供信息。美国国家太空情报中心与美国国防情报分析计划中的其他军种情报中心、美国国防情报局共同承担该职责。图 1-17 为第 18 太空德尔塔部队标志。

图 1-17 第 18 太空德尔塔部队标志

第 18 太空德尔塔部队下辖 2 支太空分析中队,分别是:

(1)第 1 太空分析中队(1st Space Analysis Squadron):位于赖特·帕特森空军基地,负责国外太空能力基本情况情报分析。

(2)第 2 太空分析中队(2nd Space Analysis Squadron):位于赖特·帕特森空军基地,负责国外太空威胁基本情况情报分析。

3. 定位导航授时综合任务德尔塔部队

定位导航授时综合任务德尔塔部队（Positioning, Navigation, and Timing Integrated Misson Delta）成立于 2023 年 10 月 13 日，其前身为第 8 太空德尔塔部队的导航战力量，位于施里弗天军基地，负责打造呈现并维持下辖的导航战专业人员，运行并操控全球定位系统（GPS）系列导航卫星，为美军提供定位导航授时服务和导航战力量。定位导航授时综合任务德尔塔部队下辖部队包括 1 支太空作战中队和 1 支临时后勤运行保障中队，分别是：

（1）第 2 作战运行中队（2nd Space Operations Squadron）：位于科罗拉多州施里弗天军基地，负责操控 GPS 系列导航卫星的有效载荷。

（2）临时后勤运行保障中队（Logistics and Operations Support Squadron (Provisional)）：位于科罗拉多州施里弗天军基地，负责 GPS 相关后勤运行保障。

4. 太空作战分析中心

太空作战分析中心负责进行未来兵力设计、分析推演和试验，总部位于彼得森天军基地，于 2021 年 4 月 5 日正式成立。太空作战分析中心主任和副主任均为高级行政官，准将级以上。太空作战分析中心负责为所有任务领域的天军能力进行未来兵力设计，并通过进行军种级兵棋推演和模拟确定天军如何建设以及如何在未来作战。在情报领域，太空作战分析中心情报顾问辅助威胁评估，为卓越中心的多域感知、频谱战和太空安全防御计划的兵力设计作出贡献。

1.2.3.2　太空系统司令部

天军太空系统司令部成立于 2021 年 8 月 13 日，总部设在洛杉矶天军基地，相当于天军的装备部，旨在统筹和整合天军原有及陆续转隶来的技术研发、装备采办和航天发射部门，为天军开发、采办、部署和维持弹性太空装备体系，以作战要求的速度提供新能力。

图 1-18　天军太空系统司令部标志

2023 年 9 月，太空系统司令部在项目局级成立了作战试验和训练设施局；在办公室级将原商业服务办公室与商业卫星办公室、太空域感知市场（Space Domain Awareness Marketplace）、前门（Front Door）、太空创新工场（Space WERX）等机构重组后，成立商业太空办公室，负责推进和统筹管理商业采购项目；在德尔塔级成立了 2 支系统德尔塔部队，即电磁战系统德尔塔部队和定位导航授时系统德尔塔部队。当前，太空系统司令部下设 6 个项目局、5 个办公室、2 支系统德尔塔部队、1 支太空基地德尔塔部队。图 1-18 为天军太空系统司令部标志。

1. 项目局

太空系统司令部按采办领域下设6个项目局,主官为项目执行官兼项目局局长,分别管理不同领域的装备采办事宜。每个项目局下设机构在采办线上称为项目处,在组织结构线上又称为采办德尔塔,项目处的负责人称为高级装备领导,同时兼任采办德尔塔指挥官。6个项目局的项目执行官由太空体系集成官(由太空系统司令部司令兼任)负责集成,并向空军负责太空采办与集成的空军助理部长汇报。

1)天基感知局

天基感知局负责通过跨机构、工业和盟国合作伙伴快速发展并整合导弹预警、导弹跟踪、环境监测和战术情监侦能力,为作战人员提供天基战场的太空感知能力。天基感知局主官为上校,下设4个项目处,并管理直属于太空系统司令部的商业太空办公室。

商业太空办公室:主官为上校,负责推进和统筹管理商业采购项目,下属机构包括商业卫星办公室、太空域感知市场、前门、太空创新工场。

4个项目处分别为:

(1)弹性导弹预警跟踪防御处:主官为上校,负责中地球轨道系统工程、集成、试验和作战集成,弹性导弹预警和跟踪,中地球轨道导弹预警卫星太空段。

(2)环境和战术监视处:主官为上校,负责光电和红外气象卫星、微波气象卫星、商业和持续战术监视。

(3)战略导弹预警处:主官为上校,负责地球同步轨道和极轨系统的工程、集成和试验,下一代地球同步轨道和下一代临时作战,下一代极轨导弹预警卫星,任务载荷,"天基红外系统"地球同步轨道卫星,未来作战弹性地面演进和中继地面站,数据汇总工具应用处理实验室和过顶持续红外战场空间感知中队,"天基红外系统"生存持续演进系统、联合战术地面站和未来可持续作战弹性地面演进系统,核爆炸探测系统。

(4)产品保障处:主官为4级商业和技术管理专业文职,上校级,下设总工程师,负责直接运行和维持保障、商业运营。

2)军事通信和定位导航授时局

军事通信和定位导航授时局负责开发、生产、交付并维护关键和创新的军事通信和定位导航授时系统,提供抵御威胁的下一代能力。军事通信和定位导航授时局主官为高级行政官,准将级文职,下设以下6个项目处:

(1)战术卫星通信处:主官为文职,具体级别未公布,负责防护战术卫星通信、防护战术体系服务、宽带全球卫星通信。

(2)战略卫星通信处:主官为上校,负责"演进战略卫星通信"的地面段和太空段、"增强极轨系统"重构。

（3）窄带卫星通信处：主官为上校，负责"移动用户目标系统"的太空段基线、地面段基线、太空段延寿和地面段延寿。

（4）全球定位系统处：主官为上校，负责 GPS-3 卫星和 GPS-3F 卫星。

（5）全球定位系统用户设备处：主官为上校，负责军用 GPS 用户设备的增量 1 和增量 2、GPS 对外军售。

（6）全球定位系统地面段处：主官为上校，负责"下一代运行控制系统""下一代运行控制系统-3F"和指挥控制系统现代化。

3）太空域感知和战斗力局

太空域感知和战斗力局汇集地基和天基传感器，负责快速探测、警告、表征、归因并预测对美国、美国盟友和商业太空系统的潜在和实际威胁。太空域感知和战斗力局主官为上校，下设以下 6 个项目处：

（1）创新和原型开发处：主官为上校，负责原型运行、体系赋能开发、国防部太空试验项目、创新开发、太空创新工厂、地面原型开发和维持。

（2）战士体系处：主官为上校，下设太空训练采办办公室，负责战斗、下一代项目、网络作战、国家太空试验和训练综合设施。

（3）太空作战处：主官为上校，负责未来项目、先进项目、先进能力和太空漫游。

（4）先进军事卫星通信处：主官为 4 级商业和技术管理专业文职，上校级，负责快速运行和开发、先进全球能力、快速采办、通信现代化、体系集成。

（5）太空域感知处：主官为 4 级商业和技术管理专业文职，上校级，负责地基雷达、光学和无源射频侦测、太空光电感知、太空域感知集成、太空域感知分析和人工智能。

（6）战略预警和监视系统处：主官为上校，负责美国国家夏延山综合设施、升级预警雷达、丹麦眼镜蛇雷达、预警共享、集成战术预警和进攻评估集成系统、环形搜索雷达特性鉴别系统、老旧太空系统。

4）战斗管理指挥控制和通信局

战斗管理、指挥控制与通信局负责通过整合、现代化及伙伴关系等手段为太空运营商或作战人员提供快速响应能力，确保太空地面架构的弹性及增强的互操作性，以向天军提供赢得战争的能力。此外，该组织亦在有争议的太空领域开发并部署关键作战指挥和控制能力，确保决策优势；并提供基础设施、体系服务及应用程序，为太空作战中心提供响应迅速、具备弹性的作战级太空指挥和控制能力。

战斗管理、指挥控制与通信局主官为 4 级商业和技术管理专业文职，上校级，下设以下 3 个项目处：

（1）作战指挥控制处：主官为上校，负责战斗管理指挥控制、太空域感知指挥控制、跨任务数据、高级战斗管理系统。

（2）战术指挥控制通信处：主官为上校，负责信息机动、体系地面服务。

（3）数据传输产品支持处：主官为4级商业和技术管理专业文职，上校级，负责卫星控制网运行和维护。

5）确保太空进入局

确保太空进入局负责为作战人员、作战司令部、情报、民间以及商业机构采购发射服务并提供在轨能力。该组织还负责远程维持项目，以支持客户的发射和试验。确保太空进入局主官为准将，同时兼任第45太空发射德尔塔部队指挥官，下设2个项目处以及2支太空发射德尔塔部队，分别是：

（1）任务方案处：主官为上校，负责火箭系统发射计划、载荷管理和任务集成、未来采购、国家安全太空发射采购。

（2）发射执行处：主官为上校，负责与美国联合发射联盟（ULA）和美国太空探索技术公司（SpaceX）合作，执行"宇宙神"（Atlas）火箭、"德尔他"（Delta）火箭、"火神"（Vulcan）火箭和"猎鹰"（Falcon）火箭发射任务。

（3）第30太空发射德尔塔部队：主官为上校，位于加利福尼亚州范登堡天军基地，负责西靶场太空发射。

（4）第45太空发射德尔塔部队：主官为准将，位于佛罗里达州帕特里克天军基地，负责东靶场太空发射。

6）作战试验和训练设施局

作战试验和训练设施局成立于2023年9月，主官为上校，首任项目执行官兼局长为科里·克洛普斯坦，作战试验和训练设施局尚未组建完成，下辖机构详情未公开。

2. 办公室

1）太空系统集成办公室

太空系统集成办公室主官为高资质专家（HQE）认证的文职，主要负责集成管理项目局的太空系统采办需求，向太空体系集成官（由太空系统司令部司令兼任）汇报。太空系统集成办公室设三名副主任，分别由太空系统司令部总工程师、太空系统司令部体系管理和项目官（S8）、太空系统司令部需求集成和战略官（S5）担任。

（1）太空系统司令部总工程师办公室：主官为太空系统司令部总工程师，国防情报高级行政服务人员，准将级，负责协调总工程师办公室，以及管理太空系统司令部情报和威胁分析局（S2）、体系互操作处。

（2）总工程师办公室：主官由太空系统司令部研究官（S9）兼任，4级商业和技术管理专业文职，上校级，负责管理五大项目局相关领域的工程师。

（3）情报和威胁分析处：承担太空系统司令部总部参谋部的情报（S2）职能，主官为太空系统司令部情报官（S2），上校。负责情报分析和情报工程、部队情报支援、威胁建模仿真分析、特途机密情报。

（4）体系互操作处：同时隶属于太空系统司令部研究局（S9），主官为上校，负责体系建模仿真分析、体系互操作标准、数字工程与转型、太空环境和频谱。

（5）太空系统司令部体系管理和项目处（S8）：承担太空系统司令部总部参谋部的项目（S8）职能，主官为太空系统司令部项目官（S8），上校。负责体系管理、体系项目及开发、体系架构及需求。

（6）太空系统司令部需求集成和战略处：承担太空系统司令部总部参谋部的规划和需求（S5）职能，主官为太空系统司令部需求集成和战略官（S5），高级行政服务人员，准将级。下设体系需求和架构开发科、体系能力集成和开发科、体系未来系统架构科。

①体系需求和架构开发科：主官为上校，负责国家安全太空体系架构需求、跨任务领域路线图、体系资金优先级、太空系统司令部计划目标备忘录能力优先级、国家太空安全发射优先级和展示。

②体系能力集成和开发科：主官为上校，负责指挥控制技术、数据传输技术、地基系统技术、体系弹性技术。

③体系未来系统架构科：主官为上校，负责未来系统架构、先进技术需求。

2）阿特拉斯职能办公室

阿特拉斯职能办公室是太空系统司令部的职能机关，相当于太空系统司令部的参谋部，主官为太空系统司令部行政主任，高级行政服务人员，准将级。

3）商业太空办公室

商业太空办公室主官为上校，负责推进和统筹管理商业采购项目，日常业务受太空系统司令部天基感知局管理，下属机构包括商业卫星办公室、太空域感知市场、前门、太空创新工场。

4）国际事务办公室

国际事务办公室主官为文职，上校级，负责在各任务领域建立国际合作伙伴关系，以实现互操作性、可扩展性、弹性、威慑、保护并捍卫太空环境。

5）作战集成办公室

作战集成办公室主官为上校，负责统筹管理不同项目的系统集成架构，在确保各系统具有独立功能的同时，也能与体系内其他系统互操作。

3. 系统德尔塔部队

太空系统司令部的系统德尔塔部队（SYD）围绕太空作战司令部的综合任

务德尔塔部队而设计,将按照任务领域整合太空系统司令部的项目采办,旨在最大限度发挥综合任务德尔塔部队的职能,使天军的作战与采办工作之间建立更为自然的联系。天军太空作战部长于2023年9月12日首次披露了拟成立系统德尔塔部队的计划,2023年12月8日,天军成立了2支临时性的系统德尔塔部队,分别是电磁战系统德尔塔部队(EW SYD)和定位导航授时系统德尔塔部队(PNT SYD)。

1)电磁战系统德尔塔部队

电磁战系统德尔塔部队成立于2023年12月8日,下辖于太空域感知和战斗力局,主官为4级商业和技术管理专业文职,上校级,首任指挥官为乔丹·里德尔。乔丹·里德尔此前任太空域感知和战斗力局太空作战体系项目处代理负责人。电磁战系统德尔塔部队负责对接电磁战综合任务德尔塔部队(第3太空德尔塔部队),负责电磁战领域项目采办。

2)定位导航授时系统德尔塔部队

定位导航授时系统德尔塔部队成立于2023年12月8日,下辖于军事通信和定位导航授时局,主官为上校,首任指挥官为马修·斯宾塞。马修·斯宾塞此前任军事通信和定位导航授时局GPS用户装备项目处负责人。定位导航授时系统德尔塔部队负责对接定位导航授时综合任务德尔塔部队,负责导航战领域项目采办。

4. 第3太空基地德尔塔部队

第3太空基地德尔塔部队位于洛杉矶空军基地,主官为上校,主要部门和人员还隶属于空军。负责为洛杉矶空军基地、太空系统司令部和其他位于洛杉矶空军基地的国防部机构和部队提供医疗、民用工程、通信、安全、后勤、人员保障等服务。

1.2.3.3 太空训练与战备司令部

太空训练与战备司令部成立于2021年8月23日,总部暂设于彼得森天军基地,负责天军教育训练、作战演习、条令开发、试验鉴定、战备评估等工作。2023年6月1日,空军部宣布太空训练与战备司令部总部将迁移至佛罗里达州帕特里克天军基地,具体迁移日期尚未确定。太空训练与战备司令部成立的五个目标是:建立天军训练体系;发展以太空作战领域为中心的教育体系;发展太空作战理论和战术;建立测试和试验靶场等基础设施;发展和加强天军文化。太空训练与战备司令部将通过其5个下属太空德尔塔部队来实现这些目标,包括:第1太空德尔塔部队,负责太空训练;第10太空德尔塔部队,负责条令和兵棋推演;第11太空德尔塔部队,负责靶场与对抗;第12太空德尔塔部队,负责试验鉴定;第13太空德尔塔部队,负责太空教育。太空训练与战备司令部及所属德尔塔部队,如图1-19所示。

图1-19　天军太空训练与战备司令部及所属德尔塔部队

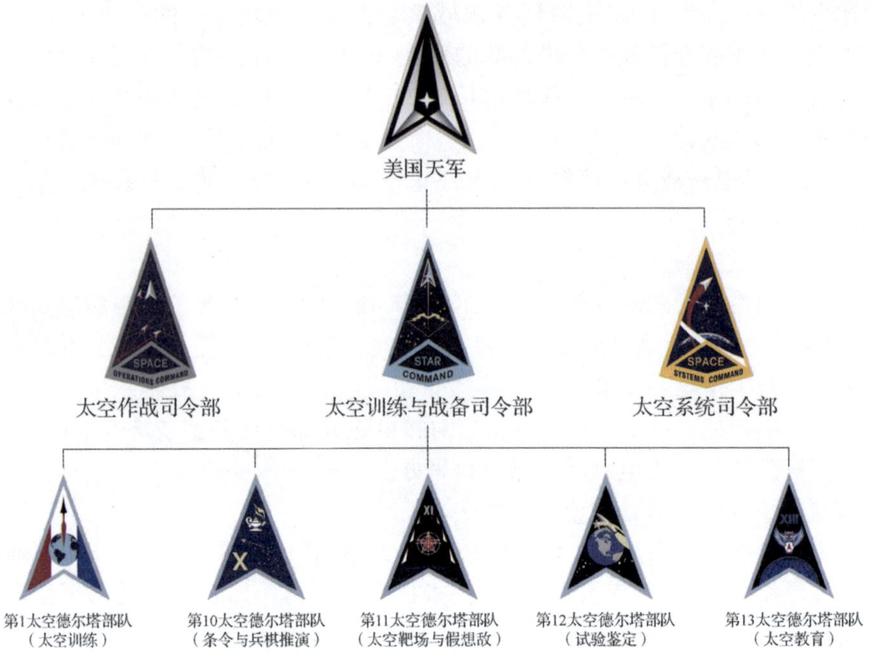

太空训练与战备司令部的使命、愿景与优先任务，如表1-1所示。图1-20为天军太空训练与战备司令部标志。

表1-1　天军太空训练与战备司令部的使命、愿景与优先任务

使命		通过创新教育、训练、条令和试验，令美国天军随时做好准备在竞争和冲突中战胜对手
愿景		备战每位天军人员、培训优越太空能力、提供作战解决方案
优先任务	备战	训练、教育和培养世界级天军人员，以战胜充满活力的对手； 为作战人员提供逼真和可使用的训练、靶场和试验环境； 在威胁日益严重的太空环境中，强化战略创新与弹性及防御能力的太空投射
	培训	与盟友和合作伙伴之间建立信任和发展关系，并提高互操作性； 培养天军人员，提高其创新能力，试验和评估概念，验证新的武器系统战术、技术和程序，以执行太空战争
	提供	通过创新的作战能力和战术，使美国军队在任何新出现的威胁面前保持领先，从而提高美国及其盟国在冲突中取胜的能力； 通过测试和任务演练，确保备战的武器系统完全具备任务能力； 执行现实和集成的战争推演，以最大限度地提高联合作战能力，应对当前和未来的威胁

太空训练与战备司令部下辖 5 支太空德尔塔部队。

1. 第 1 太空德尔塔部队——太空训练

第 1 太空德尔塔部队(Space Delta 1)位于加利福尼亚州范登堡天军基地,负责天军卫士太空训练,提供初级技能培训、专业作战人员后续培训,以及高级培训,以使天军卫士做好准备,在竞争激烈、降级、作战受限的全域环境中取胜。图 1-21 为第 1 太空德尔塔部队标志。

图 1-20　天军太空训练与战备司令部标志　　图 1-21　第 1 太空德尔塔部队标志

第 1 太空德尔塔部队下辖 5 支中队,分别是:

(1)第 1 德尔塔作战中队(1st Delta Operations Squadron):位于范登堡天军基地,负责确保第 1 太空德尔塔部队能够通过一流的训练和演习来开发并提供有能力且战备就绪的太空战士,以支撑网络空间、情报和太空作战的主导地位。

(2)第 319 战斗训练中队(319th Combat Training Squadron):位于彼得森天军基地,负责通过真实-虚拟-构造的太空训练课程,训练太空战士在竞争、被降级和作战受限环境中获胜。

(3)第 328 武器中队(328th Weapons Squadron):位于内华达州内利斯空军基地,负责培养战术相关的太空优势武器军官和太空战士武器教官,准备整合太空领域主导地位和多域作战的作战能力。

(4)第 392 战斗训练中队(392nd Combat Training Squadron):位于施里弗天军基地,负责通过真实-虚拟-构造环境提供太空战斗训练,为战士们赢得胜利作好准备。

(5)第 533 训练中队(533rd Training Squadron):位于范登堡天军基地,负责将天军卫士和空军飞行员转变为志同道合的太空专业人员,并使其具备保护、保卫和交付太空力量所必需的技术、技能、特性、协作能力、承诺和勇气。

2. 第 10 太空德尔塔部队——条令与兵棋推演

第 10 太空德尔塔部队(Space Delta 10)驻科罗拉多州空军学院,负责制定天军条令和战术,开展天军课程研究项目,同时执行并保障兵棋推演,以便使天军部队以及指定的联合部队和联盟部队在竞争、被降级和作战受限的全域环境作战。图1-22为第10太空德尔塔部队标志。

目前下辖1支中队，即第10德尔塔作战中队（10th Delta Operations Squadron）：位于科罗拉多州空军学院，负责为第10太空德尔塔部队组织提供保障和通用职能。

3. 第11太空德尔塔部队——太空靶场与假想敌

第11太空德尔塔部队（Space Delta 11）驻科罗拉多州施里弗天军基地，负责通过真实-虚拟-构造的靶场和战斗复制能力提供真实的、基于威胁的试验和训练环境，以便使天军、联合部队和联盟准备好在竞争、被降级和作战受限的环境中取得胜利。图1-23为第11太空德尔塔部队标志。

图1-22　第10太空德尔塔部队标志

图1-23　第11太空德尔塔部队标志

下辖5支中队，分别是：

（1）第11德尔塔作战中队（11th Delta Operations Squadron）：位于施里弗天军基地，负责协调、规划和管理关键保障职能，以确保准备好创新方法来复制未来的战斗环境。

（2）第25太空靶场中队（25th Space Range Squadron）：位于施里弗天军基地，负责提高太空和频谱武器及作战人员的可信度、杀伤力和生存能力。

（3）第98太空靶场中队（98th Space Range Squadron）：位于施里弗天军基地，提供并运行一个安全、可靠、具备作战代表性的实时在轨环境，以开发可靠的武器系统和有能力、致命、敏捷和坚韧的联合作战人员。

（4）第527太空侵略者中队（527th Space Aggressor Squadron）：位于施里弗天军基地，负责研究和模拟现代、新兴且综合的太空威胁，以便为各军种、联合部队和联盟部队准备好在竞争、被降级且作战受限环境中作战。

（5）第57太空侵略者中队（57th Space Aggressor Squadron）：位于施里弗天军基地，负责通过对手威胁学术研究以及与对手太空对抗威胁的虚拟-真实模拟，研究和模拟现代、新兴且综合的太空威胁，灌输以对手为中心的作战文化。

4. 第12太空德尔塔部队——试验鉴定

第12太空德尔塔部队(Space Delta 12)位于施里弗天军基地,负责领导天军能力的综合试验和鉴定,以便快速部署作战可靠的武器系统。图1-24为第12太空德尔塔部队标志。

下辖5支中队,分别是:

(1)第12德尔塔作战中队(12th Delta Operations Squadron):位于施里弗天军基地,负责管理跨学科流程,为武器系统采办、作战验收和战备决策供试验鉴定信息,以增强太空作战能力。

图1-24 第12太空德尔塔部队标志

(2)第1试验鉴定中队(1st Test and Evaluation Squadron):位于施里弗天军基地,负责通过对作战级指挥控制技术进行独立试验鉴定,并提供及时且准确的信息来保障武器系统采办、作战验收和战备决策,使美国天军准备好在竞争、被降级且作战受限的环境中取胜。

(3)第3试验鉴定中队(3st Test and Evaluation Squadron):位于施里弗天军基地,负责建立试验能力并执行综合试验,以保持并保护往返太空的机动自由,并提供具有战略意义的战术能力。

(4)第4试验鉴定中队(4st Test and Evaluation Squadron):位于施里弗天军基地,负责在实际作战环境中试验鉴定新的太空、导弹和导弹防御能力,为作战人员提供信息并影响国家资源决策。

(5)第17试验鉴定中队(17st Test and Evaluation Squadron):位于施里弗天军基地,负责通过导弹预警、导弹防御和太空域感知技术的独立试验鉴定,让天军准备好在竞争、被降级且作战受限的环境中取胜。

5. 第13太空德尔塔部队——太空教育

第13太空德尔塔部队(Space Delta 13)位于阿拉巴马州麦克斯韦尔空军基地,负责教育并培养支持国防战略的天军卫士领导人,并准备好在当今复杂的全球环境中主导太空领域。图1-25为第13太空德尔塔部队标志。

图1-25 第13太空德尔塔部队标志

下辖1支中队、2个天军教育机构,2支直属分队,分别是:

(1)第13德尔塔作战中队(13th Delta Operations Squadron):位于阿拉巴马州麦克斯韦尔空军基地,负责执行第13太空德尔塔部队指挥官的有关指令,管理执行天军卫士教育的相关流程,涉及专业军事教育、天军继续教育、高等教育项目和天军军官入职。

（2）国家安全太空研究所（National Security Space Institute）：主区位于科罗拉多州彼得森天军基地，分区位于科罗拉多斯普林斯，负责为国防部、政府实体和国际合作伙伴提供全球化的太空专业继续教育，以培养具有情报能力和敏捷性的毕业生，以实现太空域冲突威慑、能力防御，并击败侵略者。

（3）福瑞斯特·L.沃斯勒士官学院（Forrest L. Vosler Noncommissioned Officer Academy）：位于彼得森天军基地，负责为士官提供在军种和联合部队领导天军和空军所需的知识、技能和能力。

（4）直属第1分队（Detachment 1）：位于科罗拉多州空军学院，为天军驻空军军官学院联络处。

（5）直属第2分队（Detachment 2）：位于阿拉巴马州麦克斯韦尔空军基地，为天军驻空军大学联络处。

1.2.4 战区天军

战区天军是天军卫士融入联合部队并支持联合作战指挥官的组织机构，根据作战指挥官的授权，对下辖的天军部队进行作战指挥控制。战区天军的指挥官在空军部长的授权下对下辖的天军部队行使行政控制权，包括采办管理、部队建设和行政管理等。战区天军在作战指挥层级上直属于联合作战司令部（如印太司令部、中央司令部）或下级联合作战司令部（如驻韩美军），不再通过空军，从体制上将太空筹划、太空指挥控制以及太空力量运用的专业人才和能力更好地融入联合作战司令部。但由于规模较小，战区天军的医疗、民用工程、通信、安全、后勤、人员保障等主要依赖同一联合作战司令部或下级联合作战司令部的空军。

截至2024年5月，天军共成立了5支战区天军，包括太空司令部天军、印太司令部天军、驻韩美军天军、中央司令部天军、欧洲－非洲司令部天军，即将成立驻日美军天军，后续还将成立战略－北方司令部天军、网络司令部天军、特种作战司令部天军等战区天军部队。

1. 太空司令部天军

太空司令部天军成立于2023年12月6日，总部位于加利福尼亚州范登堡天军基地，取代太空作战司令部成为太空司令部的天军军种组成部队。太空司令部天军成立后，太空作战司令部将第5太空德尔塔部队和第15太空德尔塔部队移交太空司令部天军。

1）第5太空德尔塔部队——太空指挥控制

第5太空德尔塔部队（Space Delta 5）成立于2020年7月24日，位于范登堡天军基地。主要任务是为太空司令部联盟太空作战中心提供兵力。第 5 太空德尔塔部队指挥官同时兼任联盟太空作战中心主任。第 5 太空德尔塔部队负责为指定和配属部队做好准备、部署和作战，以对太空部队进行作战级指挥和控制，以实现战区和全球目标。此外还负责管理指定的武器系统架构，确保作战以情报为主导，具备网络弹性且由创新驱动，以在激烈冲突、被降级和作战受限的环境中取得胜利。图 1-26 为第 5 太空德尔塔部队标志。

第 5 太空德尔塔部队下辖作战行动处(COD)、战略计划处(SPD)、情监侦处(ISRD)和卫星通信一体化行动处(SIOD)4 个处,联合火力和信息战组(JFIOT)，以及 1 个中队：

(1) 作战行动处(COD)：负责作战行动指挥控制。

(2) 战略计划处(SPD)：负责战略和计划制定。

(3) 情监侦处(ISRD)：负责情报监视侦察保障。

图 1-26 第 5 太空德尔塔部队标志

(4) 卫星通信一体化行动处(SIOD)：负责卫星通信应用集成和协调。

(5) 联合火力和信息战组(JFIOT)：负责其他作战域攻击手段集成和协调。

(6) 第 55 战斗训练中队(55th Combat Training Squadron)：负责联盟太空作战中心的训练、评估和演习,制订训练计划,审核训练程序,考核战备水平。

2) 第 15 太空德尔塔部队——美国国家太空防御中心

第 15 太空德尔塔部队成立于 2023 年 3 月 10 日,位于施里弗天军基地,首任指挥官为斯蒂芬·里昂上校。第 15 太空德尔塔部队通过交付综合太空战斗管理、情报、网络能力,支持天军部队作战指挥控制,同时保护并防御太空责任区。第 15 太空德尔塔部队的主官同时兼任美国国家太空防御中心主任。在情报领域,第 15 太空德尔塔部队负责为联合部队指挥官、天军部队指挥官、太空作战司令部和自身参谋人员提供太空作战的情报准备、预测性战场空间感知、目标开发、战术评估和情监侦行动,帮助缩短太空任务分配周期。第 15 太空德尔塔部队监控作战环境并维护共通性威胁、目指和情监侦图谱,为全域作战提供辅助。第 15 太空德尔塔部队的天军卫士执行作战环境情报准备、综合分析和制作、情监侦规划、目指,以拟定决策并使作战成立。图 1-27 为第 15 太空德尔塔部队标志。

图 1-27 第 15 太空德尔塔部队标志

第 15 太空德尔塔部队下辖 3 个中队：

(1) 第 15 指挥控制中队(15th Command and Control

Squadron）：位于施里弗天军基地，负责运行美国国家太空防御中心的指挥控制系统。

（2）第 15 网络中队（15th Cyber Squadron）：位于施里弗天军基地，负责与任务伙伴合作开展情报驱动的网络空间防御作战，通过识别、拒止和消除威胁来监控并保卫美国国家太空防御中心的网络域。

（3）第 15 情监侦中队（15th Intelligence, Surveillance and Reconnaissance Squadron）：位于施里弗天军基地，负责同步并集成情监侦传感器及相关系统的规划与运行。

2. 印太司令部天军

印太司令部天军（US Space Force Indo-Pacific）成立于 2022 年 11 月 22 日，总部位于夏威夷珍珠港希卡姆联合基地，司令为安东尼·马斯特利尔准将，人员规模约为 21 人。印太司令部天军作为美国印太司令部的天军军种组成部队，负责规划、协调、支持并开展包括安全合作在内的全方位军事太空作战，以支持美国印太司令部的作战目标。印太司令部天军成立初期的任务重点是加强在印太地区的太空电磁战部队和卫星通信部队建设，后续将进一步增强天基陆海时敏目标和临近空间高超声速武器跟踪目指能力。

3. 驻韩美军天军

驻韩美军天军（US Space Force Korea）成立于 2022 年 12 月 14 日，总部位于韩国乌山基地，指挥官为乔舒亚·麦科利恩中校，人员规模约为 20 人。驻韩美军天军作为驻韩美军的天军军种组成部队，负责规划、协调、支持并开展包括安全合作在内的全方位军事太空作战，以支持驻韩美军的作战目标。

4. 中央司令部天军

中央司令部天军（US Space Force Central）成立于 2022 年 12 月 2 日，总部位于佛罗里达州麦克迪尔空军基地，指挥官为克里斯托弗·普特曼上校，成立最初的人员规模为 28 人。中央司令部天军作为美国中央司令部的天军军种组成部队，负责规划、协调、支持并开展包括安全合作在内的全方位军事太空作战，以支持美国中央司令部的作战目标。

5. 欧洲-非洲司令部天军

欧洲-非洲司令部天军（US Space Force Europe and Africa）成立于 2023 年 12 月 8 日，总部位于德国拉姆施泰因空军基地（即美国欧洲司令部所在地），并会派驻人员常驻德国斯图加特（即美国非洲司令部所在地），首任指挥官为马克斯·兰茨（Max Lantz）上校，人员规模约为 30 人。欧洲-非洲司令部天军将同时作为美国欧洲司令部和美国非洲司令部的天军军种组成部队，负责规划、协调、支持并开展包括安全合作在内的全方位军事太空作战，以支持欧洲司令部和非洲司令部的作战目标。欧洲－非洲司令部天军近期主要任务包括在卫星导航、卫星通信以及北约盟友伙伴一体化等领域为美国欧洲司令部提供支持。

1.2.5 天军直接报告单位

天军直接报告单位直属于天军总部，直接向天军太空作战部长报告。当前包括2个直接报告单位，分别是太空快速能力办公室和太空发展局。

1. 太空快速能力办公室

太空快速能力办公室是依据美国国会《2018财年国防授权法》成立的快速采办实体机构，2019年1月正式组建，2019年12月移交给新成立的天军，使命任务是"以作战部队要求的速度快速开发和交付优势太空能力。"太空快速能力办公室设立目的是在常规装备采办渠道之外设立"绿色通道"和"管理特区"，因此目前作为直接报告单位直接向太空作战部长报告。太空系统司令部成立后，只为太空快速能力办公室提供行政支持，具体支持内容正在论证之中。太空快速能力办公室由理事会领导，理事会主席为空军部长，成员包括太空作战部长、空军参谋长、太空司令部司令、主管采办和维持的副国防部长、主管研究和工程的副国防部部长、主管采办的助理空军部长。太空快速能力办公室主任被赋予采办项目执行官（PEO）职权，可全权管理项目实施。

2. 太空发展局

太空发展局于2019年3月12日成立，于2022年10月1日移交给天军，致力于快速开发、采办和部署新一代军事太空力量。太空发展局当前主要任务是统筹"分布式作战人员太空架构"（PWSA）的发展和部署，加速新型军事航天力量的开发和部署，确保美国防部在航天领域的技术优势和军事优势。太空发展局主任被赋予采办项目执行官（PEO）职权，可全权管理项目实施。

目前，太空发展局主要负责的工作包括：

（1）统筹和集成国防部各部门的相关工作。

（2）与各军种、其他航天机构、商业供应商密切协作，一方面避免重复性工作，另一方面确保各方开发出的能力可以融入太空发展局的多层体系，从而形成包含国防部所有相关能力的统一内聚的体系。

（3）识别其他机构未能顾及的能力短板，并采办和部署相应能力。

（4）与作战用户密切互动，识别新兴威胁和威胁的新变化。

（5）与国防部相关机构和航天企业密切互动，确保航天新技术快速转化应用。

1.2.6 情报界天军要素

2021年1月11日，美国国家情报总监和太空作战部长共同宣布，天军正式成为美国情报界第18位成员，旨在通过共享太空信息和情报、协同开展太空情报任务，强化太空情报活动的整合与协调，提升整体全球战略预警意识。天军《太空条令出版物2-0：情报》规定，天军各级组织都参与情报产品的开发，以供内部使用并传播给外部用户。为了建立并维持与情报界其他成员的伙伴关系，天军向部分情报界成员派驻了兵力，以协助双方完成天军和情报界的任务。其中，天军向美国国家侦察局派驻的兵力称为美国国家侦察局天军元素，是天军向情报界成员中派驻规模最大的一支力量，也是唯一公开名称的情报界天军要素。

1. 国家情报总监办公室

天军情报机构接受国家情报总监办公室的国家情报计划资助。天军情报局(S2)在国家情报总监办公室领导的情报执行委员会及其他论坛上代表天军，与情报界太空主管和国家情报总监办公室互相提供辅助，并向国家情报总监办公室领导的国家情报科学技术委员会传达天军情报体系的科学和技术需求。

2. 国防情报局

国防情报局的导弹与太空情报中心负责分析和评估外国防空反导系统、弹道导弹、反坦克导弹、反卫导弹系统和定向能武器。导弹与太空情报中心的专业知识为天军卫士提供不断变化的外国太空威胁信息。

3. 国家安全局和中央安全局

国家安全局和中央安全局向美军提供和平时期、突发事件和危机期间、战时的信号情报和网络安全保障，包括太空情报作战支援。天军卫士作为中央安全局成员，与国家安全局、中央安全局和其他影响太空情报战能力的关键机构合作对接。第7太空德尔塔部队嵌入国家安全局办公室保障太空情监侦任务集，其他太空德尔塔部队则按需嵌入。与国家安全局其他军事部门的密码学办公室一样，天军密码办公室是天军情报领域主要参谋机构，负责监督密码作战、项目拟定、预算编制、训练、人事、政策、条令以及对外关系。

4. 国家地理空间情报局

国家地理空间情报局是情报界和国防部地理空间情报的管理职能单位。天军与国家地理空间情报局合作，解读全球范围内太空作战相关目标可检测特征形成的地理空间情报。第7太空德尔塔部队派驻在国家地理空间情报局保障过顶持续红外导弹预警任务。

5. 国家侦察局

国家侦察局负责设计、建造、发射并运行国家侦察卫星。其集成独特和创新的天基侦察技术以及太空侦察系统工程、开发、采办、运行以及相关的情监侦活动。作为轨道和地面太空对抗和网络威胁情报的用户，国家侦察局负责整合并协调各军种和情报界合作伙伴的需求，保障其采办和作战任务，并根据需要执行保护和防御任务。天军卫士为国家侦察局的太空情监侦任务集提供辅助。

天军在国家侦察局成立了国家侦察局天军要素，主官为少将，由国家侦察局副局长兼任。根据公开资料，国家侦察局天军要素主要管理3个机构，分别是：

（1）科罗拉多航空航天数据设施：位于科罗拉多州巴克利天军基地，主官为上校，负责相关情报信息收集和侦察卫星的指挥控制，下辖组织结构不详。

（2）东部航空航天数据设施：位于弗吉尼亚州贝尔沃堡，主官为上校，负责相关情报信息收集和侦察卫星的指挥控制，下辖组织机构不详。

（3）西南部航空航天数据设施：位于新墨西哥州白沙导弹靶场，主官为上校，负责相关情报信息收集和侦察卫星的指挥控制，下辖组织机构不详。

1.3 其他军种太空力量

由于美国的国情和军情，目前在陆军、海军和空军还保留一定规模的太空部队和装备采办机构，主要职责是支持自己军种的作战应用，但仍有一些太空力量为美国全军提供支持。根据美国防部组建天军计划要求，先期完成空军太空力量转隶天军，之后其他军种"仅保留把太空相关能力集成进各自作战域和融入其作战筹划和行动的太空专业队伍。"其他军种为全军提供通用支持的太空力量将转隶到天军。

1.3.1 陆军太空与导弹防御司令部

陆军的太空作战力量主要由陆军太空与导弹防御司令部（USASMDC）管辖。太空与导弹防御司令部是陆军向联合作战司令部提供兵力的一个陆军组成司令部，司令为中将军衔，承担3项作战职责：为陆军部队作战提供太空支持；作为太空司令部的陆军组成司令部，为太空司令部联合太空作战提供陆军兵力；作为战略司令部的陆军组成司令部，通过导弹综合防御联合动能组成司令部为战略司令部提供导弹防御兵力。

太空与导弹防御司令部下辖第100导弹旅、第1太空旅、技术中心、太空与导弹防御卓越中心、美国航空航天局分队和首席技术办公室，其中太空军事力量集中在第1太空旅。太空与导弹防御司令部组织结构如图1-28所示。

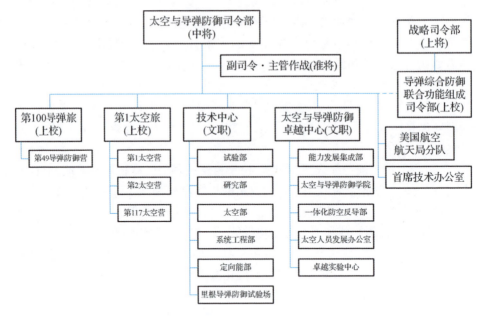

图1-28　太空与导弹防御司令部组织结构图

1. 第1太空旅

第1太空旅作为美国陆军唯一的太空旅，总部位于科罗拉多斯普林斯，负责管理陆军太空战士和能力，使联合部队能够在多领域、高强度冲突中部署、打击并决胜任何对手。第1太空旅在全球10个国家和六个时区的共16个地点设有作战点位，拥有许多独特的任务区域，确保战士在使用太空能力进行打击、机动和通信方面的行动可以拥有无与伦比的速度和精度。该旅以其多元化的多元化部队而自豪，该部队由来自各个作战点位和背景的士兵和文职人员组成。他们利用获得的工具、培训知识和经验在竞争、危机和冲突期间整合太空行动。第1太空旅下辖第1太空营、第2太空营，以及隶属科罗拉多州国民警卫队的第117太空营。

1）第1太空营

第1太空营位于科罗拉多州卡森堡，负责规划、整合、同步和执行全球战区弹道导弹预警、太空态势感知、太空和技术作战支持及指定的应急活动，以支持陆军、联合部队、联盟部队和民事机构。第1太空营为陆军和联合部队产生并提供太空作战力量，以进行全球连续的多域规划和行动。第1太空营支持国家的战略地面力量在太空中、从太空和穿越太空进行战斗。其目的是提供懂得如何作战、如何计划并且是陆军和太空作战专家的士兵团队。第1太空营下辖总部连和3支太空连，分别是：

(1)总部连:负责保障训练和战备需求,确保前沿部队随时准备好应对多种全球突发事件。

(2)第2太空连:负责通过太空控制规划小组支持作战指挥官和联合特遣部队指挥官。

(3)第4太空连:负责支持陆军和联合部队指挥官,将作战人员部署到有利位置,以夺取并保障电磁频谱中的关键频段。

(4)第18太空连:负责支持陆军和联合部队指挥官,将作战人员部署到有利位置,以夺取并保障电磁频谱中的关键频段。

2)第2太空营

第2太空营位于科罗拉多州卡森堡,是美国陆军预备役部队,也是陆军唯一的预备役太空营,由代表34个州的民兵组成。第2太空营负责计划、整合、同步并执行太空态势感知、太空和技术作战支持,以及分配的应急作战,以支持陆军、联合部队和民事机构。第2太空营下辖总部连和4支太空连,分别是:

总部连:负责执行部署以支持培训和作战要求。

第3太空连:由6个陆军太空支援队组成。陆军太空支援小组隶属于陆军师、军和战区各级的参谋人员,以提供太空能力、太空资产、太空产品和太空对作战影响的态势感知。

第5太空连:由6个陆军太空支援队组成。陆军太空支援小组隶属于陆军师、军和战区各级的参谋人员,以提供太空能力、太空资产、太空产品和太空对作战影响的态势感知。

第6太空连:由6个陆军太空支援队组成。陆军太空支援小组隶属于陆军师、军和战区各级的参谋人员,以提供太空能力、太空资产、太空产品和太空对作战影响的态势感知。

第8太空连:由5个可部署的太空控制分队组成,负责监测并应对电磁干扰,确保太空态势感知,保障太空和信息优势。

3)第117太空营

第117太空营位于科罗拉多州卡森堡,是科罗拉多州陆军国民警卫队的太空营,主要负责通过太空规划专业知识、能力、产品和太空域感知为受支持的机动部队提供太空支持。第117太空营下辖总部连和2支太空连,分别是:

(1)总部连:包含2个太空支援分队,负责支援第42步兵师和第35步兵师。

(2)第217太空连:负责配备、训练和装备6个陆军太空支援队。

(3)第1158太空连:负责配备、训练和装备6个陆军太空支援队。

2. 技术中心

美国陆军太空与导弹防御司令部技术中心通过提供科学、技术、试验和鉴定专业知识来支持联合作战人员，使作战人员在当前和未来占据主导地位。作为陆军科技企业的一部分，技术中心为当前的战斗作出贡献，并使下一代能够在未来的冲突中获胜。技术中心下辖试验部、研究部、太空部、系统工程部、定向能部和里根导弹防御试验场。

1）试验部

试验部为先进的高超声速、导弹防御的目标开发和测试执行提供测试执行和任务资源支持。这种支持包括试验计划和资源定义，以提供全面和实际操作的场景来测试先进作战人员能力的有效性。试验部的下辖机构包括：

（1）标靶司：负责设计、制造和演示一套低成本、具有威胁代表性的标靶，用于美国陆军和其他政府机构的飞行试验项目。

（2）任务执行和试验资源司：负责制定、执行飞行试验数据收集、执行和培训计划。

2）研究部

研究部负责对关键的可用技术进行内部基础和早期应用研究，应用范围包括太空、一体化防空反导、定向能、战略武器和相关领域。研究部的下辖机构包括：

（1）太空和一体化防空反导技术司：负责为太空和一体化防空反导两大领域关键的可用技术提供基础和应用研究，并在多个任务领域落实应用。

（2）概念分析司：负责进行研究探索，新技术推进，对概念系统和新兴技术进行分析，并培养通过国防科学、数学和转型研究部计划以及其他实习计划引进的未来科学和技术领导者和劳动力。

3）太空部

太空部提供以客户为中心的方法来开发、集成、演示和过渡空间和高空战术系统，以满足用户的需求，提供当前和未来的相关作战人员能力。太空部的下辖机构包括：

（1）太空技术司：负责评估和完善适用于相关太空和高空平台的不断发展的技术、传感器和战术作战人员应用技术。

（2）太空应用司：负责演示、整合、原型设计和过渡符合战术作战人员能力要求的相关太空和高空技术，以提高联合多域行动中的地面部队能力。

（3）指挥控制通信一体化司：负责研发支持太空和高空数据开发及整合的地基设备、新概念和网络能力。

（4）战略能力司：负责为客户提供可靠、独特的天基和地基技术，以确保作战人员的优势,并满足联合多域作战中的战术作战人员能力需求。

4) 系统工程部

系统工程部由工程和试验总监领导,于2020年6月技术中心重组时成立,负责代表技术中心总工程师管理和执行系统工程工作。系统工程部的下辖机构包括:

(1) 系统集成司:负责为天基武器系统、一体化防空反导、定向能、高超声速和相关技术的集成、演示和螺旋式开发提供虚拟和分布式环境。

(2) 项目集成保障司:负责任务保障和风险管理框架,以确保各部门的集成同步。此外还为与外部组织矩阵化的员工提供支持结构,并管理工程劳动力以确保劳动力发展和技能的适当分配。

5) 定向能部

定向能部负责提供定向能技术,使作战人员能够在各种任务领域占据主导地位,同时还负责开展高能激光武器技术研发,评估和论证定向能防御和进攻应用。定向能部的下辖机构包括:

(1) 定向能技术司:负责开展基础和应用研究以及早期技术开发,以推进、评估和利用相关的新兴高能激光武器技术。

(2) 战斗力司:负责进行应用研究,开发和评估高能激光和高功率微波武器系统对陆军感兴趣的目标的有效性。

6) 里根导弹防御试验场

罗纳德·里根弹道导弹防御试验场是一项重要的国家资产,提供导弹攻防系统、高超声速系统和太空系统的实弹开发及作战飞行试验,并提供赤道卫星发射能力,空间物体跟踪和表征,大气科学研究。罗纳德·里根弹道导弹防御试验场位于马绍尔群岛共和国夸贾林环礁。

3. 太空与导弹防御卓越中心

太空与导弹防御卓越中心成立于2019年8月,前身为未来战争中心。太空与导弹防御卓越中心负责管理陆军在条令、组织、训练、物资、领导和教育、人员、设施和太空政策要求、战略导弹防御和高空能力方面的变化。太空与导弹防御卓越中心下辖能力发展集成部、太空与导弹防御学院、一体化防空反导部、太空人员发展办公室、卓越实验中心。

1) 能力发展集成部

能力发展集成部负责从概念到能力的发展,以支持美国陆军太空与导弹防御司令部当前和新兴任务区的部队现代化工作。另外还负责兵棋推演、实验、研究分析,以及开发应用飞跃式的概念和技术,并整合多域作战的理论、组织、培训、物资、领导、教育、人员、设施和政策解决方案。能力发展集成司下辖机构包括:

(1) 概念发展司：负责为司令部未来的部队发展和部队现代化奠定概念基础，并专注于太空、高空和全球弹道导弹防御任务领域，进行概念和技术探索和评估。

(2) 决策支持司：负责提供计算和网络资源、网络漏洞测试、建模和仿真、作战分析，以支持有关系统采购的重大决策，为当前和未来的战士提供服务。

2) 太空与导弹防御学院

太空与导弹防御学院负责陆军针对太空和地面中段防御任务领域的机构培训和教育，并负责设计、编写、协调并发布陆军在太空或地基导弹防御领域的条令。此外，作为陆军太空训练战略的一部分，太空与导弹防御学院还为每个陆军卓越中心、支持学院和作战单位训练中提供太空教育训练。

3) 一体化防空反导司

一体化防空反导司负责为美国陆军太空与导弹防御司令部司令同步实施陆军防空反导现代化工作，包括部队规划和采购需求、作战和物资开发、防空反导采办和生命周期管理。此外，也负责协调开发、维护、维持、训练和使用陆军防空反导资产的机构和组织。

4) 太空人员发展办公室

太空人员发展办公室执行太空作战的生命周期管理职能，确保军官的知识、技能、行为、经验和教育满足作战要求，并确保教育要求、作战需求与职业专业发展保持一致。

5) 卓越实验中心

卓越实验中心运营三个主要实验室，负责支持任务完成并为未来的行动提供实验平台。包括：

(1) 模拟中心：负责复杂导弹防御系统的太空与导弹防御研究、设计和分析。

(2) 网络加固集成实验室：负责提供网络评估环境，并在该环境中针对一整套网络威胁进行评估，以确定针对此类威胁的任务弹性。

(3) 联合防空作战中心发展实验室：负责为国家首都地区综合防空系统采用的作战管理系统提供现场测试环境，以使美国陆军陆基防空能力有效整合到控制国土防空任务的北美航空航天防御司令部空中主权系统中。

4. 美国航空航天局分队

美国航空航天局分队负责向美国航空航天局(NASA)提供支持。

5. 首席技术办公室

首席技术办公室负责识别可能改变游戏规则的创新、概念和技术，以支持太空与导弹防御司令部的任务并实现多域作战。同时担任太空与导弹防御司令部的情报机构,负责掌握对手的科技进展。

1.3.2 海军太空司令部

海军的太空力量主要集中在海军太空司令部(NAVSPACECOM)。海军太空司令部同时也被称为海军舰队网络司令部、海军第10舰队,这三者属于一个机构,多块牌子,是海军的二级司令部。2023年,美国海军太空司令部正式设立了海军太空司令部司令的职位,但目前仍由海军舰队网络司令部司令、海军第10舰队指挥官兼任,无实际人事和组织结构调整。海军太空司令部(舰队网络司令部/第10舰队)主官为中将,负责海军的信息网络运行、进攻性和防御性网络战、网络战开发、信息战及信号情报。当前海军太空司令部下辖部队或机构包括:

(1)CTF 1010:海军网络战司令部。
(2)CTF 1020:海军网络防御战司令部。
(3)CTF 1040:海军信息战司令部得克萨斯分部。
(4)CTF 1050:海军信息战司令部佐治亚分部。
(5)CTF 1060:第6密码战大队。
(6)CTF 1070:海军信息战司令部夏威夷分部。
(7)CTF 1090:海军网络战开发大队。
(8)CTG 101:海军信息战司令部科罗拉多分部。
(9)CTG 102:海军信息战司令部惠德比岛分部。
(10)CTG 103:海军信息战司令部彭萨科拉分部。

1.3.3 海军陆战队太空司令部

海军陆战队的太空力量主要集中在海军陆战队太空司令部(MARFORSPACE),主官为少将,总部位于内布拉斯加州的奥法特空军基地(Offutt AFB),由海军陆战队战略司令部(MARFORSTRAT)现有的太空专业人员组成,将专注于为海军陆战队提供太空作战支持,同时建立融合能力以提高作战人员的战斗力。海军陆战队太空司令部司令同时指挥海军陆战队网络司令部,但两个司令部组织机构相互独立。

1.3.4 空军第1航空队

空军的太空力量主体已在天军成立时转移至天军。当前太空相关力量主要集中在空军第1航空队(AFSPACE),作为太空司令部的空军军种组成部队,主要负责协助太空司令部为美国国防部载人航天任务提供保障。

1.4 太空支援力量

除了隶属空、陆、海各军种部的太空力量,美国的民商盟太空力量已经深度融入美军太空力量体系,主要分布在美国政府机构、传统国防工业和商业航天公司及盟国,它们从多种角度以多种方式对联合部队提供太空支援。

1.4.1 政府机构

政府机构,主要包括国土安全部、商务部、NASA 与交通运输部等。其中,国土安全部下辖美国海岸警卫队依托导航中心为太空作战提供 GPS 相关服务;商务部统筹商业航天监管,旗下的国家海洋和大气管理局(NOAA)主要负责管理和运行对地观测应用卫星项目,为联合部队指挥官提供作战环境感知;NASA 提供广泛民用航天能力支持联合作战,除直接承担军用航天计划工作外,还在定位导航与授时、航天运输、环境监测、卫星运行等方面提供支持;交通运输部联邦航空局(FAA)在定位导航与授时、太空态势感知等方面提供作战支持。

1. 国土安全部海岸警卫队

美国海岸警卫队,隶属国土安全部,总部驻华盛顿哥伦比亚特区,依托导航中心对差分 GPS 和全国自动识别系统的信号、基站、站点进行监控;协调实施美国卫星辅助跟踪搜救系列计划。

2. 商务部国家海洋和大气管理局

商务部国家海洋和大气管理局(NOAA)主要负责管理和运行对地观测应用卫星项目。NOAA 在军事航天方面拥有多个项目和产品,涵盖几乎所有的作战环境产品,为联合部队指挥官提供作战环境感知。一是在地面环境监测方面,NOAA 与美国海岸警卫队及美国空军联合运营"卫星辅助跟踪搜救系统"(SARSAT);二是在太空环境监测方面,NOAA 拥有由"极轨业务环境卫星"(POES)和"地球静止轨道业务环境卫星"(GOES)构成的作战环境监测卫星系统,这两种卫星还搭载支持航空安全和航海/舰船安全的额外设备,间接支持军事航天行动。此外,NOAA 太空天气预报中心(SWPC)与美国空军第 557 天气联队的太空天气产品中心合作,向美国国防部提供支持。

3. 美国航空航天局

美国航空航天局(NASA)负责管理和实施美国民用太空计划,制定民用太空政策,规划计划、太空预算,与国内外航天机构和企业签订研究、研制合同,代表美国与其他国家开展航天合作等。在军事航天方面,NASA 主要发挥如下作用:①承担少量与军用航天计划相关的工作,例如在太空态势感知方面,NASA

从技术层面牵头制定和更新《美国轨道碎片减缓标准做法》,与国防部、商务部、交通部、国务院等共同制定太空交通标准和最佳做法;②在定位导航与授时方面,作为国家天基定位、导航和授时执行委员会成员,参与国家发布的《天基定位、导航和授时政策》的实施,并对全球导航定位系统的长期发展进行规划与指导;③在航天运输方面,NASA 的发射设施可应用于联合作战;④在环境监测方面,NASA 科研卫星所获相关数据可供空军第 557 天气联队、美国海军舰队数字气象学与海洋学中心、海军海洋办公室使用,支持联合作战;⑤在卫星运行方面,NASA 与美国海岸警卫队、国家海洋和大气管理局及美国空军为美国"卫星辅助跟踪搜救系统"(SARSAT)计划提供统管、资金和运行支持,NASA 的雷达网为军兵种部门卫星运营中心和卫星之间提供必要链接。

4. 交通运输部联邦航空局

交通运输部联邦航空局(FAA)负责授权航天发射相关工作。①在航天运输方面,FAA 授权、审批和管理政府与企业的运载航天器发射活动及发射场运行工作,确定拟议的有效载荷或有效载荷级/上面级的方式是否会影响公共健康和安全、财产安全、美国国家安全、外交政策利益或美国的国际义务;②在卫星操作方面,重点关注发射结束时的安全性,即对运载火箭的最终控制,减少碰撞和轨道碎片产生;③在定位、导航与授时方面,参加全球导航定位系统的长期发展规划与指导;④在太空态势感知方面,为北美航空航天防御司令部提供飞行器监视信息,支持太空作战。

1.4.2 传统国防工业和商业航天公司

传统商业航天公司主要包括洛克希德·马丁公司、波音公司、诺斯罗普·格鲁门公司等传统公司,以及太空探索技术公司等新兴商业公司等,主要提供航天运输、卫星运行、太空态势感知、卫星通信、航天影像情报等支持。太空系统司令部的"太空企业联盟"(SpEC),作为一种太空装备采办渠道,利用国会赋予的"其他交易授权"(OTA)快速安排原型开发项目,共发展了 440 余名成员,以商业航天公司为主,授权出 80 余个原型项目。OTA 是由美国国会授权,允许联邦机构采取除传统合同、资助或合作协议之外的另一类缔约方式,不必遵守《联邦采办条例》等政府法规的繁琐要求,采取一事一议的方式由协议双方谈判签订,具有对承包商资质要求少、签订程序简便灵活、协议履行快捷高效等特点。

1. 太空探索技术公司

太空探索技术公司,是美国新兴商业航天公司,主要从事低成本、高可靠性商业运载火箭和新型航天运输系统的研制和集成,为美军提供航天发射服务,且逐渐打破被航天巨头垄断的军事发射市场,其"猎鹰"系列运载火箭和"龙"飞船,为军方提供航天运输支持。

2. 洛克希德·马丁公司

洛克希德·马丁公司,是全球最大的武器生产商和国防工业承包商,全球顶级航空航天企业,连续十多年位列世界军工百强排名榜首。在航天器研制方面,洛克希德·马丁公司主要生产大型遥感、通信、导航、气象卫星,产品包括"天基红外系统"(SBIRS)、"移动用户目标系统"(MUOS)、"先进极高频"(AE-HF)、GPS、"地球静止轨道业务环境卫星"R系列(GOES-r)等,与美军情报监视与侦察、导弹预警、定位导航与授时、卫星通信、环境监测等太空能力密切相关;在运载器研制方面,洛克希德·马丁公司主要研制生产大中型运载火箭,如"宇宙神"系列运载火箭;在航天发射方面,洛克希德·马丁公司与波音公司成立"联合发射联盟"(ULA),负责为军方提供发射服务。

3. 诺斯罗普·格鲁曼公司

诺斯罗普·格鲁曼公司,是美国重要的防务承包商,主要业务领域包括国防电子系统、舰/潜艇、军/民用飞机、航天系统和战略战术导弹及导弹防御系统。在航天器研制方面,该公司的"太空跟踪与监视系统(STSS)""极轨业务环境卫星(POES)系统""指挥、控制、通信、计算机、情报、监视和侦察(C^{4}ISR)系统""国防支援计划(DSP)卫星系统""国防气象卫星系统""通信有效载荷分系统"等,为军方提供太空态势感知、太空控制、情报/监视/侦察、导弹预警、卫星通信、环境监测等太空能力。该公司于2017年收购的国防和太空承包商轨道ATK公司(现为诺斯罗普·格鲁曼创新系统业务部门)则侧重运载火箭、小型卫星研制及在轨服务,产品包括"米诺陶"系列运载火箭、新一代大型"欧米茄"(OmegA)火箭、高轨"地球同步轨道太空态势感知计划"(GSSAP)卫星等,可提供航天发射、太空态势感知、卫星测运控等太空能力。

4. 波音公司

波音公司,是全球最大的航空航天企业,是世界领先的民用飞机和防务、航天与安全系统制造商,是NASA主要的服务提供商。在航天器研制方面,该公司研制或参与研制的有波音376、波音601和波音702型卫星平台及相关通信卫星系列,"地球静止轨道业务环境卫星"(GOES)D-H、N、O、P对地观测卫星,GPS Ⅱ F,"转型卫星通信"(TSAT)系统,"宽带全球卫星通信"(WGS)系统,XSS-10试验微小卫星;为动能反卫星武器、轨道快车技术演示与验证卫星等产品提供卫星通信、定位/导航/授时、卫星操作等太空能力。在运载器研制方面,该公司研制或参与研制的有国际空间站、"德尔塔"系列运载火箭、"战神"系列运载火箭等。

1.4.3 盟国

盟国方面,美国主要通过共享太空态势感知(SSA)数据、共建军事航天装备(技术)、海外部属装备、构建太空作战联盟、开展联合太空军演、制定外空行为规则等方式,主要依托"五眼联盟"(是第二次世界大战后逐步形成的国家情报联盟组织,包括美国、加拿大、英国、澳大利亚、新西兰),以及印太地区的日本、韩国等国,捆绑国际利益,增强整体实力,降低成本与风险,提高对手与之抗衡的代价,并可为美军提供有效支撑。

第 2 章
美军太空作战主要领导人

美国天军成立以来,频繁调整各级指挥员,具体如下:2021 年 9 月,丽莎·A. 科斯塔博士接替金柏莉·克莱德少将出任天军首席技术与创新官;2022 年 11 月 2 日,B. 钱斯·萨尔茨曼接替约翰·雷蒙德上将出任天军第 2 任太空作战部长;2024 年 1 月 10 日,斯蒂芬·N. 怀廷接替詹姆斯·迪金森出任太空司令部第 3 任司令。初步判断,各级指挥员频繁调整的可能原因有:①职业规划需要,美军指挥员通常不会在同一岗位或同类型岗位上任职太久,属于正常的调整或晋升;②人岗适配需要,美国天军各级指挥员主要从原空军航天司令部下属的各级指挥员转隶而来,在任职后出现个人能力与岗位不符的情况,需要进行调整优化;③战略调整需要,美国天军在建设发展过程中,提出以数字和创新为主的发展方向,需要通过调整优化指挥员结构适应发展;④非战因素需要,包括指挥员家庭、身体、退役等其他原因。

本章对美军现任太空作战领域主要领导人做简要介绍。

◎ 2.1 美国太空司令部主要领导人

2.1.1 太空司令部司令——斯蒂芬·N. 怀廷(Stephen N. Whiting)

斯蒂芬·N. 怀廷上将(图 2-1),1967 年 9 月 1 日出生于密西西比州海泉市,现任美国太空司令部司令,负责统一指挥美军全球太空作战力量,遂行太空作战任务。任现职前,他是美国天军太空作战司令部司令。

履职经历:

斯蒂芬·N. 怀廷于 1989 年入伍,很大一部分经历是从事理论和战略研究,以及在总部机关从事秘

图 2-1 斯蒂芬·N. 怀廷

书和管理工作,属于学者型军官。

1989年从美国空军学院航空工程专业本科毕业加入美国空军,被学院评为优秀毕业生。

1989年7月—1990年11月,在密西西比州哥伦布空军基地第14学员中队接受基本军事训练,进入科罗拉多州洛里空军基地的本科级太空训练,获雷达操作初级训练资格。

1990年11月—1993年11月,分配到第1太空联队第12导弹预警大队,在马萨诸塞州科德角空军站负责操控"铺路爪"(Pave PAWS)地基导弹预警雷达的第6太空预警中队,先后担任作战编组指挥长、训练参谋、标准化和评估参谋。其间,在阿拉巴马州麦克斯维尔空军基地的空军中队军官学校学习,被评为优秀毕业生。

1993年11月—1994年12月,调入科罗拉多州彼得森空军基地的第21太空联队第21作战大队,在负责作训、情报、战术、气象和任务保障的第21作战支持中队,担任雷达系统参谋。

1994年12月—1995年7月,调入第21作战大队机关,担任大队长行政参谋。

1995年8月—1997年5月,加入空军实习生计划,进入五角大楼的空军总部机关实习。其间,在乔治·华盛顿大学管理学专业(组织管理方向)学习,获硕士学位。

1997年8月—1999年6月,调入科罗拉多州施里弗空军基地的第50太空联队第50作战大队,在第3太空作战中队先后担任"特高频后继星"(UFO)窄带移动通信卫星操作员、作战编组指挥长、操作小队小队长。

1999年6月—2000年7月,调入当时还隶属于第50作战大队的负责空军卫星测控网指挥控制的第22太空作战中队,担任中队作战指挥官(DO)。

2000年8月—2001年6月,进入美国空军大学指挥和参谋学院军事作战艺术和科学专业学习,获硕士学位,被评为优秀毕业生。

2001年7月—2002年6月,在美国空军学院高级航空航天研究学院空中力量战略专业学习,获硕士学位。

2002年7月—2003年6月,派遣到原美国太空司令部,在总部机关担任地区政策参谋官,后进入美国战略司令部。

2003年6月—2004年6月,调入美战略司令部总部机关,担任时任战略司令部司令詹姆斯·埃利斯海军上将的专职秘书。

2004年7月—2005年7月,调入空军航天司令部第21太空联队作战大队,在阿拉斯加州科利尔空军基地负责操控"铺路爪"地基导弹预警雷达的第13太空预警中队担任中队长。

2005年7月—2006年5月,作为空军访问学者在兰德公司从事战略研究。

2006年6月—2008年6月,调入空军航天司令部第14航空队,担任第614太空作战中心(614 AOC)司令,兼战略司令部联合太空作战中心(JSpOC)主任。

2008年9月—2009年8月,获空军参谋长奖学金,以访问学者身份到罗德岛纽波特市的海军作战部长办公室战略研究大队学习研究。其间,在弗吉尼亚州诺福克海军基地的联合部队参谋学院进修。

2009年8月—2011年6月,任科罗拉多州彼得森空军基地第21太空联队司令。

2011年7月—2013年7月,进入国防部总部机关,担任时任国防部常务副部长阿什顿·卡特的军事助理,后升任代理高级军事助理。

2013年7月—2015年7月,在空军作战司令部空军战争中心担任副司令,主管未来战争形态和空军战略研究。

2015年7月—2015年10月,调入空军航天司令部总部机关,担任时任司令海腾上将"太空事业愿景"(SEV)专项战略论证组组长。

2015年11月—2017年8月,担任空军航天司令部空天网集成和情监侦作战局(A2/3)局长。

2017年参加在哈佛大学约翰·肯尼迪政府学院举办的国家和国际安全高级官员培训班学习。2017年5月晋升少将军衔。

2017年8月—2017年11月,在空军航天司令部总部机关,担任太空联合职能司令部(JFCC – Space)转变为联合部队太空组成司令部(JFSCC)的筹建工作组组长。

2017年12月—2019年8月,空军航天司令部第14航空队司令,兼战略司令部联合部队太空组成司令部副司令。

2019年8月29日—2019年11月,空军航天司令部第14航空队司令,兼太空司令部联盟部队太空组成司令部(CFSCC)司令。

2019年11月—2019年12月,空军航天司令部副司令。

2019年12月—2020年10月,美国天军太空作战副部长。

2020年10月—2024年1月,美国天军太空作战司令部司令。2020年10月21日,晋升天军中将。

2024年1月10日,晋升天军上将,接替退休的陆军上将詹姆斯·迪金森出任美国太空司令部司令。

2.1.2　太空司令部副司令——托马斯·L.詹姆斯(Thomas L. James)

托马斯·L.詹姆斯中将现任太空司令部副司令。托马斯·詹姆斯于

1983年当兵入伍,军龄41年,从二等兵晋升至中将,在典型高技术的军事航天领域创造了从士兵到将军的传奇。

履职经历:

托马斯·L.詹姆斯入伍后在位于密西西比州谢尔比兵营的陆军国民警卫队第20特战大队2营A连的医疗队担任医疗兵。后就读南密西西比大学,获分子生物学专业学士学位,并通过预备役军官训练团培训,以陆军航空兵军官身份转入现役。

图2-2 托马斯·L.詹姆斯

进入现役后,被派往联邦德国,在陆军第3装甲师第4航空旅2-227攻击直升机营(AH-64阿帕奇直升机),先后担任营联络官、空中巡逻排排长、营作战股(S-3)副股长、人事股(S-1)股长、情报股(S-2)股长,其间参加了沙漠风暴行动。

后调入驻扎在肯塔基州坎贝尔堡的陆军第160特战航空团1营,先后担任攻击/突击直升机排排长、连行政官和营联络官。后又被派往海外,在驻韩美军陆军第2步兵师第4航空旅第2突击直升机营B连任连长。之后回到美国本土,在得克萨斯州胡德堡的陆军第3军参谋部规划计划处(G-5)担任计划参谋。

2001年,美国陆军正式建成发展"职能领域-40"太空作战军官职业领域,托马斯·L.詹姆斯参加了在彼得森空军基地举办的陆军首届太空作战专业人员资格培训班,成为陆军首批14名"职能领域-40"职业太空作战军官之一。毕业后回到陆军第3军参谋部,在作战处(G-3)担任太空和信息战参谋。

2002年,派往阿富汗巴格拉姆的第180多国联合特遣部队参谋部作战处(J-3)担任太空和信息战参谋。后调入阿富汗多国联合特种作战特遣部队,担任太空和信息战参谋。之后,又派往伊拉克巴格达,在第7多国联合特遣部队参谋部作战处(J-3)先后担任未来作战规划参谋官、太空和信息战参谋。回国后调入总部位于阿拉巴马州红石兵工厂的陆军太空与导弹防御司令部/陆军战略司令部(USASMDC/ARSTRAT),其间在司令部位于科罗拉多州彼得森空军基地的作战发展处担任太空能力科科长。

2006年派往中央司令部,在卡塔尔乌代德空军基地的多国空中作战中心担任战区太空部队副主任。返回本土后,被陆军太空与导弹防御司令部/陆军战略司令部派驻到美国空军航天司令部的国家安全太空学院,担任主管陆军太空职业教育的联络组组长。

2007年7月,进入位于彼得森空军基地的陆军太空与导弹防御司令部/陆军战略司令部第 1 太空旅,出任第 1 太空营营长。之后又调入位于阿拉巴马州红石兵工厂的陆军太空与导弹防御司令部/陆军战略司令部未来战争中心,担任副主任。

2014 年 7 月,升任陆军太空与导弹防御司令部/陆军战略司令部第 1 太空旅旅长。之后进入五角大楼美国国防部机关,在主管政策的美国国防部副部长办公室担任太空政策执行处处长。

2017 年 11 月,升任战略司令部太空联合职能司令部(JFCC – Space)副司令,晋升美国陆军准将军衔。

2017 年 12 月,出任联合部队太空组成司令部(JFSCC)作战部长(J – 3)。其间,托马斯·L.詹姆斯没有在联合部队太空组成司令部(JFSCC)总部驻地范登堡空军基地办公,而是单独带领一批队伍在施里弗空军基地工作,主要负责领导该基地内国家太空防御中心(NSDC)的建设和运行。

2019 年 8 月 29 日,美国太空司令部成立,托马斯·L.詹姆斯出任太空防御联合特遣部队(JTF – SD)首任司令。以国家太空防御中心(NSDC)为主体的太空防御联合特遣部队(JTF – SD)司令部成立后,托马斯·L.詹姆斯作为具体指挥美国太空优势作战的联合指挥官,在美国国防部与情报界达成的太空防御作战协作机制框架下,领导建立太空优势战略、作战方案、授权、兵力和指挥控制体系,领导美国各军种和美国国家侦察局遂行太空优势联合作战任务。

2022 年 11 月 15 日,美国太空司令部成立太空作战联盟联合特遣部队,托马斯·L.詹姆斯出任(代理)司令。

2023 年 12 月,任美国太空司令部副司令。

2.1.3　太空司令部天军司令、联盟联合部队太空组成司令——道格拉斯·A.希斯(Douglas A. Schiess)

道格拉斯·A.希斯中将(图 2 – 3),1970 年 2 月 5 日出生于加利福尼亚州尤卡帕市,现任美国太空司令部天军司令,同时任美国太空司令部联盟联合部队太空组成司令。1992 年,道格拉斯·A.希斯作为加利福尼亚大学洛杉矶分校空军预备役军官训练班优秀毕业生进入空军,2022 年到美国天军赴任。他曾指挥科罗拉多州施里弗空军基地第 4 太空作战中队、佛罗里达州卡纳维拉角空军基地的第 45 行动大队、科罗拉多州彼得森空军基地第 21 太空联队以及佛罗里达州帕特里克空军基地的第 45 太空联队。他曾被派

图 2 – 3　道格拉斯·A.希斯

遣到卡塔尔乌代德空军基地,带队参与"持久自由"、"坚决支持"和"固有决心"等作战行动。他曾先后就职于美国空军航天司令部总部、太空作战司令部总部、空军参谋部和空军部长办公室。任现职前,道格拉斯·A.希斯是美国太空司令部联盟部队太空组成司令部司令,同时任美国天军太空作战司令部副司令、西部太空作战司令部(SpOC – West)司令。

履职经历:

1992年,在加利福尼亚理工州立大学物理学专业学习,获得理学学士。

1993年1月—1993年4月,为加利福尼亚州范登堡空军基地导弹训练本科学生。

1993年4月—1995年9月,在北达科他州大福克斯空军基地446导弹中队就职,任洲际弹道导弹副中队长、教官、洲际弹道导弹组指挥官、飞行组副指挥官。

1995年9月—1997年3月,在北达科他州大福克斯空军基地第321导弹大队标准化评估部就职,任高级评估员、洲际弹道导弹指挥官评估员。

1996年,进入中央密歇根大学人力资源管理专业学习,获得理学硕士。

1997年,进入阿拉巴马州麦克斯韦空军基地中队指挥官学校培训。

1997年3月—1998年7月,任范登堡空军基地第2太空发射中队发射机组指挥官、发射控制员训练主任。

1998年7月—2000年6月,任五角大楼美国空军副参谋长(主管人事),参与美国国防部部长办公室(核生化)人力资源管理处空军实习生项目。

2000年6月—2001年7月,为科罗拉多州施里弗空军基地第2太空作战中队GPS组指挥官和卫星运载器操作员。

2001年7月—2002年8月,为科罗拉多州施里弗空军基地第50太空联队指挥官执行干事。

2002年8月—2003年8月,任科罗拉多州彼得森空军基地空军航天司令部总部行动大队航天专业发展指挥主管、副指挥官。

2003年8月—2004年6月,为俄亥俄州赖特·帕特森空军基地空军技术学院中级发展教育专业学生。

2004年6月—2005年7月,任五角大楼美国战略安全局太空作战部军事卫星通信业务处处长,空天作战副参谋长。

2005年7月—2007年7月,任五角大楼美国空军部长办公室武器系统部太空和导弹项目主管,负责立法联络。

2007年7月—2009年6月,任科罗拉多州施里弗空军基地第2太空作战中队作战官。

2009年6月—2011年6月,任科罗拉多州施里弗空军基地第4太空作战中队指挥官。

2011年7月—2012年7月,为华盛顿麦克奈尔堡国家战争学院学生。

2012年7月—2014年4月,任佛罗里达州卡纳维拉角空军基地第45作战大队指挥官。

2014年4月—2015年4月,任卡塔尔乌代德空军基地美国中央司令部、美国空军中央司令部太空部队主任。

2015年6月—2017年7月,任科罗拉多州彼得森空军基地第21太空联队指挥官。

2017年7月—2018年8月,任五角大楼空军副部长办公室高级军事助理。

2018年8月—2020年12月,任佛罗里达州帕特里克空军基地第45太空联队指挥官、东部靶场主任。

2020年12月—2022年8月,任科罗拉多州彼得森天军基地太空作战司令部副司令、网络空间作战部长。

2021年5月7日,晋升少将军衔。

2022年8月—2023年12月,任美国太空司令部联盟部队太空组成司令部司令、美国天军太空作战司令部副司令、西部太空作战司令部司令。

2023年12月6日,任美国太空司令部天军司令、联盟联合部队太空组成司令,晋升中将军衔。

◎ 2.2　美国天军主要领导人

2.2.1　太空作战部长——B.钱斯·萨尔茨曼(B. Chance Saltzman)

图2-4　B.钱斯·萨尔茨曼

B.钱斯·萨尔茨曼上将(图2-4),1969年6月30日出生于肯塔基州鲍灵格林市,现任美国天军太空作战部长。任现职前,是美国天军负责太空、网络与核作战的首席作战官。

履职经历：

1991年从波士顿大学本科毕业后,经空军预备役军官训练团培训加入空军,军旅生涯从战略导弹操作员开始。

1992年7月—1996年6月,在美国空军第

341战略导弹联队第10战略导弹中队,任战略导弹操作员。

1996年6月—1998年5月,在美国国防部空军部实习。

1998年5月—2001年6月,调入美国国家侦察局任小队长。

2001年7月—2003年6月,进入美国空军武器学校,担任讲师。其间编写了课本《美国空军导读》。

2003年7月—2005年6月,进入美国空军大学学习进修,分别在美国空军指挥和参谋学院以及高级航空航天研究学院学习,被评为优秀毕业生。

2005年7月—2006年6月,调入美国空军航天司令部第14航空队联合太空作战中心,任战斗计划处处长。

2006年7月—2007年6月,调入美国空军航天司令部第14航空队第614太空作战中队,任中队长。

2007年7月—2008年6月,调入美国空军航天司令部第21联队第1太空控制中队(该中队负责太空监视网指挥控制的中队,于2008年裁撤,业务并入美国空军第614中队,目前由天军第18太空控制中队承担该任务),任中队长,负责太空监视网指挥控制。

2008年7月—2009年6月,作为美国国防生进入哈佛大学进修。

2009年7月—2010年5月,调入美国空军参谋部作战规划政策和战略部,任战略规划和政策处处长。

2010年6月—2012年6月,调入美国空军航天司令部第460太空联队,任司令。

2012年6月—2014年6月,调任美国国家侦察局驻伯克利空军基地的航空航天数据设施部门,任科罗拉多站站长。

2014年06月—2015年02月,调入美国空军航天司令部总部机关,任规划计划部的副部长。

2015年3月—2016年5月,任美国空军航天司令部参谋长。

2016年6月—2019年5月,调入美国空军参谋部担任作战部(A3),任未来作战处处长。2017年5月转到当前作战处担任处长。

2019年5月—2020年8月,调入美国空军中央司令部,任副司令兼中央司令部联合部队空中组成司令部(CFACC)副司令。

2020年8月—2022年11月,任美国天军主管情报、作战、网络和核事务的首席作战官。

2022年11月至今,任美国天军太空作战部长。

2.2.2 太空作战副部长——迈克尔·A.盖特林(Michael A. Guetlein)

迈克尔·A.盖特林上将(图2-5),1967年11月22日出生于俄克拉何马

图 2-5　迈克尔·A. 盖特林

州奥瓦索市,现任美国天军太空作战副部长。任现职前,是美国天军太空系统司令部首任司令,主要负责航天装备的采购,领导约10000名军事和文职人员,负责美国天军90%的装备采购。

履职经历:

1991年,获俄克拉荷马州立大学机械航空航天工程学士学位。

1991年9月—1993年9月,任俄亥俄州赖特·帕特森空军基地特种作战计划办公室 AC-130U 武装直升机项目助理。

1993年10月—1994年8月,任俄亥俄州赖特·帕特森空军基地 B-2 轰炸机项目办公室项目推进主管。

1994年8月—1996年1月,任俄亥俄州赖特·帕特森空军基地工程局执行干事。

1995年,获俄亥俄州莱特州立大学工商管理硕士。

1996年1月—1996年7月,任佛罗里达州霍尔伯特机场第4飞机维修中队 AC-130U 武装直升机架次飞行指挥官。

1996年7月—1997年7月,任佛罗里达州霍尔伯特机场第16飞机维修中队 AC-130H 武装直升机飞行指挥官。

1997年7月—1999年6月,为五角大楼空军实习生。

1999年6月—2002年3月,任加利福尼亚州洛杉矶空军基地天基红外系统地面部分项目副经理。

2002年3月—2003年3月,任加利福尼亚州洛杉矶空军基地导弹预警系统主任。

2003年3月—2004年6月,任加利福尼亚州洛杉矶空军基地执行主任。

2004年6月—2005年6月,在罗德岛纽波特海军基地海军战争学院学习,获国家安全和政策制定专业硕士。

2005年6月—2006年12月,为五角大楼太空对抗项目要素监控员。

2006年12月—2008年6月,任五角大楼空军采购副部长助理。

2008年6月—2010年7月,任科罗拉多州彼得森空军基地快速反应中队指挥官。

2010年7月—2011年6月,为 SpaceX 公司国防部部长企业研究员。

2011年6月—2014年8月,任加利福尼亚州洛杉矶空军基地天基红外系统生产部高级物资主管。

2014年9月—2017年4月,任加利福尼亚州洛杉矶空军基地遥感系统局项目主任。

2017年4月—2019年6月,任阿拉巴马州红石兵工厂导弹防御局项目和整合项目执行官。

2019年7月—2021年8月,任美国国家侦察局副局长兼空军分队指挥官。

2021年8月—2023年12月,任美国天军太空系统司令部司令。

2023年12月至今,任美国天军太空作战副部长。

2.2.3 太空作战部长办公厅主任——史蒂文·P.惠特尼(Steven P. Whitney)

史蒂文·P.惠特尼少将(图2-6),1970年10月出生于明尼苏达州明尼阿波利斯市,现任美国天军太空作战部长办公厅主任(参谋主任),负责领导天军总部的工作人员,完成天军领导布置的各项工作。史蒂文·P.惠特尼1992年从明尼苏达大学双城分校毕业后通过美国空军后备军官训练团加入美国空军航天部队,长期从事航天装备采购工作,曾负责GPS全球定位系统的采购工作。任现职前,是美国空军部采购事务助理部长的军事副官。

履职经历:

1992年6月,从明尼苏达大学双城分校毕业,加入美国空军后备军官训练团,完成相关的训练课程后进入美国空军航天部队。

1993年4月—1996年7月,在科罗拉多州施里弗空军基地第1太空作战中队(原美国空军第21航天联队的一部分)担任"国防支援计划"(DSP)卫星系统的工程师、小组长。

图2-6 史蒂文·P.惠特尼

1996年7月—1998年6月,在加利福尼亚州洛杉矶空军基地空军航天与导弹系统中心任职,担任"天基红外系统"(SBIRS)卫星的控制工程师。

1998年6月—2000年6月,在乔治·华盛顿大学读研究生,同时兼任美国空军部机关的实习参谋(美国空军部长办公室部队管理政策办公室航天与核威慑处参谋)。

2000年6月,获得乔治·华盛顿大学授予的组织管理学硕士学位。

2000年6月—2004年5月,在美国新墨西哥州陆军导弹发射场的美国空军支援处任职,先后担任小队长、工程队长等职务。

2004年5月—2005年6月,在赖特·帕特森空军基地的美国空军技术学院学习，毕业时获系统工程专业硕士学位。

2005年6月—2008年5月，在美国空军部副部长办公室航天采购处任职，担任"军事星"通信卫星采购项目的参谋。

2008年6月—2010年7月，在美国国家侦察局任职，担任企业事务中队的指挥官，负责与相关的航天企业沟通联络，协调航天企业的力量支援美国国家侦察局的行动。

2010年8月—2011年6月，在美国国家战争学院学习，毕业时获美国国家安全战略专业的硕士学位。

2011年6月—2013年7月，在美军联合参谋部部队架构、资源与评估部（J-8）任职，在该部门下属的美国航天作战部门任参谋。

2013年7月，被调往加利福尼亚州洛杉矶空军基地的美国空军航天与导弹系统中心任职。

2013年—2015年7月，任全球定位系统部用户设备处的高级工程师。

2015年7月—2019年6月，全球定位系统部的部长，全面负责GPS的卫星及配套软硬件采购工作。任全球定位系统部部长期间，还兼任空军航天与导弹系统中心航天生产项目办公室的主任（2018年10月—2019年6月），其间2019年4月晋升空军准将。

2019年7月—2020年7月，任美国空军助理部长（分管保障事务）的副官。

2020年7月—2021年8月，任美国空军部助理部长（采购）办公室太空项目处主任。

2021年8月—2023年7月，任美国空军部助理部长（采购）的军事副官，其间于2022年9月晋升为天军少将。

2023年7月至今，任美国天军太空作战部长办公厅主任（参谋主任）。

2.2.4 首席人力资源官——凯瑟琳·凯莉（Katharine Kelley）

凯瑟琳·凯莉（图2-7），现任美国天军人力资源局局长、首席人力资源官。负责管理和指导天军人力资源所有领域，包括部队结构分析，人事项目，文职人员、预备役和高级官员事务，为分布在全球175个站点的现役和文职人员提供家庭支持，以支持该军种的太空发射、太空监视、导弹预警和卫星指挥与控制等行动。凯瑟琳·凯莉通过维拉诺瓦大学的美国陆军预备役军官训练团项目成为军官，担任第一步兵师的后勤官。在美国陆军部担任文职职务，负责该部门历史上最全面的基

图2-7 凯瑟琳·凯莉

地重组和关闭过程,同时承担后勤管理、体系基础设施和空间管理。2016年,担任阿灵顿国家公墓负责人,负责重建对美国陆军公墓运营的信任和信心,并为资本重组、扩张和技术创新规划战略方向。任现职前,曾担任美国陆军未来作战司令部的首席人力资源官。在美国陆军未来作战司令部担任了司令部总部的高级顾问,负责人力资源的各个方面,包括成立美国陆军第一个针对士兵和文职的软件培训项目。

履职经历:

1999年—2003年,任欧洲司令部第1步兵师后勤官。

2003年,获得俄克拉荷马大学国际关系专业硕士学位。

2004年—2007年,任华盛顿博思艾伦咨询公司业务流程助理。

2007年—2008年,任美国陆军装备司令部战略规划师。

2008年—2011年,任美国陆军装备司令部,主管单位重组和撤编。

2012年—2013年,任阿灵顿国家公墓标准与评估部主任。

2013年—2014年,任五角大楼信息技术局体系管理部主任。

2014年—2016年,任美国总部服务处参谋长,美国陆军部长行政助理。

2016年—2019年,任阿灵顿国家公墓主管。

2019年—2022年,任美国陆军未来司令部首席人力资源官。

2022年至今,任美国天军人力资源局局长、首席人力资源官。

2.2.5 首席情报官——格里高利·J.加格农(Gregory J. Gagnon)

格雷戈里·J.加格农少将(图2-8),1972年10月出生马萨诸塞州波士顿市,现任美国天军情监侦局局长、首席情报官,主要负责领导天军的情报搜集与分析工作,为天军的建设提供战略指导意见,为天军作战行动提供情报保障。1994年从佛蒙特州圣迈克尔学院毕业后通过美国空军后备军官训练团加入美国空军,长期在美国空军情报系统工作。任现职前,是美国太空司令部情报部部长。

图2-8 格里高利·J.加格农

履职经历:

1994年11月—1995年7月,在得克萨斯州古德菲洛空军基地第316训练中队参与情报岗位岗前培训。

1995年8月—1996年8月,在韩国群山空军基地的美国空军第8作战支援中队担任参谋。

1996年8月—1998年5月,在加利福尼亚州比尔空军基地第13情报中队担任任务行动组组长。

1998年6月—1999年12月,在美国海军研究生院学习,获国防信息分析专业硕士学位。

2000年1月—2002年3月,在佛罗里达州赫尔伯特空军基地的美国空军特种作战学校担任教员。

2002年3月—2003年12月,在太平洋空军司令部担任情报参谋。

2004年1月—2005年7月,在太平洋空军航空情报中队担任情报与任务行动组组长。

2005年7月—2006年6月,在亚拉巴马州麦克斯韦空军基地美国空军指挥与参谋学院学习。

2006年6月—2008年3月,在韩国乌山空军基地美国空军第607航空情报中队担任作战主任。

2008年3月—2010年7月,在美国空军第94情报中队担任指挥官。

2010年7月—2011年6月,在美国国家战争学院学习,毕业时获国家安全战略硕士学位。

2011年7月—2012年7月,在美国空军第495远征情报中队担任指挥官,其间在阿富汗负责搜集相关情报,保障美国空军的作战行动。

2012年8月—2014年7月,在美国战略司令部战略联合情报作战中心担任情报分析与规划处处长。

2014年7月—2016年7月,在美国空军第67网络空间作战大队担任指挥官。

2016年7月—2018年7月,在美国空军航天司令部总部担任司令行动组(司令的参谋团队)组长。

2018年7月—2019年7月,任国家安全局得克萨斯分部的指挥官。

2019年7月—2020年9月,在美国空军空战司令部担任情报部部长,其间于2019年8月晋升为美国空军准将。

2020年9月—2022年7月,在美国太空司令部担任情报部部长。

2022年7月至今,任美国天军情监侦局局长、首席情报官,2020年9月晋升为天军少将。

2.2.6　首席作战官——迪安娜·M.伯特(DeAnna M. Burt)

迪安娜·M.伯特中将(图2-9),1969年2月15日出生于美国肯塔基州路易维尔市,后在佛罗里达州长大,现任美国天军作战局局长、首席作战官。迪安娜·M.伯特于1991年作为安柏瑞德航空大学空军预备役军官训练团的杰出毕业生进入美国空军。先后在美国空军航天司令部和美国欧洲司令部多次担任卫星操作岗位和参谋岗位,并先后指挥过第2太空作战中队、第460作战大队和第50太空联队。曾是美国空军武器学校的毕业生和讲师,也是美国高级航空航天研究学院的毕业生。任现职前,是美国太空司令部联盟部队太空组成司令部司令、美国天军太空作战司令部副司令、美国西部太空作战司令部司令。

图2-9 迪安娜·M.伯特

履职经历:

1992年10月—1993年1月,为科罗拉多州洛瑞空军基地太空训练本科生。

1993年1月—1995年12月,在新墨西哥州霍洛曼空军基地第4太空预警中队任机组指挥官、副飞行指挥官和当前作战部主任。

1995年12月—1997年10月,在科罗拉多州施里弗空军基地第76太空作战中队任太空系统战术预警主管、标准化训练主管。

1997年10月—1999年1月,任科罗拉多州施里弗空军基地太空作战中心执行官。

1999年1月—1999年6月,为内华达州内利斯空军基地美国空军武器学校太空学院学生。

1999年6月—2001年12月,任内华达州内利斯空军基地美国空军武器学校太空学院教官、助理飞行训练指挥官、训练飞行指挥官。

2001年12月—2004年7月,在德国斯图加特帕奇兵营任欧洲司令部战区导弹防御作战官兼特种技术作战科副主任。

2004年7月—2005年6月,在阿拉巴马州麦克斯韦空军基地空军司令部和参谋学院进行中级发展培训。

2005年7月—2006年6月,为阿拉巴马州麦克斯韦空军基地高级空天研究学院学生。

2006年6月—2008年7月,任加州范登堡空军基地联合太空作战中心作战计划部主任。

2008年7月—2010年8月,任科罗拉多州施里弗空军基地第2太空作战中队指挥官。

2010年8月—2011年8月,任科罗拉多州彼得森空军基地空军航天司令部定位、导航和授时需求部主任。

2011年8月—2012年6月,为华盛顿特区莱斯利堡麦克奈尔国家战争学院学生。

2012年6月—2014年8月,任科罗拉多州巴克利空军基地第460作战大队指挥官。

2014年8月—2015年5月,任科罗拉多州彼得森空军基地指挥官行动大队主任。

2015年5月—2017年7月,任科罗拉多州施里弗空军基地第50太空联队指挥官。

2017年7月—2018年7月,任内华达州内利斯空军基地美国空军作战中心副指挥官。

2018年7月—2020年11月,任彼得森空军基地太空作战司令部作战与通信主任。

2020年11月—2022年8月,任美国太空司令部联盟部队太空组成司令部司令、美国天军太空作战司令部副司令、西部太空作战司令部司令。

2022年8月—2022年12月,任美国天军太空作战副部长特别助理。

2022年12月至今,任美国天军作战局局长、首席作战官。

2.2.7　首席战略与资源官——肖恩·N.布拉顿(Shawn N. Bratton)

肖恩·N.布拉顿中将(图2-8),现任美国天军战略与资源局局长、首席战略与资源官。肖恩·N.布拉顿自田纳西州诺克斯维尔军事科学院毕业后就开始服役,曾先后在第107空中控制中队、亚利桑那州空军国民警卫队任指挥官,曾担任多个作战参谋职位。肖恩·N.布拉顿是空军国民警卫队中第一位参加内利斯空军基地太空武器教官课程的成员。在伊拉克自由行动期间,肖恩·N.布拉顿曾被派遣到伊拉克胜利营空军部队协调分队,也曾担任美国北方司令部的太空部队主任,曾指挥过马里兰州空军国民警卫队第175网络空间作战大队。此外,他还曾担任过美国空军航天司令部作战处副主任。任现职前,是美国天军太空训练与战备司令部首任司令。

图2-10　肖恩·N.布拉顿

履职经历:

肖恩·N.布拉顿于1993年获得亚利桑那州州立大学中等教育文学学士学位。1994年毕业于田纳西州诺克斯维尔军事科学院。1999年,完成了中队军官学校进修。2005年从美国海军研究生院毕业,获得国家安全研究硕士学位。2005年和2010年分别以函授的形式在美国空军指挥与参谋学院和空军战争学院完成进修。2011年从美国海军战争学院毕业,获得国家安全研究硕士学位。

1988年—1994年,在亚利桑那州美国空军国民警卫队第107空中控制中队任飞机控制和预警雷达技师,1994年从田纳西州诺克斯维尔军事科学院毕业后开始军官生涯,晋升为少尉。此后在第107空中控制中队从少尉逐步晋升为中尉和上尉。

2000年—2005年,在彼得森空军基地太空司令部总部担任行动官、武器和战术主管,其间晋升为少校。

2005年—2007年,在亚利桑那州空军国民警卫队第2分队担任武器官。

2007年—2010年,在范登堡空军基地第14航空军任司令官的空军国民警卫队顾问,其间晋升为中校。

在经历近一年的脱产学习后,2011年—2014年,任彼得森空军基地的太空司令部作战与通信参谋(AFSPC/A3&A6),其间晋升为上校。

2019年4月—8月,晋升为准将,任施里弗空军基地国民警卫队太空局局长特别助理。

2019年8月—2021年2月,任太空司令部作战处副主任。

2021年2月—8月,任美国天军太空训练与战备暂编德尔塔部队负责人。

2021年8月—2023年7月,任美国天军太空训练与战备司令部司令,并于2022年2月晋升为少将。

2023年7月至今,任美国天军战略与资源局局长、首席战略与资源官,并于2023年12月晋升为中将。

2.2.8 首席技术与创新官——丽莎·A.科斯塔(Lisa A. Costa)

丽莎·A.科斯塔博士,1964年生,现任美国天军技术与创新局局长、首席技术与创新官,负责释放和利用创新活力,以提高速度和优势。她负责制定战略和政策,以推进科技研发、测试和评估,采用尖端技术对美国空军进行数字化改造,确保满足美军的信息技术需求;有效管理、分析美国天军数据,支持所有美国天军工作人员。

任现职前,她担任佛罗里达州麦克迪尔空军基地美国特种作战司令部的通信系统主任和首席信息官。她曾担任Engility公司的创新和技术高级总监,在那里她为直接客户提供大数据和人工智能。她还

图2-11 丽莎·A.科斯塔

曾担任 PlanetRisk 公司的情报副总裁和首席科学家。她是无所不能的技术监视和谍报专家。她曾在美国 MITRE 公司担任反大规模杀伤性武器和暴力极端主义部门主任。在此之前,她是 MITRE 国家安全中心的集成执行董事和企业系统工程师,负责整合各种任务、机构和项目。她为业务运营提供了执行战略规划,并推进了该中心 12 亿美元的基础业务。她为美国国家科技委及其工作人员提供新兴科技方面的建议。她为新一届美国总统政府就正在出现的全球风险和机遇提供建议。

作为国防科学委员会成员,她开发了大规模杀伤性武器早期预警的新方法,并倡导在大国竞争中使用公开可用的信息。她是 MITRE 公司的首席科学家,为美国国防部的每个作战司令部和美国国防情报局服务。她负责在华盛顿以外建立最大的数据存储库,支持人工智能的数据挖掘工作。作为美国特种作战司令部非传统信息和知识开发小组的主任,她领导多学科团队开发全球情报评估模型,该模型被用于开发建设全球范围内的情报/作战中心。

履职经历:

2001 年 9 月—2010 年 8 月,在佛罗里达州坦帕市任非传统信息与知识开发小组主任。

2010 年 9 月—2013 年 9 月,在华盛顿特区国家安全工程中心任体系集成执行董事。

2013 年 9 月—2017 年 3 月,任华盛顿特区反大规模杀伤性武器和暴力极端主义部门主任。

2017 年 3 月—2018 年 3 月,在华盛顿特区 PlanteRisk 公司任情报副总裁兼首席科学家。

2018 年 3 月—2018 年 10 月,在华盛顿特区 Engility 公司任创新与技术高级总监。

2018 年 10 月—2021 年 9 月,在佛罗里达州麦克迪尔空军基地任美国特种作战司令部通信系统主任和首席信息官。

2021 年 8 月至今,任美国天军技术与创新局局长、首席技术与创新官。

2.2.9 太空作战司令部司令——大卫·N. 米勒 Jr.（David N. Miller, Jr.）

大卫·N. 米勒 Jr. 中将(图 2-12),1971 年出生于纽约州纽堡市,现任美国天军太空作战司令部司令。1993 年从宾夕法尼亚州拉斐特学院毕业后加入美国空军,长期在美国空军航天司令部下属的导弹防御部队工作。任现职前,是美国天军太空作战副部长的特别助理。

履职经历：

1993年7月—1994年5月，在美国空军后备军官训练团第485分遣队担任少尉征兵官，主要在新泽西州立罗格斯大学负责征兵并组织学员进行军事训练。

1994年5月—1994年9月，在加利福尼亚州范登堡空军基地参与导弹专业的训练。

1994年9月—1998年9月，在怀俄明州的沃伦空军基地任职，先在美国空军第321导弹中队任洲际弹道导弹操作员、教员，后在第90作战大队担任高级标准化与评估组组长。

图2-12　大卫·N.米勒Jr.

1998年9月—2000年5月，在科罗拉多州巴克莱空军国民警卫队基地美国空军第2太空预警中队担任武器与战术小队队长。

2000年5月—2001年6月，在彼得森空军基地第21作战大队担任主任参谋。

2001年7月—2001年12月，在美国空军武器学校航天处学习。

2001年12月—2002年3月，回到美国空军第21作战大队担任武器与战术参谋。

2002年3月—2005年6月，在夏威夷西卡姆空军基地的太平洋空军司令部任职，先后担任航空作战中心的战略规划参谋以及司令行动组1的立法联络员。

2005年7月—2006年6月，在美国海军指挥与参谋学院学习。

2006年7月—2007年6月，在美国空军高级航空航天研究学校学习。

2007年6月—2008年6月，在美国空军参谋部担任航天控制处处长。

2008年6月—2009年8月，在加利福尼亚州范登堡空军基地614空战中心/联合太空作战中心担任作战行动处处长。

2009年9月—2011年6月，在范登堡空军基地的第2靶场管理中队担任指挥官。

2011年6月—2012年7月，在美国空军部总部担任空军部副部长军事助理。

2012年7月—2013年6月，在美国国家战争学院学习。

2013年6月—2015年6月，在美国空军第21作战大队担任指挥官。

2015年7月—2016年8月，在美国驻伊拉克大使馆工作，兼任伊拉克内政部以及总理办公室高级顾问。

2016年8月—2018年1月,在美国空军第460航天联队担任指挥官。

2018年1月—2020年1月,在美国空军航天司令部担任规划计划与财务管理处处长。

2020年1月—2021年1月,任美国空军部长的高级军事助理。

2021年1月—2021年6月,任美国天军分管作战、网络与核的太空作战副部长助理。

2021年6月—2023年6月,任美国太空司令部作战、训练与部队发展部部长。

2023年7月—2024年1月,任美国天军太空作战副部长特别助理。

2024年1月至今,任美国天军太空作战司令部司令。

2.2.10 太空系统司令部司令——菲利普·A. 格兰特(Philip A. Garrant)

菲利普·A. 格兰特中将(图2-13),1969年出生于马里兰州汉诺威市,现任美国天军太空系统司令部司令。1991年毕业于约翰斯·霍普金斯大学,通过美国空军后备军官训练团的训练课程后成为一名美国空军军官,长期从事武器装备的采购工作。在他的职业生涯中,他曾担任过多个采办职位,包括系统工程师、项目经理、中队指挥官、高级物资负责人、副项目执行官和项目执行官。任现职前,是美国天军战略与资源局局长、首席战略与资源官,全面负责天军的战略、需求和预算。

图2-13 菲利普·A. 格兰特

履职经历:

1992年3月—1995年6月,在马里兰州米德堡国家安全局任文档和数据网络部门系统工程师和项目经理。

1995年6月—1999年6月,任系统工程师、隐蔽数据项目经理。

1999年6月—2001年3月,任驻欧空军武器和战术部空战训练管理员。

2001年3月—2002年6月,任驻欧空军空天作战执行官、主任。

2002年8月—2003年8月,任奥格登空军后勤中心F-16结构部项目经理。

2003年8月—2004年9月,任赖特·帕特森空军基地美国空军技术学院系统工程系进行中级发展培训。

2004年9月—2006年7月,任美国空军采办部长助理、高级传感器部主任。

2006年7月—2007年6月,任美国空军采办部长助理,捕食者项目、死神项目、狩猎者项目负责人。

2007年6月—2009年6月,任艾格林空军基地空军武器中心689 ARSS指挥官,伊拉克胜利营IC-8采办联络官。

2009年6月—2010年6月,任艾格林空军基地空军武器中心808 ARSG副主任。

2010年7月—2011年6月,任美国陆军战争学院卡莱尔兵营高级发展培训。

2011年7月—2014年5月,任洛杉矶空军基地太空与导弹系统中心EELV系统分部高级物资负责人。

2013年10月—2014年4月,在阿富汗喀布尔和卡塔尔乌代德任作战、合同、支持区域副主任和战备审计主管。

2014年5月—2017年6月,任太空与导弹系统中心空间优势系统理事会主任。

2017年6月—2019年6月,任太空与导弹系统中心副指挥官兼空军项目副执行官。

2019年6月—2022年6月,任红石兵工厂导弹防御局陆基武器系统项目主管。

2022年8月—2023年12月,任美国天军战略与资源局局长、首席战略与资源官。

2023年12月至今,任美国天军太空系统司令部司令。

2.2.11 太空训练与战备司令部司令——蒂莫西·A.塞巴(Timothy A. Sejba)

蒂莫西·A.塞巴少将(图2-14),1972年3月7日出生于佛罗里达州迈阿密市,现任美国天军太空训练与战备司令部司令。美国天军成立后,蒂莫西·A.塞巴担任过该军种3个项目执行官职位,为天军组建过程中的能力采办发挥了重要作用。任现职前,是美国天军太空系统司令部太空域感知和战斗力项目执行官,战斗管理指挥、控制和通信项目执行官。

履职经历:

1995年6月—1997年10月,任科罗拉多州猎鹰空军基地第2太空作战中队主控站系统工程师兼指挥组组长。

图2-14 蒂莫西·A.塞巴

1997年10月—2002年3月,任美国国家侦察局第四作战分部飞行指挥官、标准化和评估主管、高级飞行指挥官兼执行干事。

2002年3月—2005年7月,任太空与导弹系统中心天基系统项目经理兼太空优势物资联队副项目经理。

2005年7月—2008年6月,任美国战略司令部全球打击与集成联合职能指挥部定位、导航与授时操作主管兼执行官,美国战略司令部J32特别项目主管。

2008年7月—2008年12月,为五角大楼空军研究员。

2009年1月—2009年12月,在美国参议院路易斯安那州参议员玛丽·兰德鲁(Mary Landrieu)麾下任美国空军立法研究员。

2010年1月—2010年6月,任五角大楼太空、核与网络国会联络员。

2010年7月—2012年6月,任美国国家侦察局西南航空航天数据设施太空作战中队中队长。

2012年8月—2013年6月,在华盛顿特区麦克奈尔堡国防大学艾森豪威尔国家安全与资源战略学院学习。

2013年6月—2014年6月,任艾格林空军基地国防威胁降低局武器和能力办公室主任。

2014年6月—2016年7月,任美国国家侦察局通信处技术作战大队大队长。

2016年7月—2018年7月,任太空与导弹系统中心军事卫星通信系统局副局长。

2018年7月—2019年2月,任太空快速能力办公室代理主任。

2018年7月—2020年7月,任太空与导弹系统中心先进系统开发局主任。

2020年7月—2021年8月,任太空与导弹系统中心太空开发项目执行官。

2021年8月—2022年3月,任美国天军太空系统司令部太空企业和指挥机构项目执行官。

2022年3月—2023年7月,任美国天军太空系统司令部太空域感知和战斗力项目执行官,战斗管理指挥、控制和通信项目执行官。

2023年7月至今,任美国天军太空训练与战备司令部司令。

第 3 章
美军太空作战典型装备

美军已建成由进入太空、利用太空、控制太空等系统构成的完备太空作战装备体系,其装备能力保持世界领先优势。美军太空作战装备体系可由太空态势感知装备、天基信息支援装备、太空控制装备和航天运输装备四大类构成,具备天地一体、全球覆盖的态势感知能力,遂行多域作战信息支援能力,软硬杀伤、攻防兼备的太空控制能力,以及不同轨道载荷发射与太空快速响应的太空运输能力。

⊙ 3.1 太空态势感知装备

美军现已具备对进出太空、在太空(涵盖高、低轨太空区域)的多种太空活动的态势感知能力,低轨目标分辨率达 5cm、静止轨道目标分辨率达 50cm,可跟踪编目所有在轨卫星和直径在数厘米以上的太空碎片等共计 35000 余个太空目标,对所有在轨工作卫星进行轨道预测计算分析和碰撞预警。美军太空态势感知装备体系主要包括天基太空态势感知装备和地基太空态势感知装备两部分。

3.1.1 天基太空态势感知装备

美军已部署高、低轨专用太空态势感知卫星,天基太空环境监测则主要采用有效载荷搭载探测的方式。截至 2024 年 5 月,美军共有 15 颗太空态势感知卫星在轨运行,包括 9 颗装备型系统、6 颗试验型系统(表 3 – 1)。

表 3 – 1 美军现役天基态势感知装备(截至 2024 年 5 月 31 日)

卫星名称	中文名称	发射时间	轨道类型	装备类型
SBSS – 1	天基太空监视系统 – 1	2010 年 9 月 26 日	LEO	装备型
GSSAP – 3	地球同步轨道太空态势感知计划 – 3	2016 年 8 月 19 日	近 GEO	装备型

续表

卫星名称	中文名称	发射时间	轨道类型	装备类型
GSSAP-4	地球同步轨道太空态势感知计划-4	2016年8月19日	近GEO	装备型
GSSAP-5	地球同步轨道太空态势感知计划-5	2022年1月21日	近GEO	装备型
GSSAP-6	地球同步轨道太空态势感知计划-6	2022年1月21日	近GEO	装备型
ORS-5	作战响应空间-5	2017年8月26日	LEO	装备型
Silent Barker-1	沉默巴克-1	2023年9月10日	近GEO	装备型
Silent Barker-2	沉默巴克-2	2023年9月10日	近GEO	装备型
Silent Barker-3	沉默巴克-3	2023年9月10日	近GEO	装备型
S5	太空监视小卫星系统	2019年2月25日	GEO	试验型
TDO-1	TDO-1	2019年8月8日	LEO	试验型
TDO-2	TDO-2	2020年3月26日	LEO	试验型
TDO-3	TDO-3	2021年5月18日	LEO	试验型
TDO-4	TDO-4	2021年5月18日	LEO	试验型
TacRL-2(Odyssey)	奥德赛	2021年6月13日	LEO	试验型

注：LEO——近地轨道；GEO——地球静止轨道。

3.1.1.1 天基太空监视系统

2002年，美国军方在中段太空试验卫星取得成功的基础上，启动了"天基太空监视系统"（SBSS）项目。SBSS是美军为增强实时太空态势感知能力而研制的专用太空目标监视系统，是美军太空监视的骨干系统，原计划建立4~8颗卫星的星座。该系统目标是利用星载可见光探测器执行太空态势感知任务，有效弥补美国地基监视系统受天气条件、地理位置及时间等方面影响的局限，为美国提升太空系统安全，确保太空优势提供支持。首颗卫星SBSS-1（图3-1）于2010年9月发射入轨，于2013年进入业务运行阶段。目前，SBSS卫星已在轨运行超过11年。

SBSS-1卫星质量1031kg，三轴稳定，运行在630km高的太阳同步轨道上。该卫星采用高可靠、可配置的BCP-2000平台，装有以改进型三接头安装的太阳能电池阵，有效载荷包括可见光传感器、双轴万向架、星上任务数据处理器和电子设备。该卫星的太空目标探测器是一台安装在可旋转万向架上的30cm口径光学系统，采用三反消色散望远镜和面阵CCD技术，焦面像元数量240万，观测角度达到3π，可以兼顾测量精度和宽视场搜索能力的性能指标要求。探测器还采用7色滤光盘,提升了太空目标识别能力。卫星具有 $7\times24h$ 持续工作能力,平均每天观测12000个目标,可快速扫描、发现、识别、跟踪低轨至高轨目标,特别是静止轨道卫星、机动飞行器和太空碎片等目标,可在24h完成对整个静止轨道区域的扫描探测。SBSS–1卫星上任务数据任务处理器可实现星上图像数据初步处理,减少下行链路数据传输量。卫星采用可在线编程的星上软件,支持卫星在轨系统性能升级,如探测更小的目标、自动跟踪感兴趣目标以及提高系统使用效率等。表3–2为SBSS–1卫星的主要技术指标。

图3–1　SBSS–1卫星示意图

表3–2　SBSS–1卫星的主要技术指标

项目	技术指标	信息来源
工作寿命	5.5年(设计寿命7年)	美国波音公司和鲍尔航空航天公司数据
整星功率	840W	
卫星平台	BCP–2000	
探测载荷	30cm三反消像散望远镜	
太空分辨率	GEO目标分辨率50cm	国外媒体估计数据(《航空周刊》)
	LEO目标分辨率5cm	

　　SBSS地面段主要负责接受和规划任务,系统运行维护和指挥控制,数据处理、传输和分发。地面运管中心设在美国本土施里弗天军基地,采用高冗余、开放的体系架构,可灵活地支持系统能力升级和更多卫星和探测器的加入。

3.1.1.2　"地球同步轨道太空态势感知计划"卫星

　　"地球同步轨道太空态势感知计划"(GSSAP)卫星(图3–2)是美国空军发展的高轨巡视卫星,运行在近地球同步轨道,具备GEO巡视探测和抵近详察能力,可提供准确的太空目标轨道和特征数据,增强美国高轨态势感知能力。

GSSAP 单星质量约 700kg,采用诺格创新系统公司的 GEO Star – 1 卫星平台。该平台专为军事航天任务设计,可容纳载荷为 150kg,可分配给载荷的功率为 200W,任务寿命为 5~8 年。平台主推力器采用双组元推力器,比冲为 310s,支持卫星频繁变轨和大范围机动。平台还配备一个单组元小推力器,用于精细轨道调整和悬停机动。平台采用大扭矩反作用轮,转向速度可达 1(°)/s。平台指向精度小于 0.02°,定位精度小于 50m。数传采用 X 频段,下传速度最高达 100Mb/s,另外还具有一个 Ka 备用频段。

图 3-2 GSSAP 卫星示意图

GSSAP 卫星的载荷参数信息被美军严格保密。初步分析,推测 GSSAP 卫星光学载荷选用可连续指向目标,更适合轨道巡视探测的万向架侦察相机设计,该相机具有较高分辨率和灵敏度,同时具有较强调焦能力,支持远距巡视和近距详察。据称,近距详察使目标图像分辨率达厘米级。另外据国外军事航天专家推测,GSSAP 卫星上还携带有无线电探测载荷,可探测收集 GEO 轨道带上卫星发射的无线电信号。

3.1.1.3 作战响应空间-5 卫星

作战响应空间-5(ORS-5)卫星(图3-3)是美军为弥补 SBSS-1 卫星和 SBSS FO 星座之间存在的能力空档期,在快响计划下研制的太空目标监视小卫星,也称为传感器卫星。ORS-5 卫星于 2017 年 8 月 26 日发射,于 2019 年进入全面运行;其核心目标是验证低成本效益的 GEO 太空态势感知技术,填补未来太空态势感知项目空缺,重在进行技术演示以降低未来任务风险。ORS-5 项目成本仅为 SBSS 项目的 1/10。

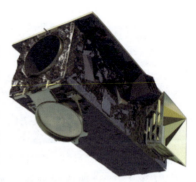

图 3-3 ORS-5 卫星示意图

ORS-5 卫星是低成本、高自主化的小型卫星系统,质量轻、体积小,卫星长约 1.5m,质量约 113kg,运行在轨道高度 600km、倾角 0°的圆轨道上,设计寿命超过 3.5 年,可对 GEO 进行持续观测,观测周期为 104min,每天约 15 次收集目标的跟踪信息。卫星首次采用"几何优化太空望远镜"(GeOST)概念,可实现快速、连续、无提示的 GEO 带搜索与识别。

3.1.1.4 "沉默巴克"卫星

2023 年 9 月 10 日,首批"沉默巴克"(Silent Barker)卫星成功发射入轨。"沉默巴克"卫星是美国国家侦察局和美国天军合作发展的机密项目,旨在提高卫星在轨威胁情报感知能力,聚焦高轨高价值资产的防护,能够利用天基传感器执行目标搜索、探测、跟踪任务,及时对高价值目标进行监控和时敏探测。"沉默巴克"卫星星座是接替天基太空监视系统 – 1(SBSS – 1)卫星的下一代太空态势感知骨干系统。最初美国空军曾于 2015 年开展天基太空监视系统 – 后续(SBSS – FO)项目,设想用 3 颗卫星组成星座接替 SBSS – 1 卫星,以增大覆盖面积,缩短目标重访周期,但该方案于 2017 年终止实施。此后于 2017 年 12 月,美国空军太空与导弹系统中心(SMC,现调整为天军太空系统司令部)和国家侦察局合作,在统筹双方任务需求的基础上,开展"沉默巴克"项目的研发工作。"沉默巴克"项目包括至少 2 批卫星,此次发射的首批卫星构成基本系统,第二批卫星为"扩展系统"。"沉默巴克"星座部署完成后由 5~7 颗卫星构成,星座将运行至坟墓轨道,实现对 GEO 卫星的大范围视场覆盖。由于项目保密程度较高,"沉默巴克"卫星具体参数未公开。

3.1.1.5 太空监视小卫星系统

随着近几年全球发射次数与数量的迅速增长,对美国太空态势感知任务能力需求提出了更高要求与挑战,为此美军开始探究低成本高效率的太空态势感知能力手段。2016 年,时任美国战略司令部司令约翰·海腾委托美国空军研究实验室(AFRL)探究更具效费比的新技术途径来补充现有太空态势感知能力。太空监视小卫星系统(S5)就是在此背景下发展的高轨太空态势感知小卫星星座试验星。

2019 年 2 月 22 日,S5 试验卫星(图 3 – 4)由劳拉空间系统公司(现麦克萨技术公司)LS – 1300 卫星平台上的预置投送系统在轨释放,部署在略高于坟墓轨道的高度上,开展高轨监视星座技术试验。S5 试验卫星是美军首颗采用大型卫星直接释放的 GEO 态势感知卫星。

S5 试验卫星采用了蓝色峡谷技术公司的灵活小卫星平台,有效载荷是 1 台 30cm 口径的先进光学系统,其口径大小与 2010 年发射的天基太空监视系统 – 1(SBSS – 1)卫星相同。卫星释放采用劳拉空间系统公司研制的有效载荷轨道交付系统(PODS)。整星发射搭载协调由太空飞行公司负责。

图 3-4　S5 试验卫星示意图

美国计划在 S5 试验卫星基础上,部署由 12~16 颗微卫星组成的监视星座,持续环绕同步轨道带运行,对含坟墓轨道的整个高轨区域进行持续监视,对异动事件进行告警。S5 试验卫星是该星座的首发试验星。目前美国通过天基与地基手段结合的方式,具备每 8h 对高轨目标遍历一次的能力,可对重点区域和重点目标在一定时段连续监视,但还无法实现全天时持续监视。未来 S5 星座部署后,持续监视能力将大幅提升。表 3-3 为 S5 卫星平台性能及卫星参数表。

表 3-3　S5 卫星平台性能及卫星参数表

项目	平台能力范围	PODS 搭载能力	S5 卫星
发射质量	≤250kg	≤150kg	60kg
整星体积	不超过 45cm×45cm×80cm	不超过 100cm×100cm×40cm	—
指向精度	±0.002°		
整星功率	不超过 300W		
有效载荷质量/体积	不超过 25kg/40cm×40cm×20cm		
支持轨道类型	LEO/GEO	GEO	GEO
设计寿命	≥5 年		

3.1.1.6　TDO 系列卫星

TDO 是美国空军研究实验室和佐治亚理工学院帮助天军研制的 12U 柔性轨道实验平台,采用模块化设计和即插即用技术,能够快速更换标准化试验载荷模块。美国天军计划利用柔性轨道试验平台及其灵活搭载能力,加速发展太空态势感知与攻防对抗技术。截至 2024 年 5 月,美国共发射 4 颗 TDO 卫星(图 3-5)。

图 3-5 TDO 系列卫星示意图

2019 年 8 月 8 日,美国成功发射了首颗 TDO-1 卫星,卫星具体名称和用途未知,推测主要用于空间碎片研究与跟踪试验。

2020 年 3 月 16 日,美国成功发射 TDO-2 卫星,其试验任务主要包括:①验证柔性轨道实验平台载荷快速更换技术,能够把技术状态固定时间推后到发射前 1 个月;②试验用于太空态势感知的激光测距载荷,对轨道目标开展主动探测试验;③作为目标卫星,用于其他天基和地基太空态势感知传感器定标试验。

2021 年 5 月 18 日,美国成功发射 TDO-3 卫星和 TDO-4 卫星,这两颗卫星是和天基红外系统-地球静止-5(SBIRS-GEO-5)卫星一起通过宇宙神-5(Atlas-5)运载火箭发射的,将为美国空军学院提供关键数据。

3.1.1.7 其他

2021 年 6 月 13 日,美国天军成功发射太空态势感知技术演示验证卫星——"奥德赛"(Odyssey,又称 TacRL-2)卫星,这属于美国天军实施的"战术响应发射计划"(TacRL),该计划旨在发展快速交付能力,缩短太空任务的部署周期。"奥德赛"卫星具体任务和搭载载荷未公开,该卫星由天军太空系统司令部特殊项目部新成立的"太空狩猎"(Space Safari)处组织研制。

2021 年 6 月 15 日,美国国家侦察局(NRO)利用米诺陶-1(Minotaur-1)运载火箭成功发射了编号 NROL-111 任务的 3 颗侦察卫星。这 3 颗卫星的官方名称、卫星类型等信息高度保密。从 Minotaur-1 运载火箭 580kg 运载能力判断,1 颗卫星的发射质量不超过 193kg,从质量看这 3 颗卫星属于小卫星,不可能是锁眼或未来成像体系成像侦察卫星,而应属于技术试验卫星。

3.1.2 地基太空态势感知装备

美军地基太空态势感知系统通过"太空监视网"(SSN)统一管理。SSN 是一个全球地基传感器网络,也是美国太空指挥控制系统最主要的传感数据来源。SSN 包括三类传感器,即专用传感器、兼用传感器、可用传感器。其中:

(1)专用传感器:指以太空态势感知为主要任务的传感器;

(2)兼用传感器:指并非以太空态势感知为主要任务,但会常态化执行太空态势感知任务的传感器;

(3)可用传感器:指仅在被要求时才执行太空态势感知任务的传感器。

当前 SSN 传感器主要分布在北半球,对于星下点在南半球的卫星或空间碎片感知和追踪性能较弱,传感器及分布如表 3-4 和图 3-6 所示。

表 3-4 美国太空监视网传感器及分布

名称	所在地	经度	纬度
专用传感器			
阿森松雷达(X 频段)	阿森松岛	14.39°W	7.97°S
地基光电深空监视系统	新墨西哥州索科罗镇	106.93°W	34.02°N
地基光电深空监视系统	夏威夷毛伊岛太空监视综合站	156.33°W	20.8°N
地基光电深空监视系统	查戈斯群岛迭戈加西亚	72.42°E	7.33°S
AN/FPS-85 雷达	佛罗里达州埃格林空军基地	86.53°W	30.48°N
"太空篱笆"雷达	马绍尔群岛夸贾林环礁	167.73°E	8.72°N
太空监视望远镜	澳大利亚哈罗德霍尔特海军通信站	114.17°E	21.82°S
格洛布斯二代雷达	挪威瓦尔德	31.13°E	70.37°N
兼用传感器			
AN/FPS-132 升级预警雷达	阿拉斯加州科利尔天军站	149.19°W	64.29°N
AN/FPS-132 升级预警雷达	格陵兰皮图菲克天军基地	68.7°W	76.53°N
AN/FPS-132 升级预警雷达	加利福尼亚州比尔空军基地	121.44°W	39.14°N
AN/FPQ-16 边界捕获雷达攻击特性系统	北达科他州卡弗利尔天军站	97.9°W	48.73°N
AN/FPS-132 升级预警雷达	英国菲林代尔斯皇家空军基地	0.67°W	54.36°N
AN/FPS-132 升级预警雷达	马萨诸塞州科德角天军站	70.54°W	41.75°N

续表

名称	所在地	经度	纬度
可用传感器			
AN/FPS-108 丹麦眼镜蛇	塞米奇群岛谢米亚岛	174.12°E	52.72°N
ALTAIR 雷达(A-B 频段,极高频/特高频)	马绍尔群岛夸贾林环礁	167.73°E	8.72°N
TRADEX 雷达(L&S 频段)	马绍尔群岛夸贾林环礁	167.73°E	8.72°N
毫米波雷达(Ka 频段)	马绍尔群岛夸贾林环礁	167.73°E	8.72°N
ALCOR 雷达(C 频段)	马绍尔群岛夸贾林环礁	167.73°E	8.72°N
RCA AN/FPQ-14 追踪雷达(C 频段)	澳大利亚哈罗德霍尔特海军通信站	114.17°E	21.82°S
光学太空监视系统	夏威夷毛伊岛太空监视综合站	156.33°W	20.8°N
"磨石山"雷达(L 频段)	马萨诸塞州韦斯特福德镇	71.44°W	42.58°N
超宽幅卫星成像雷达(X 频段)	马萨诸塞州韦斯特福德镇	71.44°W	42.58°N
"干草堆"辅助雷达(Ku 频段)	马萨诸塞州韦斯特福德镇	71.44°W	42.58°N
林肯太空监视综合设施	马萨诸塞州韦斯特福德镇	71.44°W	42.58°N
AN/FPS-108 丹麦眼镜蛇	塞米奇群岛谢米亚岛	174.12°E	52.72°N

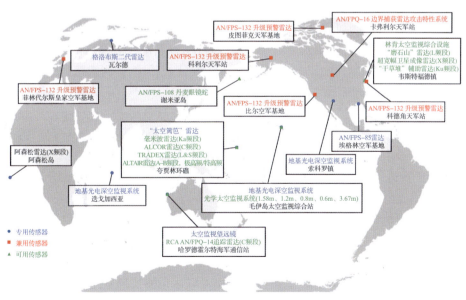

图 3-6 美太空监视网全球分布图

3.1.2.1 S频段"太空篱笆"雷达

美国于2012年正式发展新型S频段"太空篱笆"(Space Fence)大型相控阵雷达以取代老旧的"甚高频空军太空监视系统"(AFSSS)。S频段"太空篱笆"雷达是世界上最大的S频段单基地相控阵雷达,采用调频脉冲信号(频率为2GHz),在东西方向扫描,发射波束宽度为东西120°×南北0.2°,重点对中、低地球轨道上尺寸≥5cm的目标进行跟踪。图3-7为"太空篱笆"雷达系统。

图3-7 "太空篱笆"雷达系统

新型"太空篱笆"雷达使用元件级数字波束成形(DBF)技术,能同时产生多个独立雷达波束,在相同频段内以不同频率模式工作,使雷达具备灵活覆盖能力。"太空篱笆"雷达可在不影响日常监视能力的前提下,对全轨道任意重点目标进行及时探测跟踪。例如,可利用长弧段跟踪,对未知太空目标进行初轨确定与太空编目,同时可产生电子"微篱笆",对重点目标进行持续跟踪。另外,可根据用户需求自动调节雷达束数量和覆盖范围,以获取任务所需的"微篱笆"。"太空篱笆"雷达使用氮化镓功率放大器产生高能长脉冲,探测跟踪远距离太空目标,增强太空态势感知能力。

新型"太空篱笆"雷达夸贾林站于2020年2月具备初始运行能力,并于2020年3月28日由美国天军宣布投入运行,设计寿命25年。"太空篱笆"雷达还将建设澳大利亚站,与夸贾林站共同提供互补式太空监视覆盖。S频段"太空篱笆"雷达每天可探测150万次,跟踪20万个目标,GEO目标跟踪分辨率可达到10cm,LEO目标跟踪分辨率可达到1cm。与上一代装备相比,"太空篱笆"雷达太空目标探测数据将提高10倍,分辨率大幅提升,探测同一目标的周期缩短。

3.1.2.2 AN/FPS-85雷达

美军唯一的专用太空监视任务的相控阵雷达是位于佛罗里达州埃格林空军基地的AN/FPS-85雷达,该雷达为收发分置的相控阵雷达,方位向探测范围为120°,探测频率442MHz,探测距离5600~7500km,探测俯角0°~105°,可同时跟踪200个目标,但深空监视能力有限。该雷达主要以向南35°的仰角,180°±40°的覆盖范围探测低轨目标。在太空监视网中FPS-85雷达的灵敏度最高,能够从一次反射脉冲信号中,探测到距离7500km的目标。有些高轨卫星为大椭圆轨道,偏心率较大,FPS-85雷达可探测、跟踪大部分类似的高轨目标。

3.1.2.3 "干草堆"辅助雷达

"干草堆"辅助雷达采用单脉冲体制,探测频率7750~8050MHz,能够对高轨和低轨目标进行成像,低轨目标成像分辨率达到0.25m,测角精度0.34′(动态),探测距离27000km(雷达散射截面积为$1m^2$),主要用于对新发射的太空目标成像以及识别卫星运行异常等任务。

3.1.2.4 地基光电深空监视系统

地基光电深空监视系统(GEODSS)包括3个观测站(图3-8),分别部署在新墨西哥州索科罗镇、夏威夷毛伊岛和印度洋迭戈加西亚岛,观测站点的地理位置分布较雷达站点更为理想。每个观测站均可独立工作,配置有3台望远镜:两台主望远镜口径101.6cm,焦距218cm,视场2.1°;一台辅助望远镜口径38cm,焦距76cm,视场6°。主望远镜主要搜索星等较低、运动速度较慢的高轨道太空目标,并具有对夜空$2400km^2/h$的探测能力;辅助望远镜主要用于低高度、大范围、快速运动目标的搜索,具有$15000km^2/h$的搜索能力。

图3-8 GEODSS(左到右依次为索科罗观测站、毛伊岛观测站、迭戈加西亚观测站)

GEODSS能实时探测、跟踪、辨识轨道高度为5600~40000km的太空目标,主要用于对地球静止轨道目标的太空监视任务,可以探测到40000km高度足球般大的物体。GEODSS系统使用CCD器件,目标图像经CCD转换成数字信号并即时送计算机处理和显示,实现了对太空目标的准实时跟踪。GEODSS系统采用微光摄像技术,对太空物体反射光有良好的响应。它白天可以观测8星等的太空目标,晚上可以观测16.5星等的目标。

3.1.2.5 太空监视望远镜

2016年,美国新一代地基光学"太空监视望远镜"(SST)(图3-9)完成测试,由国防高级研究计划局(DARPA)向空军移交,部署在澳大利亚西部埃克斯茅斯(Exmouth)附近的哈罗德·E.霍尔特(Harold E. Holt)海军通信站,以增强对南半球太空目标的探测能力。SST采用非球面镜和曲面电荷耦合器件,口径大、焦距短、视场宽、探测灵敏度高,采用电机驱动,可快速稳定探测深空目标。SST能探测到地球同步轨道直径10cm的目标,探测精度和搜索覆盖率比先前装备提高约一个数量级。

图3-9 太空监视望远镜

3.1.2.6 C频段雷达

C频段雷达部署地点与SST相同,同处于澳大利亚西岸,提供对东半球和南半球的覆盖。2017年3月,C频段雷达实现全面运行。C频段雷达是一种机械跟踪雷达,一天可以跟踪200个目标,还可以识别卫星轨道和卫星潜在异常。尽管数据容量有限,但C频段雷达可提供非常精确的卫星定位数据和特征描述数据。该雷达原部署于加勒比海的安提瓜岛,用于卡纳维拉尔角的卫星发射测控。

3.1.2.7 地基预警雷达

美军现有5座AN/FPS-132和1座AN/FPQ-16,共6座地基预警雷达。

AN/FPS-132升级预警雷达为弹道导弹防御系统提供探测、跟踪和分类数据。该雷达与前代预警雷达在技术能力上几乎相同,但包含部分软硬件升级使得雷达具有升级的接收激励器和频率时间标准,而且能够与陆基中段防御系统通信。雷达频段为422~448MHz,瞬时带宽为30MHz,作用距离为4800km。

AN/FPQ-16边界捕获雷达攻击特性系统主要能够对来袭的洲际弹道导弹提供预警信息,原本是美国陆军保障计划反弹道导弹系统的一部分,当前由美国天军第4太空德尔塔第10太空预警中队操控,雷达频段为2200~3300MHz、5400~5900MHz,具有跟踪2000个弹头与初识别能力。

3.1.2.8 "乌鸦级"望远镜

"乌鸦级"(Raven-Class)望远镜是美军在智利部署的首个光学望远镜,同时是美军在南美部署的首个太空域感知传感器。"乌鸦级"望远镜于2023年3月27日由智利空军、美国天军、美国太空司令部和美国南方司令部共同完成部署,由第2太空德尔塔第15太空监视中队辅助智利空军完成该望远镜的运营操控。"乌鸦级"望远镜尚未纳入美国太空监视网,一方面作为美国天军与智利空军太空域感知合作试点项目的一部分,旨在通过与智利合作验证在当地地理条件和环境下光学传感器的性能,以降低美国在南美部署太空域感知传感器的风险;另一方面还作为太空系统司令部太空域感知和战斗力局的软件测试平台,用于新传感模式和技术的实验验证。

3.2 天基信息支援装备

天基信息支援是利用天基信息系统,从太空为陆地、海洋、空中等作战力量提供战场态势、通信中继、导航定位等信息支援的作战行动。美国拥有结构完整,功能齐全、性能先进的天基信息支援装备体系。按照类型可将其分为情报监视侦察装备、导弹预警装备、通信中继装备、环境监测装备、导航定位装备。

3.2.1 情报监视侦察装备

情报监视侦察装备指利用各类航天器获取陆地、海洋、空中的战略战术目标信息的天基信息获取系统,发现、识别、监视敌方重要的战略战术目标,是国家安全与战争态势评估、战略战术决策、确定打击目标、为武器提供制导信息和评估打击效果的重要基础。情报监视侦察卫星主要分为光学成像侦察卫星、雷达成像侦察卫星和电子侦察卫星,美国在轨侦察监视卫星共计47颗(表3-5),其中光学成像侦察卫星8颗、雷达成像侦察卫星6颗、电子侦察卫星33颗。总体来说,美国侦察监视卫星领先其他国家一代。其光学卫星全色谱段分辨率0.1m、红外谱段分辨率小于1m、雷达成像分辨率小于0.3m。

表3-5　美国在轨工作侦察监视卫星(截至2024年5月31日)

序号	卫星英文名称	卫星中文名称	分类	发射日期
1	KH-12-5	锁眼-12-5	光学成像侦察	2005年10月19日
2	KH-12-6	锁眼-12-6	光学成像侦察	2011年1月20日
3	KH-12-7	锁眼-12-7	光学成像侦察	2013年8月28日
4	KH-12-8	锁眼-12-8	光学成像侦察	2019年1月19日
5	KH-12-9	锁眼-12-9	光学成像侦察	2021年4月27日
6	KH-12-10	锁眼-12-10	光学成像侦察	2022年9月24日
7	Kestrel Eye-2M	隼眼-2M	光学成像侦察	2017年8月14日

续表

序号	卫星英文名称	卫星中文名称	分类	发射日期
8	SeeMe	军事作战太空使能效果卫星	光学成像侦察	2018年12月3日
9	Lacrosse-5	长曲棍球-5	雷达成像侦察	2005年4月30日
10	FIA-Radar-1	未来成像体系-雷达-1	雷达成像侦察	2010年9月21日
11	FIA-Radar-2	未来成像体系-雷达-2	雷达成像侦察	2012年4月3日
12	FIA-Radar-3	未来成像体系-雷达-3	雷达成像侦察	2013年12月6日
13	FIA-Radar-4	未来成像体系-雷达-4	雷达成像侦察	2016年2月10日
14	FIA-Radar-5	未来成像体系-雷达-5	雷达成像侦察	2018年1月12日
15	Mercury-1	水星-1	电子侦察	1994年8月27日
16	Mercury-2	水星-2	电子侦察	1996年4月24日
17	Mercury-F/O-1	水星-后继星-1	电子侦察	2014年4月10日
18	Mentor-2	顾问-2	电子侦察	1998年5月9日
19	Mentor-3	顾问-3	电子侦察	2003年9月9日
20	Mentor-4	顾问-4	电子侦察	2009年1月18日
21	Mentor-5	顾问-5	电子侦察	2010年11月21日
22	Mentor-6	顾问-6	电子侦察	2012年6月29日
23	Mentor-7	顾问-7	电子侦察	2016年6月11日
24	Mentor-8	顾问-8	电子侦察	2020年12月11日
25	Mentor-9	顾问-9	电子侦察	2023年6月22日
26	Mentor-10	顾问-10	电子侦察	2024年4月9日
27	Trumpet-3	军号-3	电子侦察	1997年11月8日
28	Trumpet-4	军号-4	电子侦察	2006年6月28日
29	Trumpet-5	军号-5	电子侦察	2008年3月13日
30	Trumpet-F/O-2-1	军号-后继星-2-1	电子侦察	2014年12月13日
31	Trumpet-F/O-2-2	军号-后继星-2-2	电子侦察	2017年9月24日
32	NOSS-3-3A	海军海洋监视系统-3-3A	电子侦察	2005年2月3日

续表

序号	卫星英文名称	卫星中文名称	分类	发射日期
33	NOSS-3-3B	海军海洋监视系统-3-3B	电子侦察	2005年2月3日
34	NOSS-3-4A	海军海洋监视系统-3-4A	电子侦察	2007年6月15日
35	NOSS-3-4B	海军海洋监视系统-3-4B	电子侦察	2007年6月15日
36	NOSS-3-5A	海军海洋监视系统-3-5A	电子侦察	2011年4月15日
37	NOSS-3-5B	海军海洋监视系统-3-5B	电子侦察	2011年4月15日
38	NOSS-3-6A	海军海洋监视系统-3-6A	电子侦察	2012年9月13日
39	NOSS-3-6B	海军海洋监视系统-3-6B	电子侦察	2012年9月13日
40	NOSS-3-7A	海军海洋监视系统-3-7A	电子侦察	2015年10月8日
41	NOSS-3-7B	海军海洋监视系统-3-7B	电子侦察	2015年10月8日
42	NOSS-3-8A	海军海洋监视系统-3-8A	电子侦察	2017年3月1日
43	NOSS-3-8B	海军海洋监视系统-3-8B	电子侦察	2017年3月1日
44	NOSS-3-09A/Intruder-13A	海军海洋监视系统-3-9A	电子侦察	2022年4月17日
45	NOSS-3-09B/Intruder-13B	海军海洋监视系统-3-9B	电子侦察	2022年4月17日
46	Nemesis-1(PAN)	涅墨西斯-1(黑夜守护神)	电子侦察	2009年9月8日
47	Nemesis-2(CLIO)	涅墨西斯-2(克利俄)	电子侦察	2014年9月17日

3.2.1.1 天基成像侦察系统

美国天基成像侦察系统主要有"锁眼"卫星系统和"未来成像体系-雷达"卫星系统。其中,"锁眼"卫星系统是美国分辨率最高的光学成像系统,"未来成像体系-雷达"卫星系统是美国分辨率最高的SAR成像系统,均服务于美国情报界,主要提供战略情报支撑。

1."锁眼"卫星系统

"锁眼"(KH)卫星系统是美国军用光学成像侦察卫星系列,是美国发展最早、最成功、保密程度最高的军用卫星系列之一,是目前分辨率最高的光学成像侦察卫星。由美国国家侦察局(NRO)发展并运行,主要为美国情报界提供战略侦察情报。20世纪90年代后,KH卫星系统的应用开始逐渐向战术应用领域拓展。2008年后,美军将其归类为"光学地理空间情报"(GEOINT)卫星。截至2024年5月,共有6颗卫星在轨运行。表3-6为KH系列卫星发射和在轨情况。

表3-6 KH系列卫星发射和在轨情况(截至2024年5月31日)

外界推测		发射时间	美国内部名称	工作状态
型号	划代			
KH-11-1	KH-11 Block 1	1976年12月19日	"水晶"(CRYSTAL)	退役
KH-11-2		1978年6月14日		退役
KH-11-3		1980年2月7日		退役
KH-11-4		1981年9月3日		退役
KH-11-5		1982年11月17日		退役
KH-11-6	KH-11 Block 2	1984年12月4日		退役
KH-11-7		1985年8月28日		发射失败
KH-11-8		1987年10月26日		退役
KH-11-9		1988年11月6日		退役
KH-12-1	KH-11 Block 3	1992年11月28日	"增强型水晶"(Enhanced CRYSTAL)	退役
KH-12-2		1995年12月5日		退役
KH-12-3		1996年12月20日		退役
KH-12-4		2001年10月5日		退役
KH-12-5		2005年10月19日		备份工作
KH-12-6	KH-11 Block 4	2011年1月20日	增强成像系统(enhanced imaging system)	主份工作
KH-12-7		2013年8月28日		主份工作
KH-12-8	KH-11 Block 5	2019年1月19日	改进增强型水晶(evolved enhanced CRYSTAL)	主份工作
KH-12-9		2021年4月27日		主份工作
KH-12-10		2022年9月24日		主份工作

KH卫星系统由空间段、地面段和用户段构成。目前使用的KH-12卫星由美国国家侦察局的国家侦察操作中心负责运行管理,利用美国空军卫星控制网指挥控制卫星,主要用户是美国国家地理空间情报局,图像产品也应

用于部队作战。卫星数据传输有以下3条主要途径:①通过美国国家侦察局的"卫星数据系统"(SDS)中继卫星或NASA的"跟踪与数据中继卫星"(TDRS)直接传送到美国国家照相判读中心(现已划归美国国家侦察局)处理。②从卫星至分布在各地的地面接收站,再通过通信卫星传回美国。前线部队使用的卫星图片,一般大部分图像都要经过美国国家照相判读中心处理加工,然后通过军事通信卫星传送至战区。③卫星直接将数据下传至战区内的接收处理站。

KH-12卫星轨道高度为300km×1000km,倾角97.9°,设计寿命8年。卫星发射质量超过15000kg,干质量约10000kg,直径4m,长约15m,其中前部的有效载荷舱长约11m,用于承载相机系统,卫星支持舱长约4m,装有卫星电子设备和推进分系统。星体两侧装有2副刚性太阳翼,对太阳单轴定向,功率3kW。卫星配备的KH-12相机光学系统仍采用反射式卡塞格伦系统,直径约为3m,地面分辨率0.1m。KH-12卫星还配备了红外相机,红外分辨率0.6～1m。图3-10为KH-12卫星示意图。

图3-10 KH-12卫星示意图

2008年10月15日,时任美国国家侦察局局长与美国国家情报总监磋商后,解密了美国国家侦察局的5个地面站的相关情况。美国境内的3个任务地面站是多任务地面站,负责支持全球军事作战和多机构收集、分析和分发情报数据。这3个任务地面站负责指挥和控制美国国家侦察局侦察卫星,包括收集情报数据,以及向美国国防、情报、民用机构分发情报数据。尽管美国国家侦察局解密了这5个地面站的存在和位置,但其运行信息、任务能力、卫星搜集指令和目标、弱点、历史文件、任务和设施历史等将继续保密。位于澳大利亚和英国的2个卫星地面站主要用于服务美国国家侦察局的电子侦察卫星。表3-7为美国国家侦察局已解密地面站情况。

表 3-7　美国国家侦察局已解密地面站情况

地面站中文名称	地面站英文名称	国家	类型	服务卫星系统	地理位置
航天数据设施-科罗拉多	Aerospace Data Facility-Colorado（ADF-C）	美国	任务地面站（MGS）	美国国家侦察局卫星（不分类型）	位于美国科罗拉多州巴克利天军基地
航天数据设施-东方	Aerospace Data Facility-East（ADF-E）	美国	任务地面站	美国国家侦察局卫星（不分类型）	位于美国弗吉尼亚州贝尔瓦堡
航天数据设施-西南	Aerospace Data Facility-Southwest（ADF-SW）	美国	任务地面站	美国国家侦察局卫星（不分类型）	位于美国新墨西哥州白沙试验场
联合国防设施松峡	Joint Defense Facility Pine Gap（JDFPG）	澳大利亚/美国	卫星地面站	GEO电子侦察卫星	位于澳大利亚艾丽斯普林斯镇西南方向
皇家空军曼威山	RAF Menwith Hill（RAFMH）	英国/美国	卫星地面站	电子侦察卫星	位于英国北约克郡哈罗盖特附近

目前,"锁眼"卫星系统持续向高精尖方向发展。2019年1月19日,联合发射联盟公司的德尔塔-4H（Delta-4H）重型运载火箭于范登堡天军基地发射了美国国家侦察局的光学成像侦察卫星,任务代号NROL-71,NROL-71是新批次"锁眼"卫星,其相机直径相比KH-11 Block 4型可能更大,可见光和红外成像能力可能进一步增强。2022年9月24日,德尔塔-4H重型运载火箭在范登堡天军基地发射了光学成像侦察卫星KH-12-10,为第三颗KH-11 Block 5型卫星,全色分辨率优于0.1m,红外分辨率可能达到0.5m。

2."未来成像体系-雷达"卫星系统

"未来成像体系-雷达"（FIA-Radar）卫星是美国国家侦察局于20世纪90年代中期开始发展的雷达成像侦察卫星,也称为"黄玉"（TOPAZ）卫星,用于取代上一代的"长曲棍球"（Lacrosse）卫星,为美国情报界提供战略侦察情报。截至2024年5月,共有5颗卫星在轨运行。表3-8为FIA-Radar系列卫星发射和在轨情况。

表3-8　FIA-Radar系列卫星发射和在轨情况(截至2024年5月31日)

外界推测		发射时间	美国内部名称	工作状态
型号	划代			
FIA-Radar-1	FIA-Radar Block 1	2010年9月21日	第一代"黄玉"(TOPAZ Block 1)	在轨工作
FIA-Radar-2		2012年4月3日		在轨工作
FIA-Radar-3		2013年12月6日		在轨工作
FIA-Radar-4		2016年2月10日		在轨工作
FIA-Radar-5		2018年1月12日		在轨工作
FIA-Radar	FIA-Radar Block 2	待定	第二代"黄玉"(TOPAZ Block 2)	在研

"未来成像体系-雷达"系统原本包括可见光/近红外光学成像卫星和SAR成像卫星两部分,能够在任何时间对全球任何地点进行高精度侦察,将在未来几十年内对美国的情报搜集工作起到至关重要的作用。但是,由于过多的需求和过高的技术风险,使FIA项目大大超出预算,研制进度也不断延后。美国在2005年取消了FIA项目的光学成像侦察卫星部分,由"下一代光学电子"(NGEO)项目取代。FIA项目的雷达卫星部分仍然保留,根据最初的计划,研制5颗"未来成像体系-雷达"雷达卫星,其主承包商是洛克希德·马丁(LM)公司。图3-11为"未来成像体系-雷达"卫星外形设想图。

图3-11　"未来成像体系-雷达"卫星外形设想图

"未来成像体系-雷达"卫星运行在轨道高度1100km、倾角123°的逆行圆轨道上。"未来成像体系-雷达"卫星的系统设计与性能指标高度保密,据推测分辨率至少与其上一代"长曲棍球"卫星相当,也有报道称能达到0.1m。

美国持续构建高精尖的雷达成像侦察卫星星座,同时通过"商业图像采购与融合战略"将商业能力融入美国国家侦察局的地理空间情报体系。据华盛顿邮报2013年8月刊登的斯诺登披露美国预算文件,美国国家侦察局已经启动了第二代"未来成像体系-雷达"卫星的研制工作,2013财年预算为1.25亿美元,因该项目高度保密,研制数量、发射时间、性能指标等关键信息均未公布。2019年美国国家侦察局向多家商业公司授出了多份图像论证合同和采购合同,研究如何将商业公司的光学、雷达、射频等遥感数据融入政府的地理空间情报体系架构。美国国家侦察局将依靠现有和新兴商业地理空间数据供应商实现集国家和商业能力于一体的过顶监视体系战略。未来美国国家侦察局计划继续增加对商业图像的利用,并期待与新公司和新能力合作。商业能力将在美国国家侦察局未来的体系结构中扮演重要角色。

3.2.1.2 天基电子侦察系统

美国天基电子侦察系统主要有"水星"(Mercury)卫星系统、"顾问"(Mentor)卫星系统、"军号"(Trumpet)卫星系统和海军海洋监视卫星-3(NOSS-3)系统。其中,"水星"卫星系统部署于地球同步轨道,在轨3颗,主要侦收通信信号;"顾问"卫星系统部署于地球同步轨道,在轨9颗,主要侦收雷达和导弹遥测信号;"军号"卫星系统部署于大椭圆轨道,在轨5颗,主要侦收雷达信号;海洋监视卫星-3系统部署于低轨近圆轨道,在轨14颗,主要对海洋大型目标进行定位,定位精度高。

据华盛顿邮报2013年8月刊登的斯诺登披露美国预算文件,美国"国家情报计划"从2008年开始将电子侦察卫星更名为"信号情报"(SIGINT)卫星,由高轨(SIGINT High)信号情报卫星和低轨(SIGINT Low)信号情报卫星两大部分组成。其中,高轨信号情报卫星包括运行于地球同步轨道的"水星"(Mercury)系列卫星和"顾问"(Mentor)系列卫星,以及运行于大椭圆轨道的"军号"(Trumpet)系列卫星。低轨信号情报卫星包括海军海洋监视卫星-3系列。

1."水星"卫星系统

"水星"卫星是美国20世纪末发展的电子侦察卫星系列,用于替换美国空军于20世纪70年代发展的"峡谷"(Canyon)卫星和20世纪80年代发展的"小屋"(Chalet)卫星和"旋涡"(Vortex)卫星。该系列电子侦察卫星最初由美国空军发展,现由美国国家侦察局统一发展和管理。

截至2024年5月,美国共发射4颗"水星"卫星(图3-12),其中前3颗为一代,2014年发射的水星-后继星-1(Mercury-F/O-1)是美国发展的新一代地球同步轨道信号情报卫星,用于替换已经超期服役的"水星"系列卫星。表3-9为"水星"系列卫星发射和在轨情况。

图 3-12 "水星"卫星外形图

表 3-9 "水星"系列卫星发射和在轨情况(截至 2024 年 5 月 31 日)

序号	卫星名称	发射时间	发射结果	在轨状态	轨道
1	Mercury-01	1994 年 8 月 27 日	成功	超期服役	GEO
2	Mercury-02	1996 年 4 月 24 日	成功	超期服役	GEO
3	Mercury-03	1998 年 8 月 12 日	失败	—	GEO
4	Mercury-F/O-1	2014 年 4 月 10 日	成功	工作	GEO

"水星"卫星工作在地球同步轨道,能对南北纬 65°之间的区域一天 24h 连续不断地进行电子侦察,侧重于通信信号情报侦察,同时也能侦察雷达和其他电子设备,主要为美国国家安全局、中央情报局和各军种提供电子情报信息。"水星"卫星侦收连续,但辐射源定位精度不高。

"水星"卫星采用 Milstar 三轴稳定平台,发射质量 4500kg,整流罩尺寸长 12m,直径 5m,设计寿命 8~12 年。"水星"卫星由美国休斯公司研制,大型可展开天线发射器技术后来还应用到了阿联酋的商业同步轨道移动通信卫星"瑟拉亚"(Thuraya)上。据美国 FAS 网站 1993 年报道,"水星"卫星天线直径超过 95m,天线展开方式为缠绕肋式,1996 年更改为周边桁架式,天线带有子反射器。据称"水星"卫星侦测频带大幅拓宽,达到 0.01~100GHz,接收机的灵敏度和信噪比很高。目前,据非官方信息源报道,"水星"卫星定位精度为 20~40km。

2. "顾问"卫星系统

"顾问"(Mentor)卫星是美国 20 世纪末发展的高轨信号情报卫星,用于替换美国中央情报局于20世纪70年代发展的"流纹岩"(Rhyolite)卫星和"水上表演者"(Aquacade)卫星和20世纪80年代发展的"大酒瓶"(Magnum)卫星和"猎户座"(Orion)卫星。"顾问"卫星又被称为"先进猎户座"(Advanced Orion)卫星,最初由美国中央情报局发展,现由美国国家侦察局统一发展和管理。图3-13为"顾问"卫星示意图。

图3-13 "顾问"卫星示意图

截至2024年5月,美国共发射10颗"顾问"卫星,最新1颗于2024年4月9日发射,目前有9颗在轨工作,其中5颗已经超期服役。表3-10为"顾问"卫星发射及在轨情况。

表3-10 "顾问"卫星发射及在轨情况(截至2024年5月31日)

序号	卫星名称	发射时间	发射结果	在轨状态	轨道
1	Mentor-01	1995年5月14日	成功	退役	GEO
2	Mentor-02	1998年5月9日	成功	超期服役	GEO
3	Mentor-03	2003年9月9日	成功	超期服役	GEO
4	Mentor-04	2009年1月18日	成功	超期服役	GEO
5	Mentor-05	2010年11月21日	成功	超期服役	GEO
6	Mentor-06	2012年6月29日	成功	超期服役	GEO
7	Mentor-07	2016年6月11日	成功	工作	GEO
8	Mentor-08	2020年12月11日	成功	工作	GEO
9	Mentor-09	2023年6月22日	成功	工作	GEO
10	Mentor-10	2024年4月9日	成功	工作	GEO

"顾问"卫星采用 Milstar 三轴稳定平台,发射质量 4500kg,整流罩尺寸长 18m,直径 5m。据美国 FAS 网站 1993 年报道,天线口径 106m,天线展开方式为缠绕肋式,1996 年更改为周边桁架式,天线带有子反射器。

"顾问"卫星运行于地球同步轨道,能对南北纬 65°之间的区域一天 24h 连续不断地进行电子侦察。"顾问"卫星同"大酒瓶"卫星一样,能够对雷达信号、微波通信、无线电话等无线电信号进行侦察,但同样是侧重于雷达和导弹遥测信号的侦察。据称,"顾问"卫星采用大型侦收天线,可侦收的最小地面信号的强度是低轨道卫星的 1/5000,并采取抗核加固措施。

美国为构建综合信号情报侦察体系,将继续发展"顾问"卫星系列,用于替换超期服役的"顾问"卫星,为美国军方提供连续的信号情报侦察能力。

3."军号"卫星系统

"军号"(Trumpet)卫星是美国 20 世纪发展的大椭圆轨道信号情报卫星系列,用于替换美国空军于 20 世纪七八十年代发展的"弹射座椅"(Jumpseat)卫星。该系列卫星最初由美国空军开发,现由美国国家侦察局统一开发和管理。

截至 2024 年 5 月,美国共发射 7 颗"军号"卫星,其中前 5 颗为一代,2014 年和 2017 年发射的军号 – 后继星(Trumpet – F/O)是美国发展的新一代大椭圆轨道信号情报卫星,用于替换已经超期服役的"军号"系列卫星。

"军号"卫星位于远地点 36800km、近地点 300~400km、倾角 63.4°的大椭圆轨道。"军号"卫星采用 Milstar 三轴稳定平台,发射质量 4500kg,整流罩尺寸长 18m,直径 5m。据美国 FAS 网站 1993 年报道的天线口径 106m,展开方式为缠绕肋式,1996 年更改为周边桁架式,天线带有子反射器。表 3 – 11 为"军号"系列卫星发射和在轨情况。

表 3 – 11 "军号"系列卫星发射和在轨情况(截至 2024 年 5 月 31 日)

序号	卫星名称	发射时间	发射结果	在轨状态	轨道
1	Trumpet – 1	1994 年 5 月 3 日	成功	退役	HEO
2	Trumpet – 2	1995 年 7 月 10 日	成功	退役	HEO
3	Trumpet – 3	1997 年 11 月 8 日	成功	超期服役	HEO
4	Trumpet – 4	2006 年 6 月 28 日	成功	超期服役	HEO
5	Trumpet – 5	2008 年 3 月 13 日	成功	超期服役	HEO
6	Trumpet – F/O – 2 – 1	2014 年 12 月 13 日	成功	超期服役	HEO
7	Trumpet – F/O – 2 – 2	2017 年 9 月 24 日	成功	工作	HEO

"军号"卫星天线采用网格式设计,展开类似大型竖向展开遮阳棚,天线材料为特氟隆包覆石英纤维,用滑轮和微电机驱动展开。"军号"卫星侧重于雷达和导弹遥测信号侦收,能够实现对北半球高纬度地区不间断覆盖,特别适合于侦察部署在高纬度地区的战略武器和核潜艇活动。该卫星上还装有导弹预警用的红外探测器,将卫星导弹预警的探测范围向高纬度扩展。

据报道称,"军号"卫星与"弹射座椅"卫星采用2~3颗星组网工作,每颗卫星的运行周期为12h,可全天候、全天时实施侦察与监视,且卫星寿命为5~7年,从而能实现长期、近连续侦察与监视敌方雷达信号等电磁辐射源的变化。"军号"卫星具有较强的星上数据处理能力,甚至还装有极高频(EHF)中继系统,能迅速分选、识别和近实时传输目标信号,为战时提供及时、可靠的情报。另外"军号"卫星装载大型相控阵宽带侦收天线,可同时监听上千个地面信号源,包括俄罗斯和中国北部在内的高北纬地区信号情报侦察、俄罗斯与其核潜艇舰队间的通信、蜂窝电话侦听等。

4. 海军海洋监视卫星-3系统

据斯诺登披露的美国预算文件,美国国家侦察局内部从来没有称为"海洋监视"的一类卫星,外界通常所说的海洋监视卫星只是低轨信号情报卫星。从预算文件看,美国目前低轨信号情报卫星有1个型号,就是通常所说的"海军海洋监视卫星"(NOSS)卫星,正式名称为"入侵者"(Intruder)卫星,外界之前曾将该名称误认为是高轨信号情报卫星,主要用于有效发现、识别、监视航空母舰编队等海上大型移动军事目标。

NOSS系列卫星目前已经发展到三代:第一代卫星代号"白云"(White Cloud),于1976—1987年间发射,共发射8组卫星;第二代卫星代号"命运三女神"(Percae),于1990—1996年发射,共发射4组卫星;第三代开始于2001年,代号"入侵者"(Intruder)。第二代和第三代卫星由洛克希德·马丁公司作为主承包商研制。从第三代起,卫星由每组3颗减为每组2颗。表3-12为NOSS-3系列卫星发射和在轨情况。

表3-12 NOSS-3系列卫星发射和在轨情况(截至2024年5月31日)

序号	卫星名称	国际编号	发射时间	在轨工作状态
1	NOSS-3-01A/Intruder-1A	2001-040A	2001年9月8日	退役
2	NOSS-3-01B/Intruder-1B	2001-040C	2001年9月8日	退役
3	NOSS-3-02A/Intruder-2A	2003-054A	2003年12月2日	退役
4	NOSS-3-02B/Intruder-2B	2003-054C	2003年12月2日	退役

续表

序号	卫星名称	国际编号	发射时间	在轨工作状态
5	NOSS-3-03A/Intruder-3A	2005-004A	2005年2月3日	工作
6	NOSS-3-03B/Intruder-3B	2005-004C	2005年2月3日	工作
7	NOSS-3-04A/Intruder-4A	2007-027A	2007年6月15日	工作
8	NOSS-3-04B/Intruder-4B	2007-027C	2007年6月15日	工作
9	NOSS-3-05A/Intruder-5A	2011-014A	2011年4月15日	工作
10	NOSS-3-05B/Intruder-5B	2011-014B	2011年4月15日	工作
11	NOSS-3-06A/Intruder-6A	2012-048A	2012年9月13日	工作
12	NOSS-3-06B/Intruder-6B	2012-048P	2012年9月13日	工作
13	NOSS-3-07A/Intruder-7A	2015-058A	2015年10月8日	工作
14	NOSS-3-07B/Intruder-7B	2015-058R	2015年10月8日	工作
15	NOSS-3-08A/Intruder-8A	2017-011A	2017年3月1日	工作
16	NOSS-3-08B/Intruder-8B	2017-011B	2017年3月1日	工作
17	NOSS-3-09A/Intruder-13A	2022-041A	2022年4月17日	工作
18	NOSS-3-09B/Intruder-14B	2022-041B	2022年4月17日	工作

根据斯诺登披露的预算文件,目前美国国家侦察局已启动"入侵者"卫星后续型号的论证,包括对未来低轨信号情报系统及有效载荷开展前期研究,制订初步采办计划,特别提出了对可重构接收机有效载荷技术进行先期预研攻关。2022年4月17日,美国发射NOSS-3-9A/B双星,替换现役老旧卫星,以保持6组12颗卫星在轨协同工作的低轨信号情报侦察星座。

3.2.2 导弹预警装备

导弹预警系统主要用于导弹的探测、发现、识别、跟踪和预报,为国家战略防御系统提供早期预警信息,是维护国家安全、巩固和提高国家战略威慑力的重要系统。美国具备全球弹道导弹发射早期预警能力,已完成弹道导弹飞行中段跟踪与识别技术在轨演示验证,突破了相关关键技术。可对全球重点海区和地区发射的弹道导弹和洲际导弹分别提供15min和30min的预警时间,对中段飞行的弹头具有一定的跟踪和识别能力。截至2024年5月,美国共有14颗导弹预警卫星、4个搭载预警载荷在轨运行,具体情况参见表3-13。

表 3-13 当前在轨运行的美国预警卫星或载荷(截至 2024 年 5 月 31 日)

卫星名称	中文名称	发射时间	轨道类型
DSP-17	国防支援计划-17	1994 年 12 月 22 日	GEO
DSP-20	国防支援计划-20	2000 年 5 月 8 日	GEO
DSP-21	国防支援计划-21	2001 年 8 月 6 日	GEO
DSP-22	国防支援计划-22	2004 年 2 月 14 日	GEO
Trumpet-4-SBIRS-1	军号-4-天基红外系统-1	2006 年 6 月 28 日	HEO
Trumpet-5-SBIRS-2	军号-5-天基红外系统-2	2008 年 3 月 13 日	HEO
Trumpet-F/O-2-1′-SBIRS-3	军号-后继星-2-1-天基红外系统-3	2014 年 12 月 13 日	HEO
Trumpet-F/O-2-2′-SBIRS-4	军号-后继星-2-3-天基红外系统-4	2017 年 9 月 24 日	HEO
STSS-ATRR	太空跟踪与监视系统-先进技术风险降低	2009 年 5 月 5 日	LEO-SSO
STSS-1	太空跟踪与监视系统-1	2009 年 9 月 25 日	LEO
STSS-2	太空跟踪与监视系统-2	2009 年 9 月 25 日	LEO
SBIRS-GEO-1	天基红外系统-地球静止-1	2011 年 5 月 7 日	GEO
SBIRS-GEO-2	天基红外系统-地球静止-2	2013 年 3 月 19 日	GEO
SBIRS-GEO-3	天基红外系统-地球静止-3	2017 年 1 月 21 日	GEO
SBIRS-GEO-4	天基红外系统-地球静止-4	2018 年 1 月 20 日	GEO
SBIRS-GEO-5	天基红外系统-地球静止-5	2021 年 5 月 18 日	GEO
SBIRS-GEO-6	天基红外系统-地球静止-6	2022 年 8 月 4 日	GEO
WFOV	宽视场卫星	2022 年 7 月 1 日	GEO

3.2.2.1 "国防支援计划"系统

美国于 1965 年 11 月开始发展"国防支援计划"(DSP)卫星。DSP 卫星采用地球同步轨道,其首要任务是探测处于主动段飞行的导弹和火箭,并兼顾核爆炸探测任务。DSP 卫星已经发展了 3 代、共 5 个阶段。现役的导弹预警卫星为第三代 DSP 卫星(图 3-14),1989 年开始发射。表 3-14 为 DSP 系列卫星能力参数表。

图 3-14 第三代 DSP 卫星外形图

表 3-14 DSP 系列卫星能力参数表

年份	1970—1973 年	1975—1987 年	1979—1984 年	1984—1987 年	1989—2007 年
卫星型号	DSP-Ⅰ	DSP-Ⅱ	DSP-Ⅱ（改进）	DSP-Ⅱ（升级）	DSP-Ⅲ
卫星编号	DSP-1~4	DSP-5~7	DSP-8~11	DSP-12~13	DSP-14~23
平均实际寿命/年	3	5	5	7	7~10
质量/kg	900	1040	1200	1680	2360
功率/W	400	480	500	705	1274
主探测器波段/μm	2.7	2.7	2.7	2.7、4.3	2.7、4.3
探测元件数/个	2000	2000	2000	6000	6000

DSP 系统的空间段现役 4 颗 DSP 卫星，分别为 DSP-17、DSP-20、DSP-21 和 DSP-22，轨道均为 GEO 轨道。现役 DSP 卫星均为第三代 DSP 卫星，其主要功能由红外探测器、通信分系统、加固措施与核爆炸探测器实现。

现役 DSP 卫星装有两副高增益天线，供链路-1 和链路-2 两条信道通信所用。此外，卫星还有 8 条加密通信线路，它们与其相适应的接收机、发射机和天线一道用来中继和下传卫星数据和控制指令。此外，DSP 卫星还安装了一个新的分系统，称为任务数据电文转发系统，可能用来传递核战争电文。

现役 DSP 卫星加强了抗辐射能力，对电磁脉冲防护达到了参谋长联席会议制定的二级标准。星载各分系统确保卫星具有最大的自主性和自我防护能力（如防激光致盲和核加固）。星上碰撞探测器监视可能会同卫星相撞的物体，并提供规避策略。

DSP卫星还可探测核爆炸。卫星除装载红外望远镜以外，还有多达9种核爆炸探测器，它们为安装在望远镜底部的光学探测器和荧光高度计、大气层核爆炸定位仪和X射线定位仪、延时γ射线探测器、即时γ射线探测器、等离子体光谱仪、粒子光谱仪、中子探测器，以及安装在太阳电池阵末端的X射线阵列探测器。

DSP系统的地面段可分为大型战略地面站，固定战术地面站和移动地面站3类。其中，3个大型地面站：一个位于澳大利亚，称为海外地面站；一个位于德国，称为欧洲地面站；另一个位于美国本土伯克利空军基地，称为本土地面站。海外地面站和欧洲地面站只进行数据接收和传输，所有DSP卫星数据传回美国本土地面站统一处理。

为提高战区反导作战的信息处理和分发能力，美国于1994年开始研制联合战术地面站(JTAGS)，安装在标准车载方舱内，可机动部署在战区内，改善了导弹预警卫星数据的处理和发布体系。目前在德国斯图加特(欧洲司令部)、卡塔尔多哈(中央司令部)、韩国南部和日本三泽空军基地(太平洋司令部)部署了4部JTAGS系统，还有1套部署在美本土用于部队训练。

3.2.2.2 天基红外系统

天基红外系统(SBIRS)是美国的导弹预警卫星系统，用于取代"国防支援计划"(DSP)系统。SBIRS卫星利用星上探测器探测、发现、识别和跟踪弹道导弹发射，为美国及其盟国提供弹道导弹攻击的早期预警信息。SBIRS分为高轨系统和低轨系统。

SBIRS高轨系统由地球静止轨道卫星和搭载在大椭圆轨道卫星上的探测器组成，前者主要用于探测中低纬度地区和热点区域的主动段弹道导弹目标，后者主要探测北极附近高纬度地区的主动段弹道导弹目标。目前，SBIRS高轨系统已部署6颗"天基红外系统–地球静止"(SBIRS–GEO)预警卫星。2022年8月4日，该系列最后一颗SBIRS–GEO–6卫星搭乘宇宙神–5(Atlas–5)运载火箭成功发射，卫星单星耗资超过10亿美元，发射质量4500kg，设计寿命12年。该卫星采用洛克希德·马丁公司最先进的LM2100–战斗巴士(combat bus)平台建造。该平台可以提供更好的弹性和抵御网络威胁的能力，同时提供额外的航天器功率，以及增强的推进和电子设备。2018年，SBIRS高轨系统原计划研发的2颗GEO轨道卫星SBIRS–GEO–7/8被取消，其研发经费用来支持下一代"过顶持续红外"(Next–Gen OPIR)系统。

SBIRS低轨系统于2002年移交给美国导弹防御局(MDA)管理，由采购项目降低为研发和技术准备项目，并更名为"太空跟踪与监视系统"(STSS)，目前已经部署2颗低轨导弹中段跟踪与识别技术试验卫星、1颗"太空跟踪与监视系统–先进技术风险降低"(STSS–ATRR)导弹预警卫星。STSS的业务系统"精确跟踪太空系统"(PTSS)由于多方面原因于2014年取消研制部署计划。

1. "天基红外系统-地球静止"(SBIRS-GEO)预警卫星

SBIRS-GEO预警卫星主要功能由扫描型探测器、凝视型探测器与通信分系统实现。SBIRS-GEO预警卫星平台由波音公司的A2100商用静止轨道通信卫星平台改进而来,与DSP卫星最大的区别是SBIRS-GEO预警卫星采用三轴稳定方式,由探测器的扫描镜实现红外扫描。每颗卫星上装有1台高速扫描型探测器和1台凝视型探测器,这两种类型的探测器被设计成90%以上部件可通用。图3-15为SBIRS-GEO-6卫星示意图。

图3-15 SBIRS-GEO-6卫星示意图

扫描型探测器探测谱段为$2.7\mu m$和$4.3\mu m$,扫描视场为$10°\times20°$,探测器为积分时延探测器,南北往复扫描地球,对导弹在发射时的羽焰进行初始探测,然后将探测信息提供给凝视型探测器。凝视型探测器用于实现小范围精细探测任务,探测谱段为$2.7\mu m$、$4.3\mu m$和直视地表频段(波长介于短波和可见光之间),采用6片面阵探测器,对导弹发射区域进行步进凝视观测。

SBIRS-GEO预警卫星的扫描速度和灵敏度比DSP卫星提高一个数量级,在导弹发射后10s就能发出预警,发射点定位精度从DSP卫星的6km提高到1km。SBIRS-GEO预警卫星使用Ka、S和Q频段,共有6条通信链路,其中3条用于下传探测数据,分别是链路-1/3/4。其中链路-1/3采用Ka频段,链路-1用于下传高生存能力任务数据和正常任务数据,链路-3用于下传宽带遥感器数据。表3-15为"天基红外系统-地球静止"卫星数据链路。

表3-15 "天基红外系统-地球静止"卫星数据链路

链路序号	传输方向	频段	功能
链路-1-S	下行	Ka	生存性任务数据
链路-1-T	下行	Ka	正常任务数据

续表

链路序号	传输方向	频段	功能
链路-2	上行	Q	抗干扰指令
链路-3	下行	Ka	宽带遥感器数据
链路-4	下行	S	战区任务下传
链路-5	下行	S	备份的SGLS遥测下传
链路-6	上行	S	备份的SGLS指令

2. 大椭圆轨道探测器

美国在轨运行4个大椭圆轨道天基红外系统探测器,据公开文献,可能搭载在美国国家侦察局的电子侦察卫星——"军号"卫星上,分别于2006年、2008年、2014年和2017年发射。大椭圆轨道搭载探测器与SBIRS-GEO预警卫星的扫描型探测器相似,80%的部件通用。光学系统为改进型施密特光学系统,视场10°,具有短波红外、中波红外和直视地表频段探测能力。

3.2.2.3 "太空跟踪与监视系统"(STSS)卫星

STSS卫星(图3-16)包括2颗演示验证卫星,于2009年9月25日采取一箭双星方式发射入轨,为实用型低轨导弹预警系统"精确跟踪太空系统"(PTSS)演示验证低轨导弹预警和跟踪技术。2颗STSS试验卫星运行在同一轨道面上,轨道高度1330km×1360km,倾角58°,相位间隔约20°,成对工作,不仅能精确探测和跟踪导弹的飞行弹道,还能从弹头飞行动力学和红外光学特性上区分弹头和诱饵。2013年2月,2颗STSS卫星还首次成功进行了卫星直接引导宙斯盾拦截弹的"遥发射"试验,检验了在地面系统还未发现目标的情况下仅靠卫星指示信息进行导弹拦截作战的概念。

图3-16 STSS卫星示意图

STSS 卫星质量约 1000kg,配有 1 台捕获探测器和 1 台跟踪探测器,卫星配有星间通信设备,卫星星间链路频率为 60GHz,卫星星地通信采用 EHF 频段,上、下行链路频率分别为 20GHz 和 44GHz,卫星与美国空军卫星测控网联络采用 S 频段。

捕获探测器固定安装在卫星对地面,为一台折射型宽视场红外探测器,利用扫描棱镜覆盖整个地球圆盘,具备地平线下和地平线上探测能力,工作在短波红外谱段,采用被动制冷方式,主要用于探测和跟踪处于主动段的导弹,并将导弹目标相对于卫星的角度信息提交给跟踪探测器。

跟踪探测器安装在可敏捷旋转的两轴万向架上,为一台窄视场凝视型红外探测器,具有从可见光到长波红外多个通道,光学系统和焦平面均由制冷机进行主动制冷,可见光通道采用 256×256 元面阵,中长波红外通道和长波红外通道均采用 128×128 元面阵,工作温度 40K。其直视地表谱段和短波红外谱段设计用于跟踪导弹(火箭)的主动段;中波红外谱段设计用于跟踪火箭的上面级;中长波红外谱段和长波红外谱段对温度较低的目标非常灵敏,用于导弹目标中段跟踪,同时也可以用于太空目标监视。可见光谱段在一定光照条件下可对目标进行探测,可以部分支持中段跟踪和太空目标监视。

2013 年,STSS 卫星在轨试验结果显示美国已突破低轨导弹预警和跟踪的关键技术,但其后续的 PTSS 低轨导弹预警业务系统于 2014 年被取消。

3.2.2.4 "宽视场"(WFOV)卫星

2022 年 7 月 1 日,"宽视场"(WFOV)卫星(图 3 – 17)搭乘宇宙神 – 5 火箭从卡纳维拉角航天中心发射升空。"宽视场"卫星是由美国千禧年太空系统(Millennium Space Systems)公司和 L3 哈里斯技术(L3 Harris Technologies)公司研制、美国太空与导弹系统中心(Space and Missile Systems Center,SMC)运营的技术试验卫星,发射质量为 1000kg,运行在地球同步轨道。该卫星主要用于搜

图 3 – 17　WFOV 卫星示意图

集在轨数据,探索导弹预警算法,为美国"下一代过顶持续红外"项目(next gen overhead persistent infrared program,Next OPIR)进行风险降低技术演示。WFOV卫星的设计寿命为3~5年,携带有一个质量为350kg、扫描视场为6°的红外凝视传感器,称作"广域六度有效载荷"(wide-area six-degree payload,WASP),可观测近1/3的地球表面,由L3哈里斯技术公司开发。WFOV采用了天鹰座-M8(Aquila-M8)卫星平台,由千禧年太空系统公司开发。

随着导弹威胁的增长,特别是高超声速武器的发展,美军导弹预警装备的发展策略也在不断变化。目前通过采取如下策略加快其导弹预警装备的发展,包括:①利用快速采办流程,大力发展弹性预警体系;②面对高超声速武器威胁,发展低轨天基传感器层;③卫星共享指挥与控制网络,发展未来过顶持续红外弹性地面体系。

3.2.3 通信中继装备

美军通信卫星主要按照技术与应用特点划分为防护、宽带、窄带、数据中继及其他(包括商业租用、快响等)等五大系列,可共同完成对全球各大区域的多重覆盖,保障美军不同区域、级别和类别的任务需求。其中,宽带系列卫星主要满足常规作战中大容量数据通信需求;窄带系列卫星主要解决低速率移动和战术通信需求;防护系列卫星主要为关键战略和战术部队提供抗干扰、防侦听、防截获、高保密和高生存能力的全球卫星通信服务;中继卫星主要为美军的侦察卫星提供数据中继回传服务;其他类型卫星重点是为补充现有能力和满足特殊需求目的而发展的卫星。表3-16为美国国防部在轨军事通信卫星。

表3-16 美国国防部在轨军事通信卫星(截至2024年5月31日)

类型	名称	数量	详情
宽带	国防卫星通信系统-3(DSCS-3)	6颗	X频段,单星容量250Mb/s,抗干扰
	宽带卫星通信系统(WGS)	10颗	X和Ka频段,19个波束,单星容量提升10倍,战场信息广播、无人机数据回传
窄带	特高频后继(UFO)	5颗	UHF频段,低速率动中通,单星106路同时接入
	移动用户目标系统(MUOS)	5颗	UHF频段,16个波束,动中通,单星4189路同时接入,容量40Mb/s,支持手持终端

续表

类型	名称	数量	详情
防护	军事战略与战术中继星（Milstar）	5颗	EHF、SHF频段,中低速率载荷,星间链路载荷
防护	先进极高频卫星(AEHF)	6颗	EHF、SHF频段,37个波束,增加可变速率载荷,加强点波束覆盖能力,单星容量提升10倍
中继	卫星数据系统-3(SDS-3)	5颗	不详
中继	卫星数据系统-4(SDS-4)	2颗	不详
中继	连续广播增强卫星通信(CBAS)	2颗	不详

需要指出的是,由于其他卫星多为商业租用、试验性质或不成系列的单独卫星,更多是作为宽带、窄带、防护和中继卫星的补充与拓展,卫星能力也与主力的四类卫星存在较大差距;中继卫星方面,主要由美国国家侦察局发展,保密程度极高,对外公布情况很少,因此很难作出与其他系统同体量的分析。因此,本部分主要针对宽带、窄带和防护系列典型卫星的发展情况进行分析。

3.2.3.1 宽带通信系统

美军现役的宽带通信卫星主要包括国防卫星通信系统-3(DSCS-3)和宽带全球卫星通信(WGS)系统两型,后者是最新一代的卫星系统,这里主要介绍WGS系统情况。WGS系统是美军有史以来功率最高、传输能力最强的宽带通信卫星系统,每颗卫星的数据传输能力都超出了所有DSCS卫星能力总和,是其常规作战中高速、实时数据通信的主力,可以极大满足美军各类作战平台、陆海空部队及其指挥员对信息交换的需求,支持战术C^4ISR、战场管理、作战保障等方面的大范围、高容量数据传输。

WGS系统最初名为"宽带填隙卫星"(wideband gapfiller satellite),计划研制3颗卫星,用于接替"国防卫星通信系统"(DSCS),并填补"转型卫星体系"(TSAT)部署之前容量供需之间的差距,后TSAT计划因成本和技术成熟度等问题被取消,WGS项目则得以保留并延续发展。WGS系统于2007年开始正式部署,截至2024年5月,美军已经成功发射10颗卫星。表3-17为WGS卫星部署情况。

表3-17 WGS卫星部署情况(截至2024年5月31日)

卫星名称	发射时间	部署批次	目前状态	出资方	定点位置
WGS-1	2007年10月11日	Block I	在役	美国	175°E
WGS-2	2009年4月4日	Block I	在役	美国	60°E

续表

卫星名称	发射时间	部署批次	目前状态	出资方	定点位置
WGS-3	2009年12月6日	Block Ⅰ	在役	美国	12°W
WGS-4	2012年1月20日	Block Ⅱ	在役	美国	88.5°E
WGS-5	2013年5月25日	Block Ⅱ	在役	美国	53°W
WGS-6	2013年8月8日	Block Ⅱ	在役	澳大利亚	135°W
WGS-7	2015年7月24日	Block Ⅱ后续	在役	美国	175°E
WGS-8	2016年12月7日	Block Ⅱ后续	在役	美国	56.8°E
WGS-9	2017年3月19日	Block Ⅱ后续	在役	5个盟国	149.8°E
WGS-10	2019年3月15日	Block Ⅱ后续	在役	美国	179.8°W

整个WGS系统由空间段、地面段和用户段三部分组成。其中，空间段目前由10颗同步轨道卫星构成，星上配置X和Ka频段载荷，可实现星上信号数字信道化处理和交换；地面控制段主要通过空地链路系统与遥测跟踪控制系统对WGS卫星进行控制。

WGS系列卫星采用波音公司BSS-702卫星平台，单星发射质量约6000kg，设计寿命14年，寿命初期在轨质量3450kg、功率13kW，采用三轴稳定方式，星上配备双组元推进系统，用于远地点机动，4台氙离子推力器，用于南北位置保持和静止轨道位置机动。图3-18为WGS卫星在轨示意图。

图3-18 WGS卫星在轨示意图

WGS卫星装有14副通信天线，在平台对地面安装有2副大型X频段接收和发射相控阵天线，在2个角上分别安装有X频段全球覆盖接收和发射喇叭天线。卫星采用可展开桁架形式扩大通信天线的安装面,在桁架上安装有 10 副 Ka 频段指向机械可控的碟形天线。14 副天线共提供 19 个相互独立的覆盖区域波束,包括:1 个 X 频段全球覆盖波束;8 个 X 频段可控、可赋形波束,由收发分置的 X 频段相控阵天线产生,接收阵直径 1.17m,共计 188 个阵元,右圆极化;发射阵直径 1.27m,共计 312 个阵元,左圆极化;10 个 Ka 频段窄覆盖波束,由 10 副收发共用碟形天线产生,其中 2 副天线极化方向可变。

有效载荷方面,WGS 卫星最大的特点是采用了"柔性"转发的工作体制,利用波音公司研制的星上数字信道化器,可在数字域内进行信道化和交换,能独立路由 1872 条子信道,从而实现任何覆盖区的上行信号都可传送到任意其他覆盖区,甚至可以向所有覆盖区广播,因此具有很强的功率效率性能和高灵活性等优点。利用数字信道化技术,WGS 卫星可以实现瞬时交换带宽为 4.875GHz,最低能提供 1.2Gb/s 的单向吞吐量,最大能达到 3.6Gb/s。

值得注意的是,美军从 Block Ⅱ 卫星开始,增加了 2 路射频旁路信道,用于提供额外的无人机机载情报、监视和侦察(AISR)支持,每路信道带宽为 400MHz,根据军方需求文件,射频旁路的速率要求为 274Mb/s,按照理论计算可支持的无人机数据回传速率则达 1.4Gb/s。此后,从 WGS-8 卫星开始,星上信道化器也得到升级,单星容量最大可以达到 11Gb/s。

2021 年 2 月,美军演示了"抗干扰增强"(MAJE)准确定位干扰 WGS 干扰信号的能力。MAJE 解决方案旨在对美国陆军负责运行的全球卫星通信配置控制元件(GSCCE)地面系统的软硬件进行升级,可以检测、识别、定位和减缓 WGS 卫星的干扰。

美国宽带卫星通信系统的地面段称为宽带卫星操作中心,原归属于美国陆军,于 2021 年移交美国天军,主要用于美军宽带通信卫星系统(DSCS 和 WGS)的有效载荷、通信网络控制和卫星运行操控,现由第 8 太空德尔塔部队第 53 太空作战中队负责。

3.2.3.2　窄带通信系统

美军现役的窄带通信卫星系统主要包括"特高频后继"(UFO)和"移动用户目标系统"(MUOS)两个型号,后者是美国新一代的窄带军事卫星通信系统,补充并最终替代"特高频后继"系统,为全球范围内美国各军种提供 UHF 频段战术移动通信服务。MUOS 采用第三代商业移动蜂窝网技术——"宽带码分多址接入"(WCDMA)系统,采用了 Rake 接收机、Turbo 码、干扰减缓等多项先进技术,提供能力更强的 UHF 军事卫星通信服务。MUOS 支持 2.4~384kb/s 的数据速率,整个星座的容量超过当前 UFO 星座总通信容量的 10 倍。

MUOS 项目于 2002 年 9 月正式启动,2004 年 9 月进入研制阶段。项目总成本 65.6 亿美元,2012 年 2 月进行首次发射,2016 年完成星座部署。MUOS 星座包括 5 颗卫星,其中 4 颗工作星形成全球覆盖,另有 1 颗在轨备份星,分别部署在太平洋、美国本土、大西洋、印度洋上空。表 3-18 为 MUOS 卫星部署情况。

表 3-18 MUOS 卫星部署情况(截至 2024 年 5 月 31 日)

卫星名称	发射时间	目前状态	定点位置
MUOS-1	2012 年 2 月 24 日	在役	177°W
MUOS-2	2013 年 7 月 19 日	在役	100°W
MUOS-3	2015 年 1 月 21 日	在役	15.5°W
MUOS-4	2015 年 9 月 2 日	在役	75°E
MUOS-5	2016 年 6 月 24 日	在役	110°W

MUOS 卫星(图 3-19)采用洛克希德·马丁公司的 A2100M 平台,卫星干质量约 3100kg,高 7.9m,宽 4.3m,太阳电池翼展开后跨度 28m,功率 9800W。星上共携带 4 副天线,其中 1 副为多波束天线,可产生 16 个点波束,用于 WCDMA 信号的收发和 UHF 传统信号的接收,折叠径向肋可展开结构,在轨展开后直径 14m;1 副为 UHF 传统天线,用于 UHF 传统信号的发送,直杆径向肋可展开结构,在轨展开后直径 5.4m;另外 2 副为 Ka 频段馈电链路发送和接收天线。

图 3-19 MUOS 卫星示意图

MUOS 卫星载有两种载荷,分别是称为遗产载荷的类似于 UFO 卫星的通信载荷和全新 WCDMA 通信载荷。星上为透明转发的方式。

1. 遗产载荷

遗产载荷采用 5.4m 直杆径向肋可展开网状天线,提供 1 个全球覆盖波束,可兼容已大量部署的 UFO 卫星终端。该天线仅为遗产载荷的发送天线,遗产载荷的接收使用口径 14m 的多点波束天线。

2. 全新 WCDMA 通信载荷

全新 WCDMA 通信载荷的 UHF 天线,采用一副 14m 口径收发共用的折叠径向肋可展开网状天线,通过 16 个馈源产生 16 个固定点波束,每个波束包括 4 个 5MHz WCDMA 载波,共计 64 个载波。Ka 频段天线为可动点波束天线(GDA)。其中,在前向 Ka-UHF 链路,新载荷对上行接收到的 Ka 频段信号经过低噪声放大后,分路为 16 路信号,对应 16 个点波束,分别经 Ka-UHF 链路变频,输出到 16 端口的多端口放大器,经过 16 个馈源发射到地面。而在反向 UHF-Ka 链路,载荷对上行接收的 UHF 频段 WCDMA 信号经过低噪声放大后,进行数字信道化处理,包括 A/D、WCDMA 处理、交织、编码和 8PSK 调制。每 32 个 UHF 波束载波被调制到 3 个符号采样速率为 3.84×10^8 次采样/s(信息传输速率 819Mb/s)的 8PSK 宽带信号,经过滤波合路后发送到地面上的一个无线接入站,每个 8PSK 宽带信号包括 10 个或 11 个用户 WCDMA 业务载波。每颗 MUOS 卫星通过两组 8PSK 宽带信号(每组 3 个),对应 2 个地面 RAF 站,实现 16 个波束 64 个载波的下行馈电传输。图 3-20 为 MUOS 卫星的全新载荷。

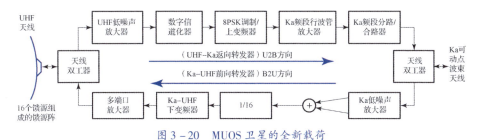

图 3-20 MUOS 卫星的全新载荷

MUOS 地面段原属美国海军,称为海军卫星控制网,于 2021 年移交美国天军,主要用于有效载荷、通信网络控制和卫星运行操控,现由第 8 太空德尔塔部队第 10 太空作战中队负责。当前,MUOS 地面段共包括 1 个主要控制中心、1 个备份控制中心和 4 个射频接入站。其中,MUOS 在轨测试使用位于夏威夷的瓦希阿瓦射频接入站。该地面站包括 3 副 18.4m 口径的 Ka 天线,2 副用于 MUOS 卫星的正常操作,1 副用于备份(图 3-21)。地面 Ka 天线的 G/T 值约为 42.7dB/K,其中 G 表示天线的接收增益,T 表示地面站接收系统的等效噪声温度。MUOS 卫星在轨测试使用备份天线进行,避免对正常系统造成干扰。此外,该地面站还包括 1 副单螺旋 UHF 接收天线用于测试。

图 3-21　MUOS 系统在夏威夷的地面站的 3 副天线

3.2.3.3　防护通信系统

美军现役的防护通信卫星系统包括"军事星"（Milstar）和"先进极高频"（AEHF）两个型号，后者是美军新一代受保护系列军事通信卫星。在美军整个卫星通信体系中，防护系列卫星是"硬核心"，是最关键、最重要的通信卫星系统。该系列卫星一般采用 EHF 频段，为美军关键战略和战术部队提供抗干扰、防侦听、防截获、高保密和高生存能力的全球卫星通信，在包括核战争在内的各种规模战争中，提供最低通信保障。

20 世纪 90 年代中期，美军提出 AEHF 计划，该项目于 1999 年正式启动。最初规划的 AEHF 系统是一个由 3 颗卫星组成的星座，后因转型通信卫星（TSAT）项目取消，最终确定的星座包括 6 颗卫星，目前已部署完成。表 3-19 为 AEHF 卫星部署情况。

表 3-19　AEHF 卫星部署情况（截至 2024 年 5 月 31 日）

卫星名称	发射时间	目前状态	定点位置
AEHF-1（USA-214）	2010 年 8 月 14 日	现役	4.0°E
AEHF-2（USA-235）	2012 年 5 月 4 日	现役	67.5°W
AEHF-3（USA-246）	2013 年 9 月 18 日	现役	110.0°E
AEHF-4	2018 年 10 月 17 日	现役	150.7°W
AEHF-5	2019 年 8 月 8 日	现役	52.9°E
AEHF-6	2020 年 3 月 26 日	现役	97.2°W

注：AEHF-1 卫星因远地点发动机发生故障，依靠星上电推缓慢抬升轨道，耗时 14 个月进入 GEO 轨道。

AEHF 卫星系统由空间段、地面段和用户段三部分构成。空间段主要包括卫星平台及其有效载荷等,地面段主要包括卫星测控站、测控平台等,用户段主要包括各类卫星通信终端。

AEHF 卫星(图 3–22)的主承包商为洛克希德·马丁公司,诺斯罗普·格鲁曼公司提供有效载荷。卫星采用洛克希德·马丁公司的 A2100M 平台,该平台为板箱式结构,平台和有效载荷舱的核心结构都由铝蜂窝石墨环氧树脂夹层面板构成。卫星采用双模式推进系统,包括双组元和单组元两种发动机。卫星共装有 15 副通信天线,因天线数量较多,在对地面板东西两侧各带有一个可展开支架,以扩大天线对地安装面。对地面板上装有 7 副天线,可展开支架上装有 8 副天线。表 3–20 为 AEHF 卫星性能参数。

图 3–22　AEHF 卫星在轨示意图

表 3–20　AEHF 卫星性能参数

项目	指标
质量	6600kg(发射),4100kg(入轨)
设计寿命	14 年
通信频率	星地:上行 EHF 频段 44GHz,下行 SHF 频段 20GHz;星间:60GHz
天线	1 副接收喇叭天线和 1 副发射喇叭天线,提供全球低增益通信覆盖;2 副调零天线,波束宽度为 1°,具有自适应干扰抑制能力;1 副相控阵接收天线和 2 副相控阵发射天线,可产生波束宽度为 1°的捷变点波束,拥有 160 个波束跳变位置;6 副驻留波束天线,可机械控制天线指向;2 副星间链路天线
波束覆盖	1 个全球波束、2 个调零点波束、4 个捷变点波束、24 个时分复用波束、6 个驻留波束
通信速率	75b/s ~ 8.192Mb/s,其中:高生存通信速率(抗核闪烁效应) < 19.2kb/s;高防护通信速率 < 8.192Mb/s;星间链路通信速率为 60Mb/s

AEHF 卫星采用全数字化处理机进行星上基带处理，具备非常高的抗干扰能力和灵活性，可以在几分钟内对通信网络进行重构。有效载荷大量使用专用集成电路(ASIC)和单片微波集成电路(MMIC)，采用噪声性能更好的磷化铟半导体材料，提高了有效载荷的集成度和性能，降低了质量和功耗。此外，AEHF 卫星以固态功率放大器取代了"军事星"卫星上的行波管放大器，具有更高的保真度和更低的功率传输电平，而行波管放大器无法在保证信道保真度的同时控制输出功率。

AEHF 卫星在整星容量和支持战术通信能力方面进一步增强：单星容量 430Mb/s，比"军事星"二代卫星提高了 10 倍；在"军事星"第二代卫星的基础上增加"扩展速率载荷"(XDR)，最高速率提升至 8.192Mb/s；整个星座支持 6000 部终端、4000 个战术网络。

2021 年，美国天军称 AEHF 软件的第四个增量升级已于 5 月 19 日完成交付，运行基线于 6 月 25 日更新。此次软件更新提供了对持久任务的重新规划，并允许国际合作伙伴访问和控制卫星的协议消息。

3.2.4 环境监测装备

天基环境监测系统主要包括天基陆地环境探测装备、天基大气环境探测装备、天基海洋环境探测装备和天基地球物理场探测装备。近年来，环境监测装备已经成为提供军事战场环境信息和解决全球环境问题的重要手段。美国构建了由纯军用的极轨气象环境监测卫星、民用的静止轨道和极轨气象环境探测卫星及纯军用海洋环境监测卫星等组成的天基环境监测系统。气象环境监测方面 5 颗卫星在轨，实现全球覆盖。海洋环境监测方面，只有 1 颗在轨。这些卫星用于获取战场环境数据，为军事作战提供重要支撑。表 3-21 为美国在轨工作战场环境保障卫星。

表 3-21 美国在轨工作战场环境保障卫星（截至 2024 年 5 月 31 日）

序号	航天器英文名称	航天器中文名称	分类	发射日期
1	DMSP-5D3-15	国防气象卫星计划-5D3-15	气象环境监测	1999 年 12 月 12 日
2	DMSP-5D3-16	国防气象卫星计划-5D3-16	气象环境监测	2003 年 10 月 18 日
3	DMSP-5D3-17	国防气象卫星计划-5D3-17	气象环境监测	2006 年 11 月 4 日
4	DMSP-5D3-18	国防气象卫星计划-5D3-18	气象环境监测	2009 年 10 月 18 日
5	WSF-M	气象系统后续-微波卫星	气象环境监测	2024 年 4 月 11 日
6	Coriolis	科里奥利	海洋环境监测	2003 年 1 月 6 日

3.2.4.1 "国防气象卫星计划"系统

"国防气象卫星计划"(DMSP)卫星(图3-23)是美国国防部于20世纪60年代发展的军用极轨气象卫星,主要用于获取全球气象、海洋和太空环境信息,为军事作战提供信息保障。截至2024年5月,DMSP卫星共发展了12个型号,发射卫星52颗,成功47颗,共有4颗卫星在轨工作。

图3-23 DMSP卫星示意图

DMSP卫星运行在太阳同步轨道,标称轨道高度850km,降交点地方时在5时30分至8时30分之间。卫星呈圆柱体,直径1.2m,长4.3m,卫星发射质量1155kg,其中有效载荷质量270kg,太阳翼展6.4m,太阳翼面积9.29m^2,功率2200W。卫星设计寿命5年,具有60天自主运行能力。卫星采用三轴稳定方式,指向精度为0.01°。

DMSP卫星带有多种气象和环境载荷,主要包括:

(1)业务型行扫描系统遥感器(OLS):主要用于获取全球云分布图及云顶温度,探测通道为可见光和热红外,其中可见光为0.4~0.11μm,热红外为10~13.4μm,分辨率有0.55km和2.7km两挡。另外在可见光通道还带有光电倍增管,可在夜间进行微光成像。光学系统采用反射式卡塞格伦系统,口径20.3cm,等效焦距122cm,扫描视场为-56.25°~56.25°,对应扫描幅宽3000km。

(2)微波成像仪/探测器(SSMIS):用于测量地球表面和大气的辐射微波能量,反演出大气温湿度垂直分布。SSMIS质量96kg,功率135W,天线反射器直径61cm,以偏离星下点45°进行圆锥扫描,幅宽1700km,通道24个。

(3)紫外临边成像仪(SSULI):用于测量地球极远和远紫外辐射的垂直分布。探测高度为50~750km,光谱范围0.08~0.17μm,观测视场光谱分辨率1.5nm。

(4)紫外光谱成像仪(SSUSI):主要用于测量地球大气和电离层的紫外辐射,以及大气辉光和陆地反照的可见光辐射,可获得夜气辉和夜晚极光的广度测量数据。设备指向天底点,星下点空间分辨率10km。

(5)太空环境探测器组件:包括电离层等离子体漂移/闪烁监测仪-3(SSI/ES-3)、沉降电子/质子光谱仪-5(SSJ/5)和桁架磁强计(SSM-Boom)。

DMSP卫星由位于美国马里兰州的美国国家海洋和大气管理局(NOAA)卫星运行控制中心进行运管,备份控制中心位于美国科罗拉多州的施里弗天军基地。卫星与地面的测控通信链路全部经过加密,通过4个远程跟踪站实现通信联络,分别为美国国家海洋和大气管理局在阿拉斯加州费尔班克斯的跟踪站,以及美国空军在夏威夷的夏威夷跟踪站、在新罕布什尔州的新罕布什尔跟踪站、在格陵兰岛的图勒跟踪站。卫星数据由地面站接收后通过地面或卫星通信再分发给美国空军气象局(AFWA)、美国海军舰队数值气象海洋中心(FNMOC)处理应用。

2015年,美军已经启动了"气象卫星后续"(WSF)项目,首颗卫星计划于2023年发射。WSF项目将向具备弹性的环境探测卫星系统的方向发展,是弹性与分散体系的试点示范项目,包括一组卫星,用于提供及时、可靠和高质量的天基遥感能力,满足全球大气、陆地、海洋和太阳地球物理等监测需求。2019年9月,美国国家海洋和大气管理局正式向美国空军移交了地球静止环境业务卫星-13(GOES-13,现更名为EWS-G1),显示美军气象探测体系有可能向静止轨道卫星扩展。

3.2.4.2 气象系统后续-微波卫星

北京时间2024年4月11日,SpaceX公司发射了一颗天军的军用气象卫星——首颗气象系统后续-微波卫星,即WSF-M(图3-24)。WSF-M卫星旨在取代"国防气象卫星计划"(DMSP),计划发射2颗。

图3-24 WSF-M卫星示意图

WSF-M卫星是一种战略解决方案,专门用于解决美国国防部高优先级的三种海洋要素缺口,特别是海洋表面矢量风、热带气旋强度和近地轨道上的高能带电粒子。除了这些基本功能,还提供关于海冰角色塑造、土壤湿度和积雪深度的重要数据。波尔航天公司(Ball Aerospace)是WSF-M卫星的制造商,卫星的主要载荷是被动微波辐射计,以前的卫星已经验证了这一技术;卫星拥有一个口径1.8m的天线,与主载荷相结合,使卫星解决"天基环境监测差距。"这颗卫星基于波尔航天公司的BCP可配置卫星平台,装载了一个全球降雨测量(GPM)微波成像仪(GMI)载荷和一个带电粒子传感器载荷。根据美国国防部公开的2024财年预算文件,WSF-M系统将包括两颗卫星。第一颗卫星进入轨道后,主要评估海洋表面矢量风(OSVW)测量的不确定性和热带气旋强度(TCI)的水平。WSF-M卫星的合同总价值约4.174亿美元。两颗WSF-M卫星将取代传统的国防气象卫星计划(DMSP)卫星。

3.2.4.3 科里奥利卫星系统

科里奥利(Coriolis)卫星也称为"风卫星"(Windsat),是美国国防部在美国空军"太空试验计划"下于20世纪末开展的卫星技术验证任务,科里奥利卫星的总体目标是对新型有效载荷进行在轨技术验证,验证天基多极化微波辐射计技术用于风矢量(速度和方向)测量的能力,同时降低"国家极轨环境业务卫星系统"(NPOESS)卫星锥形微波探测器(CMIS)有效载荷的研发风险。此外,科里奥利卫星任务还可用于监控太阳活动,更好地建立太阳风暴预测模型。

科里奥利卫星项目由美国海军太空与海战系统司令部和NPOESS综合项目办公室联合发起,由美国海军研究实验室(NRL)负责操作,美国空军研究实验室(AFRL)和NRL共同负责实施。光谱航天公司(Spectrum Astro)是卫星系统的总承包商,负责卫星设计、制造、集成测试、发射,以及在轨验证。美国海军研究实验室负责研制极化微波辐射计载荷。卫星于2003年1月6日使用大力神-23G运载火箭从范登堡空军基地发射升空。

科里奥利卫星运行在高度840km、倾角98.7°的太阳同步圆轨道,轨道周期101min,升交点地方时18:00,重访周期8天,设计寿命3年,目标寿命5年。卫星发射质量827.4kg,平台质量377kg。卫星主体呈圆柱状,尺寸为4.69m×1.34m(高×直径,不含太阳电池翼)。星上载有双结砷化镓太阳电池阵和一个50A·h的蓄电池组,寿命末期功率1174W。卫星基于SA-200HP平台研制,采用铝蜂窝夹层板构成的箱式结构,并根据需求进行了改进。

卫星姿态控制采用三轴稳定方式,姿态敏感器由粗太阳敏感器和磁强计组成,姿态执行机构由反作用轮(俯仰向动量偏置)组成。卫星配备GPS接收机,轨道确定精度优于 100m,测速精度优于 10cm/s。推进分系统采用肼推力器。

跟踪、遥测与指令(TT&C)通信链路采用 S 频段,下行数据率 128kb/s,加密上行数据率 2kb/s。有效载荷数据传输采用 X 频段,下行数据率 25.6Mb/s 或 51.2Mb/s,星上固态存储器容量 30Gb。美国海军使用 S 频段实时战术下行链路(数据率 256kb/s)为全球部署的海军舰队提供辐射计数据。科里奥利卫星设计的最大特点是电磁干扰极小,确保高灵敏度有效载荷不受影响。

科里奥利卫星载有 2 部有效载荷,分别为测风极化微波辐射计(WindSat)和太阳物质喷发成像仪(SMEI)。测风极化微波辐射计由海军研究实验室负责研制。测风极化微波辐射计也是 NPOESS 卫星计划携带的锥形扫描微波成像仪/探测器载荷的原型。测风极化微波辐射计质量 341kg,尺寸约 3.2m×2.59m×2.59m 锥形扫描微波成像仪,功率 350W,包括 22 个极化亮温度通道,5 个工作谱段,分别为 6.8GHz、10.7GHz、18.7GHz、23.8GHz 和 37.0GHz。10.7GHz、18.7GHz 和 37.0GHz 三个谱段完全极化,6.8GHz 和 23.8GHz 谱段为双极化,其中 6.8GHz 接收器用于提供海表温度数据。测风极化微波辐射计天线波束对地入射角范围为 50°~55°,前向幅宽约 1000km,后向幅宽约 350km。测风极化微波辐射计主要任务是验证偏振测定微波辐射计测量海表风矢量的有效性,第二目标是测量海表温度、雨速和水汽等。测风极化微波辐射计还能提供逆风、顺风不对称性和边界条件等数据。表 3-22 为测风极化微波辐射计性能指标。图 3-25 为 SMEI 相机和 SMEI 相机视场。

表 3-22 测风极化微波辐射计性能指标

频段/GHz	偏振	带宽	对地入射角	瞬时视场
6.8	V,H	125MHz	53.5°	40km×60km
10.7	V,H,±45,L,R	300MHz	49.9°	25km×38km
18.7	V,H,±45,L,R	750MHz	55.3°	16km×27km
23.8	V,H	500MHz	53.0°	12km×20km
37.0	V,H,±45,L,R	2GHz	53.0°	8km×13km

SMEI 是一部用于概念验证的成像仪,由 NASA、美国空军研究实验室和英国伯明翰大学共同投资,美国空军研究实验室、英国伯明翰大学、美国加利福尼亚大学圣迭戈分校和波士顿大学联合设计并研制。SMEI 的任务是监控太阳活动,更准确地预测地磁扰动。SMEI 用于连续探测和跟踪日冕物质喷发,测量日冕物质喷发的大小、形状、速度、频率、能流、质量和动量。

图 3-25　SMEI 相机(左)和 SMEI 相机视场(右)

SMEI 质量 35kg,由 3 部广角 CCD 相机组成,每部相机的视场为 3°×60°。SMEI 的 3 部相机组成 180°的扇形视场,以确保每轨都能对整个天空进行扫描。通用数据处理单元(DHU)与卫星遥测与遥控系统相连,可收集 3 部相机的数据,并控制相机的运行。SMEI 源数据率 64kb/s,谱段 450nm 控制相机。由于具有高空间分辨率和高时间分辨率,SMEI 的数据分析可提供日冕物质喷发和日球层冲击的相关信息。

美国空军利用"研究开发测试与评估综合设施"(RSC)通过空军卫星控制网(AFSCN)进行科里奥利卫星的遥测和控制,有效载荷数据通过 NOAA 的费尔班克斯(Fairbanks)地面站和挪威康斯堡卫星服务公司(KSAT)斯瓦尔巴特群岛(Svalbard)地面站自动下传,信息可在 4h 内通过商业的 TCP/IP 网络自动分发给用户。

海洋风探测是科里奥利卫星的重要任务,未来海洋风探测任务将由 WSF 执行。在 WSF 部署前,美国空军计划在国际空间站安装"紧凑海洋风矢量辐射计",开展海洋风探测。

3.2.5　导航定位装备

美国的天基导航定位系统称为全球定位系统(GPS),该系统是全球首个时间测距体制的全球卫星导航系统。目前,美国已经成功研发、部署了 3 个系列 7 个型号的 GPS 卫星,分别为 GPS-1、GPS-2、GPS-2A、GPS-2R、GPS-2RM、GPS-2F 和 GPS-3 卫星。截至 2024 年 5 月,GPS 空间段星座包含 35 颗卫星,在轨并提供定位、导航与授时服务,包括 GPS-2R 卫星 10 颗,GPS-2RM 卫星 7 颗,GPS-2F 卫星 12 颗,GPS-3 卫星 6 颗。目前,GPS 中支持 M 码播发的卫星数量已增加至 25 颗,达到 GPS 星座基线数量基本要求,这对于美军在全球范围内获取抗干扰能力更强的军码信号至关重要。表 3-23 为 GPS 卫星发射、部署情况。

表 3-23　GPS 卫星发射、部署情况(截至 2024 年 5 月 31 日)

序号	卫星型号	发射时间	部署批次	在役/发射数量/颗
1	GPS-1	1978 年 2 月 22 日—1985 年 10 月 9 日	Block Ⅰ	0/11
2	GPS-2	1989 年 2 月 14 日—1990 年 10 月 1 日	Block Ⅱ	0/9
3	GPS-2A	1990 年 11 月 26 日—1997 年 11 月 6 日	Block ⅡA	0/19
4	GPS-2R	1997 年 1 月 17 日—2004 年 11 月 6 日	Block ⅡR	10/13
5	GPS-2RM	2005 年 9 月 26 日—2009 年 8 月 17 日	Block ⅡRM	7/8
6	GPS-2F	2010 年 5 月 28 日—2016 年 2 月 5 日	Block ⅡF	12/12
7	GPS-3	2018 年 12 月 23 日至今	Block Ⅲ	6/6

随着军民用导航需求、全球卫星导航领域发展态势和 GPS 自身发展和需求的变化,GPS 导航信号已经发生了根本的变化,导航信号数量从最初的 3 个(2 个军用、1 个民用),增加至目前的 8 个(4 个军用、4 个民用),并提供全球搜索与救援服务。经不断改进,目前 GPS 定位精度约 2~3m,测速精度 0.2m/s,授时精度 10ns,并具有 180 天的自主运行能力。GPS 由空间段、地面运行控制系统(也称为地面段)和用户段组成。

3.2.5.1　空间段

GPS 空间段标准星座由部署在 6 个轨道面上的 24 颗卫星组成,轨道高度 20200km,倾角 55°,轨道面间夹角 60°,每个轨道面 4 颗卫星,轨道周期 12h。目前,GPS 空间段已经由最初的 24 轨位基线星座,调整为 27(24+3)轨位扩展星座;2010 年后,GPS 空间星座卫星数量维持在 31~32 颗之间,提供导航服务的卫星 30~31 颗,提供定位导航与授时服务卫星的数量为 30 颗。

1. GPS-2R 卫星

GPS-2R 卫星是目前 GPS 空间段重要型号之一,主承包商为洛克希德·马丁公司。与 GPS-2/2A 等型号卫星比较,GPS-2R 卫星最大改进是增加了两大功能,从而使 GPS-2R 卫星的能力有了巨大飞跃:一是增加了时间保持系统(TKS);二是自主导航能力。表 3-24 为 GPS-2R 卫星有效载荷各单元功能。

表 3-24　GPS-2R 卫星有效载荷各单元功能

单元	功能
原子频率标准	为所有 GPS 信号提供精确的、稳定的、可靠的测时
星上处理	产生导航信息,进行星历计算、数据加密,产生 P 和 C/A 码,检测有效载荷健康,提供钟差校正

续表

单元	功能
软件	实现星上处理功能,从地面站调整程序
L频段系统	产生和调制 L1、L2、L3 信号并将其组合发向地球
星间链路	提供卫星-卫星间通信和测距
自主导航	当不能与地面进行正常通信时,提供精确的自主运行

GPS-2R 卫星本体是一个边长约 1.8m 的立方体,两块太阳电池帆板跨度约 9m,发射质量 2016kg,在轨质量 1066.5kg。卫星采用三轴稳定与偏航控制姿态控制方式,装备 16 台推力器,固体远地点发动机装填约 950kg 燃料,其总质量约占卫星总质量的 1/2。

GPS-2R 卫星有效载荷主要包括星载原子钟系统(时间保持系统)、任务数据单元、L 频段系统、导航天线、星间链路与自主导航系统等。

1) 星载原子钟

GPS-2R 卫星装备 3 部铷原子钟,设计寿命约 6 年。表 3-25 为 GPS-2R/2RM 卫星铷原子钟技术指标。

表 3-25 GPS-2R/2RM 卫星铷原子钟技术指标

项目	指标	项目	指标
准确度	$\pm 1 \times 10^{-9}$	功耗	39W
漂移率	$\leq 5 \times 10^{-14}$/天	质量	<5.5kg
稳定度	$3 \times 10^{-12} \times \tau^{-1/2} + 5 \times 10^{-14}$ ($1 < \tau < 10^5$s,τ 表示固定采样时间去除漂移)	体积	4L
		温度系数	$\leq 2 \times 10^{-15}$/℃

2) 任务数据单元

任务数据单元(MDL)是星历计算、数据加密、导航信息生成、P 码和 C/A 码生成、有效载荷健康状况监测和星钟(时间保持系统)误差校正等所有任务功能的集成单元,采用 16MHz 频段的军用抗辐射加固中央处理器。与前几种 GPS 型号软件相比,该软件极其庞大和复杂,可执行 180 天的自主导航功能。

3) L 频段系统

L 频段系统由 3 台编号为 L1、L2 和 L3 频率的发射机组合而成。其中 L1 和 L2 频率用于 GPS 导航任务,L3 频率用于核爆炸探测系统。L1 频率为

1575.42MHz，L2 频率为 1227.60MHz，L3 频率为 1381.05MHz。GPS－2R 卫星的 L 频段系统包括 10 个单元组件。

4）星间链路

GPS－2R 卫星（图 3－26）的重大改进是增加了星间链路，以提供各卫星之间的通信和测距。为此，每颗 GPS－2R 卫星都装备了一部用于星间通信与测距的"互联转发器数据单元"（CTDU）。它有双重功能：一是为实现自主导航进行 GPS 卫星之间距离测量；二是用于交换自主导航状态矢量数据和"导航数据生成"（NDS）系统生成的数据。自主导航状态矢量信息包括开普勒轨道参数和星钟状态数据两部分。GPS－2R 卫星可在没有地面运行控制段参与的情况下，提供 180 天的自主导航能力，用户测距误差（URE）小于 6m。

图 3－26　GPS－2R 卫星

2. GPS－2RM 卫星

GPS－2RM 卫星（图 3－27）是 GPS－2R 卫星的改进型号，主要增量为：增加 L1 与 L2 频段的 M 码军用信号；增加 L2 频段的 L2C 民用信号。为满足增加信号和增加信号发射功率的要求，该型号在设计与技术上的主要改进内容如下：①采用洛克希德·马丁公司的专利技术对天线系统进行了重新设计，采用了新的天线布局，以适应增加新信号和提高发射功率的要求；②以宽带器件替换了原天线系统的 L 频段器件，以满足 M 码信号对带宽的要求；③采用了更大功率的功率放大器/转换器，采用了新的波形发生/调制/转换设备，优化了波形；④重新设计了 L 频段子系统，以三个多功能组件替换了原 L1 和 L2 频段的 5 个部件，可对波形发生器进行重新编程，实现了对不同信号的发射功率的重新分配。经此改进，L1 和 L2 频段信号的发射功率分别提高了 5dB 和 6dB。

图3-27　GPS-2RM 卫星

3. GPS-2F 卫星

GPS-2F 卫星(图3-28)主承包商为波音公司,2010年5月首次发射。卫星采用模块化设计,质量1672kg,三轴稳定姿态控制,设计寿命12年,载荷功率2440kW。GPS-2F 卫星增加了 L5 频段的第3个民用信号,中心频率为1176.45MHz,主要为民航提供高精度导航服务。

图3-28　GPS-2F 卫星

GPS-2F 卫星采用由美国海军研究实验室开发的数字化星钟技术,星钟的稳定性明显提高,日误差约8ns。GPS-2F 卫星的星钟系统由1部铯钟和2部铷钟组成。此外,美国首先在 GPS-2RM 卫星开始增加了新的 M 码军用信号,实现了 GPS 军用信号与民用信号的完全分离;又在 GPS-2F 卫星中实现了信号功率可调,使 M 码军用信号最大功率达到 -147dBW,远高于 P(Y)码军用信号的 -158dBW,进一步提高了军用信号的抗干扰能力。

4. GPS-3 卫星

GPS-3 卫星(图3-29)是 GPS 第五代卫星的首个型号,在 GPS 现代化计划中的位置十分重要。由于 GPS-3 卫星研发拖延等原因,美国空军于2017年年底调整了 GPS-3 卫星的发展计划,将原计划的 3 个型号(GPS-3A、GPS-3B 和 GPS-3C)调整为两个型号,即 GPS-3 和 GPS-3F(Follow-On,GPS-3 后继型号)。GPS-3 卫星采用洛克希德·马丁公司的 A2100M 平台,发射质量 3883kg,在轨质量 2271.4kg,尺寸 2460mm×178mm×349mm,设计寿命 15 年,零动量三轴姿态稳定控制;采用超三结砷化镓太阳电池,面积 28.34m^2,寿命末期功率 4480W,星上采用可充电镍氢电池。

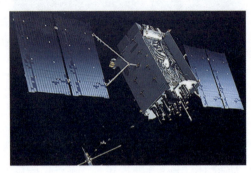

图 3-29 GPS-3 卫星

与 GPS-2F 卫星相比,GPS-3 卫星的主要功能增量包括:原子钟的性能进一步提升;信号抗干扰能力显著增强;增加 L1 频段的互操作信号 L1C;同时还增加了搜索救援载荷,为国际搜救服务提供支持。

2021 年 6 月 17 日,第五颗 GPS-3 型卫星"阿姆斯特朗"由 SpaceX 公司猎鹰-9 运载火箭成功发射,此次任务使用了在第四颗 GPS-3 型卫星发射任务中回收的火箭助推器,这是美国国家安全太空发射任务(NSSL)首次利用可重复使用助推火箭,标志着美国天军正式进入可重复使用火箭时代(表 3-26)。

表 3-26 GPS-3 卫星发射及入役时间

序号	发射时间	入役时间	运载火箭
第 1 颗	2018 年 12 月 23 日	2020 年 1 月	SpaceX 猎鹰-9
第 2 颗	2019 年 8 月 23 日	2020 年 4 月	ULA 德尔塔-4
第 3 颗	2020 年 6 月 30 日	2020 年 10 月	SpaceX 猎鹰-9
第 4 颗	2020 年 11 月 5 日	2020 年 12 月	SpaceX 猎鹰-9
第 5 颗	2021 年 6 月 17 日	2022 年 5 月	SpaceX 猎鹰-9

2018 年,美军启动了 GPS-3 后继型号——GPS-3F 卫星的研发,具有在轨升级与信号重构、点波束信号功率增强、高速星间/星地链路、搜索与救援、高

精度轨道位置测量等新的功能或能力,预计还将搭载升级的核爆探测载荷。2020年3月,GPS-3F卫星已经通过了关键设计评审(CDR),目前该卫星正处于新的研发阶段,计划于2026年左右进行首次发射;2019年1月17日,美国空军将价值8400万美元的导航技术卫星-3(NTS-3)的研发合同授予了L3哈里斯公司,2020年6月,NTS-3通过关键设计审查,目前正基于诺斯罗普·格鲁曼公司ESPAStar平台生产建造,计划2023年发射,开展包括军用高增益天线、GPS先进L频段固态功率放大器、灵活数字化有效载荷、先进星载原子钟和满足未来强对抗环境的地面运行控制系统技术的太空飞行演示验证。

3.2.5.2 地面段

GPS地面段(运行控制系统)的发展经历了三个阶段:一是最初的运行控制系统(也称为OCS);二是经"体系结构演进计划"(AEP)改进的OCS;三是正在研发的GPS新一代运行控制系统(OCX)。其中,OCS地面控制段的发展始于20世纪70年代,90年代初全面完成部署。此后,美国空军实施了AEP计划,其最重要的变化是实现了从大型主控计算机控制结构向分布式IT网络控制结构的转变,为未来OCX阶段建设与发展奠定了基础。2012年年底,AEP计划已经全部完成,并通过了美国空军组织的验收。2019年6月,洛克希德·马丁公司完成了GPS运行控制系统的GPS-3卫星应急行动(COPS)软件升级,使得GPS运行控制系统(AEP OCS)能够控制、管理GPS-3卫星的运行(基本能力)。按照2016年与美国空军签定的合同,洛克希德·马丁公司继续进行AEP OCS的升级与改进,其目标是支撑新一代M码军用信号的运行与使用,该合同将持续至2025年。新一代"运行控制系统"(OCX)共分为4个批次:批次0、批次1、批次2和批次3后继,其中批次0为试验系统,批次1和批次2已交付并投入使用,批次3后继尚未研发完成。

◎ 3.3 太空控制装备

太空控制装备指用于太空进攻和防御作战的装备,包括太空进攻装备和太空防御装备。按部署位置,太空控制对抗装备可分为天基、地基、海基等装备,也可按技术手段分为动能、定向能、电子对抗、太空操控等装备。经过近几年的调整发展,美军现已部署预置投送类、轨道攻防类和在轨操控类作战系统。其中,在轨操控类作战系统由商业公司发展,但普遍认为其可为军所用。因此,总体来看,目前现役的天基太空控制装备主要包括1型试验飞行器和6颗卫星,重点目标是对于高轨高价值目标开展攻防能力试验验证。此外,美国还装备有地基进攻性和防御性太空对抗装备。

3.3.1 地基太空控制装备

美国现役地基太空进攻装备可分用专用装备和兼用装备,其中专用装备包括卫星通信对抗系统、导航战系统和地基反卫星武器系统,兼用装备包括美军陆基和海基中段反导拦截系统等。地基防御装备主要包括卫星通信干扰识别定位系统、多频段卫星通信干扰识别定位系统、"赏金猎人"系统等。

3.3.1.1 进攻性太空控制装备

1. 通信对抗系统

通信对抗系统(CCS)作为美军太空进攻常备手段,具备对敌方地球同步轨道卫星上行链路进行干扰的能力,可全球机动部署。CCS 从 1999 年开始启动预研,并于 2003 年转入装备研制阶段。截至目前,美军已经发展了 2 型 CCS,即 10.1、10.2,在全球部署至少 28 台/套。CCS 10.0 型共采购 7 套,于 2008 年 9 月完成全部交付;CCS 10.1 型共采购 7 套,于 2014 年底全部装备部队;CCS 10.2 型共采购 14 套外加 2 套训练器,分"现役部队型"和"空军国民警卫队型",第 1 套"现役部队型"和第 1 套"空军国民警卫队型"于 2017 年 3 月交付,"现役部队型"和"空军国民警卫队型"训练器各 1 套于 2017 年 6 月交付,其他 12 套 10.2 型系统(两型数量未知)从 2018 年 2 季度开始,至 2020 年 9 月底完成全部交付。2021 年,美国天军宣布已授予 L3 哈里斯技术公司(也是 CCS 10.1 型和 10.2 型的主要承包商)一份价值 1.207 亿美元的合同,用于升级 CCS 10.2 型。根据合同公告,截至 2025 年,L3 哈里斯技术公司将完成共 16 套 CCS 10.2 型设备的升级,进一步提高其远域打击断链破网的能力。图 3-30 为通信对抗系统 CCS Block10.2。

图 3-30 通信对抗系统 CCS Block10.2

美国天军 2020 年正式启动了 CCS 10.3 型研发工作。CCS 10.3 型,即"草地"(Meadowlands)系统,比 CCS 10.2 型系统尺寸更小,机动性更强,但并非取代CCS 10.2型,而是将与CCS 10.2型系统一起部署,对其进行补充(10.2及以前的系统可空运机动部署,但在固定阵地执行任务;CCS 10.3型系统有可能车载、机载或舰载)。截至2023财年,CCS 10.3已采购19套(分别是2021财年5套,2022财年7套,2023财年7套),2024财年预计将再采购7套。CCS系统目前装备于太空作战司令部第3太空德尔塔部队第4电磁战中队,部署于彼得森天军基地。

2. 导航战系统

导航战系统是指"协同运用太空、网络空间和电子战能力确保己方使用天基定位导航授时信息,并阻止敌方使用相关信息"的一系列系统的集合。导航战作战样式和装备最早出现在2003年的伊拉克战争中,当时美军侦测到其GPS系统受到干扰,随后使用GPS制导炸弹摧毁了伊拉克使用的俄罗斯研制的GPS干扰机。综合判断美军当前已在全球若干作战区域部署了干扰卫星导航系统(包括GPS、格洛纳斯系统和北斗系统)接收机的能力,可阻止对手使用天基导航能力。

3. 激光反卫星武器

在地基高能激光武器方面,美军从20世纪70年代末就针对太空系统开展了大量地基激光武器的演示验证试验,检验了地基激光瞄准和跟踪太空高速飞行目标的能力、激光穿透大气层的发散程度和大气补偿技术,收集了卫星探测器受激光照射从饱和到被破坏的相关数据信息。美军当前地基激光技术水平已达致眩、致盲,甚至致毁卫星的技术能力要求。

4. 动能反卫星武器

在动能反卫星装备方面,美国曾在冷战期间发展了空基发射的反卫星导弹,开展5次飞行试验,具备初始运行能力,可摧毁高度1000km以下的卫星,但该项目后续计划在20世纪80年代末被取消,随后开展的地基直接上升式反卫星导弹项目也于20世纪90年代中期取消,此后美国没有再开展专用于反卫星的导弹计划,主要精力投向兼具反卫星能力的反导系统建设上。目前,美国由已建成的地基中段拦截器(GMI)和海基宙斯盾系统中的标准-3(SM-3)拦截弹具备直接上升式动能反卫星作战能力。

地基中段防御系统(groundbased midcourse defense,GMD)是一种非核杀伤的战略弹道导弹防御系统,是美国全球一体化弹道导弹防御系统的重要组成部分,用于保卫美国本土免遭有限数量远程和洲际弹道导弹攻击。GMD系统是在国家导弹防御(NMD)系统基础上发展的,采用边研制、边试验、边部署、边升级的发展模式。1992年开始研制地基拦截弹,1998年波音公司被选定为GMD系统主承包商,进行系统研发与集成。2002年6月美国正式退出《反导条约》,

将 NMD 更名为 GMD,做出 2004 年部署的决定。GMD 系统主要由预警探测、火控通信和拦截弹 3 大功能系统组成,全球分布式部署。美国国防部导弹防御局负责 GMD 系统研制管理。美国波音公司为 GMD 系统的主承包商,负责系统设计、开发和集成;美国雷声公司负责外大气层杀伤器(EKV)研发;轨道 ATK 公司(已被诺斯罗普·格鲁曼公司收购)负责地基拦截弹(GBI)推进系统研发;诺斯罗普·格鲁曼公司负责火控通信系统研发。2004 年 7 月首枚 GBI 在阿拉斯加州格里利堡部署,GMD 系统具备初始作战能力。2012 年 GBI 部署数量为 30 枚。2019 年 12 月 GBI 部署数量为 44 枚,其中在阿拉斯加格里利堡部署了 40 枚,由隶属美国陆军的第 100 导弹防御旅负责操作;在加利福尼亚范登堡天军基地部署了 4 枚。导弹防御局原计划 2020 年在阿拉斯加格里利堡再部署 20 枚 GBI,使部署总数达到 64 枚。由于 2019 年导弹防御局终止了用于地基拦截弹的重新设计杀伤器(RKV)发展计划,部署时间将推迟至 2030 年前后。根据导弹防御局 2010 年公开披露的信息,单枚 GBI 的价格约为 7500 万美元。表 3 – 27 为地基拦截弹(GBI)主要战技性能指标,图 3 – 31 为地基拦截弹(GBI)。

表 3 – 27　地基拦截弹(GBI)主要战技性能指标

对付目标		远程和洲际弹道导弹
最大作战距离		5000km
最小作战距离		1000km
最大作战高度		2500km
最大马赫数		24.4
杀伤概率		单发 >0.7
制导体制		惯导 + 指令修正 + 末段可见光与双色红外制导
发射方式		地下井垂直发射
弹长		16.61m
弹径		1.27m
发射质量		21.6t
动力装置		三级固体火箭发动机(OBV 火箭)
战斗部	类型	外大气层杀伤器(EKV),直接碰撞动能杀伤
	质量	64kg

图 3-31　地基拦截弹(GBI)

宙斯盾弹道导弹防御系统是美国导弹防御局和海军在宙斯盾系统的基础上研发的弹道导弹防御系统,是美国全球一体化弹道导弹防御体系的重要组成部分,主要用于拦截近程、中程和中远程弹道导弹。2002 年,美国导弹防御局评估认为,地球外层空间的弹道导弹威胁正逐步上升,于是开始与美国海军在宙斯盾系统的基础上研制具备反弹道导弹能力的作战系统。随后,由于五角大楼判断"反介入/区域拒止"的威胁增加,该系统的发展优先级被提高并加速研发。并计划在 2005 年后开始逐步装备海军现役舰艇。截至 2020 年,海军已经完成宙斯盾弹道导弹防御系统的 3.6.X 版、4.0.3 版、4.1 版、5.0CU 版、5.1 版的研发和试验验证,目前正在进行该系统的 6.X 版的研发。与此同时,累计 38 艘驱逐舰和巡洋舰装备了该系统,预计到 2024 财年末,会有 59 艘驱逐舰、巡洋舰装备宙斯盾弹道导弹防御系统。此外,作为美国海军在亚太的关键一环,日本海上自卫队的 4 艘金刚级导弹驱逐舰也安装了宙斯盾弹道导弹防御系统,2 艘爱宕级导弹驱逐舰正在升级该能力,新采购的 2 艘摩耶级导弹驱逐舰也将安装该系统。宙斯盾弹道导弹防御系统的组成与舰载宙斯盾系统类似,主要包括:AN/SPY1 雷达、标准-3 导弹、火控系统、MK41 垂直发射系统、计算机处理器、显示系统、电源系统以及冷却系统。

标准-3 导弹是美国雷声公司研制的一种反导拦截弹,主要用于在大气层外拦截近程、中程和中远程弹道导弹,是美国弹道导弹防御海基中段防御系统的拦截弹,也是陆基宙斯盾系统的拦截弹。标准-3 拦截弹主要包括 3 种型号,分别为标准-3Block1A、标准-3Block1B 和标准-3Block2A。其中,标准-3Block1A 导弹和标准-3Block1B 导弹已部署,标准 3Block2A 导弹处于研制与试验阶段,标准-3Block2B 导弹由于技术和经费原因于 2013 年被取消。

标准-3Block-1A 导弹用于对付近程、中程弹道导弹,最大作战距离 500km,最大作战高度 350km,最大速度 2.7km/s($Ma \approx 8$)。采用惯性制导+中段 GPS 辅助导航与指令修正 + 末段单色红外成像寻的。弹长 6.65m，弹径 343mm，翼展 1.57m，发射质量 1501kg。装备 1 台 Mk72 固体火箭助推器，1 台 Mk104 双推力固体火箭发动机，1 台 Mk136 双脉冲固体火箭发动机。拦截器采用直接碰撞的动能拦截，型号为 Mk142 动能杀伤器。标准 - 3Block - 1A 导弹是该系列导弹的第一个批量生产型，相比于 Block - 1 导弹，Block - 1A 导弹改进了动能杀伤器的姿轨控系统，提高了可靠性；换用新的信息处理设备，提高了红外传感器的识别能力。该型导弹均已在美国海军、日本海上自卫队部署。此外，标准 - 3Block - 1A 导弹于 2007 年 4 月 26 日的第二次试验中成功拦截整体式近程弹道导弹，也是美国首次对具备完全功能的固体姿轨控系统的试验。2007 年 11 月 6 日，美国海军首次使用该弹进行双发拦截试验，成功同时拦截 2 枚整体式弹道导弹。2007 年 12 月 17 日，海上自卫队的金刚号导弹驱逐舰首次使用标准 - 3Block - 1A 导弹拦截单体正在分离的中程弹道导弹。2008 年 2 月 21 日成功使用该弹击毁一颗距地面 247km 的失控的美国侦察卫星，此次试验证明了标准 - 3Block - 1A 导弹具备了反卫星的实战能力。

标准 - 3Block - 1B 导弹用于对付近程、中程弹道导弹，外形和基本性能均与标准 - 3Block - 1A 导弹一致。标准 - 3Block - 1B 导弹相比 Block - 1A 导弹的改进是更新了导引设备和内部软/硬件，配备长波/中波（双色）红外导引头、新的处理器。原先的固体姿轨控系统改进为节流式固体姿轨控系统（TDACS），发动机推力可通过针阀进行动态连续调节，能够有效提高弹体机动性和推进剂利用率。2014 年 4 月，标准 - 3Block - 1B 导弹与 4.0.1 版本的弹道导弹防御系统开始部署到海军舰艇上，同年该弹被部署在罗马尼亚的路基宙斯盾系统中。

标准 - 3Block - 2A 导弹由美日联合研制，采用新的第二级和第三级火箭发动机，相比之前的型号提高了飞行速度和覆盖范围，可拦截速度更高的中远程弹道导弹。其最大作战距离为 1500km，最大作战高度 1200km，最大速度 3.5km/s（$Ma \approx 10$），采用惯性制导 + 中段 GPS 辅助导航与指令修正 + 末段双色红外成像寻的。其弹长 6.65m，弹径 534mm，发射质量 2075kg。换用了改进型 Mk72 助推器，采用与之前一致的 Mk142 动能杀伤器。表 3 - 28 为标准 - 3 拦截弹战技指标。

表 3 - 28　标准 - 3 导弹战技指标

导弹型号	标准 - 3 Block 1A	标准 - 3 Block 1B	标准 - 3 Block 2A
对付目标	近程和中程弹道导弹	近程和中程弹道导弹	近程、中程和中远程弹道导弹
最大作战高度	500km	500km	1500km
最小作战高度	350km	350km	1200km

续表

导弹型号	标准-3 Block 1A	标准-3 Block 1B	标准-3 Block 2A
最大速度	3.5km/s	3.5km/s	4.5km/s
制导体制	惯导+中段GPS辅助导航与指令修正+末段单色红外成像寻的	惯导+中段GPS辅助导航与指令修正+末段双色红外成像寻的	惯导+中段GPS辅助导航与指令修正+末段双色红外成像寻的
发射方式	垂直发射	垂直发射	垂直发射
弹长	6.65m	6.65m	6.65m
弹径	343mm	343mm	534mm
翼展	1.57m	1.57m	—
发射质量	1501kg	1501kg	2075kg
动力装置	1台Mk72固定火箭助推器,1台Mk104双推力固体火箭发动机,1台Mk136双脉冲固体火箭发动机		改进型Mk72助推器
杀伤方式	直接碰撞动能杀伤,Mk142动能杀伤器		

3.3.1.2 防御性太空控制装备

1. 快速攻击识别、探测与报告机动地面系统

快速攻击识别、探测与报告机动地面系统(RAIDRS)是美国防御性太空对抗装备,由地基和星载传感器、信息处理网络及一个报告系统组成,探测对卫星通信的干扰,可全球机动部署,具备近实时探测、报告C、X、Ku频段卫星通信系统受到的电磁干扰、识别干扰信号特征,并定位干扰源的能力。RAIDRS的中央处理站位于彼得森天军基地,现已部署5套,分别位于夏威夷卢阿卢阿莱海军站、佛罗里达州卡纳维拉尔角天军站、日本三泽空军基地、德国卡彭空军站和中央司令部(未确认地点,可能是卡塔尔乌代德空军基地)。美军计划后续增加在轨卫星遭受激光攻击的探测、识别、报告功能。

2. "特高频精灵"系统

"特高频精灵"系统其全称为"UHF频段干扰识别和定位标准程序系统",具备对战区UHF频段卫星通信干扰的有效探测识别和定位能力。

3. "赏金猎人"系统

"赏金猎人"(Bounty Hunter)系统是一种向作战指挥官提供电磁作战支援,以搜索、拦截、识别和定位有意和无意电磁辐射能量源的系统,用于立即识别威胁、定位、规划并开展未来作战。2020财年新部署一套到印太司令部,2021年和 2022 财年计划各计划采购一套。目前由美国天军第 3 太空德尔塔部队下属第 16 电磁战中队操作,部署于彼得森天军基地。

3.3.2 天基太空控制装备

美国目前现役的天基太空控制装备主要包括 1 型试验飞行器和 6 颗卫星。表 3-29 为美国天基太空控制装备列表。

表 3-29　美国天基太空控制装备列表

航天器名称	任务类型	轨道位置	发展状态	主要功能
X-37B 轨道试验飞行器	机动平台	低地球轨道	装备型	具备高机动、多功能太空任务平台能力,太空操控能力,以及武器载荷试验与投放能力
老鹰(Eagle)	预置投送	坟墓轨道	试验型	微纳卫星和武器挂载,以及高轨隐秘机动部署
长期带推力渐进型一次性运载火箭次级有效载荷适配器-1(LDPE-1)	预置投送	地球同步轨道	试验型	微纳卫星轨道预置投送、机动部署、交会和抵近等
铠甲-1 (ARMOR-1)	轨道攻防	坟墓轨道	试验型	由"老鹰"卫星在轨释放,开展攻击试验
铠甲-2 (ARMOR-2)	轨道攻防	坟墓轨道	试验型	由"老鹰"卫星在轨释放,开展攻击试验
任务拓展飞行器-1 (MEV-1)	在轨操控	坟墓轨道+地球同步轨道	装备型	在轨抓捕操控和延寿
任务拓展飞行器-2 (MEV-2)	在轨操控	坟墓轨道+地球同步轨道	装备型	在轨抓捕操控和延寿

3.3.2.1　天地往返飞行器

X-37B 轨道试验飞行器(OTV)是美国研制建造的一种垂直发射、水平着陆的无人天地往返航天器,也是目前美国军方唯一的可返回航天器。但 X-37B OTV 并非最终的定型机,也不是用于型号定型的试验机,其主要任务是进行可长期在轨运行轨道飞行器的天地往返技术演示验证试验,故而沿用美国 X 系列试验机的编号。

X-37B OTV 机身长 8.9m,高 2.9m,翼展 4.5m,发射质量 4990kg。X-37B OTV 的气动外形源自航天飞机的升力体设计方案,尺寸约为航天飞机的 1/4,二者具有相近的升阻比。X-37B OTV 计划运行在近地点高度为 200~300km,远地点为 900~1000km 的轨道上,设计在轨运行时间 270 天,周转时间(再次发射间隔)72h,以支持快速响应。图 3-32 为 X-37B OTV 垂直发射、大气再入、水平着陆图。表 3-30 为 X-37B OTV 设计指标。

图 3-32 X-37B OTV 垂直发射、大气再入、水平着陆

表 3-30 X-37B OTV 设计指标

项目	指标
尺寸	长 8.9m,高 2.9m,翼展 4.5m
发射质量	4990kg
有效载荷舱尺寸	1.8m×1m
有效载荷质量	250kg
在轨运行时间	9 个月以上
可灵活在轨机动	是
可重复使用	是
自主再入着陆	是
返回后再次发射准备时间	72h
入轨形式	由天地往返运输器或一次性运载器直接发射至 LEO 轨道

X-37B OTV 采用模块化机体设计,背部设载荷舱,机体内部设有 GPS/惯性导航系统、自动返回着陆系统、推进系统、轻型起落架等。X-37B OTV 最初计划搭载航天飞机发射,由于哥伦比亚号发生事故以及航天飞机高昂的发射成本,后改由"改进型一次性运载火箭"(EELV)发射。X-37B OTV 的目标是,降低可重复使用太空飞行器的技术风险,开发和试验操作概念,以支持长远发展目标。美军现有 2 架 X-37B OTV,截至 2024 年 5 月 31 日,X-37B OTV 已成功开展 7 次飞行试验。

1. X-37B OTV-1

X-37B OTV-1 于 2010 年 4 月 22 日发射，2010 年 12 月 3 日返回，运行 225 天。X-37B OTV-1 主要进行三个方面的技术演示验证：一是检验 X-37B OTV 自身性能，确保满足设计指标要求，进行 30 余项有关机体、推进，以及再入返回过程中的自主操作等技术的演示验证试验，并收集以马赫数 25 的速度再入大气的相关数据；二是将 X-37B OTV 作为可重复使用的太空试验平台，开展包括卫星敏感器、分系统、部组件等技术的在轨验证；三是验证 X-37B OTV 快速再次发射能力，减少地面维护工作量和时间，降低运行和维护成本。

2. X-37B OTV-2

X-37B OTV-2 于 2011 年 3 月 5 日发射，2012 年 6 月 16 日返回，在轨运行 469 天。美国空军曾表示将通过 X-37B OTV-2 飞行任务进一步评估 X-37B OTV 的性能，包括扩展飞行包线，增强横向机动，在更强侧风条件下着陆等；同时还将对 X-37B OTV 的先进防热系统、能源系统以及自动着陆系统等开展持续的测试。此外，X-37B OTV-2 任务还将对应用于未来卫星的新技术进行测试，但具体任务载荷依旧保密。国外媒体猜测 X-37B OTV-2 搭载的任务载荷包括：先进技术试验载荷、侦察卫星敏感器以及其他研究测试载荷。

3. X-37B OTV-3

2012 年 12 月 11 日，X-37B OTV 迎来第三次发射任务，即 X-37B OTV-3。此次飞行任务使用的是执行 X-37B OTV 首飞任务的 X-37B OTV-1 飞行器，此次飞行试验是其第二次入轨开展飞行试验。在轨运行 675 天后，X-37B OTV-3 于 2014 年 10 月 17 日返回地球。美军对 X-37B OTV-3 在轨飞行期间的试验任务保密。

4. X-37B OTV-4

2015 年 5 月 20 日，X-37B OTV 迎来第四次发射任务，即 X-37B OTV-4，使用执行第二次飞行试验的 X-37B OTV-2。2017 年 5 月 7 日，该飞行器结束了此次 718 天的飞行使命。目前美军没有公开关于第四次试验任务内容的信息。根据目前公开的信息已知 X-37B OTV-4 在轨开展了霍尔效应推进器试验。

5. X-37B OTV-5

2017 年 9 月，X-37B OTV 飞行器迎来第五次发射任务，即 X-37B OTV-5，原计划在太空飞行 270 天，最终飞行时间为 780 天，于 2019 年 10 月 27 日降落。X-37B OTV-5 任务主要用于长期太空驻留环境下的技术测试。

6. X-37B OTV-6

2020 年 5 月 17 日，X-37B OTV 迎来第六次发射任务，即 X-37B OTV-6。

本次发射首次在尾部加装一个专门进行各种试验的服务模块。X-37B OTV-6搭载了NASA两个试验载荷,用于评估新型材料样板对空间条件的适应,研究太空环境辐射对种子的影响。X-37B OTV 还将搭载太阳能发电试验载荷,为美国海军研究实验室(NRL)试验太阳能转换为射频微波能量进行试验。据专家推测,本次X-37B项目其他试验载荷包括:先进制导、导航和控制设备,热防护系统,航电设备,高温结构和密封件,先进电推进系统等。该次飞行试验于2022年11月12日结束,在轨总时长908天。

7. X-37B OTV-7

X-37B OTV 的第七次任务于2023年12月28日由 SpaceX 公司的猎鹰重型火箭从佛罗里达州肯尼迪航天中心发射升空,X-37B OTV-7 首次搭载在猎鹰重型火箭上发射,有广泛的试验任务,包括试验在新的轨道体制下操控飞行器,试验未来的太空域感知技术,以及研究太空辐射对某些材料的影响。X-37B OTV-7 首次使用全球现役运载能力最强的猎鹰重型火箭发射,其 LEO 运载能力63.8t,远大于 X-37B OTV-7 和尾部挂舱的总质量。根据美国天军官方对 X-37B OTV-7 将运行在"新轨道区域"的有关表述,可推测 X-37B OTV-7 将打破以往运行在 LEO 的历史,进入更高的轨道,将比前六次任务高出许多,最终运行轨道有待进一步跟踪研判。

3.3.2.2 "老鹰"卫星

"老鹰"卫星全称为"次级有效载荷适配器扩展地球同步轨道实验室试验"(EAGLE),是空军研究实验室主导研制的试验卫星,搭载了"太空试验计划"(STP)下的试验载荷和试验卫星。2018年4月14日,"老鹰"卫星作为首个采用 ESPAStar 平台的飞行器成功发射。"老鹰"卫星随后在轨释放了1颗"麦考罗夫特"防护试验卫星和2颗"铠甲"攻防试验卫星。图3-33为"老鹰"卫星在轨飞行示意图。

图3-33 "老鹰"卫星在轨飞行示意图

1.卫星平台

"老鹰"卫星本体基于 ESPAStar 平台,该平台使用改造的"渐进一次性运载火箭次级有效载荷适配器"(ESPA)环为主体结构。ESPAStar平台通过在ESPA环内部加装推进系统、姿态感知与控制系统、电源系统与通信系统等，增加姿态控制、在轨机动能力，以及双向通信能力。

ESPAStar平台具有6个载位，每个载位可携带1个搭载载荷或2个可分离载荷，全平台共可搭载6~12个载荷。所有载位采用标准载荷接口。平台根据GEO任务进行了优化设计，但也适用于低轨道和中轨道任务。ESPAStar平台直径1.575m，高0.61m，干质量430~470kg。配备4个推进剂储箱，共携带肼310kg。ESPAStar平台可承载的最大载荷质量为1086kg，即平均每个载位181kg，最大载荷尺寸为0.965m。

除"老鹰"卫星外，ESPAStar平台还支持开展了另外两次在轨试验任务，参见表3-31。

表3-31 ESPAStar平台试验情况表

序号	试验时间	任务名称	释放卫星及试验内容
1	2018年4月14日	EAGLE	在轨释放3颗小卫星，开展感知威胁及主动防御试验
2	2018年12月3日	OrbWeaver	在轨释放2颗OrbWeaver卫星，演示验证在轨回收、在轨制造技术
3	2019年6月25日	DSX	未释放卫星，开展MEO轨道复杂辐射条件下中开展大型可展开太空结构试验，以及天基网络攻防试验

2. 卫星载荷

"老鹰"卫星已知至少携带有STP计划资助的如下5个试验载荷：

(1)"超时序成像太空试验"(HTI-SpX)载荷，由美国空军研究实验室太空飞行器部研制，用于超时序成像技术试验，载荷原理是以固定时间间隔用若干不同谱段获取的地球上不同点的图像进行融合处理，以获得导弹预警信息。

(2)"麦考罗夫特"小卫星，由美国空军研究实验室研制，采用轨道ATK公司的ESPASat卫星平台。

(3)"小型环境异常传感器-3-风险降低型"(CEASE-Ⅲ-RR)有效载荷。

(4)"逆合成孔径激光雷达"(ISAL)，主要试验能摆脱望远镜衍射极限对分辨率的制约载荷，对GEO轨道太空目标进行高分辨率图像成像。

(5)"铠甲"卫星，基于AFRL-1201弹性卫星平台开发的试验卫星。

3.3.2.3 LDPE项目卫星

2021年12月7日，美军采用宇宙神-5(551)构型运载火箭将第1颗"长期带推力渐进型一次性运载火箭次级有效载荷适配器"(LDPE)项目卫星 LDPE-1送入预定轨道。LDPE是一个基于ESPAStar的中型平台,昵称为"太空货运列车",有6个端口可搭载ESPA类原型载荷。LDPE能将可分离的太空飞行器送入GEO,或者专用载荷附着环本身上。当前,LDPE的作用是演示样机的技术可行性,演示将持续18个月。演示任务完成后,LDPE将进入处置轨道(GEO+300km)。另外,LDPE也可以保持在轨,作为GEO上的模块化节点,为其他卫星提供通信(经由交叉链路)、开放处理平台、扩展机动性及在轨服务/燃料补给服务。

美国天军从2021财年开始接管原空军的太空技术研发与装备采办项目,已明确LDPE的后续项目(即LDPE-3A卫星之后)称为快速在轨太空技术评估环(ROOSTER)项目,即"雄鸡"项目。ROOSTER项目主要目的是寻求灵活的多任务轨道平台,不断发展美国国家安全太空架构(NSS)。ROOSTER项目不局限于基于ESPA的结构,适应不同载荷的灵活性是该项目的关键目标。此外,作为用于太空演示验证实验的搭载平台,ROOSTER项目也寻求在其核心平台内加入超出传统平台功能之外的能力,以增强在轨实验能力,例如能提供交会与抵近操作见证能力的光学传感器、交叉链路通信、卫星对接等。

2023年1月15日,美国天军发射了LDPE-3A卫星,LDPE-3A搭载了5个有效载荷:1个航空航天公司的原型传感器,旨在进行局部天基太空域感知能力演示;1个太空系统司令部原型广域传感器,该传感器配有4个摄像头,能够搜索和跟踪地球同步轨道上的其他航天器和空间碎片;2个太空快速能力办公室的太空态势感知任务原型载荷,详情未公开;1个太空快速能力办公室的天地通信原型载荷,详情未公开。

3.3.2.4 "铠甲"卫星

"铠甲"(ARMOR)系列卫星最初是"老鹰"机动飞行器公布的2个试验载荷,随后被确认通过"老鹰"卫星在轨释放,美军对外公布的航天器代号为USA-286和USA-287。

"铠甲"卫星是基于美国空军研究实验室AFRL-1201弹性卫星平台开发的试验卫星,在轨通过"老鹰"卫星秘密释放后被美国太空编目数据库公开,详细的试验内容未对外公布。外界推测USA-286和USA-287是"老鹰"卫星上已公布搭载的ARMOR-1和ARMOR-2载荷,或与"老鹰"卫星、"麦考罗夫特"护卫试验卫星开展轨道攻防试验。

公开渠道未获取美军研制ARMOR系列后续卫星的相关情况。2020年开始美军继续在"泰特拉"(Tetra)计划下研制5颗轨道攻防试验小卫星,目前已授出前5颗Tetra卫星研发合同,将支持开发GEO轨道技战术规程。

3.3.2.5 任务拓展飞行器

"任务拓展飞行器"(MEV)项目始于2011年,最初基于美国维维卫星(Vivisat)公司提出的"利用新型航天器为在轨卫星进行燃料加注"的创新服务概念。2013—2015年间,轨道ATK公司(目前更名为诺格创新系统公司)从维维卫星公司接手整个项目团队,继续优化MEV项目方案设计工作。2017年诺格创新系统公司宣布MEV项目将研制最少5个MEV系列航天器,为目标客户提供定制在轨操作服务。最初的计划是2018年发射1个MEV航天器,随后分别于2019年和2020年每年各发射2个MEV航天器。MEV-1卫星(图3-34)在经历1年发射延迟后,于2019年10月9日发射升空,于2020年2月成功与国际通信卫星公司(Intelsat)的Intelsat-901在坟墓轨道交会对接为新卫星组合体,提供5年期在轨延寿服务。2020年8月15日,MEV-2卫星发射升空,与Intelsat-10-02卫星在地球同步轨道对接后,提供类似延寿服务。

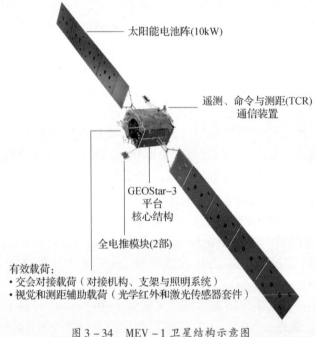

图3-34 MEV-1卫星结构示意图

MEV-1卫星基于诺格创新系统公司GEOStar-3平台设计制造,发射质量为2326kg,设计寿命为15年。MEV-1卫星采用1箭双星发射配置构型,转移轨道推进选取全电推设计,航天器搭载了可展开太阳帆板、2部全电推模块、交会对接载荷、视觉和测距辅助载荷等。MEV-2卫星采用相同平台研制,具有相同的15年设计寿命和有效载荷。但与MEV-1卫星任务的区别在于与目标卫星抵近、对接采取更为激进的方式,MEV-1 卫星与 Intelsat-901 卫星先在坟墓轨道对接测试后再重定位到地球同步轨道,而 MEV-2 卫星将直接在同步轨道与 Intelsat-10-02 卫星在轨对接,大幅减少了卫星服务中断的时间。

GEOStar-3 是诺格创新系统公司 GEOStar 平台系列的最新型号,具有强变轨能力,主要设计参数如表 3-32 所示。GEOStar-3 平台具备双发射配置模式,即 2 颗使用 GEOStar 平台的卫星可同时由一枚运载火箭进行发射。此外,GEOStar-3 卫星平台不仅可以进行 6 自由度操作控制,还搭载能够与 GEO 卫星标准远地点液体发动机、发射适配器等连接的对接机制,以及半自主交会对接操作系统,混合型化学与电推进系统,电推进位置保持系统,高精度星敏感器,动量轮姿控系统等。MEV-1 航天器为降低整体发射质量,采用全电推进系统实现轨道转移。

表 3-32 GEOStar-3 平台主要设计参数

项目	技术参数
设计寿命	15~18 年
携带有效载荷	1 箭 1 星:≤1000kg;1 箭 2 星:单星≤800kg
适用运载火箭	单星发射:阿里安-5、猎鹰-9、H-2A、"质子"(可海射或陆射);双星发射:阿里安-5、"质子"、"猎鹰"
平台姿轨控制	6 自由度可控
尺寸(高×宽×长)	(3.0~3.9)m×2.1m×2.3m
轨道转移推进类型	液体双推进、混合推进或全电推

MEV 系列在轨服务航天器的有效载荷包括交会对接载荷、视觉和测距辅助载荷。MEV 系列能够在同步轨道和坟墓轨道执行抓捕和接管操作,但该在轨服务飞行器质量约 2000kg,目标尺寸庞大,易被发现和识别且自身机动性敏捷性较差,因此只适用于姿态稳定目标和合作目标抓捕。美军正在研制性能更强的 6 自由度双机械臂的"地球同步轨道卫星自主服务"(RSGS),部署后,轨道操控能力将大幅提升。

◎3.4 航天运输装备

美国目前已经拥有世界上最为完整全面的运载火箭型谱,整体上处于全球领先水平,具备发射低、中、高各种轨道载荷的能力:①拥有满足不同轨道载荷入轨的运载能力。美国"宇宙神"-5、"猎鹰"-9等主力大中型运载火箭系列低轨道运载能力为28.37t、地球同步转移轨道运载能力为13.81t,"猎鹰"重型运载火箭,地球低轨道运载能力达63.8t;②具备太空快速补网能力,并积极发展低成本重复使用航天运输能力。美国"飞马座""米诺陶"等陆基和空基小型运载火箭,已具备接到发射命令48h快速机动发射能力,并实现了一子级重复使用的运载火箭技术,以及"试验太空飞机"-1、"追梦者""太空船"-2号等两级入轨重复使用运载器,以期形成接到发射命令24h内完成发射的低成本太空快速响应能力。

美国主要利用德尔塔-4和宇宙神-5系列火箭发射大中型有效载荷;利用猎鹰-9发射中型有效载荷;利用飞马座、金牛座、米诺陶等进行小型有效载荷的发射。同时,为实现载人深空探索目标,美国持续推进"太空发射系统"(SLS)重型火箭研制。

3.4.1 宇宙神-5系列

宇宙神-5系列运载火箭的研制目的主要是满足政府和商业用户对中、重型有效载荷的发射需求,同时兼顾美国军方有效载荷的发射要求,包括400系列、500系列及重型运载火箭,共14个型号。

宇宙神-5火箭采用模块化设计思想,主要通用模块包括:通用芯级(CCB)模块、通用半人马座级模块、固体捆绑助推器和有效载荷整流罩。这些模块配以不同的有效载荷整流罩、卫星支架及双星发射系统,可以形成运载能力阶梯化,执行LEO、GTO及GEO等不同轨道的多种发射任务。表3-33为宇宙神-5火箭系列的运载能力。

表3-33 宇宙神-5火箭系列的运载能力

型号	整流罩直径/m	CCB数量/个	固体助推器数量/个	半人马座上面级发动机	低地轨道运载能力(LEO)/t	同步转移轨道运载能力(GTO)/t
401	4	1	—	单台	9.05	4.95
402	4	1	—	双联	9.05	5.17
411	4	1	1	单台	9.05	6.08
421	4	1	2	单台	9.05	6.83
431	4	1	3	单台	9.05	7.64
501	5.4	1	—	单台	8.25	3.97
511	5.4	1	1	单台	10.95	5.27

续表

型号	整流罩直径/m	CCB数量/个	固体助推器数量/个	半人马座上面级发动机	低地轨道运载能力（LEO）/t	同步转移轨道运载能力（GTO）/t
521	5.4	1	2	单台	13.30	6.29
531	5.4	1	3	单台	15.30	7.20
541	5.4	1	4	单台	17.10	7.98
542	5.4	1	4	双联	18.75	—
552	5.4	1	5	双联	20.05	—
HLV	5.4	3	—	单台	20.05	13.61

3.4.2 德尔塔-4系列

德尔塔-4型重型火箭（图3-35）是美国现役并已执行任务的最大型运载火箭，这种火箭可以将最多28.79t的有效载荷送入低地轨道，将11t有效载荷送入地球同步轨道。另据报道，还能将11t有效载荷送上月球，将8.8t有效载荷送入火星轨道。

图3-35 德尔塔-4型重型火箭

德尔塔-4系列运载火箭采用通用芯级（CBC）捆绑助推器设计，配备4m或5m直径整流罩，可形成不同运载能力的运载火箭。除德尔塔-4重型火箭捆绑液体助推器（CBC）外，其余全部捆绑固体助推器，具体型号包括德尔塔-4M+（4,2）、德尔塔-4M+（5,2）和德尔塔-4M+（5,4）。德尔塔-4运载火箭现已成为美国军方进入太空的主力火箭。表3-34为德尔塔-4系列火箭主要技术性能。

表 3-34　德尔塔-4 系列火箭主要技术性能

型号	级数	全长	箭体直径	助推器类型/数量	起飞质量	起飞推力	运载能力（LEO/GTO）
德尔塔-4M	2级	62.8m	5.08m	无	256t	2891kN	9.1t/4.2t
德尔塔-4M+(4,2)	2级	62.8m	8.50m	固体/2个	325t	4359kN	12.3t/5.9t
德尔塔-4M+(5,2)	2级	66.1m	8.50m	固体/2个	334t	4359kN	10.6t/4.9t
德尔塔-4M+(5,4)	2级	66.1m	8.50m	固体/4个	399t	5827kN	13.9t/6.8t
德尔塔-4H	2级	71.7m	15.50m	液体/2个	731t	8673kN	21t/12.8t

3.4.3 猎鹰-9 系列

猎鹰-9 火箭是 SpaceX 公司研制的一款中型、低成本、两级构型全液体运载火箭，猎鹰-9 火箭主要执行近地轨道空间站货运/载人、高轨通信商业卫星、太阳同步轨道侦察卫星等多种载荷发射任务。其设计目标是：研制一种对抗联合发射联盟（ULA）改进型一次性运载火箭（EELV）的新型火箭，同时显著增加可靠性、降低成本，并提升快速响应能力。

目前，猎鹰-9 火箭共进行了三次大的改进，形成了 4 种型号，包括猎鹰-9-v1.0、猎鹰-9-v1.1、猎鹰-9-v1.2 和猎鹰-9 Block5。其中猎鹰-9 Block5 构型通过再次增加发动机性能，优化箭体结构设计，实现 LEO 22.8t、GTO 8.3t 的运载能力。

3.4.4 "猎鹰"重型系列

"猎鹰重型"运载火箭（图 3-36 和图 3-37）是美国 SpaceX 公司研制的火箭，LEO 运载能力 63.8t，研制成本总计 5 亿美元，单次发射价格在 0.9 亿~1.25 亿美元，是此前世界上运力最强的"德尔塔"-4H 火箭的 2 倍以上，且发射价格仅为后者的 1/3。"猎鹰重型"高 70m，起飞质量约 1420t，起飞总推力 22819kN。该火箭火箭芯一级和助推器均可重复使用时，其单次发射的最低价格有望与猎鹰-9 火箭持平，发射周期可能缩短至 3~6 个月。

在每个"猎鹰"重型运载火箭的芯级中，都有 9 个梅林发动机。猎鹰-9 火箭也使用同样的发动机，保证了"猎鹰"重型运载火箭是世界上最省钱的重型火箭。总计 27 发动机，使得"猎鹰"重型运载火箭具有世界上其他火箭无法与之相比的发动机冗余能力：在最大运载能力情况下，"猎鹰"重型运载火箭可以在飞行中任何时间一个及多个发动机意外失效的情况下成功完成任务。

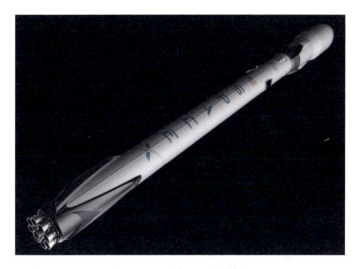

图 3-36 猎鹰-9 火箭参数

图 3-37 "猎鹰"重型运载火箭

此外,SpaceX 公司目前正在推进其"星舰"(Starship)系统研发与试验,"星舰"的 LEO 运载能力在可复用设计下可达 100~150t,不复用设计下可达 250t。"星舰"的前 3 次试射,均以失败告终。2024 年 6 月 6 日,"星舰"成功进行第 4 次发射试验。

3.4.5 "金牛座"系列

"金牛座"运载火箭,是美国轨道科学公司根据美国国防部高等研究计划局的一项"标准小型运载火箭"验证发射合同而开发的。"金牛座"运载火箭的 LEO 运载能力为 1350kg,其发射能力是"飞马座"运载火箭的 3 倍。使用加强结构的"金牛座"运载火箭从范登堡天军基地发射可将大约 1000kg 的有效载荷送入极地轨道。若从卡纳维拉角发射,"金牛座"运载火箭能将重 1500kg 的有效载荷送入高度约 460km、倾角 28.5°的轨道,也能将质量达 376kg 的卫星送入 GEO。

3.4.6 "飞马座"系列

"飞马座"运载火箭(图3-38)是一种采用惯性制导的三级固体有翼火箭,由轨道科学公司和赫尔克里士航空航天公司合资组成的风险企业投资并负责研制。"飞马座"运载火箭是美国第一种由载机运送到高空并从空中发射的运载火箭。它不受地理条件的限制,可从不同的机场起飞和地球上空任何地点发射,不仅能够增加发射窗口时间,还能扩大轨道倾角范围。地面辅助设备极少,发射操作简单,因而具有很大的使用灵活性。

图3-38 飞机下的"飞马座"运载火箭

"飞马座"运载火箭包括标准型和加长型("飞马座"XL)两个型号,均为三级固体运载火箭,采用端羟基聚丁二烯推进剂。标准型"飞马座"火箭全长15.5m,直径1.27m,翼展6.7m,起飞质量18.886t,起飞推力498.2kN;极地轨道运载能力272kg,近地轨道运载能力408kg;在720km的极地轨道上,入轨精度为倾角偏差0.2°、高度偏差36km。加长型"飞马座"XL火箭是在标准型火箭的基础上通过加长一、二级和提高性能发展而来的,全长16.9m,起飞质量23.13t,LEO运载能力443kg。

发射标准型"飞马座"火箭的载机为改装的B-52轰炸机,运载火箭吊挂在机翼下。加长型"飞马座"XL火箭使用改装的L-1011飞机作载机,火箭吊挂在载机腹部。发射时,火箭由载机携带至预定地点上空投放,自由下落5s后点火,投放时,飞机高度约11900m,飞行马赫数0.8。

3.4.7 "米诺陶"系列

"米诺陶"运载火箭又称"人牛怪"运载火箭,由美国轨道科学公司研制,是美国发展的一系列固态燃料运载火箭,源自LGM-30民兵1式导弹(包括"米诺陶"1号运载火箭、"米诺陶"2号运载火箭)以及LGM-118A和平守护者导弹(包括"米诺陶"3号运载火箭、"米诺陶"4号运载火箭、"米诺陶"5号运载火箭)这两种洲际弹道导弹的改良版。

"米诺陶"运载火箭特别设计具有从美国所有航天发射场发射的能力,包括位于阿拉斯加、加利福尼亚、佛罗里达、弗吉尼亚政府和商业发射场。由于支持"米诺陶"运载火箭发射所需的特殊设施数量极少，它还可以被部署在美国其他发射场。

"米诺陶"1号运载火箭是只能将小型卫星运送至低地球轨道的运载火箭；"米诺陶"2号运载火箭又被称为喀迈拉或TLV，通常运送中地球轨道的卫星，主要用于目标跟踪或反导弹试验；"米诺陶"4号运载火箭具有比"米诺陶"1号运载火箭更强的低地球轨道酬载能力；"米诺陶"5号运载火箭则用于发射人造卫星至地球同步轨道、地月转移轨道。

第 4 章
美军太空作战指挥基本模式

美军通过《美国法典》《国家安全法》《国防部重组法》等,对联合作战指挥体系结构进行规定,通过"统一指挥计划"在全局上规定部队作战指挥官的使命、职责及作战责任区,为武装部队提供指挥控制的统一规定和基本指导。依照美国国防体制,美国军事力量遵循总统和国防部部长统一领导下的行政管理和作战指挥双轨制(图4-1):行政管理方面由总统和国防部部长通过军种部和军种参谋部(海军和天军为作战部、海军陆战队为司令部)统管军事力量的行政管理、部队建设、战备训练、兵役动员、武器采购、后勤保障等;作战指挥方面由总统和国防部部长通过参谋长联席会议(以下简称参联会)主席对各联合作战司令部乃至作战部队实施作战指挥。

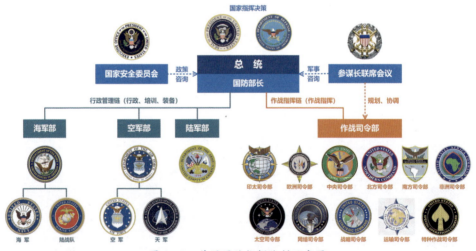

图4-1 美国国防指挥体制示意图

总统兼任武装部队总司令,行使最高军事指挥权,负责决策"打不打"和"何时打"等重大战略问题。

国防部部长是国防部最高领导人,为文职官员,由总统在征得参议院同意后任命,是总统处理国防事务的首席助理,对国防部有管理、领导和指挥权。在总统指导下,国防部部长通过参联会主席对美军实施作战指挥。

国家安全委员会负责向总统提供与国家安全有关的内政、外交和军事政策的综合咨询建议。主要由两个部分组成:一个是由高级官员组成的委员会;另一个是配合日常工作的常设办事机构。

参联会是总统和国防部部长最高军事咨询机构,负责拟定全军的战略、动员和后勤保障计划;指导并协调联合作战;向总统和国防部部长提出作战行动建议;传达总统和国防部部长对各联合作战司令部的命令,并监督其军事活动等。参联会主席没有指挥权,仅作为连接总统、国防部部长与联合作战司令部的桥梁。

陆、海、空军部直属国防部,部长均为文官,负责本军种建设规划的制定和落实。军种参谋长(海军为作战部长、海军陆战队为司令、天军为太空作战部长)为本军种最高军事首长,上将军衔。

联合作战司令部遵照总统和国防部部长下达的命令,对美军作战部队进行指挥,遂行作战任务并达成国家战争目的。局部战争主要依托各战区司令部负责实施,由战区司令部根据作战任务要求,对战区所辖各军种部队和其他配属及支援力量进行联合编组,并实施统一指挥。

美国天军与美国太空司令部构成了美国军事太空力量的骨干。美国天军作为一个军种,负责组织、训练和装备太空部队。美国太空司令部作为一个联合作战司令部,负责运用各军种提供的兵力在太空域遂行联合作战任务。简而言之,美国天军负责太空力量建设,即"养兵";美国太空司令部负责太空作战指挥,即"用兵"。

4.1 美军指挥体制的总体架构与基本模式

总统是美军联合作战的最高统帅,美国国防的最终权利和责任都归于总统。美军在领导管理体制上采取"军政""军令"双轨模式,总统通过两条不同指挥链,对武装力量行使领导权和控制权(即行政管理体制与作战指挥体制)分立。

4.1.1 行政管理体制

"军政"即行政管理体制,以"总统和国防部部长—军种部部长(军种参谋长)—军种部队"为基本主线,主要负责各军种的人事、训练、行政管理、部队建设、武器装备、后勤保障等,没有作战指挥权,如图4-2所示。

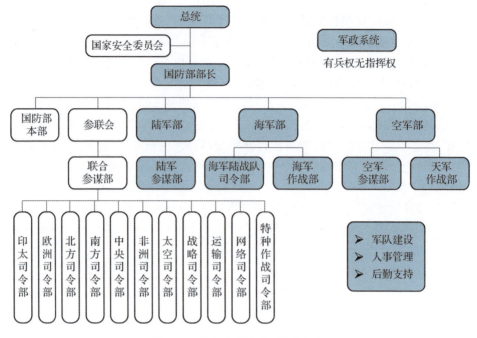

图 4-2 美军指挥体制(军政系统)

1. 国防部

国防部是美国武装力量的最高领导机关,负责美国作战指挥。国防部部长为文职,是总统处理国防事务的首席助理,负责处理国家军事机构的所有事务,包括协调、监督所有下属部局和直接与国家安全和军队有关政府职能的联邦部门。国防部下辖办公厅、直属业务局、参联会、各军种部、各联合作战司令部等。国防部与军事太空力量相关的主要部门如下:

(1)主管采办和后勤的副国防部部长办公室。负责全军采办和后勤综合管理,及"国防重大采办计划"采办决策。主管采办和后勤的副国防部部长担任国防部采办执行官,牵头美国"国防采办系统",负责制定武器装备发展方针政策,审查和管理重大装备采办计划及其实施过程,并统一领导国防合同的履行监督、审计与支付,指导、监管和协调军种装备采办工作。下设采办局、后勤局、核生化局、工业政策局等机构,其中,采办局下设战略、太空和情报综合管理处,负责管理国防部战略系统、太空系统和情报装备的综合计划。

(2)主管研究和工程的副国防部部长办公室。负责前沿技术和创新概念研发及工程转化。下设研究和技术局(负责基础研究和通用技术研发)、现代化局(负责微电子、全网指控通信、网络、太空、量子科学、智能自主、定向能、高超、生物技术研发)、先进能力局(负责工程转化和评估)、战略技术保护和利用局(负责制造和维护技术研发),管辖导弹防御局(MDA)、国防高级研究计划局(DARPA)、国防创新局、战略情报分析室、战略能力办公室等实体机构。

(3)主管政策的副国防部部长办公室。主管政策的副国防部部长办公室(DIU)负责国防部国家安全、国防政策和发展战略的制定和管理,也是美军对外军事合作的归口管理部门。下设:国际安全局,亚太安全局,本土防御和全球安全局,特种作战和低烈度冲突局,战略、规划和能力局。其中,本土防御和全球安全局下设太空政策处(文职,相当于准将级)。2020 年,美国国防部根据《国防授权法》要求把太空政策处提升为太空政策局,主管太空相关国家安全、国防政策、发展战略和军事航天国际合作。

除国防部军种力量外,部分国防部直属业务局也承担部分太空力量建设与太空作战支援工作,主要包括导弹防御局、国防高级研究计划局、国家侦察局(NRO)、国家安全局/中央保密局(NSA/CSS)、国家地理空间情报局(NGA)、国防情报局(DIA)、国防信息系统局(DISA)、国防威胁防治局(DTRA)、国防后勤局(DLA)等直属业务局。

2. 军种部

美国实行文官治军、军政军令分离的作战指挥体制,各军种部部长为文职人员,不在作战指挥链中。美军共有 3 个军种部,包括陆军部、海军部(负责管理海军和陆战队 2 个军种;海岸警卫队平时编入国土安全部,战时根据需要划归海军部)、空军部(负责管理空军和天军),是各军种最高行政领导机关。在文职部长领导下,美国各军种部主要负责本部的行政性(非作战)事务,包括征募、训练、组织、装备等支援和行政管理职责,对下属的军事力量进行行政控制,没有作战指挥权。

军种部下设部长办公厅、参谋部(海军和天军称作战部、陆战队称司令部)、专业机构和一级司令部等。陆军参谋长、空军参谋长、天军太空作战部长、海军作战部长和陆战队司令作为参联会成员,向总统、国家安全委员会和国防部部长提供意见建议;作为军种参谋长,在军种管理方面向军种部长负责。

4.1.2 作战指挥体制

"军令"即作战指挥体制,以"总统和国防部部长(通过参联会主席)—联合作战司令部—作战部队"为基本链条,主要负责对部队的作战指挥、控制、协调和联合训练等,如图 4-3 所示。

美军联合作战指挥体制自上而下由总统、国防部、参联会、联合作战司令部及其下属司令部与部队构成。美军指挥管理体制如图 4-4 所示。

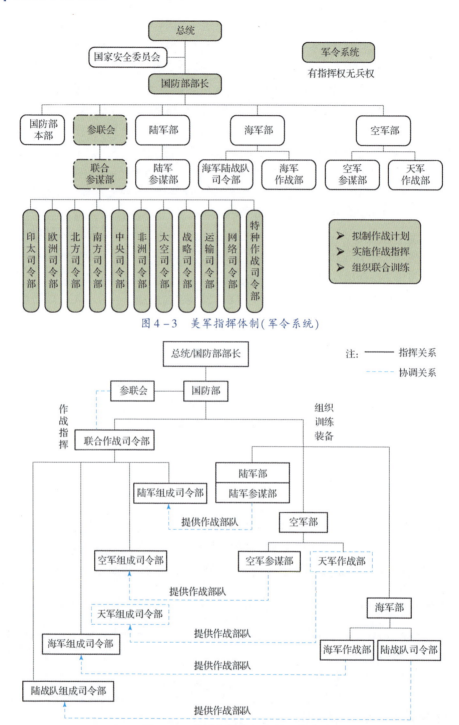

图 4-3 美军指挥体制(军令系统)

图 4-4 美军指挥管理体制示意图

1. 参联会

参联会是总统、国家安全委员会和国防部部长的主要军事咨询和军事参谋机构,是一个军种参谋长集团,是维系军政和军令系统正常运行的重要纽带。参联会主席是总统和国防部部长的首席军事顾问,是美军最高等级的现役军官,但没有作战指挥权。参联会主席和副主席由总统任命,由陆军参谋长、空军参谋长、天军太空作战部长、海军作战部长、海军陆战队司令、国民警卫队局长(国民警卫队简称为联邦国民兵,是美国军队的重要后备力量,也是隶属于各州政府的地方武装部队。)作为主要成员,下设主席办公室、联合参谋部等办事机构。

联合参谋部是参联会常设机构,由参联会主席全权领导,职责仅限于向参联会提出建议并协助参联会主席履行职责。主要职能包括:制定战略规划、审核作战计划、提供情报保障、监督作战行动、指导联合训练、协调作战支援等。联合参谋部设主任一职,中将军衔,主要职责是协助参联会主席履行其作为总统和国防部部长首席军事顾问的职责,包括为联合参谋部提供战略指导、制定政策指南和给出规划重点,确保总统、国防部部长、各联合作战司令和各军种之间的沟通顺畅。

参联会不包括海岸警卫队司令,海岸警卫队在美国国土安全部之下,而不像五大军种隶属国防部。然而,海岸警卫队始终是一个军事部门,并在战时置于海军部之下,海岸警卫队司令亦可列席参联会,享受参联会成员待遇。

参联会没有美国军队的作战指挥权,主要负责保证各自军种的人事、战备、政策、计划和训练能力能为战区司令官所用。参联会组织编写、发布美军联合条令系列文件,为美军联合作战提供理论基础,统一全军对联合作战的理解,促成联合作战。

2. 联合作战司令部

美军战区司令部在联合作战指挥体制中居于关键位置,是作战指挥链的枢纽和重心。联合作战司令部指由多军种部队组成的联合作战指挥机构,共有2类:一类是按地理责任区划分的"地理型联合作战司令部",包括印太司令部、欧洲司令部、北方司令部、南方司令部、中央司令部、非洲司令部6个战区司令部和太空司令部。印太司令部主要负责亚太地区,欧洲司令部主要负责欧洲地区,北方司令部主要负责防卫美国本土,南方司令部主要负责南美地区,中央司令部主要负责中东地区,非洲司令部主要负责非洲地区。太空司令部负责地表100km以上区域。美军7大地理型联合作战司令部基本覆盖全球大部分区域,从不同战略方向维持美国军力的全球部署、以维护美国土安全、海外利益、盟友体系及全球霸权。地理型联合作战司令部重在主战,主要负责作战指挥,筹划、组织、指挥、协调辖区内的军事行动。另一类是按职能领域划分、没有特定地理责任区的"职能司令部",包括网络司令部、特种作战司令部、战略司令部、运输司令部4个职能司令部。职能司令部可在全球范围内遂行任务,视情与战区司令部构成支援或受援关系。

联合作战司令部的设立须经总统批准,其司令由参联会主席提名,国防部部长批准,并由总统任命。联合作战司令部司令在总统和国防部部长的授权下(美国实施委托式指挥)对所属或配属的部队实施作战指挥与控制,并在得到授权后建立"下属联合司令部"。

◎ 4.2 美军太空作战指挥关系

美军认为指挥关系是指挥官之间的相关责任,以及指挥官在指挥链中行使的作战权利。为明确各级指挥机构的指挥权限,解决美军军政系统和军令系统的统一指挥问题,美军在联合条令 JP-1《美国武装部队的联合作战》中规定"作战指挥、作战控制、战术控制和支援"四种指挥关系和"行政控制权、协调权和直接联络权"三种权力。

图4-5所示美军作战指挥关系。整体看,美军在太空作战指挥中基本遵循美军指挥关系的分类,同时针对太空力量作战运用,明确太空协调权。

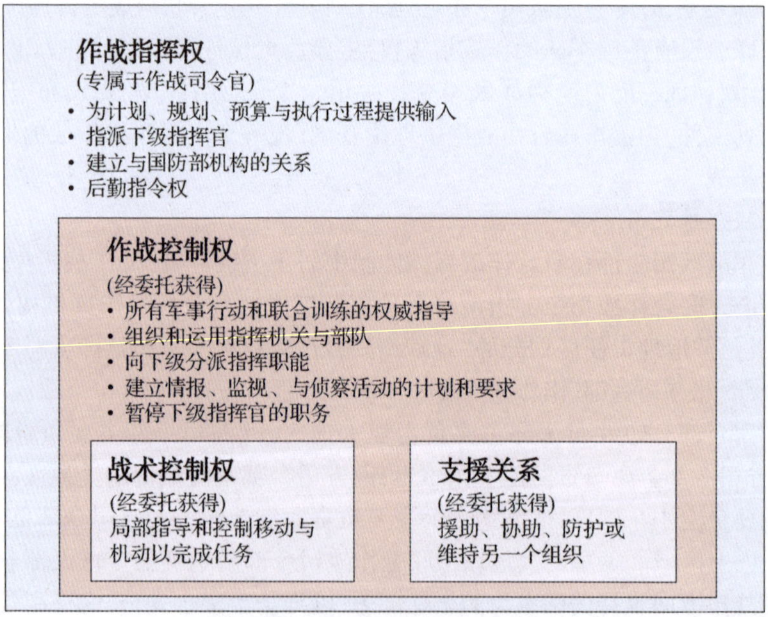

作战指挥权
(专属于作战司令官)
- 为计划、规划、预算与执行过程提供输入
- 指派下级指挥官
- 建立与国防部机构的关系
- 后勤指令权

作战控制权
(经委托获得)
- 所有军事行动和联合训练的权威指导
- 组织和运用指挥机关与部队
- 向下级分派指挥职能
- 建立情报、监视、与侦察活动的计划和要求
- 暂停下级指挥官的职务

战术控制权
(经委托获得)
局部指导和控制移动与机动以完成任务

支援关系
(经委托获得)
援助、协助、防护或维持另一个组织

图4-5 美军作战指挥关系

1. 作战指挥权

作战指挥权仅限于作战指挥官对所属部队行使指挥权限,涵盖作战指挥官为完成受领任务所必需的编组和运用所属部队的全部权力。作战指挥权为作战指挥官所独有,不得授权和转让。美国全球太空作战的作战指挥权归太空司令部司令所有,战区联合作战的作战指挥权归战区司令部司令所有,太空司令部司令支持战区司令部司令,开展战区联合作战。

2. 作战控制权

作战控制权是对部队实施作战控制,包括对所属部队进行编组和运用、分配任务、指定目标以及下达完成任务所必需的指令等,不包含后勤指导权或者行政、纪律、内部组织或单位训练的事项。作战控制权为作战指挥权所固有,可以授权下属部队指挥官。

美国太空作战行动中,太空司令部司令负责太空作战控制。通常根据作战需要,太空司令部司令将作战控制权授权给下级司令部司令(联盟联合部队太空组成司令)。另外,根据作战行动的复杂性和范围,地理型战区司令部司令也可根据需要向参联会申请太空作战控制权,并由国防部指示太空司令部司令将作战控制权移交至地理型战区司令部司令。

3. 战术控制权

战术控制权是为完成受领任务而对部队在作战区域内调遣和机动所进行的具体指导和控制。对于配属部队通常行使战术控制权。战术控制权为作战指挥权所固有,可以授权下属部队指挥官。通常根据作战需要,太空司令部司令将战术控制权授权给下级司令部司令(联盟联合部队太空组成司令),或联合部队负责太空作战的下级指挥官。

4. 支援关系

美国国防部部长根据作战行动需要,在各作战司令部司令间建立支援关系,用于计划和执行联合作战行动。受援的作战司令部提出需求,为提供支援的作战司令部分配任务。支援作战司令部司令为受援作战司令部司令提供完成任务所需要的能力和资源。

太空司令部和地理型战区司令部之间通常根据作战任务需要建立支援关系。一方面,太空司令部为地理型战区司令部提供支援,如美国在2003年"伊拉克自由"行动的主要作战行动阶段,美国战略司令部(原负责太空作战的联合作战司令部)向伊拉克战区提供了太空作战支援,这种支援关系帮助联合部队集成太空能力,如通过GPS卫星获取定位导航授时能力。另一方面,地理型战区司令部为太空司令部提供支援,如为应对太空域冲突,为太空司令部提供海军、空军电子战机,支援执行对敌方卫星电磁网络入侵行动任务。

支援关系由联合部队指挥官在各职能部队和军种部队指挥官之间建立。当为下属部队确立支援关系时，下属部队对其他组织进行援助、协助、保护和支援活动。联合作战情况下，一支联合部队可能同时支援多个受援司令部，也可能接受多个司令部的支援。同样，一支联合部队可能在接受支援的同时提供支援。

国防部部长在作战指挥官之间建立支援关系，美国太空司令部开展太空作战，为战区指挥官太空作战提供直接支援和一般支援。根据建立的支援关系，战区行使太空协调权，同太空司令部联盟太空作战中心进行直接联系，对太空作战需求进行协调。

5. 太空协调权

特定控制权是除前述四种指挥关系外，在作战司令部内部规定的一种为现实作战任务而规定的特定类型的权限。在美国太空作战过程中，战区定义太空协调权，太空司令部定义太空控制权。两者均为一种特定类型的协调权，授权指挥官或指定的个人，协调特定的航天功能和活动，使得太空作战更好地进行。

第 5 章
美国太空演习演训和新技术试验

美军在太空领域演习演训起步早、积累多,目前已形成太空战略、战役、战术演训体系全覆盖,且历经多场局部战争实战检验。美军太空领域演习演训大致可分为三个阶段:①1998 年以前为太空设施介入演习阶段,此阶段太空系统作为演习配角,并未担负主要作战任务,如 1997 年的"下世纪陆军演习"和"全球交战 97 演习"。②1998—2001 年为太空支援作战演习阶段,此阶段重点研究如何利用太空系统支援地面作战。如 1998 年的"太空作战演习 1"、1999 年"太空作战演习 2"和"太空与导弹防御 99"、"全球 – 2000 演习"、"太空 2001 演习"、"陆地、航空航天和海上联合模拟演习"、"全球交战 – 胜利演习"等。③2001 年至今为太空全面作战演习阶段,此阶段以太空为独立或主要战场,检验太空学说、太空系统、空地综合系统的能力,着重演练太空力量对国家安全和未来战争的支撑行动,主要有"施里弗"演习、"太空旗"演习、"全球哨兵"演习以及其他系列演习。

"施里弗"演习侧重联盟联合、面向未来,"太空旗"演习着眼战法战术、立足现有,"全球哨兵"演习突出态势感知,情报协同,三者是不同层次、不同方面的太空力量演训活动。2019 年 12 月美国天军成立后,美国太空力量进行了大规模的机构重组与改革优化,但"施里弗"演习、"太空旗"演习和"全球哨兵"演习依然保留下来,以便为美国天军这一新军种的成长发展进行战略、战役和战术上的理论创新与实践探索。近年来美国天军还开展了一系列其他演习,如探索太空快响发射新政策和程序的"视差上升"演习以及聚焦于太空作战域内的某一侧面的"天空"系列演习等。

另外,美国正在加快步伐,不断开展太空领域新技术试验与能力验证,增加太空体系弹性,布局下一代颠覆性技术,谋求在未来战争中获胜的筹码。本章将对美国太空领域演习演训以及近几年的太空新技术试验进行介绍。

◎ 5.1 "施里弗"演习

2001年美军举行第一次"施里弗"系列太空战演习,主要基于两个原因:①在海湾战争和科索沃战争中,数量多、种类全、性能优的各类美军军事卫星立下了赫赫战功,太空优势成为美军取得压倒性胜利的关键,当时航天装备开始正式大规模走向战场应用,于是研究如何发挥太空作战效能成为美军提升军事优势的首要问题;②美国政府认识到国家安全对太空的依赖性越来越强,全世界超过70%的太空资产为美国及其盟国所拥有,这也无形中成为美军的致命软肋,如何防范"太空珍珠港"事件成为美国面临的重大安全问题。

正是在这样的背景下,美国国防部明确要求开展太空作战演习,以验证太空系统对慑止和打赢未来战争的影响。"施里弗"太空作战演习被视为美军实现这一目标最重要的太空作战演习。演习代号为"施里弗",是为了纪念20世纪50年代美国空军西部发展部主任伯纳德·施里弗将军对美国空军太空力量发展的卓越贡献。时任美国总统约翰·肯尼迪"谁控制太空,谁将控制地球"的著名论断,就出自施里弗将军的报告"从长远看,国家安全取决于能否夺取'太空优势',未来决定性战争不是海战,也不是空战,而是夺取'制天权'的太空战争"。正是因为以施里弗将军为代表的空军主要领导人对太空力量深刻的认识,促使美国空军成为国防部军事航天力量建设的主导军种。2019年12月美国天军成立后,大部分太空力量从美国空军中分离出来,"施里弗"演习也开始由美国天军承办。

5.1.1 "施里弗"演习基本情况

"施里弗"演习是美军太空作战研讨会性质的模拟演习,采用兵棋推演与桌面研讨的方式开展,并辅以计算机模拟,核心目的是谋求太空优势。"施里弗"演习定位为研究未来太空军事战略、兵力与能力以及重大问题的战略级研究活动。早期推演关注重点为未来航天装备系统和体系,意图向高层寻求能力发展支持,近几年加强了军事战略和指控体制研究,意图向高层寻求体制机制改革调整支持。"施里弗"演习的背景时间均在演习时间的未来约10~20年,其发展过程中不断纳入美国太空盟国盟友,并逐步探索太空与电磁空间相结合、天军与其他军兵种相联合的作战问题。

"施里弗"演习由太空作战中心(后重组为太空创新与发展中心)组织实施,该中心担负的主要任务包括:指挥、控制美国的军用卫星;开发和试验利用空间能力的方案和应用程序;探索在未来作战中,如何利用军用和商用卫星,为美军提供绝对的空间优势。

"施里弗"演习频率并不固定,前期多为每2年在美国空军基地举行一次,后根据需要每年举行一次,近几年演习频次稍有放缓。演习为期4~10天甚至更长时间。截至2024年5月,美国共进行15次"施里弗"演习。演习地点为施里弗天军基地、内利斯空军基地和麦克斯韦尔空军基地。内利斯空军基地举行了第3、4、5、6、7、10、11次"施里弗"演习;施里弗天军基地举行了第1、2、8、9次"施里弗"演习;麦克斯韦空军基地举行了第12、13、15次"施里弗"演习;第14次"施里弗"演习以网络形式举行。

5.1.2 历次"施里弗"演习概况

从近几年的"施里弗"演习内容来看,美军已形成未来航天装备弹性体系总体思路,近几年重点开展未来太空进攻手段及运用战略的研究,连续数届安排了多域战下太空进攻手段的研究科目,向高层展示太空进攻手段对多域战的贡献。2023年演习重点转向探索新型太空系统的军事用途、确定常见挑战的解决方案,以及推进太空对陆、海、空、天、网作战条令支持等关键问题。

表5-1为历次"施里弗"演习概况汇总表。

5.1.3 "施里弗"演习分析

"施里弗"演习为美国探索对抗条件下航天力量作战应用的模式、探讨航天力量支持联合作战的方式和效果、创新太空作战理论、优化太空作战组织机构和指挥流程等提供了重要依据与支撑。从演习的形式来看,"施里弗"演习采取兵棋推演或战争博弈的研讨形式,这是因为一方面使用昂贵的在轨太空系统进行真实受损来模拟太空对抗,代价难以承受,且容易招致国际舆论的质疑,还可能造成太空环境的恶化;另一方面,"施里弗"演习的想定为未来战争中的太空对抗,部分太空攻防手段还未具备,无法采取实兵演习的形式。从演习的指向来看,历次"施里弗"演习不局限于特定的对手,有的以应对地区冲突为背景,剑指中俄;有的以反恐作战为背景,利用太空力量来提升联合作战能力;有的以"多国参与"为背景,探索多国联合太空作战的途径。从演习的功能来看,"施里弗"演习为美军太空军事力量的发展发挥了不可替代的作用:①成为太空理念的传播器,由于参演机构的广泛性,使得演习成为灌输太空理念、达成太空共识的最佳平台;②成为太空概念的孵化器,2006年版《国家太空政策》首次从国家层面上将"制天权"放到与"制空权""制海权"同等重要的地位,这无疑与"施里弗"演习突出强调太空控制密不可分;③成为太空能力建设的指示器,"施里弗"系列太空战演习陆续催生出了"太空威慑战略""太空态势感知""作战响应太空""太空弹性体系""临近空间飞行器"等一系列太空作战概念和太空作战装备

表 5-1 历次"施里弗"演习概况汇总表

序号	演习代号和时间地点	演习设定时间和演习背景	演习目的和内容	运用武器装备与技术手段	结论和影响
1	"施里弗-Ⅰ",2001年1月22—26日,科罗拉多州的施里弗军基地	2017年,与主要战略对手(中国)争夺太空控制权	制定太空成战法和作战原则;演练紧急发射、干扰和摧毁敌方太空系统;干扰太空间通信;防御敌方网络攻击和太空控制;考察美军"太空控制"运用所需必要条件;评估敌方可能采取的、阻挠美国及其盟友使用太空资源的手段。重点是空间力量结构评估、作战支援能力改进等作战问题	电子干扰卫星、侦察卫星、商用卫星,微小卫星,商用卫星,空天飞机,战略导弹,电子与网络武器、电磁微波攻击	论证了太空威慑的可行性;太空资源能够极大提高太空作战成功率;使用和控制商用太空系统成为重要威慑点;拥有更多、更强太空系统结合是最好力更大;太空与信息战攻击概念和作形式;微小卫星攻击概念需进一步探讨
2	"施里弗-Ⅱ",2003年2月20—28日,科罗拉多州的施里弗天军基地	2017年,与主要战略对手(中国)争夺太空控制权,同时面临恐怖主义威胁	强调陆海空天电一体化综合航天能力,作战概念、法律政策及条令;参加检验新系统,检验空间政策和条令如何增强航天能力在未来军事中的作用和影响;研究空间作战能力集成到联合空间支援作战所必需到的空中作战中空间支援的有效性;深入研究如何在未来战争中夺取空间优势;提出基于高效能而不是基于平台为中心的太空系统获取能力取向	天基激光系统,先进的航天侦察系统,微小卫星系统,先进的导弹防御系统,军用航天飞机	美国依赖太空,但是太空能力是一个系统脆弱性;建设太空能力存在问题,包括快速发射、在轨检测、星地通信链路、地面支援设施以及其他功能的集成;军民商共享信息需要更好地协同规划;太空威慑的对象包括国家和恐怖分子;美战略司令部需要加强航天、信息战、全球打击、C⁴ISR 和导弹防御能力的融合;美战略司令部与地区司令部职责有所重叠全球职责

续表

序号	演习代号和时间地点	演习设定时间和演习背景	演习目的和内容	运用武器装备与技术手段	结论和影响
3	"施里弗-Ⅲ",2005年2月5—11日,内华达州内利斯空军基地	2020年,全球多个地区出现冲突,竞争对手包括国家和恐怖分子	检验天基资产,应对美国卫星可能遭受的攻击和破坏,以及卫星通信号导航定位武器在空间作战中的角色作用;确定最佳的集成陆地、空间和临近空间资产支持作战中心指挥官提供持久支持的方式。研究战术层面反击敌方先进情报监视和侦察系统以及其他系统临近空间改进美军目身可能敌方利用的太空薄弱环节,评估可能导致美及其盟国太空力量受到削弱的控制行动。研究战略司令部如何更好地指挥控制和协调运用空军、国家和商业航天力量。重点是空间系统与空军兵种装备的无缝集成;对一体化联合作战、空间对抗以及快速响应能力进行验证	空间防护系统,临近空间飞行器,小卫星,天基雷达卫星,快速响应战术卫星,高空、高超声速、高中无人飞行器,近地空间飞行器	美国需要一种重新建立国家安全平台的方法;美国目前还无法运用地的重要手段快速打击一个位于大国腹地的目标;全球定位系统的时间信号对子"网络中心战"非常关键,必须保证多个平台和系统能够同步执行动;必须研究应对太空军事行动后果的方法;强调最好地使用太空来解决地面战场的难题
4	"施里弗-Ⅳ",2007年3月25—30日,内华达州内利斯空军基地	2025年,全球性作战环境	验证2025年的联合部队太空能力,以及大空、空中、地面能力一体化效果;检验美国战略司令部和各战区司令部指挥关系有无潜在缝隙,研究如何加强太空在保护美国本土安全方面的作用,建议改策反作战规则,研究保护、增强和替换在轨太空系统的方法。重点是研究未来联合太空作战的能力需求和指挥控制关系	军民商卫星,反导反卫星武器,地基激光与微波武器,载人航天器,陆基弹道导弹	验证了满足战场指挥需求的战时能力,有助于形成直到2025年的太空战略并制定规划。对美军当时的太空政策、太空行动规则和作战人员需求等产生了重要影响,优化了联合职能组成司令部的结构,以便更好地为太空作战人员服务

续表

序号	演习代号和时间地点	演习设定时间和演习背景	演习目的和内容	运用武器装备与技术手段	结论和影响
5	"施里弗-V",2009年3月14—20日,内华达州内利斯空军基地	2019年,美军及其盟军参与一次其地区冲突,多处太空与网络能力遭到攻击、拒止服务	检验国家政策的实施方法,提高在对抗性太空环境下的决策能力;探索美军与商业、盟军、临时同盟伙伴共同作战的途径;研究机构关系,促进联合部队编成太空与商业太空能力需求的支撑,扩大多战区及本土防御的候选部队部署,作战方案以及作战人员对太空及网络空间的支援规则;调整合太空感知能力,重点是在继续探索现有的太空感知模式和技术的同时关注航天政策和发展战略	军用卫星、商用卫星、反卫星武器、微小卫星、地基传感器、网络空间攻击武器	为继续建设并提高太空和网络空间两域作战能力,应确定太空与网络空间采取行动的关键领域;为在2019年实现太空与网络空间一体化作战,需要更新型网络结构,作战概念和支持能力,对决策周期反应均提出了更高要求。应重视太空态势感知融合上情报的关键技术,快速准确的情报可以发挥倍增效果,为高层决策提供关键支持;为清晰了解临太空能力集成作战概念,有必要调整合进作战规则与太空成规则,以实现信息集成和共享;美国最新提出"网络战"的概念,也标志着先用于作战演习与筹划

154

续表

序号	演习代号和时间地点	演习设定时间和演习背景	演习目的和内容	运用武器装备与技术手段	结论和影响
6	"施里弗-2010",2010年5月7—27日,内华达州内利斯空军基地	2022年,一个地区级对手对美国太空和网络系统进行毁灭性打击	研究太空与网络空间可获得的"候选方案、能力和军事力量态势";探讨太空和网络空间对未来威慑战略的贡献;研究使用综合手段在太空和网络空间执行作战的一体化程序。重点是对太空和网络电磁空间的威慑实施	军用卫星,商用卫星,微小卫星,地基传感器,网络空间攻击武器等	应保持足够的太空与网络空间能力,制定太空、网络空间的集体安全方案;太空与网络空间是威慑的使能者,地区性影响;太空与网络空间活动在具有全球影响;太空与网络空间是美国本土成为战场自能力的组合和互土成为战场自能力的组合和互临时同盟力量自能力的组合和互补;美国空军将网络中心设于子空间航天司令部,并组建第24航空队,专门从事网络空间作战,加快推进太空与网络空间一体化作战
7	"施里弗-2012国际",2012年4月20—27日,内华达州内利斯空军基地	2023年,北约和澳大利亚在非洲对抗海盗联合行动	探索如何优化多国空间力量合作,以支持北约设想的远征作战,探索与国际盟友及私营公司合作的途径,提升对抗环境下太空系统抗毁性挑战,识别太空系统全面临的挑战,检验太空与网络空间一体化联合作战,强调在太空合作作战行动中广泛联合作战的益处。重点检验北约面对突发作战行动的空间应急能力和协同作战能力	太空态势感知系统,情报、监视与侦察系统,通信卫星系统,反卫武器系统,微小卫星,网络空间改击武器等	如果缺少太空资产,或者美国反卫军关键太空系统被中断或拒止,美国空军不可能实施精确作战;太空与网络空间一体化作战样式是美军目前最关注的新型作战方式之一;加深了美军与盟军在太空和网络空间的合作,为北约近期和远期军事航天力量的建设提供了重要指导

续表

序号	演习代号和时间地点	演习设定时间和演习背景	演习目的和内容	运用武器装备与技术手段	结论和影响
8	"施里弗-2014",2014年8月—2015年2月,科罗拉多州施里弗天军基地	2026年,中国使用"反介入/区域拒止"作战手段应对美国军事干预并试图实现"空海一体战"	尝试太空与网络空间的跨领域集成,探索并评估未来太空体系结构在拥挤、降效以及运行受限环境下的弹性;检查未来反介入/区域拒止作战的影响;确定未来体系结构的程序、运行方案以及战术、技术、规程,以便改进对太空安全所有要素的防护和相互支持。检验未来反拒止力量结构对太空行动及服务有何影响	Intelsat、Inmarsat、数字地球系统、Asstrium及SSL Federal	强调多领域感知与整合的重要性。设立太空联合作战中心,监视美国全部间谍卫星和军用卫星。强调美国盟友的作战价值。国际联合作为一项策略已成为惯例,可以降低美空间司令部的财务支出和风险。强调商业航天对军事行动的贡献。探索了整合商业太空与军力量的新机制,强调了商界在太空与网络空间中的关键作用
9	"施里弗-2015",2015年12月11—17日,科罗拉多州施里弗天军基地	2025年,竞争对手(俄罗斯)在网络和太空具有对等能力并试图利用能力实现战略目标	探索如何增强太空体系结构的弹性,使其难以发现、难以捕捉、难以攻击、难以指挥控制、难以毁坏;探索新的太空资产作战管理和指挥控制架构的构建,以确保作战遭受攻击时也能继续为地面联合应对日益增长的全方位威胁,以保护处于多个空间作战区域中的太空资产;探索整合多个空间系统相关服务机构,包括情报机构、非军事机构、商业机构和政府相关机构、空间任务规划者和空间系统运营商面临的挑战;与9个盟国探索解决方案	反卫星武器、监视与侦察系统、对太空资产实施干扰,用网络手段攻击地面的太空控制系统等	完善太空资产作战管理和指挥方案,实现国防部与情报机构在太空行动方面的整合。美军扩大盟友范围,并为其在演习中提供多种作战能力的展示机会,肯定联盟友好作战价值,完善联合太空行动的国际参与机制。强调美军友其对全方位威胁应对的打击力量,盟国虽然拥有遍布全球的监视与侦察能力,但是网络能力仍有所欠缺,为促进盟友信息共享,美国与8个国家签订了太空态势感知协议

续表

序号	演习代号和时间地点	演习设定时间和演习背景	演习目的和内容	运用武器装备与技术手段	结论和影响
10	"施里弗-2016", 2016年5月19—26日, 阿拉巴马州麦克斯韦尔空军基地	2026年, 竞争对手（俄罗斯）在网络和太空具有对等能力并试图实现战略目标	探索太空与网络系统空间的跨域协同, 提升新部署太空系统的防御能力, 降低所有领域的脆弱性。探索如何优化太空联合行动效能, 借助JICSpOC平台更无缝地实现国防部与情报机构等部门在太空行动方面的整合, 寻求一体化任务实施的最佳途径。致力于开发可对抗未来太空威胁的新方法。确定增强空间弹性的方法, 评估如何在多域冲突中利用各种作战环境保护空间企业的全谱体系。分析对文职和军事领导人、规划者、空间系统运行机构的全谱作战能力及其使用能力的挑战	情报、监视与侦察系统, 在轨机器人、轨道卫星杀手武器, 对敌空间网络空间攻击武器, 攻击性扰和摧毁、用网络手段攻击GPS系统	美军太空作战对网络空间的依赖性急剧增长。展示了美军网络战的动员实力, 整体防御水平以及实施网络战的决心。电子战以保卫太空系统生存非常重要。为有效对敌方太空资产, 可行的做法就是对敌方太空能力实施压制, 通过欺骗、拒阻、干扰、削弱或摧毁手段, 难以或损毁敌人的进攻性网络空间武器系统印证了扩展至太空与网络空间的"跨域协同"概念。跨领域作战超越了陆、海、空领域范围, 包含了向太空和网络空间投送的能力。上述能力不是某一军种所单独具备的, 美国盟友与合作伙伴也会提供不同战场范围的独特性能力
11	"施里弗-2017", 2017年10月13—20日, 亚拉巴马州美克斯韦尔空军基地	2027年, 竞争对手（中国）在网络和太空具有对等能力并试图实现战略目标	不同作战环境下的全谱系威胁, 包括对军民领导人、太空系统和各军种相关的多域威胁。研讨了太空系统和各军种指挥和控制的多机构一体化行动、多域指挥界力量的民事发展伙伴关系, 实施联合、联盟框架下的各种联合指挥与控制框架与部署以及部种作战中、太空、网络空间的能力, 支持全球和地区性作战行动。通过整合太空弹性、太空威慑和太空作战, 深入理解了太空和网络空间在多域冲突中的作用	—	太空与网络成为制胜未来战争的关键领域, 并在多层指挥体次相互交织。检验了各种联合太空控制框架, 部署并保护了关键区域太空行动, 支持所有太空行动中, 太空领域弹性网络空间; 所有太空行动都依赖网络空间, 而网络空间才能提供。太空部队太空行动主要在网络空间进行。通过多网置身手段, 秘密进行未来太空无烟战争, 或许会成为未来太空及其地面支持与应用的主要形态

续表

序号	演习代号和时间地点	演习设定时间和演习背景	演习目的和内容	运用武器装备与技术手段	结论和影响
12	"施里弗-2018", 2018年10月11—19日, 阿拉巴马州麦克斯韦斯空军基地	2028年, 美军印太司令部辖区内某大国(中国)利用太空与网络空间力量攻击美军军用和民用太空系统, 冲突范围逐步扩大至全球	研究如何协调太空相关部门机构开展联合作战。设计了对手挑战作战威胁场景, 研究如何利用太空系统及全频谱友国际盟及能力慑止对手。深入了解在国家盟友参与太空和网络作战行动后的弹性、威慑与作战能力; 探索各种指挥和控制框架, 以利用和捍卫太空和网络能力, 来支持全球和区域冲突中太空和综合作战; 确定太空作战在多域冲突中的战略与手段运用; 研究利用国际民用、商业和军事空间多域伙伴关系, 遂行一体化太空与网络作战	—	凸显了太空网络空间战略价值巨大, 表明"天网一体"作战将成为制胜未来战争的关键, 关乎一个国家战略安全与国防建设全局。重点实现天网情报信息, 天网攻防手段一体, 才能有效支撑国家战略联合作战, 保障国家战略安全。多数参演国家认识到太空网络空间军民结合紧密, 平时太空网络空间资源统筹利用, 正推进太空一体化建设。技术兼容广泛, 力量优化整合, 以天网一体助推构建一体化的国家战略能力。日本首次参加, 借此加强美日同盟关系, 提高日本应对太空对抗经验与能力
13	"施里弗-2019", 2019年9月4—19日, 阿拉巴马州麦克斯韦斯空军基地	2029年, 欧洲司令部辖区一近乎对等的对手(俄罗斯)试图利用陆地、海洋、太空和网络电磁空间等领域发起多域军事行动实现其战略目标	由新组建的太空司令部负责, 多个美军司令部、盟友国机构参与。此次演习假想一个敌国在欧洲发动了一场"多域作战", 将传统的陆、海、空作战与新兴的太空战、网络战结合起来, 试图通过多领域行动实现多个战略目标。探索多域战环境下, 与太空系统和服务相关的各机构、军种间一体化行动以及盟友合作等问题	—	以支持美国太空司令部联合作战为目标, 探索了多域战环境下, 与太空系统和服务相关的各机构、军种间一体化行动以及盟友合作环境下人员、流程及技术如何改进以推进太空司令部联合作战

续表

序号	演习代号和时间地点	演习设定时间和演习背景	演习目的和内容	运用武器装备与技术手段	结论和影响
14	"施里弗-2020",2020年9月3—4日,由于疫情影响,演习利用"战地信息收集系统"(BIEC)采取虚拟形式进行	2030年,俄罗斯和中国	此次演习旨在增加公众对俄罗斯和中国太空威胁活动的关注,进一步加强国际合作,集成来自多个盟国和合作伙伴的多域功能,以产生联合效果,促使双方大空信息在美国及盟友国家彼此之间重要的相互告知	—	美国军事与情报太空行动首次直接将高度机密的信息共享给盟国,只有得到特别许可才能与盟国共享。演习帮助新成立的"顶层联盟委员会"制定推进与提高联盟在太空领域能力的路线图
15	"施里弗-2023",2023年3月20日—3月31日,阿拉巴马州麦克斯韦空军基地	2033年,—	探索多域环境中太空和网络空间问题,执行多域作战以实现战略目标,协调大空系统、网络能力和条令概念,以实现作战目标并维持安全稳定的太空领域	—	为美国及其盟友提供设计创新作战概念的机会,增强美国盟间协调能力

与技术;④成为检验美军太空作战指挥体制的演练场,自2001年美军首次"施里弗"太空演习以来,美军先后颁布和修订了3个版本的空军《太空作战条令》、5个版本的《联合太空作战条令》,以及1个战役级补充条令《空军太空对抗条令》,不断调整和规范太空作战部队机构的角色与职能,优化太空作战指挥与控制流程,有力地推动了太空力量与联合作战的深度融合。

◎ 5.2 "太空旗"演习

"太空旗"演习是美国空军航天司令部从2017年开始举行的系列太空作战训练演习(现为美国天军太空训练与战备司令部举办)。演习的口号是"今夜开战"。与"施里弗"演习研究、探索重大战略性问题不同,"太空旗"演习作为太空战术层面的演习,主要注重太空作战技术训练,更加偏重实战。

"太空旗"演习标志着美军备战太空的步伐已进入实战操练阶段,美国太空部队建设已经从战略支援为主向攻防实战拓展。2017年4月17—21日,首次"太空旗"军事演习借鉴美国空军"红旗"军演中战斗机飞行员对抗模式,训练太空作战人员应对太空军事冲突或军事行动的作战技能,参演部队包括太空作战中心、美国国家太空防御中心和第527太空侵略者中队。"太空旗"演习属于训练演习、瞄准太空战术技能等实战化训练,聚焦战役和战术层面的演训。该演习丰富了美军太空战演习形式,有利于美军提升其太空实战操作能力;体现了美军对实战化训练的重视,也反映了美军对当前太空安全环境变化的认识和巨大忧虑。

5.2.1 "太空旗"演习基本情况

"太空旗"演习采取红蓝对抗的形式,检验美国太空任务部队的训练成果和战备水平。一般由受训部队作为蓝方,第527太空侵略者中队及其预备役部队第26太空侵略者中队作为红方,另外演习涉及的联盟太空作战中心(CSpOC)、国家太空防御中心(NSDC)以及其他军种航天部队等也派出代表作为白方提供必要支持。

"太空旗"演习主要是针对现有航天装备的运用,演练任务部队的统一指挥,以及不同中队作战编组和功能模块技战术规程运用和协同作战。演习采取现实、虚拟和构造仿真的方式进行,通过创建更加接近真实作战的场景,锻炼受训人员的作战技能和解决作战实际问题的能力,以使美军能够在太空能力降级或受损情况下获得并保持太空优势,并使作战人员实现有效协同,学习如何作战来保护太空资产。因此,该演习的开展表明了美军力图发展太空实战能力的需求。

"太空旗"演习每年举行2次或3次,截至2024年5月,已举行18次。前

6次、第8~10次"太空旗"演习在科罗拉多州斯普林斯市波音公司幻影工厂虚拟战争中心举行;第7次"太空旗"演习在科罗拉多州航空航天公司设施内举行;第11次"太空旗"演习首次在两个地点同步举行,分别是密苏里州圣路易斯市和科罗拉多州斯普林斯市;第12次演习也在两个地点同步举行,分别是华盛顿特区和科罗拉多斯普林斯市;第13~15次、第17次、第18次演习在施里弗天军基地举行;第16次演习在彼得森天军基地举行。受训对象从中队逐渐扩展到大队再到联队,层级依次提升;演习周期从5天到2周不等;演习环节包括演习执行过程以及演习前的学术培训和演习后的战术评估汇报。

5.2.2 历次"太空旗"演习概况

"太空旗"演习更加注重时效性。每年多次的频率更能紧跟太空装备作战理论和军事战略潮流。通过演练自身新式武器系统的作战效能和各军兵种与太空作战部队的一体化执行力,发现自身薄弱环节,检验太空技术能力,时刻为军事斗争做准备。在巩固美国在太空领域的霸权地位,也有效验证美国太空战略,使之在时间维度上更加完善。

因"太空旗"演习的内容比较具体实用,技术和战法可操作性、可复制性强,所以较少对外公开有关信息。表5-2为历次"太空旗"演习概况汇总表。

5.2.3 "太空旗"演习分析

"太空旗"演习的最大特点是聚焦战术、作战层面的训练。演习由以往战略层面的高层指挥决策人员虚拟兵棋推演,延伸到了战役、战术层面的太空基层作战人员实战演练。

2019年12月美国天军成立后,"太空旗"演习产生了新的变化,主要表现为:①国家侦察局由白方角色转变为蓝方的一员,着重演练美国天军与情报界的联系;②演习场地由波音公司幻影工厂转移至天军内部,标志着美国天军支撑数字模拟训练的硬件条件建设完成。

1. 演习定位

"太空旗"演习注重战术层面,突出对抗加剧、效能降低、运行受限等环境下的军事应对,让作战人员更加熟悉作战系统和装备,能够在对抗环境、装备降效和军事行动受限等情形下作战,以现有能力应对、抵抗对手,强调时效性。

美国天军成立后,仍将"太空旗"演习作为天军战术层面最重要的演习。该演习可以完整展示战术、任务行动层面的太空作战战斗管理、指挥控制和系统能力,以便美军对太空指控系统进行升级,为未来太空作战建立优势。演习主要目的是使一线太空作战人员摆脱以往宽松、和平太空环境认知,适应对抗激烈、

表 5-2 历次"太空旗"演习概况汇总表

序号	演习代号及时间地点	蓝军	蓝军指挥官	红军	白方	演练内容
1	"SF17-1",2017年4月17日—4月21日,科罗拉多州斯普林斯市	第50太空联队的第1、第2、第4太空作战中队,第3太空试验中队	第50作战大队指挥官	第26太空侵略者中队,第527侵略者中队	分布式太空任务作战中心(第705战斗训练中队)、联合太空作战中心(JSpOC)、国家太空防御中心(NSDC)、陆军第53信号营、第22太空作战中队(SF17-1)、国民卫队、第137太空预警中队(SF17-2)	卫星运控人员研判和应对威胁的技战术规程(TTP)
2	"SF17-2",2017年8月,科罗拉多州斯普林斯市	第50、第460太空联队,预备役第310太空联队	第50作战大队指挥官,第460太空作战大队指挥官	第26太空侵略者中队,第527侵略者中队		研判为反卫导弹发射告警及战略预警和通信系统(核指挥控制系统)威胁应对
3	"SF18-1",2018年4月,科罗拉多州斯普林斯市	第21、第50、第460太空联队,预备役第310太空联队	不详	不详	不详	研判为增加太空态势感知和攻击告警的协同
4	"SF18-2",2018年8月13日—8月24日,科罗拉多州斯普林斯市	第21、第50、第460太空联队,预备役第310太空联队	不详	不详	不详	内容保密

续表

序号	演习代号及时间地点	蓝军	蓝军指挥官	红军	白方	演练内容
5	"SF19-1",2018年12月,科罗拉多州普斯林市	第50、第460太空联队	第21作战大队指挥官		分布式太空任务作战中心(CSpOC,联盟太空作战中心(CSpOC,即原JSpOC)、国家太空防御中心(NS-DC)、陆军53信号营(SF19-1)、第137太空预警中队(SF19-1)、国民警卫队、国家侦察局(NRO,SF19-2)	研判为太空优势作成或主动防御
6	"SF19-2",2019年4月,科罗拉多州普斯林市	第21、第50、第460太空联队,预备役第310太空警卫队,空军国民警卫队和陆军相关人员	第3太空实验中队Mycroft教官	第26大空侵略者中队、第527大空侵略者中队		抵御红方高轨太空威胁,夺取和保持太空优势
7	"SF19-3",2019年8月12日—8月16日,科罗拉多州航天公司	受训部队未公布(首改盟国澳大利亚,加拿大和英国参加)	不详	不详	不详	内容保密
8	"SF20-1",2019年12月9日—12月20日,科罗拉多州普斯林市	第21、第50、第460太空联队,预备役第310太空警卫队,部分空军国民警卫队、海军和陆军相关人员	不详	不详	分布式太空任务作战中心(CSpOC)、国家太空防御中心(NSDC)、国家侦察局(NRO)	内容保密

续表

序号	演习代号及时间地点	蓝军	蓝军指挥官	红军	白方	演练内容
9	"SF20-3",2020年8月21日—9月4日,科罗拉多州普林斯市	太空作战司令部下属的第2太空德尔塔部队(DEL 2)、第3太空德尔塔部队(DEL 3)、第4太空德尔塔部队(DEL 4)、第8太空德尔塔部队(DEL 8)、第9太空德尔塔部队(DEL 9)以及国家侦察局(NRO)	不详	第26太空侵略者中队、第527太空侵略者中队	太空训练与战备德尔塔部队(STAR Delta)	这次演习继续发展了美国国家侦察办公室和美国天军之间的战术和组织关系,进一步优化了美国向全球用户提供关键空间支持的能力
10	"SF21-1",2020年12月,科罗拉多州普林斯市	太空作战司令部下属的第2太空德尔塔部队(DEL 2)、第3太空德尔塔部队(DEL 3)、第4太空德尔塔部队(DEL 4)、第7太空德尔塔部队(DEL 7)、第8太空德尔塔部队(DEL 8)、第9太空德尔塔部队(DEL 9)以及国家侦察局(NRO)	不详	第26太空侵略者中队、第527太空侵略者中队	太空训练与战备德尔塔部队	不详

续表

序号	演习代号及时间地点	蓝军	蓝军指挥官	红军	白方	演练内容
11	"SF21-2",2021年4月26日—5月6日,密苏里州圣路易斯市和科罗拉多州斯普林斯市	太空作战司令部(未详细说明各部队参与情况)以及国家侦察局	不详	不详	太空训练与战备德尔塔部队	为太空部队在对抗、降级和受限的太空作战环境中取得成功做出准备
12	"SF21-3",2021年8月20日,华盛顿特区和科罗拉多斯普林斯市	太空作战司令部所有下属德尔塔部队	不详	不详	太空训练与战备德尔塔部队	包含57个训练目标,参演队员在整个演习过程中,能够熟练掌握多种战术,并做出必要的战术改进
13	"SF22-1",2021年12月6日—12月17日,施里弗天军基地	太空作战司令部(第二次邀请盟国澳大利亚、加拿大和英国参加)	不详	不详	太空训练与战备德尔塔部队	假定对手太空行动,培养联合作战人员并应用作战概念,包括在紧急情况下做出合理的战术决策
14	"SF22-2",2022年4月4日—4月15日,施里弗天军基地	太空作战司令部所有下属德尔塔部队、陆军第1太空旅以及相关国防部和政府机构	不详	不详	太空训练与战备司令部第392作战训练中队	假设在美国印太司令部和欧洲司令部负责区域发生战争情况下,美国在面对可与之在空间进行对抗的对手时,所开展的太空行动,模拟各相关部队如何进行方案制定、任务筹划、联合行动

续表

序号	演习代号及时间地点	蓝军	蓝军指挥官	红军	白方	演练内容
15	"SF22-3",2022年8月8日—8月19日,施里弗天军基地	美国天军各个德尔塔部队的成员以及若干来自美陆、海空和海军陆战队的成员	不详	第57对手战术大队	太空训练与战备司令部第392作战训练中队	此次演习是一次战术任务规划演习,旨在使太空作战人员在竞争、降级和战斗受限的环境中作战做好准备,阻止对手的侵略并拒止其在太空领域的行动。其中轨道战交战是重点,通过模拟红方在已进行轨道交战、已方进行格斗规避,并为战区提供信息支援
16	"SF23-1",2022年12月5日—12月16日,彼得森天军基地	太空作战司令部所有太空德尔塔部队、陆军及空军、国家侦察局以及加拿大、澳大利亚和英国盟军代表	不详	不详	太空训练与战备司令部第392作战训练中队	此次演习首次围绕欧洲司令部战术作战想定,开展聚焦欧洲冲突的太空作战演习任务,演习模拟训练了太空系统在俄乌冲突中支撑作战任务,演习科目主要包括轨道战、电子战、太空态势感知、网络技术以及情报指挥等

续表

序号	演习代号及时间地点	蓝军	蓝军指挥官	红军	白方	演练内容
17	"SF23-2",2025年4月,施里弗天军基地	美国天军太空作战司令部所有德尔塔部队,以及澳大利亚、加拿大和英国代表	不详	不详	太空训练与战备司令部第392作战训练中队	此次演习重点模拟了印太地区的太空威胁事件,主要探索太空域与陆、海、空、网等其他作战域的协同作战问题。演习持续2天,分别检验天军卫士专业能力与联盟的协调能力和应对威胁的能力。演习共分为3个阶段,每阶段持续2天,与联盟共设定有122个演练目标,跨越太空战斗管理指挥控制、情报监侦、轨道战、网络战、导航战、导弹预警、卫星通信、太空域感知和太空电磁战等多个战术领域
18	"SF24-1",2024年4月17日—5月8日,施里弗天军基地	美国天军20个作战中队	不详	第527、57、26太空侵略者中队	太空训练与战备司令部第392作战训练中队	此次演习重点关注太空任务的整合与规划,在最大程度上与天军现实任务计划相匹配,贴近实际行动计划,以应对天军面临的挑战。演习还测试达代了天军利用任务类型命令支持大国竞争的场景

体系退化、作战能力受限环境,发挥高效作战水平。在与假想敌交锋对抗中,使太空作战人员提高实战经验,对当前美国太空战略提出的太空作战域和敌方目前的装备性能等有更深入了解。

2. 演习组织架构及兵力

"太空旗"演习着重演练美国太空作战人员、参谋人员、指挥人员对美国太空资产的保护与防御作战。"太空旗"演习最初由美国空军太空司令部组织,由美国空军分布式任务作战中心开发、计划和实施。美国天军成立后,"太空旗"演习由美国天军的太空训练与战备德尔塔部队负责实施,参演兵力主要来自美国天军下属的负责专业业务的各个德尔塔部队,少量来自陆军个别单位、美国国防部、联邦政府等一些跨部门机构,另外还会邀请其他国家的代表参加。

根据演习的角色划分,"太空旗"演习参演兵力分为蓝方、红方和白方三方。蓝方担任防守一方,通常为太空作战司令部及下属的各个德尔塔部队,针对可能发生的太空作战场景中红方施加的威胁,采取有效对抗措施;红方模拟敌方,通常为第527太空侵略者中队和第26太空侵略者中队,负责对蓝方行动作出反应,以模拟现实中太空域存在的挑战;白方通常为太空训练与战备德尔塔部队,负责制定演习规划、提供指导、技术支持以及演习控制等,提供关键的演习任务规划意见。演习还会随时间和形势的变化不断丰富作战场景和作战想定。

美国天军成立后,在"太空旗20-3""太空旗21-1""太空旗21-2"演习中,协调国家侦察局作为蓝方参与,发展了美国情报界和美国天军之间的战术和组织关系。

3. 演习方式及场地

"太空旗"演习是一种计算机模拟训练,通过多种通信手段连接分布在不同地区、不同作战环境中的不同空间军事力量,开展实时的战役、战术层级演练。利用模拟仿真、人机交互等方式,在现实环境下构建虚拟的战场场景,使训练人员实时参与到虚实结合的作战场景中,提高实战应对能力。

早期的"太空旗"演习是建立在波音的网络中心战解决方案之上的,前10次"太空旗"演习中有9次是在科罗拉多州斯普林斯市波音公司幻影工厂虚拟战争中心举行。

美国天军成立后,演习地点逐渐发生变化。第11次"太空旗"演习首次在两个地点同步举行,分别是密苏里州圣路易斯市和科罗拉多州斯普林斯市。第12次演习也在两个地点同步举行,分别是华盛顿特区和科罗拉多斯普林斯市。地点的增多与变动也许预示着美国正在建立更多具备支撑复杂仿真计算的模拟训练中心。而第13次以后的演习均在天军基地举行,表明美国天军已具备在本单位内部开展战术级模拟太空演习的硬件条件。

4. 演习内容

由于美军对"太空旗"演习公开的资料相对较少,目前尚无具体情报可供参考,根据开源信息可以确定的是,"太空旗"演习重视在对抗、降级和受限的太空作战环境中的战术实现,演练内容包括预警卫星应对干扰演练、通信卫星系统失效紧急处理演练、导航卫星失效紧急处理演练、模拟轨道交战演练等。美国天军成立后,多次协调美国情报界的国家侦察局参与到"太空旗"演习中,表明美国天军着重优化美国向全球用户提供关键空间支持的能力。

5. 演习规模

"太空旗"演习规模在不断扩大,并向多军种、多兵种,以及联盟国加入的方向发展。由早期主要由太空联队/中队参演,逐步发展为高级太空作战人员、海军、陆军、空军国民警卫队、国家侦察局等,澳大利亚、加拿大和英国等美国联盟伙伴也加入演习。

美国天军成立后也延续了此趋势,演习以天军太空作战司令部为主体,多兵种、多部门联合参与。自2020年开始,"太空旗"演习参与人员逐次增多。2024年4月举办的最新一次"太空旗"演习是该演习史上最大规模的一次,共有约400名参与者。

2022年6月28日,美国天军"太空旗"军事演习获得美军联合参谋部联合国家训练能力(Joint National Training Capability,JNTC)认证,标志着天军成立以来,首个军种组织的演习跨入联合演习门槛,这一认证使"太空旗"演习可以获得联合经费和支持,更好地让天军在演习中与联合伙伴进行整合。

5.3 "全球哨兵"演习

"全球哨兵"演习是以美国为主导的国际太空联盟进行太空态势感知方面的国际军事训练活动,始于2014年,由最初7个参与国,后来发展到25个国家的规模,成为美国及其盟国太空领域战役战术一体化指挥与控制的重要途径。

5.3.1 "全球哨兵"演习基本情况

"全球哨兵"演习中各参演国分别设立太空作战中心,在"联盟太空作战中心"(2016年设立)的统一指挥和监督下,依托计算机模拟的真实太空环境,对盟国各自太空态势感知力量进行指挥、控制与测试,为跨国太空合作提供空间态势信息保障。截至2024年5月,已举行9次。

5.3.2 历次"全球哨兵"演习概况

表5-3为历次"全球哨兵"演习概况汇总表。

表 5-3 历次"全球哨兵"演习概况汇总表

序号	演习代号和时间	参演方	演习目标	演习成果
1	"全球哨兵-2014", 2014年4月24—26日	美国、澳大利亚、加拿大、法国、德国、英国	确定提升太空作战中心合作伙伴之间的合作性和互操作性,是否会提高个体和联合太空态势感知对作战能力的支持能力;在技术层面上,努力实现伙伴国太空态势感知数据共享	制作和使用太空态势感知联盟战术图解;所有盟国可使用通用程序。验证假设:合作伙伴太空作战中心之间加强合作与协作,可以改善个体对突发事件的反应对策能力。不局限于概念,合作伙伴可致力于共同太空作战演习中使用的联盟战术图解中的协作流程,则可预估多国对可预期的意外事件的反应和作战概念和程序
2	"全球哨兵-2015", 2015年10月26—30日	美国、澳大利亚、加拿大、法国、德国、英国、商业公司 观察方:日本	促进分享分析资源和数据产品,并确定此举能否提高对一体化作战的支持能力;优化国家层级和联盟层级的太空态势感知和相关战术、技术和程序	验证太空态势感知联盟战术图解的更新。若合作伙伴共享类似此次桌面演习的资源,联合共享SpOC分析和数据产品程序,则可预估多国对预期的意外事件的反应和作战改进程度
3	"全球哨兵-2016", 2016年9月21—30日	美国、澳大利亚、加拿大、法国、德国、日本、英国、商业公司 观察方:意大利	改进国家层面和联盟层面的太空态势感知战术、技术和程序	各参与国设立太空作战中心,用以指挥和控制各自的太空态势感知资产。测试全面集成的联合太空作战中心(FedSpOC),检验联合的一体化指挥与控制的价值

续表

序号	演习代号和时间	参演方	演习目标	演习成果
4	"全球哨兵-2017", 2017年9月20—29日	美国、澳大利亚、加拿大、法国、德国、日本、英国、意大利、商业公司 观察方：西班牙、韩国	通过联合美国和盟国、合作伙伴的太空感知能力，增强共同点以美国已有的"通用太空作战态势图"为基础，建立并优化美国与伙伴国的太空态势共享	各参与国设立太空作战中心，用以指挥和控制各自的太空态势感知资产。测试全面集成的联合太空作战指挥与控制的一体化指挥的价值。联合太空作战中心启动战术级的协调和战役级的分析，并利用模拟的国家及行业领导，加强战略联系
5	"全球哨兵-2018", 2018年9月18—28日	美国、澳大利亚、加拿大、法国、德国、意大利、日本、韩国、西班牙、英国以及商业实体。观察方：丹麦、智利和挪威	提高太空态势感知相关知识；评估近期可实现的针对太空作战能力的改进措施	不详
6	"全球哨兵-2019", 2019年9月23—27日	美国、澳大利亚、加拿大、法国、德国、意大利、日本、韩国、西班牙和英国。观察方：巴西、泰国、荷兰、波兰	开展实战性的太空态势感知演习，并对实战性的	不详

续表

序号	演习代号和时间	参演方	演习目标	演习成果
7	"全球哨兵-2022",2022年7月25日—8月3日	美国、澳大利亚、比利时、巴西、加拿大、德国、以色列、法国、英国、希腊、意大利、日本、韩国、荷兰、挪威、新西兰、秘鲁、波兰、葡萄牙、罗马尼亚、瑞典、泰国、乌克兰	聚焦提升太空监视与跟踪(SST)的互操作性,模拟了多个具体任务,如再入地球大气层、太空物体碰撞、解体、机动和反卫星武器试验。演习的主要目的是增添各国作战中心的协调与协同机制,通过评估天基 SST 风险,涵盖了天文观测规划、太空物体监测、数据处理,直到风险分析和校正行动	演习创造了多个首次,如首次设立多国地区性太空作战中心,首次使用国家级太空作战工具,首次在范登堡天军基地举办此"白方"负责人,首次由非美军人员担任等
8	"全球哨兵真实世界活动23-02",2023年4月	美国太空司令部联盟部队联合组成司令部和美国天军第2太空德尔塔部队第18太空防御中队与九国(哥伦比亚国、日本、德国、法国、西班牙、泰国、希腊、乌克兰和英国)	提升太空域感知能力	SpaceX 用猎鹰9号火箭执行"Transporter 7"拼车发射任务。伴随此次发射,演习参与方合作进行了该演习,重点为太空域感知,改进战术、技术和程序,跟踪本次发射任务后的有效载荷部署
9	"全球哨兵"年度顶点活动,2024年2月5日—2月16日	来自全球25个国家的200多名参与者	加强和发展国际伙伴关系,改善作战协作并促进太空领域的"负责任"行为	每个参与国都将嵌入一个区域太空操作中心(R-SpOC),同时保持各国对其传感器的指挥和控制,以进行规划、任务分配和分析

5.3.3 "全球哨兵"演习分析

"全球哨兵"演习显示出美方对太空态势感知能力的重视,美军 2016 版《国防部太空政策》将太空态势感知能力作为太空作战的基础,在美国太空发展局发布的"国防太空架构"中,将太空态势感知能力归为七层架构中的"威慑层"。"全球哨兵"演习参与方的逐渐增多,证明越来越多的国家期待改善其太空态势感知能力,而美国作为演习的主办方与主导国,也意图通过"全球哨兵"演习进一步扩大其太空军事影响力,以对其他竞争国家形成团体威慑。通过演习,美国大幅度提升了其与盟国间的协同指挥能力、信息共享能力和互操作能力,从而有力提升了联合空间态势感知能力和对作战的支持能力。

5.4 其他演习

美国天军成立后,不断探索新的演习方式,以提高新军种的作战能力,本节将介绍以快速响应发射为主要演练内容的"视差上升"演习以及聚焦于太空作战域内的某一侧面的"天空"系列演习。

5.4.1 "视差上升"演习

"视差上升"(Parallax Rising)是美国天军成立之后新设置的桌面推演系列,由太空系统司令部负责管理和实施,旨在探索太空快响发射新政策和程序,以为天军及其盟国提供快速能力交付手段作出贡献。"视差上升"涉及老旧任务模式改进,以推动太空系统司令部为实现太空竞争优势所需的前瞻性和创新思维发展。"视差上升"实际上是一个平台,天军通过该平台将战术响应太空相关各方集聚在一起,探索战术响应太空发展路径,通过研究从任务下达、星箭对接、发射到操作接力以及任务数据集成全流程,为项目快响发射提供更多信息支撑。

2022 年 9 月 7—9 日,美国天军太空系统司令部在卡纳维拉尔角天军站举行了首次"视差上升"系列的联合作战桌面推演。此次推演在为期三天的时间内,重点聚焦机构间职责的简化,以获得太空快速响应发射能力。太空快响发射任务根据联合作战司令部需求研制支持战术作战的火箭和卫星及配套地面段(通常为 12 个月),随后火箭和卫星处于"热备份"状态(最长 6 个月),直至接到"启用"命令后卫星与火箭快响运至发射场,最终在接到"发射通知"后,于 24h 内完成发射,于入轨后 48h 内快速提供服务。

2023 年,美国天军举行了 2 次"视差上升"系列桌面推演,其中 2023 年第 1 次桌面推演的相关情况未对外公开,仅公开了第 2 次桌面推演即"视差上升

2.2"的基本情况。"视差上升 2.2"是"视差上升"系列的第 3 次桌面推演,于 2023 年 8 月 22—8 月 24 日在加利福尼亚州埃尔塞贡多太空系统司令部举行,参与方包括天军三个直属司令部(太空作战司令部、太空系统司令部、太空训练与战备司令部)和商业行业合作伙伴。"视差上升 2.2"从战术指挥控制的角度研究了在轨加注,主要聚焦"当冲突延伸至太空时,应当首选哪种类型的在轨加注机及其原因""商业加注机如何与美国国防部加注机协同工作""海军和空军的哪些加注作战程序可以应用于天军"等问题,旨在通过同步的、体系级的桌面推演提高整个太空体系对太空机动与后勤中在轨加注概念和计划的理解。

5.4.2 "天空"系列演习

"天空"系列演习是美国天军新开发的演习,参考了美国空军"旗帜"系列演习,但在演练内容上更加聚焦于具体的作战样式。"天空"系列演习包括以电磁战为重点"黑色天空"演习、以轨道战为重点的"红色天空"演习,以及计划开展的以网络战为重点的"蓝色天空"演习。

5.4.2.1 "黑色天空"演习

"黑色天空"演习是"天空"系列演习的一部分,聚焦于电磁战,由太空训练与战备司令部第 1 太空德尔塔部队第 392 战斗训练中队负责推动。2022 年 9 月 19—23 日,美国太空训练与战备司令部完成首次"黑色天空 2022"实战演习。2023 年美国天军共举行了 2 次"黑色天空"演习,分别是"黑色天空 23 – 1"演习和"黑色天空 23 – 3"演习。

"黑色天空 23 – 1"演习举行于 2023 年 3 月,以演练联合电磁战火力指挥控制流程为主旨,参与方包括太空作战司令部第 3、第 5、第 7 太空德尔塔部队以及太空训练与战备司令部第 1、第 11 太空德尔塔部队,演习范围横跨加利福尼亚州和科罗拉多州,并向上延伸至 35000km 的高轨太空。"黑色天空 23 – 1"演习在受控的实兵和模拟环境下展开,通过对 42 个模拟目标施加电磁效果,检验了美军太空电磁战任务的目标识别能力和对战术运用潜在问题的发现与应对能力。

"黑色天空 23 – 3"演习举行于 2023 年 9 月,共有超过 170 名参与者,是有史以来规模最大的电磁战演习。本次演习旨在协助做好 GPS 等通信信号所在频段等关键电磁频谱的准备工作,同时帮助战术部队掌握作战计划和作战任务之间复杂关系,并为联盟太空作战中心(CSpOC)提供了在露天协调和控制各种多军种单位的机会。"黑色天空 23 – 3"演习提供了实弹作战和闭环作战 2 大作战场景。实弹作战场景中作战人员将信号从地球传输到真实靶星,闭环作战场景中则不会对真实卫星造成影响。此外,本次演习还就遥控飞机电磁作战进行了演练。

5.4.2.2 "红色天空"演习

"红色天空"演习是"天空"系列演习的一部分,聚焦于轨道战,由太空训练与战备司令部第 1 太空德尔塔部队第 392 作战训练中队主办。2023 年 12 月 11—15 日,美国天军举行了首次"红色天空"演习,即"红色天空 24"演习,旨在使天军卫士具备应对美国卫星系统潜在攻击所需的技能,从而实现天军高级训练的真正目标。本次"红色天空 24"演习采用模拟仿真的形式,重点聚焦于多颗卫星的战术指挥控制,使天军卫士得以积累轨道战经验。本次演习有太空作战司令部下多支德尔塔部队参与,并通过相互协同和集成在模拟仿真环境中应对有挑战性的在轨攻防场景,和"入侵者"(即太空入侵者中队扮演的对手方)开展攻防作战并完成演习任务,实现"分层化"太空效能。"红色天空"演习未来计划利用真实卫星开展在轨攻防,详细计划尚未公布。

5.4.3 "深红天空"演习

"深红天空"系列演习属于小规模的训练演习,重点是训练宽带军事卫星通信操作人员识别、反应和解决对手对宽带全球卫星通信(WGS)星座的干扰,该系列演习与"天空"系列演习("黑色天空"演习、"红色天空"演习和"蓝色天空"演习)没有直接关系。

2022 年 10 月 31 日—11 月 4 日,美国天军举行首次"深红天空"系列演习,旨在开展增强天军军事卫星通信操作人员应对强对抗威胁能力的训练。此次演习由第 527 太空侵略者中队主办和领导,作为系列的首次演习,又被称为"假想敌红色阴影天空"演习。此次演习过程中,第 527 太空侵略者中队扮演红方,蓝方则由第 8 太空德尔塔部队第 53 太空作战中队的宽带卫星通信操作中心扮演,第 53 太空作战中队通过 5 个地理分离的宽带卫星通信操作中心对军事卫星通信进行实时监测、控制和管理,提供任务保障和持续作战支持。演习模拟了特定敌方干扰机试图故意破坏 WGS 上的通信的场景,蓝方做出应对规划并提供解决方案,将受影响的信号进行快速恢复。

5.4.4 "太空雷霆"演习

"太空雷霆"演习是美国太空司令部主导的针对假定对手所设计的联合实际训练演习,旨在进一步提高核战备和战略威胁能力,最新一次举行是 2021 年 11 月的首次"太空雷霆"演习,即"太空雷霆 2021"。"太空雷霆"演习与美国战略司令部的"全球闪电"演习类似,都是针对假定对手所设计的实际训练演习,结合这两类演习可以进一步提高核战备和战略威胁能力。2021 年 11 月 2 日至 10 日,美国太空司令部举办了首次名为"太空雷霆"(Space Thunder)的演习,本次演习重点在于测试美国太空司令部在冲突期间中为联合部队提供全球太空支援的能力。在整个演习期间,约有 30 名美国太空司令部总部的工作人员与其下属单位进行合作,加强了指控关系,并采用多样化、一体化的方法,实现快速的全面作战能力。

5.4.5 "月光者"网络攻防演习

美国天军于 2023 年 11 月 14—17 日利用"月光者"卫星举行了首次"月光者"网络攻防演习,旨在增强美国天军的防御性网络战能力。演习红方为太空训练与战备司令部第 11 太空德尔塔部队第 527 太空侵略者中队,负责模拟网络威胁并为蓝方搭建真实的网络攻防环境;演习蓝方为太空作战司令部第 6 太空德尔塔部队下属 1 分队与第 62、第 64、第 65、第 68 网络中队,以及天军派驻国家侦察局的第 663、第 664 网络中队,负责确保"月光者"卫星网络安全,具体任务包括制定、部署防御网络攻击和保护卫星关键功能的策略。本次演习采用"紫队"(Purple Team)的新型演训模式,该模式强调合作而非对抗,红蓝双方在演习前预先交流攻防方案,并在演习中相互配合迭代改进攻防方案。"月光者"卫星是美国天军太空系统司令部主导,空军研究实验室和美航航天公司合作研制的在轨网络安全测试平台,于 2023 年 6 月 5 日从国际空间站释放入轨。

5.5 新技术试验

在发展太空军事能力方面,美军擅于不断推出新概念、新技术进行前沿技术领域的研发与演示验证,并往往以在轨新技术试验为名,行太空军事化之实,发展"掩军于民"的策略。本节介绍了近几年美国在太空力量方面开展的重大技术项目。

5.5.1 "深空先进雷达能力"项目

"深空先进雷达能力"(DARC)项目旨在利用当前技术能力发展与评估可以探测、追踪以及持续看护高轨物体的雷达原型机。DARC 雷达原名"深空先进雷达概念",从 2014 年启动论证,2017 年正式立项,2020 年 1 月完成关键设计评审,并于 2023 年更名为"深空先进雷达能力"。DARC 雷达为"指向可控抛物面天线相参组合伪单基地阵列雷达",每个雷达站占地 1km^2,由多部单个雷达组成收发分置的多基地阵列,每部雷达采用 15m 直径的抛物面天线,从公开的展示图中看,每个雷达站有发射雷达 6 部,接收雷达约 20 部。DARC 雷达采用开放式系统体系结构,可扩展增加新能力或进一步提高性能。从美国天军利用 NASA 设施和技术开展试验来看,DARC 雷达可能采用 X 频段。据原天军太空与导弹系统中心(SMC,现已重组调整为太空系统司令部/SSC)透露,该系统功能包括在"过顶持续红外"(OPIR)预警卫星引导提示下对起飞后火箭飞行弹道以及 GTO 至 GEO 入轨飞行轨迹进行持续跟踪、对高价值目标邻近区域警戒、对未识别目标开展战术追踪、对机动和受关注目标高重访进行监视、为可能轨道交战提供连续目标指示。美国计划发展部署 3 套 DARC 雷达,计划在 2027 年内完成全部(3 部)雷达建设工作。

5.5.2 大规模弹性作战太空体系

2023 年 1 月 23 日,美国太空发展局宣布原"国防太空体系"(即"七层体系")正式更名为"大规模弹性作战太空体系"(PWSA),旨在通过开发、部署并操控低轨大规模弹性星座(pLEO)为联合作战人员提供所需的天基能力。调整后,PWSA 包含六个"层":

(1)传输层:为全球各种作战平台提供安全可靠、弹性、低时延的军事数据传输和通信连接。

(2)战斗管理层:为战役尺度闭合时敏目标杀伤链提供体系任务分配、任务指控和数据分发。

(3)跟踪层:为高超声速导弹等全球先进导弹防御提供威胁识别、预警、跟踪和目指。

(4)监护层:提供陆地和海上时敏移动目标的全天时、全天候监护。

(5)导航层:利用太空发展局低轨大规模星座建立独立于 GPS 的导航能力,在通常环境和 GPS 被拒止的作战环境下提供独立的定位导航授时服务。

(6)支持层:快速响应为体系提供支持的地面段和发射服务。

5.5.2.1 传输层

1. 早期试验

2022 年,美国利用 2021 年发射的技术试验卫星围绕激光星间链路等技术开展试验。2021 年 6 月 30 日,美国利用 SpaceX 公司的运输者-2(Transporter-2)运载火箭成功发射 5 颗技术试验卫星,用于其"七层体系"技术的演示验证。这次发射是自太空发展局(SDA)2019 年成立以来进行的首次卫星发射任务,耗资约 2100 万美元,搭载了 SDA 和美国国防高级研究计划局(DARPA)的 5 个演示验证有效载荷,主要对支撑美国防部用于全域作战的弹性卫星通信骨干能力——激光通信,以及星上多传感器数据融合等开展测试。

传输层早期试验涉及 5 个有效载荷,其中 4 个由定制的小卫星携带,1 个由商业卫星携带,分属 3 个独立技术试验,分别是:

(1)曼德拉克-2(Mandrake-2):它包含 Mandrake-2A 和 Mandrake-2B 共 2 颗卫星,由 DARPA 和美国空军研究实验室(AFRL)开发。卫星平台由阿斯特罗数字(Astro Digital)公司研制,搭载 SA 光学(SA Photonics)公司研制的激光星间链路有效载荷。卫星主要任务是为"黑杰克"(Blackjack)项目演示验证星间激光链路宽带数据传输技术;2022 年 4 月 14 日,2 颗卫星在轨搭建了一条激光星间链路(OISL),开展了 40min 的在轨试验,在约 100km 的距离上传输和接收了超过 200Gb 的数据。2022 年 8 月 25 日,2 颗卫星在相距 114km 的距离再次成功搭建了 OISL,于 40min 内传输了近 280Gb 的数据。

(2)激光互连与组网通信系统(LINCS):包含 2 颗试验卫星,由通用原子电磁系统分公司(GA-EMS)研制,任务是评估高数据速率激光通信终端。系统工作波长为 1550nm,采用开关键控(OOK)技术,支持高达 5Gb/s 的数据传输速率。

(3)轨道试验平台上的原型(POET):是太空发展局开发的一种新型基础性软件系统的演示任务,该系统的主要功能是对 SDA 星座进行战斗管理和监管。POET 将以 DARPA"黑杰克"项目的"赌台官"(Pitboss)战斗管理、指挥、控制和通信(BMC3)系统为基础,同时还包括了由科学系统公司开发的 Innoflight 数据融合处理器和软件。该处理器搭载在美国轨道阁楼(Loft Orbital)公司运行的 YAM-3 卫星上。

2. 传输层 0 期

传输层 0 期原计划包含 20 颗卫星,实际于 2023 年 4 月 2 日发射 8 颗,2023 年 9 月 2 日发射 11 颗,目前共在轨 19 颗,最后 1 颗留在地面用于软件试验。这 19 颗传输层 0 期卫星中,共有 12 颗 A 组星,7 颗 B 组星。其中 A 组星配备 4 个星间激光通信链路,试验轨道面内和轨道面间的星间激光链路组网,也作为星地激光通信终端进行星地激光通信试验,星间和星地精确测距和授时,从而生成整个星座精确星历,配合导航层试验不依赖 GPS 导航定位授时功能。此外,A 组星还带有 Ka 频段链路和大容量通信载荷,试验地面大型数据节点宽带互联网连接。B 组卫星配备 2 个星间激光通信链路,只具备轨道面内激光星间链路组网能力,与轨道面外卫星通信需要经由 A 组卫星;除带有 Ka 频段链路和大容量通信载荷外,还带有 L 频段的 Link-16 通信载荷,试验天基与陆海空 Link-16 战场网络组网互联。

按照太空发展局的设计,传输层 0 期将实现非高纬度地区的周期性低时延数据传输,聚焦不同供应商交付卫星的互操作性,并演示任务载荷能力。根据太空发展局发布的工作说明书,传输层 0 期的目标包括:

(1)试验鉴定和评估以极低时延将数据从操作中心通过星座传递给作战人员的能力。

(2)演示并验证天基传输层通过外部天基信息源收发宽带数据,并将这些数据发送给作战人员的能力。

(3)演示并试验有限的战斗管理指挥控制和通信功能,包括上传、演示并验证应用软件的能力。

(4)演示通过网状网向作战人员传输"综合广播服务"(IBS)数据,包括从不同位置传输大容量 IBS 数据、接收所传输的 IBS 数据馈送、生成 IBS 消息以及针对特定地理区域解调 IBS 消息并将这些结果发送给 BMC3 模块的能力。

(5)演示通过卫星通信链路,准实时地存储、中继和发送和接收往返地面站的 Link-16 数据的能力,演示验证卫星向各种用户发送 Link-16 消息的能力。

(6)演示在不依赖全球定位系统的情况下,在整个星座内保持一个通用相对时间基准的能力。

5.5.2.2 跟踪层

1. 早期试验

2021 年 8 月 10 日,太空发展局主导的"原型红外载荷"(PIRPL)试验卫星成功发射,该卫星由诺斯罗普·格鲁门公司研制,搭载 1 台中视场多光谱相机,发射质量 58kg,探测谱段为短波红外与中波红外,运行在倾角为 51.6°,高度 400km 的低地球轨道。本次试验作为在研"追踪现象学试验"项目的一部分,为"国防太空体系"即现"大规模弹性作战太空体系"的跟踪层卫星研发提供支持,用于试验优化算法、作战概念(CONOPS)及探测跟踪先进导弹频段。本次试验计划利用可将导弹信号与太空背景噪声分离的先进传感器,探索天基红外背景噪声识别技术,为天基高超武器探测、跟踪与拦截奠定基础。

2. 跟踪层 0 期

跟踪层 0 期包括 8 颗"宽视场"卫星(WFOV),将与传输层 0 期卫星共同部署到轨道高度 1000km、倾角 80°~100°的 2 个相邻轨道面上,提供飞行中的高超声速和弹道导弹的宽视场跟踪。2023 年美军共发射了 4 颗跟踪层 0 期"宽视场"卫星,其中 2 颗于 2023 年 4 月 2 日发射,2 颗于 2023 年 9 月 2 日发射。

跟踪层 0 期"宽视场"卫星搭载 1 个红外宽视场载荷,视场大于 50°×50°,采用 2000 元红外阵列,像元分辨率小于 1.5km,探测谱段包括"地面探测"谱段和短波红外谱段,具备高灵敏度,能够在低轨探测高超声速武器。

5.5.3 其他项目

1. 立方体卫星网络通信试验

立方体卫星网络通信试验(CNCE)是美国导弹防御局开展的系列微小卫星

技术试验,预计用于推动美国导弹防御技术发展。CNCE系列卫星为导弹防御局纳米卫星试验台计划的一部分,将探索利用小型低成本卫星演示验证无线电网络通信技术,测试高超声速和弹道跟踪太空传感器等系统风险技术,为导弹防御架构中拦截器、传感器和通信系统之间的数据传输架构验证关键技术以最终实现快速识别、跟踪并摧毁敌方导弹。

CNCE系列卫星采用3U立方体卫星,其首批2颗卫星(CNCE-1和CNCE-3)于2021年6月30日发射,主要用于在轨演示验证先进通信技术,以推动采用更小尺寸、重量和功率卫星的未来导弹防御通信架构设计。

第二批2颗卫星(CNCE-4和CNCE-5)于2022年5月25日发射,在首批试验卫星的基础上,第二批卫星还将试验新型的软件定义无线电技术,并演示天基的高保证互联网协议加密器(HAIPE)。高保证互联网协议加密器是一种符合美国国家安全局规范的加密设备,利用该设备可允许两设备通过不受信任或低可靠网络交换数据。

2."征服黑夜"战术响应卫星

"征服黑夜"(VICTUS NOX)战术响应卫星是美国天军太空系统司令部"战术响应太空计划"的技术演示卫星,于2023年9月15日发射入轨,主要是为了演示并验证端到端战术响应太空能力,包括地面段、太空段、发射和在轨操控。该任务实现了有效载荷在12个月内完成建造和测试,并放入专门仓库;接获发射命令后,在60h内交付发射场、并完成发射准备,发射准备可以维持数周;接到发射命令后,在27h内进入轨道,并在37h内完成在轨测试和检查达到在轨操控标准(从出库到可在轨操控累计花费5天)。该任务除演示并验证快速响应发射能力以外,还有助于识别并解决快响发射的限制因素,以提高应对太空威胁的响应能力。

3."月光者"卫星

"月光者"卫星是全球首个太空网络安全测试平台,也是全球首个太空黑客沙盒,能够用于评估和应对太空系统端到端网络威胁,实施防御性网络作战(DCO),制定网络作战战术、技术与规程(TTP)等。"月光者"卫星是3U立方体卫星,由美国航空航天(Aerospace)公司、美国天军太空系统司令部和美国空军研究实验室(AFRL)合作研制,搭载网络安全专用测试载荷和支持重编程的星载计算机,用于测试网络安全技术;配备网络监视器,监控数传流量并验证网络事件监测算法;搭载姿态传感器辅助载荷,可监测细微姿态改变;配有基于云的地面系统,可保持网络活动和关键卫星操控指令间的分离,并能够按需快速重置恢复至正常运行状态。"月光者"卫星最初是为"黑颗星"太空网络安全竞赛而制造的靶星,但在不用于比赛的期间,也可以用于天军的网络攻防训练或演习。

4."王牌"卫星

"王牌"卫星是美国国防高级研究计划局(DARPA)"黑杰克"项目下的4颗技术试验演示卫星,于2023年6月12日发射入轨。"黑杰克"项目最初设想建立一个由20颗具备不同功能的卫星构成的技术试验星座,目前设计规模已缩小为4颗相同卫星,称为"王牌"。"王牌"卫星由雷声公司的子公司制造,搭载了数据处理节点、射频有效载荷和激光通信终端,旨在演示基于卫星激光通信的卫星相互作用。

第 6 章
美国天军主要基地和站点

美国天军拥有 7 个主要的基地和 7 个较小的天军站。美国天军总部位于五角大楼,兵力主要分布在巴克利、彼得森、施里弗、范登堡、帕特里克 5 个天军基地,科利尔、卡弗利尔、新波士顿、科德角、夏延山、卡纳维拉角、卡伊娜角 7 个天军站,以及皮图菲克太空基地和洛杉矶空军基地。美国天军基地、站点分布,如图 6-1 所示。

图 6-1 美国天军基地、站点分布图

2020年12月9日,佛罗里达州的帕特里克空军基地和卡纳维拉角空军站,首先更名为天军基地/站,成为天军设施。而后,在接下来的7个月里,其余的空军基地/站也相继更名为天军基地/站。2023年4月6日,图勒空军基地更名为皮图菲克太空基地。目前,只有洛杉矶空军基地尚未更名,但已经处于天军管辖之下。

美国天军基地站点基本情况,见表6-1和表6-2。

表6-1 美国天军7个基地基本情况一览表

序号	基地名称	主要单位	驻地	卫戍部队	直属司令部	更名时间
1	巴克利天军基地	第4太空德尔塔部队、联合过顶持续红外中心	科罗拉多州奥罗拉	第2太空基地德尔塔部队	太空作战司令部	2021年6月4日
2	彼得森天军基地	太空司令部、太空作战司令部、第2太空德尔塔部队、第3太空德尔塔部队、第7太空德尔塔部队、太空训练与战备司令部、第319战斗训练中队、国家安全太空研究所	科罗拉多州斯普林斯	第1太空基地德尔塔部队	太空作战司令部	2021年7月26日
3	施里弗天军基地	国家太空防御中心、第6太空德尔塔部队、第8太空德尔塔部队、第9太空德尔塔部队、第11太空德尔塔部队、第12太空德尔塔部队、第15太空德尔塔部队、定位导航与授时综合任务德尔塔部队、第25太空靶场中队、第527太空侵略者中队	科罗拉多州斯普林斯	第1太空基地德尔塔部队	太空作战司令部	2021年7月26日
4	范登堡天军基地	太空司令部天军、联盟太空作战中心、第5太空德尔塔部队、第1太空德尔塔部队、第30太空发射德尔塔部队、第21太空作战中队、第18太空防御中队	加利福尼亚州圣芭芭拉县	第3太空基地德尔塔部队	太空系统司令部	2021年5月14日
5	洛杉矶空军基地	太空系统司令部	加利福尼亚州埃尔塞贡多	第3太空基地德尔塔部队	太空系统司令部	尚未更名

续表

序号	基地名称	主要单位	驻地	卫戍部队	直属司令部	更名时间
6	帕特里克天军基地	第45太空发射德尔塔部队	佛罗里达州布里瓦德县	第3太空基地德尔塔部队	太空系统司令部	2020年12月9日
7	皮图菲克太空基地	第12太空预警中队、第23太空作战中队直属第1分队	格陵兰卡纳克	第1太空基地德尔塔部队	太空作战司令部	2023年4月6日

表6-2 美国天军7个站点基本情况一览表

序号	站点名称	主要单位	驻地	卫戍部队	直属司令部	更名时间
1	科利尔天军站	第13太空预警中队	阿拉斯加州科利尔	第2太空基地德尔塔部队	太空作战司令部	2021年6月15日
2	卡弗利尔天军站	第10太空预警中队	北达科他州卡弗利尔	第2太空基地德尔塔部队	太空作战司令部	2021年7月30日
3	新波士顿天军站	第23太空作战中队	新罕布什尔州新波士顿	第1太空基地德尔塔部队	太空作战司令部	2021年7月12日
4	科德角天军站	第6太空预警中队	马萨诸塞州伯恩	第2太空基地德尔塔部队	太空作战司令部	2021年6月11日
5	夏延山天军站	导弹预警中心；北美防空司令部；北方司令部备用指挥中心	科罗拉多州斯普林斯	第1太空基地德尔塔部队	太空作战司令部	2021年7月26日
6	卡纳维拉角天军站	第45太空发射德尔塔部队	加利福尼亚州卡纳维拉角	第3太空基地德尔塔部队	太空系统司令部	2021年12月9日
7	卡伊娜角天军站	第21太空作战中队直属第3分队	夏威夷州火奴鲁鲁县	第1太空基地德尔塔部队	太空作战司令部	2021年6月16日

◎ 6.1 天军基地

6.1.1 巴克利天军基地

巴克利天军基地(图6-2)位于美国科罗拉多州奥罗拉市,以陆军航空兵中尉约翰哈罗德巴克利的名字命名。基地由第2太空基地德尔塔部队负责管理,组成单位主要有美国天军第4德尔塔部队(运行国防防御计划DSP和天基红外系统SBIRS,管理天军导弹预警部队)、美国太空司令部联合过顶持续红外中心、科罗拉多空军国民警卫队第140联队、丹佛海军作战支持中心和国家侦察局科罗拉多空天数据中心。

图6-2 巴克利天军基地

巴克利天军基地1938年由美国陆军航空兵组建,叫作洛瑞备用场区,作为轰炸靶场使用。1941年更名为巴克利场区,作为训练基地使用。1947年,改名海军丹佛航空站,成为美国海军的备用航空站。1961年,更名为国民警卫队巴克利空军基地,并于1969年第一次执行太空任务。2000年,更名为巴克利空军基地,隶属空军航天司令部。2021年6月4日,更名为巴克利天军基地,隶属美国天军。

随着美国天军的建立,第460太空联队和巴克利空军基地从空军航天司令部转隶到美国天军。2020年7月24日,第460太空联队撤编,巴克利空军基地行政管理机构转隶成为第2太空基地德尔塔部队,第460作战大队转隶到天军第4太空德尔塔部队,同时转隶到第4太空德尔塔部队的还有巴克利天基导弹预警卫星和前第21太空联队地基导弹预警雷达网络。第2太空基地德尔塔部队,隶属于美国天军太空作战司令部,负责巴克利天军基地的管理,接管原第460太空联队。第2太空基地德尔塔部队部署有第460任务支持大队和第460医疗大队,为科德角天空站、卡弗利尔天军站和科利尔天军站提供设备设施支持。

第460任务支持大队为第2太空基地德尔塔部队管辖区内的93000名现役军人、文职人员、承包商、退休人员、家属以及辖区所属部队提供基地运营支持,为他们提供安保、土建、军事/文职人员、基地服务、合同以及后勤职能。第460任务支持大队包含4个中队和一个独立的合同小队。基地每年为当地经济贡献超过10亿美元。第460安保中队负责提供基地安保、执法和部队防护。第460支援中队负责军事人员支持、人力资源管理、专业军事教育、军事和家庭战备支持、专业增强服务,同时负责巴克利天军基地仪仗队、福利和娱乐项目。第460土建中队负责安装工程、军队住房保障、环境工程和紧急服务。第460后勤战备中队负责提供所有军事后勤支持,包括车辆管理、交通管理、货物运输、空运作业、支持协议、部署规划和执行、散装燃料管理等。第460合同小队负责军事采办,包括基础设施支持、基地运营支持以及计划和项目支持。

第460医疗大队负责提供军事医疗服务,包括基础保健、飞行和作战医学、牙科、精神卫生、公共卫生、理疗、眼科、生物环境工程、医疗化验、放射学、免疫和药学医疗等服务,下属两个中队。第460作战医疗战备中队包括6个小队:

作战医学小队、公共卫生小队、生物环境小队、眼科小队、牙科小队和心理健康小队。第460医疗运营中队由7个小队组成：家庭健康小队（依托护理诊所、儿科诊所、妇女健康诊所、放射学、免疫和物理治疗）、医疗实验室小队、药房小队、患者管理小队、医疗后勤小队、资源管理小队和医疗信息系统小队。

6.1.2 彼得森天军基地

彼得森天军基地（原彼得森空军基地），位于美国科罗拉多州斯普林斯市。与相邻的市政机场共用空域，属于军民两用机场，是北美防空司令部、天军太空作战司令部及其第1太空基地德尔塔部队和美国北方司令部总部的驻地。作为第二次世界大战闻名的卡尔森营的空战支援基地，该基地进行陆军航空兵训练，支持附近的恩特空军基地、奇德劳大楼和位于夏延山综合基地的冷战防空中心。从1987年到2019年12月20日，该基地是空军航天司令部总部的所在地。2006年夏延山重新部署后，该基地成为北美防空司令部和北方司令部的指挥中心，夏延山综合基地处于待命状态。

2020年7月22日，原空军航天司令部第21太空联队重组，成为第1太空基地德尔塔部队的组成部分。2021年7月26日，该基地被更名为彼得森天军基地，表明其在新的军种将扮演重要角色。

彼得森天军基地（图6-3）为美国天军提供作战支持（直接协助、维护、供应、作战等服务），保障所有作战部队、作战要素所需的基本能力、职能、活动和任务要求，同时为驻军支援部门提供服务。彼得森天军基地主要保障对象包括美国太空司令部、美国天军太空作战司令部及其所属的第2太空德尔塔部队、第3太空德尔塔部队和第7太空德尔塔部队，美国天军太空训练与战备司令部，北美防空司令部和陆军太空与导弹防御司令部等。基地任务支持大队由第21太空支持中队、第21工程中队、第21安保中队、第21合同中队、第21后勤中队、第21通信中队和第21医疗中队组成。

图6-3 彼得森天军基地

6.1.3 施里弗天军基地

施里弗天军基地(图6-4),前身是施里弗空军基地、猎鹰空军基地和猎鹰空军站,位于美国科罗拉多州埃尔帕索县的斯普林斯,在彼得森天军基地以东约16km的地方。目前,基地拥有超过8100名现役、警卫/预备役人员、文职雇员和承包商。基地于1983年5月动工,最初被称为联合太空作战中心(CSOC),并在投入使用后改名为猎鹰空军站。1985年7月第2太空联队在彼得森空军基地成立,1985年9月搬迁到猎鹰空军基地,1987年10月开始分阶段系统接管了空军卫星控制网络的操作控制权。1988年6月,猎鹰空军站更名为猎鹰空军基地。1998年6月5日,猎鹰空军基地更名为施里弗空军基地,以纪念在美国弹道导弹发展计划中起先锋作用的退休将军伯纳德·阿道夫·施里弗。

图6-4 施里弗天军基地

2021年7月26日,施里弗空军基地更名为施里弗天军基地,将在未来太空作战中发挥重要作用。施里弗天军基地跟彼得森天军基地距离很近,两个基地的卫戍工作均由第1太空基地德尔塔部队负责。

施里弗天军基地为超过170颗预警、导航和通信卫星提供指挥和控制服务。同时,施里弗天军基地也是美国导弹防御一体化作战中心和美国空军战争中心所在地。施里弗天军基地的400号大楼是GPS的主控站。

施里弗天军基地驻军有美国天军太空作战司令部下属的第6太空德尔塔部队、第8太空德尔塔部队、第9太空德尔塔部队、第15太空德尔塔部队、定位导航与授时综合任务德尔塔部队,美国天军太空训练与战备司令部下属的第11太空德尔塔部队、第12太空德尔塔部队,第1太空基地德尔塔部队下属的第50任务支持大队等。

6.1.4 范登堡天军基地

范登堡天军基地(图6-5)位于加利福尼亚州圣巴巴拉县,前身为范登堡空军基地,始建于1941年。范登堡天军基地是一个太空发射基地,从西部靶场发射航天器,同时进行导弹试验。除了军事太空发射任务外,范登堡天军基地还为美国航空航天局(NASA)和SpaceX等民用和商业航天机构执行太空发射任务。

图6-5 范登堡天军基地

范登堡天军基地在1941年10月建成时被称为库克营,隶属于美国陆军,以纪念菲利普·圣乔治·库克少将。1957年6月,北库克营更名为库克空军基地,转让给美国空军用作导弹发射和训练基地。1958年10月4日,库克空军基地更名为范登堡空军基地,以纪念空军第二任参谋长霍伊特·范登堡将军。1958年12月15日,范登堡空军基地成功向太平洋发射了第一枚导弹,实现从美军营地向导弹基地的转变。随后,基地开始执行各型导弹、飞船和航天器发射任务,包括LGM-30民兵导弹、LGM-118爱国者导弹、陆基中段拦截弹、德尔塔4(Delta Ⅳ)火箭、宇宙神5(Atlas Ⅴ)火箭、SpaceX猎鹰、波音X-37B空天飞行器等发射任务。

2021年5月14日,范登堡空军基地更名为范登堡天军基地,转隶至美国天军,以适应天军的扩张和崛起。范登堡天军基地由美国天军第30太空发射德尔塔部队管理,承担航天发射任务,管理西部国家靶场,组织开展太空和导弹试验,从西海岸将各种航天器送入近极轨道。同时,部队还支持空军民兵-Ⅲ洲际弹道导弹的发展测试和评估项目。基地管辖范围,从加利福尼亚的海岸线开始,向西延伸到西太平洋,直至夏威夷。第30太空发射德尔塔部队由作战大队、任务支持大队、医疗大队和一些直属机构组成。第30作战大队提供了西海岸太空发射和远程作战的核心能力,负责操作和维护西部靶场的太空发射、导弹试射、空天监视等任务。第30任务支持大队负责日常生活、住房、人员、服务、土木工程、合同和安保。第30医疗大队为派驻范登堡天军基地的所有人员

(含家属)以及退休人员提供医疗、牙科、生物环境和公共卫生等医疗服务。另外,美国天军太空作战司令部下属的第 5 太空德尔塔部队,美国太空司令部天军、联盟太空作战中心,美国天军太空训练与战备司令部下属的第 1 太空德尔塔部队都位于范登堡天军基地。

6.1.5 洛杉矶空军基地

洛杉矶空军基地(图 6-6)位于加利福尼亚州埃尔塞贡多,是美国太空与导弹系统中心的总部,该中心是美国军事航天的诞生地和军事航天的采办中心,任务是为国家提供弹性、可负担的太空能力。2021 年夏天,转隶至天军太空系统司令部,太空系统司令部作为美国天军的三大直属司令部之一,负责监督军事太空系统的开发、采办、发射和维持。此外,太空系统司令部还参与美国其他军事部门、政府机构和北大西洋公约组织盟国建设的太空项目,适时将这些系统的权限移交给相应的作战司令部。太空系统司令部在美国天军基地和全球其他站点雇用了约 6300 名员工,包括军人、文职人员和承包商。

图 6-6 洛杉矶空军基地

洛杉矶空军基地的历史可以追溯到空军研究与发展司令部的西部开发司,该司于 1954 年 7 月 1 日在英格尔伍德启动,距现在的太空系统司令部总部不远。20 世纪 60 年代初,航天系统部搬到了埃尔塞贡多,1964 年 4 月 10 日,该站点被指定为洛杉矶空军基地。美国天军太空系统司令部的前身一直留在洛杉矶空军基地。除了分配到太空系统司令部和第 3 太空基地德尔塔部队的人员外,洛杉矶空军基地还为陆军、海军、海军陆战队和海岸警卫队人员以及周边地区所有军种的 20 万余名退休人员提供保障服务。

6.1.6 帕特里克天军基地

帕特里克天军基地(图 6-7)位于美国佛罗里达州布里瓦德县的卫星海滩和可可海滩之间,以美国空军少将梅森·帕特里克的名字命名。第 45 太空发射德尔塔部队驻扎在该基地,除了保障帕特里克天军基地,还负责管理卡纳维拉角天军站和东部靶场。

图6-7 帕特里克天军基地

帕特里克天军基地最初在1940—1947年作为美国海军机场香蕉河海军航空站开放和运营。1947年,它作为海军设施被停用。1948年底,被移交给空军,并更名为联合远程试验场。原定于2020年2月将原帕特里克空军基地更名为帕特里克天军基地,但由于新冠疫情暴发而推迟到2020年12月9日,由时任美国副总统迈克·彭斯主持完成基地更名,帕特里克天军基地和相邻的卡纳维拉角天军站成为转隶至美国天军的第一批基地/站点。

帕特里克天军基地参与的历次发射任务包括:1958年美国第一颗地球卫星发射,1961年美国进行了第一次载人航天任务,1962年美国进行第一名宇航员在轨飞行任务,1966年美国第一艘无人登月飞船发射,1968年美国第一艘三人宇宙飞船发射,1971年第一个绕火星飞行的航天器发射和1996年表面着陆,1978年第一个金星探测器发射,2004年第一个土星绕飞航天器发射,2011年水星绕飞探测器发射,以及1977年第一个离开太阳系的宇宙飞船发射等。

帕特里克天军基地其他驻军部队包括920救援联队、空军技术应用中心等,总人数约为10400人。第45太空发射德尔塔部队承担航天发射任务,管理国家东部靶场,为帕特里克天军基地和卡纳维拉角天军站的74个任务伙伴和驻地单位提供支持。第45太空发射德尔塔部队由作战、任务支持和医疗大队组成。第45作战大队提供了东海岸太空发射和远程作战的核心能力,负责操作和维护东部靶场的太空发射及导弹试射任务。第45任务支持大队负责日常生活、住房、人员、服务、土木工程、承包和安保。第45医疗大队为派往帕特里克天军基地的人员及其家属和退休人员提供医疗、牙科、生物环境和公共卫生服务。

6.1.7 皮图菲克太空基地

皮图菲克太空基地(图6-8)是美国天军最北端的基地,也是美国国防部最北端的驻地部队,位于丹麦格陵兰岛的西北海岸,基地每年有9个月被冰雪覆盖,但机场全年开放运营。皮图菲克太空基地的存在,是因为美国和丹麦达成了协议,用于美国和丹麦共同防御。战略上,该基地拥有"世界之巅"的地理优势。

图6-8 皮图菲克太空基地

2023年4月6日,图勒空军基地更名为皮图菲克太空基地,由当地因纽特人对该基地的称呼音译而来。出席更名仪式的美国天军太空作战部长钱斯·萨尔茨曼将军在更名仪式上说道:"这次更名代表了天军的意愿,即承认和庆祝格陵兰岛人民的文化遗产,同时强调在北极圈恶劣环境下维护这个天军基地的重要性。"

美国天军太空作战司令部第4太空德尔塔部队第12太空预警中队和第6太空德尔塔部队第23太空作战中队直属第1分队驻扎在此处,分别负责全球导弹预警任务和太空态势感知任务,为天军和北美防空司令部服务。皮图菲克太空基地同时也是空军第821大队的驻地,为当地驻军提供航空服务。皮图菲克太空基地部署了弹道导弹预警系统,探测和跟踪针对北美发射的洲际导弹,拥有世界上最北端的深水港,是唯一拥有拖船的天军部队。拖船在夏季用于在港口协助船舶移动,并在冬季拖上岸。皮图菲克太空基地大约有140名空军和天军现役军人,还有450名左右文职人员、承包商和其他盟国的军事人员。

◎ 6.2 天军站

6.2.1 科利尔天军站

科利尔天军站(图6-9)是美国天军的一个雷达站,位于阿拉斯加,负责向北美防空司令部的指挥中心提供来袭的洲际弹道导弹和潜射弹道导弹探测数据,并向美国天军提供太空监视数据。科利尔站的AN/FPS-123早期预警雷达是固态相控阵雷达系统(SSPARS)的一部分,该系统其他设备还部署在比尔空军基地、科德角天军站、英国皇家空军菲林代尔斯基地和皮图菲克太空基地等。科利尔天军站在第二次世界大战时用作陆军机场,在冷战时期作为弹道导弹预警系统的站点之一,为弹道导弹预警中心提供太空监测数据。1958年8月,科利尔早期导弹预警站开始建设。2021年6月15日,科利尔空军站更名为科利尔天军站。除了美国天军之外,科利尔天军站的驻军还包括现役空军、加拿大皇家空军、文职和承包商人员。

图6-9 科利尔天军站

6.2.2 卡弗利尔天军站

卡弗利尔天军站(图6-10)位于北达科他州,由美国天军太空作战司令部第4太空德尔塔部队负责,其第10太空预警中队操控AN/FPQ-16 PARCS增强型雷达,监视和跟踪针对北美地区的导弹发射,同时监测和跟踪半数以上的地球轨道航天器,以实现太空态势感知和太空控制。AN/FPQ-16 PARCS增强型雷达是一款大型固态相控阵雷达系统,安装在彭比纳悬崖以东平原,高度37m,单面相控阵雷达指向哈德逊湾北部。正常情况下,AN/FPQ-16 PARCS增强型雷达可以在3000km处发现一个直径24cm左右的物体,通过软件分析算法,可以识别9cm左右的物体。AN/FPQ-16 PARCS增强型雷达每天分析2万多条轨道,包括大型卫星和太空碎片。BAE系统公司从2003年到2017年一

图6-10 卡弗利尔天军站

直在维护 AN/FPQ-16 PARCS 增强型雷达站。Summit 技术有限责任公司于 2017 年 10 月接管了 AN/FPQ-16 PARCS 雷达站的运营、维护和后勤支持。

2021 年 7 月 30 日，卡弗利尔空军站更名为卡弗利尔天军站。除承包商外，北美防空司令部等美军以及部分加拿大军事人员驻扎在该站。

6.2.3 新波士顿天军站

新波士顿天军站（图 6-11）位于美国新罕布什尔州中南部的希尔斯伯勒县，占地超过 11km²，分布在三个城镇：新波士顿、阿默斯特和蒙特弗农。该站始建于 1942 年，作为附近格雷尼尔陆军机场（现在的曼彻斯特波士顿地区机场）的轰炸机和战斗机训练区。1959 年被改造成为一个卫星跟踪站。2020 年，该站开始为商业太空发射提供服务。2020 年夏天，该站从美国空军转隶到美国天军。2021 年 7 月 12 日，原新波士顿空军站更名为新波士顿天军站。

图 6-11 新波士顿天军站

新波士顿天军站的驻军是隶属于美国天军太空作战司令部第 6 太空德尔塔部队的第 23 太空作战中队，由第 1 太空基地德尔塔部队负责保障。第 23 太空作战中队通过运营和维护位于新波士顿天军站最大的空军卫星控制网络远程跟踪站、位于格陵兰岛皮图菲克太空基地，以及位于佛罗里达州卡纳维拉尔角东部的跟踪设备，提供对太空和网络空间的可靠访问，负责为用户提供在轨跟踪、遥测接收、指挥控制和任务数据检索等实时服务。该中队还为位于南大西洋卡纳维拉尔角和阿森松岛的两个 GPS 控制站提供远程指挥和控制服务，运营和维护国防卫星通信系统的终端，支持国家海洋大气管理局和其他任务合作伙伴。

6.2.4 科德角天军站

科德角天军站（图 6-12），前身是科德角空军站，位于美国科德角联合基地的西北角，在马萨诸塞州的弗拉洛克山。美国天军太空作战司令部第 4 太空德尔塔部队的第 6 太空预警中队在该站点担负导弹预警和空间监视任务，第 2 太空基地德尔塔部队负责该站点的管理运维。

图 6-12　科德角天军站

1973 年 8 月,美国空军指示建造两个相控阵导弹预警雷达系统,专门用于防御潜射弹道导弹。东岸基地设在科德角的奥蒂斯空军基地,西岸基地设在比尔空军基地。科德角导弹预警站在 1976 年 10 月开始建造。1979 年 10 月,第 6 导弹预警中队成立。1982 年 1 月,科德角导弹预警站更名为科德角空军站,并在 1983 年 5 月成为空军航天司令部第 1 太空联队。1992 年 5 月,第 6 导弹预警中队更名为第 6 太空预警中队,转隶到第 21 太空联队的第 21 作战大队。2019 年 12 月,第 6 太空预警中队划归美国天军。2020 年 7 月,第 6 太空预警中队成为天军太空作战司令部第 4 太空德尔塔部队下属中队。2021 年 6 月 11 日,科德角空军站更名为科德角天军站。

美国天军太空作战司令部第 4 太空德尔塔部队的第 6 太空预警中队负责早期预警雷达 AN/FPS-132 的操作。自 1979 年以来,第 6 太空预警中队一直是科德角天军站的主力部队。除了天军卫士,还有一些加拿大皇家空军的飞行员被分配到这个中队。该中队的主要任务是保护美国和加拿大东海岸免受海上发射和洲际弹道导弹的攻击,并将探测到的导弹信息发送到美国导弹防御局和太空司令部的导弹预警中心支持导弹防御计划。该中队的第二个任务是跟踪低地球轨道物体,向美国天军进行报告。

6.2.5　夏延山天军站

夏延山天军站(图 6-13)位于科罗拉多州埃尔帕索县洛基山脉的夏延山,毗邻科罗拉多斯普林斯,由美国天军第 1 太空基地德尔塔部队管理,主要承担导弹预警和太空态势感知任务。该站有自己的发电厂、加热和冷却系统以及供水系统,地下综合体建在 610 米的花岗岩下。夏延山天军站于 20 世纪 60 年代开始建造,1966 年投入使用,当时名为夏延山综合基地。1967 年成为北美防空司令部作战中心,对经过加拿大和美国领空的导弹、航天器和外国飞机进行早期预警监视。当发生战争威胁的时候,指挥中心可以迅速从易受导弹或轰炸机攻击的地面设施转移到受花岗岩保护的山体内部指挥部。2000年,更名为夏延山空军站。2006年北美防空司令部将作战中心转移到位于彼得森空军基地的总部。2011年,经过检修和翻新,作战中心又搬回夏延山。夏延山天军站同时还作为美国太空司令部的导弹预警中心、北美防空司令部的备份指挥中心和综合战术预警/攻击评估系统的全球战略预警/空间监视系统中心。2021年7月26日转隶至天军以后,夏延山空军站更名为夏延山天军站,除原有职能外,承担部分天军人员训练任务。

图 6-13　夏延山天军站

6.2.6　卡纳维拉角天军站

卡纳维拉角天军站(图6-14),隶属于美国天军太空系统司令部下属的第45太空发射德尔塔部队,位于佛罗里达州布里瓦尔县的卡纳维拉角,在帕特里克天军基地附近,是天军东部靶场的主要发射场。卡纳维拉角天军站与美国航空航天局肯尼迪航天中心由桥梁和堤道连接。该站提供了一个10000英尺(3048m)的跑道,靠近发射中心,用于军用飞机向该站运送重型和大型有效载荷。该站是美国陆基最好的发射站点,大部分上升段在大西洋上空,而且比美国本土其他大部分地区更接近赤道,使火箭可以从地球的自转中获得推力,从而减少发射所需燃料。

美国许多早期太空探索任务都是从卡纳维拉角发射,包括美国第一颗地球卫星发射(1958年),美国进行第一次载人航天任务(1961年),美国进行第一名宇航员在轨飞行任务(1962年),美国第一艘双人宇宙飞船发射(1965年),美国第一次无人登月(1966年)等。第一批(分别)飞越太阳系各行星(1962—1977

图 6-14　卡纳维拉角天军站

年)的航天器发射任务也在该站实施,包括第一个绕火星飞行(1971 年)和在火星表面漫游的航天器发射(1996 年),第一个绕金星飞行并在金星上着陆的美国航天器发射(1978 年),第一个绕土星飞行的航天器发射(2004 年),第一个绕水星飞行的航天器发射(2011 年),第一个离开太阳系的航天器发射(1977 年)。因为多次参与美国早期太空计划,该基地的部分地区被指定为美国国家历史地标。

卡纳维拉角天军站建有一个军用机场,它有一条沥青跑道,长度为 3048m×61m,该跑道由美国天军管理,主要用于降落滑道。这条跑道最初被称为"滑道",因为 SM-62"蛇鲨"巡航导弹(没有轮子)测试飞行返回时,会在这条跑道上滑至停止。在 20 世纪 60 年代,道格拉斯 C-133 运输机,携带改良版阿特拉斯和泰坦导弹,被用作载人和无人太空计划的运载工具,参与了阿波罗登月计划。如今,美国空军 C-130"大力神"、C-17"环球霸王"和 C-5"银河"飞机,主要使用该跑道将卫星有效载荷运达基地,以便与运载火箭进行联试。

卡纳维拉角天军站在 1964—1974 年被称为肯尼迪角空军站,1974 年更名为卡纳维拉角空军站。原定于 2020 年 3 月更名为卡纳维拉角天军站,但由于新冠疫情暴发,最终在 2020 年 12 月 9 日完成更名。

6.2.7　卡伊娜角天军站

卡伊娜角天军站(图 6-15),位于夏威夷瓦胡岛的最西端,在约 460m 高的山脊上,由第 1 太空基地德尔塔部队管理。美国天军太空作战司令部第 6 太空德尔塔部队第 21 太空作战中队直属第 3 分队驻扎在夏威夷卡伊娜角站,负责运行夏威夷跟踪站。它是美国卫星控制网的远程跟踪站,负责跟踪在轨卫星(其中很多卫星为美国国防部提供支持),接收和处理卫星数据,同时,接收控制中心的中继命令实现卫星控制。跟踪雷达的两个天线罩在当地被称为"高尔夫球",是附近地标建筑。该站始建成于 1959 年,用于支持科罗娜侦察计划。2021 年 6 月 16 日,更名为卡伊娜角天军站。

图 6-15　卡伊娜角天军站

第 7 章
美国太空作战理论与指导文件

2019年12月20日,时任美国总统特朗普签署"2020财年国防授权法案",宣布正式成立天军。随后天军的组织架构逐步完善,三大直属司令部相继成立,空军、海军和陆军的太空力量相继转隶天军,各德尔塔部队陆续整编到位,各级指挥官也相继就职。随着装备、人员、编制的逐步完善,各种太空领域的政策、规划、战略、条令和愿景等相继出台。美国政府更新了《国家太空政策》,相继发布了第5号、第6号、第7号太空政策指令;美国国防部更新了《国防太空战略》和《太空政策》,发布了《美国国防部商业太空整合战略》;参谋长联席会议(简称参联会)更新了《太空作战联合条令》;太空司令部发布了《太空司令部指挥官战略愿景》、《商业整合战略》和《太空司令部战略愿景》;空军部发布了《美国天军综合战略》;天军发布了第一部学说条令《太空顶石出版物:天权》,随后又发布了《太空作战部长规划指南》、若干愿景、《商业太空战略》及太空条令出版物等指导性文件。

美自天军成立以来所发布的主要太空理论与指导文件如表7-1所示。

表7-1 美军太空作战理论与指导文件一览表

序号	文件	发布机构	发布时间
1	《美国天军卫星通信发展愿景》	美国天军	2020年2月19日
2	《国防太空战略》	美国国防部	2020年6月17日
3	《太空顶石出版物:天权》	美国天军	2020年8月10日
4	《第5号太空政策指令:太空系统网络安全原则》	美国白宫	2020年9月4日
5	《联合出版物(JP)3-14:太空作战》(修订版)	美国参联会	2020年10月26日
6	《太空作战部长规划指南》	美国天军	2020年11月9日
7	《国家太空政策》	美国白宫	2020年12月9日

续表

序号	文件	发布机构	发布时间
8	《第 6 号太空政策指令：太空核动力与推进国家战略》	美国白宫	2020 年 12 月 16 日
9	《第 7 号太空政策指令：美国国家天基定位、导航与授时政策》	美国白宫	2021 年 1 月 15 日
10	《太空司令部指挥官战略愿景》	美国太空司令部	2021 年 1 月 28 日
11	《美国天军数字军种愿景》	美国天军	2021 年 5 月 6 日
12	《卫士愿景》	美国天军	2021 年 9 月 17 日
13	《美国太空优先事项框架》	美国白宫	2021 年 12 月 1 日
14	《美国天军战役支援计划》	美国天军	2021 年 12 月 6 日
15	《太空条令出版物 5-0：计划》	美国天军	2021 年 12 月 20 日
16	《联盟太空作战愿景 2031》	美国国防部	2022 年 2 月 22 日
17	《太空司令部商业整合战略概览》	美国太空司令部	2022 年 4 月 6 日
18	《太空试验体系愿景》	美国天军	2022 年 5 月 10 日
19	《太空政策》	美国国防部	2022 年 8 月 30 日
20	《太空条令出版物 1-0：人事》	美国天军	2022 年 9 月 7 日
21	《太空条令出版物 4-0：维持》	美国天军	2022 年 12 月
22	《卫士精神》	美国天军	2023 年 4 月 3 日
23	《太空外交战略框架》	美国国务院	2023 年 5 月 30 日
24	《太空条令出版物 2-0：情报》	美国天军	2023 年 7 月 19 日
25	《太空条令出版物 3-0：作战》	美国天军	2023 年 7 月 19 日
26	《联合出版物（JP）3-14：太空作战》（最新版）	美国参联会	2023 年 8 月 23 日
27	《美国天军综合战略》	美国空军部	2023 年 8 月
28	《太空条令出版物 3-100：太空域感知》	美国天军	2023 年 11 月
29	《太空司令部战略愿景》	美国太空司令部	2024 年 2 月 20 日
30	《美国国防部商业太空整合战略》	美国国防部	2024 年 4 月 2 日
31	《美国天军商业太空战略》	美国天军	2024 年 4 月 8 日

7.1 美国国家层面

国家层面,主要是美国总统签发的太空政策指令、国家太空政策等政策文件。美国天军成立后,先后发布了第 5 号、第 6 号、第 7 号太空政策指令;2020 年 12 月 9 日,美国总统特朗普签发了新版《国家太空政策》;2021 年 12 月 1 日,拜登政府发布《美国太空优先事项框架》文件。

7.1.1 太空政策指令

7.1.1.1 《第 5 号太空政策指令:太空系统网络安全原则》

2020 年 9 月 4 日,时任美国总统特朗普签发了《第 5 号太空政策指令:太空系统网络安全原则》(《Memorandum on Space Policy Directive-5—Cybersecurity Principles for Space Systems》)备忘录文件,把太空系统网络安全提升为国家政策的组成部分。新指令在简述文件出台背景基础上,阐述了美国太空系统网络安全基本政策,即强制要求政府各机构在太空系统开发全过程集成网络安全防御能力,在全寿命期内实施网络安全防护工作;同时构建预防、主动防御、风险管理、经验分享等文化,建立最佳做法和行为规范,加强对商业航天产业和盟国伙伴的引导和推广。新指令提出了一系列指导原则,包括太空系统应能够监测、预测和应对恶意网络行为,所有方和运行方应制订相关计划并采取相应措施,加强身份验证防止非授权访问,加固指令、控制和遥测硬件防止电磁频谱干扰和入侵,采取综合安全防护措施防止内外部蓄意破坏,实施常态化安全体检加强入侵检测告警,强化供应链管理堵住安全风险漏洞,依托太空信息共享和分析中心促进防护信息共享,权衡安全与代价确保措施有效可行等。

1. 发布背景

美国认为不受约束的太空行动自由对国家安全、经济繁荣和科技发展至关重要。太空系统支撑着定位导航授时、科学观测、太空探索、气象监测等众多关键功能及国家安全应用。这些能力为国家基础设施可靠高效运行提供重要贡献,因此,必须对太空系统加以保护,避免遭受网络事件影响和破坏。

太空系统从概念设计、发射到在轨运行都依赖于信息系统和网络。此外,空间飞行器和地面网络之间传输指挥控制和任务信息都依赖于使用无线电频率的无线通信信道。这些系统、网络和信道都易于遭受恶意攻击,能够拒阻、降级、扰乱太空活动,甚至摧毁卫星。

危害太空活动的恶意网络行为包括欺骗传感器数据、通过损毁数据破坏传感器系统、干扰或发送非授权制导与控制指令、注入恶意代码、发动拒绝服务攻击等。这些行为能够造成任务数据丢失、太空系统与星座寿命或能力损失、对空间飞行器主动控制丧失等后果,甚至造成轨道碰撞,导致系统损毁或产生有害轨道碎片。

2. 政策

地面系统的网络安全原则和做法同样适用于太空系统。然而,还有一些原则和做法对太空系统尤为重要。例如,由于绝大多数空间飞行器在轨运行期间无法实际接触,因此在发射前就把远程更新和响应事件能力集成到设计之中是一项至关重要的网络安全措施。为此,对太空系统来说,在开发的所有阶段集成网络安全防护措施并在全寿命期确保网络安全至关重要。有效的网络安全实践源于预防、主动防御、风险管理、分享最佳做法等文化的建立。

美国必须有效管理商业太空经济发展和繁荣带来的风险。为构建和增强国家韧性,美国的政策是,行政部门和机构应在涉及太空业务的政府机构以及整个商业航天行业促进和推广保护太空资产及其配套基础设施抵御网络威胁的做法和经验,确保业务的连续性。

本备忘录第四节所述太空系统网络安全原则目的是为美国政府的太空系统网络防护建立指导和奠定基础。与商业航天企业及政府外其他太空运行方有直接工作关系的各政府机构应依据这些原则及适用法律,进一步总结和完善最佳做法和经验,建立起网络安全规范,并在全国范围内推广应用,改进太空系统相关国家工业基础的网络安全行为。

3. 原则

(1)太空系统以及包含软件在内的配套基础设施,应采用基于风险的、考虑到网络安全的工程方法开发和运行。开发出的太空系统应能够持续监视和预测不断发展的恶意网络行为并有效应对。这些恶意网络行为能够操纵、拒阻、降级、扰乱、监视和侦听太空系统的运行,甚至摧毁卫星。为在太空系统全寿命期内取得和保持有效和弹性的网络生存态势,应确保太空系统配置资源充沛并实施主动管理。

(2)太空系统所有方和运行方应为其太空系统制订和实施网络安全计划,增强能力确保运行方或自动化控制中心的系统能够保持或恢复对空间飞行器的主动控制。这些计划还应确保有能力保证关键功能及任务、服务与数据的完好性、保密性和可用性。

(3)这些原则应通过具体的规章、制度和指南贯彻实施,应酌情考虑和采纳网络安全最佳做法和行为规范,以加强太空系统网络安全。

(4)太空系统所有方和运行方应在法律许可范围内开展合作,促进最佳做法发展与推广应用,还应在法律许可范围内最大限度地利用信息共享和分析中心(ISAC)等平台,在航天行业内共享威胁、预警和事件信息。

(5)应确保安全措施有效可行,既要令太空系统所有方和运行方针对风险保持适当冗余,又要尽可能减少不必要的负担,应针对具体的任务要求、美国国家安全和国家关键功能以及空间飞行器尺寸、任务持续时间、机动能力和运行轨道区域等因素综合权衡。

7.1.1.2 《第6号太空政策指令:太空核动力与推进国家战略》

2020年12月16日,美国白宫发布了《第6号太空政策指令:太空核动力与推进国家战略》,旨在推动美国太空核动力和推进技术的快速发展。该战略包括政策、目标、原则、职责、路线图、实施、一般规定等7个章节。该战略提出应在适当的时候开发和使用太空核动力与推进系统,以实现美国的科学、探索、国家安全和商业目标。

1. 太空核动力与推进的内涵与意义

太空核动力与推进(SNPP)系统包括可用于航天器、漫游车和其他表面设施的动力或推进的放射性同位素动力系统(RPS)和裂变反应堆。SNPP系统可确保上述系统在太阳能和化学能不足的环境下运行。与其他动力方式相比,SNPP系统能以更低的质量和更小的体积产生更多的能量,从而实现持久存在和运行。SNPP系统还可以缩短航天员和机器人航天器的飞行时间,从而减少在恶劣太空环境中的辐射暴露。安全、可靠和可持续使用SNPP能力对于维持和提升美国在太空中的主导地位和战略领导地位至关重要。

2. 发展太空核动力与推进的四大目标

美国希望通过SNPP系统的开发和使用,不仅要实现一系列现有和未来的太空飞行任务,同时又能充分满足时间进度的要求,目标包括:

(1)开发铀燃料处理能力,以生产出适用于月球和行星表面与航天器的核电推进(NEP)和核热推进(NTP)所需要的燃料。

(2)演示月球表面的裂变动力系统。该系统的功率可达到40kW或更高,以支持持续的月球存在和火星探索。

(3)建立技术基础和能力。包括通过确定和解决关键技术挑战,将使NTP能够满足未来美国国防部和NASA的任务要求。

(4)开发出更先进的放射性同位素动力系统,以提供更高的燃料效率,更高的比能量和更长的使用寿命,以支持机器人与人类对月球的长期开发和对火星的探索,并扩展对太阳系其他目的地的机器人探索。

3. 发展太空核动力与推进的三大原则

根据所适用的国内法律和国际条约,美国开发和使用SNPP系统时将遵循安全、可靠和可持续性3大原则。

(1)安全。所有参与SNPP系统开发和使用的部门和机构均应采取适当措施,以确保在各自职责范围内安全开发、测试、启动、运行和处置SNPP系统。对于政府的SNPP计划,项目启动机构对安全负有主要责任;对于涉及多个机构的计划,应指定每个阶段对安全负主要责任的牵头机构。

(2)可靠。参与SNPP系统开发和使用的所有机构均应采取适当措施,以符合"核不扩散"的原则,保护核材料、放射材料及敏感信息。在SNPP系统中使用高浓铀(HEU)应该仅限于该任务,不能用于其他任务。在选择HEU、低浓缩铀(LEU)或裂变反应堆系统之前,主管机构应进行彻底的技术审查,以评估替代核燃料的解决方案的可行性,并向美国国家安全委员会、美国国家太空委员会、美国科学技术政策办公室及美国管理和预算办公室提供简报,以提供理由说明为何使用SNPP系统。

(3)可持续性。所有参与SNPP系统开发和使用的机构均应采取适当措施,使其适合美国航天能力长期发展与确保SNPP系统的领导地位,如充分与学术机构及商业机构开展合作等。

4. 发展太空核动力与推进的路线图

(1)21世纪20年代中期。具备铀燃料处理能力,可生产出用于月球和行星地表以及空间动力的核电推进(NEP)和核热推进(NTP)所需要的燃料。

(2)21世纪20年代中期至后期,演示月球表面的裂变动力系统,功率可扩展至40kW或更高,以支持持续月球开发和火星探测。NASA应当在2027年之前启动裂变表面动力项目,用于月球表面演示,并可用于火星探测。

(3)到21世纪20年代后期,建立技术基础和能力(包括通过识别和解决关键技术挑战),使核热推进能够满足未来的美国国防部和NASA任务需求。

(4)到2030年,开发先进的放射性同位素动力系统。与现有系统相比,可提供更高的燃料。

由于太空核动力与推进对于未来的深空探索具备较大的优势,因此NASA一直在进行相关研究。NASA与美国能源部已合作研究Kilopower项目,开发地面核反应堆,并可扩展到月球表面;NASA还一直在研究核热推进,并得到美国国会的支持。根据该战略的要求,NASA的近期优先任务是提高SNPP系统的技术成熟度,在月球上演示裂变表面动力系统,因此将首先设计、制造和测试10kW级裂变表面动力系统;21世纪20年代末在月球上演示该系统,为可持续的月球开发提供动力,并测试其在火星上的使用潜力。同时,NASA还将提高核热和核电推进能力。

7.1.1.3 《第7号太空政策指令:美国国家天基定位、导航与授时政策》

2021年1月15日,特朗普政府在卸任前5天发布《第7号太空政策指令:

美国天基定位、导航与授时（PNT）政策》（简称7号令）。7号令取代2004年版《美国天基PNT政策》，为美国天基PNT计划和活动制定行动指南，使GPS及其增强系统更好地为美国国家和国土安全，民用、商业和科学目的服务。

1. 发布背景

GPS是美国关键基础设施的重要组成部分，对GPS的需求日益增长。军事、民用和商业基础设施与应用广泛依赖于GPS及其增强系统，GPS还将服务范围拓展到太空，支持空间科学、空间交通管理等新兴应用；新兴的外国天基PNT服务可能会增强或破坏GPS的未来效用，其发展对于美国既有利益也有风险。因此，美国需要制定更稳定、适应性更强的政策和管理框架，以满足全球和美国国内对GPS及其增强系统不断变化的需求。

2. 主要内容

（1）政策目标与指导。7号令的目标是保持美国在提供全球导航卫星系统（GNSS）服务和负责任地使用GNSS方面的领导地位。为实现该目标，美国政府应开展的工作包括以下内容：

①在全球范围内提供GPS及其增强系统的可持续访问权限；

②按照美国法律运行和维护GPS；

③增强导航战能力，阻止恶意使用天基PNT服务的行为，提高美国天基PNT服务性能；

④提升GPS及其增强系统和设备的网络安全性能，保护GPS及其增强系统运行的频谱环境；

⑤检测和减轻GPS受到的有害干扰或操控，提高对干扰的抵御能力；

⑥与国际GNSS供应商合作以确保兼容性和互操作性；

⑦促进在联邦、州和地方各级负责任地使用美国天基PNT服务和应用的能力；

⑧提升美国在提供天基PNT服务和开发用户设备方面的技术领先地位。

（2）天基PNT服务管理。国家天基PNT执行委员会作为跨部门机构，负责在提供天基PNT服务、增强和天基替代方案方面指导和维护美国政府的利益。执行委员会的职责包括：

①在PNT决策过程中充分考虑国家安全、国土安全和民用需求；

②协调各部门和机构规划天基PNT项目；

③每四年向美国国家航天委员会提交一份报告，评估天基PNT民用服务；

④促进、审查和实施美国天基PNT基础设施和服务的现代化计划；

⑤促进下一代技术和劳动力发展的研究和开发；

⑥审查国际合作机构的国际合作建议，以及国家无线电通信频谱管理和保护问题；

⑦接受国家天基PNT咨询委员会的建议。

(3) 各机构的作用与责任。7号令进一步详细规定了美国国务卿、美国国防部部长、美国商务部部长、美国运输部部长、美国国土安全部部长、美国国家情报局局长和NASA局长的作用和责任。其中,美国国务卿主要负责GPS及其增强系统和标准的国际推广,美国国防部部长负责发展PNT军事服务能力,包括导航战、有效载荷托管以及盟友军事服务等;美国商务部部长负责增强GPS的商业应用,提高PNT装置的网络安全性能;美国运输部部长负责管理、运营和维护GPS民用服务;美国国土安全部部长负责协调监测和识别针对GPS和其他PNT服务的破坏和操控行为;美国国家情报局局长负责查明、监测和评估PNT和相关服务受到的外国威胁;NASA局长负责制定GPS及其增强系统的技术要求,维持和现代化搜索与救援、遇险警报与定位功能,开发GPS卫星次级有效载荷。

7.1.2 《国家太空政策》

2020年12月9日,时任美国总统特朗普签发了新版《国家太空政策》(图7-1),这是继奥巴马政府2010年之后美国首次对其太空政策进行系统更新。新政策阐述了美国太空活动基本原则,确定了国家航天发展目标,提出了总体指导方针,并就商业航天、民用航天和军事航天分别给出了具体战略要求。新政策在太空外交战、法理战、科技战、经济战及军事斗争准备等方面均作出了战略安排,充分体现了美在大国竞争新时代坚持"天权"博弈思想,大幅提升太空在国家发展中的战略地位,统筹协调政府各部门,调动军、民、商、盟各方力量,军事、外交、经济和科技等领域多管齐下,谋求通过"太空总体战"夺取和巩固太空霸权,助力美国重塑全球领导力。

图7-1 《国家太空政策》文件封面

现将《国家太空政策》主要内容编译如下:

1. 引言

51年前,美国集中国家意志、领导力和想象力,领导了有史以来最伟大的远征,首次实现人类登陆另一个天体。探索太空的远大志向引领美国不断产生新技术、新能力、新知识和新企业。

在月球上迈出第一步以来,美国利用太空能力拉动了经济增长,提高了美国及世界人民的生活质量,促进了民主、人权和经济自由。

美国将继续创造优良的发展环境,激励企业创新、创业,支持新一代探险家和企业家登陆月球,踏上火星,飞往更遥远的太空。

太空极大改善了人们在地球上的生活方式,对全人类进步都极具重要意义。美国将引领并持续加强国际合作,面向未来保护太空,确保太空可持续发展,让太空造福所有国家和人民,继续改善人们在地球上和太空中的生活方式。

伴随着美国谋求利用太空增进地球上和太空中人民的福祉,不受妨碍地进入太空以及在太空中的行动自由将长期是美国至关重要的国家利益。认识到探索和利用外层空间是一项国家权利,美国将继续利用太空维护国家和盟国安全。如果有任何对手对美国做出威胁,危及到美国任何太空相关利益,美国都将动用一切国家力量进行慑止、必要时战胜在太空、从太空、过太空的敌对力量。

美国一直并将继续发挥美国人民的聪明才智,与世界各地志同道合的伙伴共同努力,提高生活质量,探索和认识太空,维护地球和太空的和平。

2. 原则

美国应确保太空活动符合下列原则:

(1)在太空负责任地开展活动,确保太空活动安全、稳定和长期可持续发展是所有国家的共同利益。为维护全人类的太空利益,负责任的太空行为体应以公开、透明、可预测的方式开展活动。

(2)强健的富有创新力和竞争力的商业航天产业是美国持续发展和保持太空领导力的源泉。美国承诺继续鼓励和促进国内商业航天产业发展,提升其全球竞争力,引导其支持国家利益,强化美国在开辟新市场和发展创新企业方面的领导地位。

(3)在这个太空探索复兴的新时代,美国将提升自己的领导力,联合具有共同民主价值观、尊重人权和经济自由的国家,随着美国再次迈出地球,从月球到火星,把这些价值观输出到所有太空目的地。

(4)依据国际法,外层空间(包括月球与其他天体在内)不得由国家通过提出主权主张、使用或占领以及任何其他方法据为己有。同时,认识到太空资源对可持续探索、科学发现和商业经营的重要性,美国将在遵守有关法律前提下开展太空资源开采和利用活动。

(5)所有国家均有权依照相关法律以和平目的和为全人类福祉探索和利用太空。根据这一原则,美国将继续利用太空从事国家安全活动,包括行使固有的自卫权。不受妨碍地进入太空以及在太空中的行动自由是一项至关重要的国家利益。

(6)美国认为所有国家的太空系统均拥有不受干扰地穿越太空以及在太空运行的权利。蓄意干扰太空系统,包括支持设施,将被视为对国家权利的侵犯。为捍卫这些权利,美国将寻求慑止、反制和解除在太空域危害美国及盟国国家利益的威胁。对美国及盟国太空系统任何蓄意干扰或攻击都直接影响美国国家权利,将会招致美国在自己选择的时间、地点、方式和作战域上做出预有准备的反击。

3. **目标**

美国应达到以下目标:

(1)帮助和激励私营企业发展,帮助美国太空产品和服务创造全球和国内市场,巩固和保持美国作为国际商业航天企业全球首选合作伙伴的地位。

(2)鼓励和维护各国负责任和平利用太空的权利,发展和运用外交、经济和安全能力与战略,识别和应对威胁这些权利的行为。

(3)领导、鼓励和扩展国际太空活动互利合作,推动太空惠及全人类;促进和平目的的探索和利用太空;保护美国及其盟国和伙伴利益;发展美国利益和价值观;提升获取天基信息和服务的能力。

(4)塑造一个安全、稳定、可持续的太空活动环境,与航天产业界和国际伙伴合作,确定并推动负责任行为;改进太空物体信息获取与共享实践;保护关键太空系统及支持设施,特别是网络安全和供应链安全;实施轨道碎片减缓措施。

(5)增强国家关键功能的保证能力,综合利用商业、民用、科学和国家安全航天器与支持设施,通过开发和部署系统能力,改进和完善程序和流程,开展持续运行操作演练,防止关键功能中断、降级或损毁。

(6)扩展人类经济活动至深空,实现人类在月球永久存在,与私营企业和国际伙伴协作开发基础设施和服务,支持科学驱动的太空探索、太空资源利用以及载人火星任务。

(7)提高全人类生活质量,培育和发展基于太空的科学和经济能力,包括太空和地球资源勘查、管理和利用;太空和地球气象与环境监测和预报;灾害监测、预报、应对和恢复;行星防御等。

(8)保持和增强美国的领导力,发展创新太空技术、服务和业务;同时与志同道合的国际盟友和私营伙伴合作,防止敏感太空能力输出到那些威胁美国、盟国及其工业基础的国家。

4. **总体指导方针**

各联邦行政机构和部门(在本文件中简称"部门")负责人应遵照有关法律在各自使命和职权范围内认真贯彻执行本节规定的指导方针。

担任美国国家航天委员会成员的各部门负责人应指定一名高级官员负责监督本部门国家太空政策的执行情况,定期向国家航天委员会报告执行进展。

1) 基础工作和能力

基础工作和能力将支撑美国实现本政策各项原则和目标。

(1) 增强美国航天科技领导地位。

(2) 增强和确保美国航天工业基础安全。

(3) 加强确保美国进入太空的能力。

(4) 保卫美国关键基础设施的太空组成部分。

(5) 维持和增强天基定位导航授时系统。

(6) 培育和留住航天专业人才。

(7) 改进太空系统开发与采办。

(8) 加强跨部门合作和商业合作。

2) 国际合作

(1) 加强美国太空领导地位。

美国应在太空相关论坛和活动中展现美国领导力,以增强威慑,强化保护盟友和伙伴的承诺,维护太空活动的安全、稳定和长期可持续;应识别互利互惠领域,如集体自卫、提升与太空有关基础设施的安全与弹性等;应推动建立外层空间负责任行为框架,包括制定和推行最佳惯例做法、标准和行为规范,在增强太空安全、稳定和长期可持续性方面发挥领导作用。

(2) 识别和扩大国际合作领域。

各部门负责人应从商业、民用和国家安全等所有方面的太空活动中梳理识别潜在的国际合作领域,以增进地球和空间科学认识,扩大危险近地天体探测范围,确保在太空和经过太空的行动自由,提高地球上的生活质量和生命安全,将人类存在和经济活动延伸到低地球轨道以远,降低实现国家目标的成本。

3) 保护太空环境以促进太空活动长期可持续

为保护太空环境,尽最大限度减少空间碎片,供负责任、和平和安全地利用,美国应:

(1) 继续主导制定并推动采纳国际和行业标准与政策,如《外层空间活动长期可持续性准则》《联合国和平利用外层空间委员会空间碎片减缓准则》等。

(2) 继续提供空间态势感知基础数据和基本的太空交通协调(包括轨道交会和再入通告),不直接收取用户费用,并创造新的机会支持美国商业企业和非营利组织发展相关产品和服务。

(3) 开发、维护和使用一个采用开放式体系架构的数据仓库,整合商业、民用和国家安全等各种来源的空间态势感知信息,用以发现、识别、归因与安全、稳定和长期可持续原则不一致的太空行为。

(4) 制定和维护太空飞行安全标准和最佳实践做法, 用以协调太空交通; 确保履行国际义务, 遵循国际惯例; 定期评估指导政府以外机构现行准则; 加强技术和方法研发; 与盟友和伙伴协调, 评估和发展主动太空碎片移除能力, 作为长期保证关键轨道区域飞行安全的潜在方法; 与商业航天企业和志同道合国家合作。

4) 有效出口政策

美国将努力阻断先进航天技术流向非授权方, 同时还要确保美国航天工业基础的竞争力。各部门负责人有责任在项目实施过程中防止不利的技术转让。

美国政府应:

(1) 遵照《国际武器贸易条例》《常规武器转让政策》《出口管制条例》以及其他适用法律和承诺, 对航天相关出口申请书逐案审议和发放许可证。

(2) 在不对国家利益造成威胁的情况下, 鼓励航天相关物项出口。

(3) 对于国际市场易于获得、不提供关键军事功能或销往某些盟国或伙伴国家的航天相关物项出口, 有资格获得简化许可审批授权。

5) 太空核动力和推进

美国将开发和使用太空核动力与推进(SNPP)系统, 以实现美国科学、国家安全和商业目标。美国在发展和使用太空核系统时将坚持安全、稳定和长期可持续的原则。遵照2019年8月20日总统签发的《第20号国家安全政策备忘录: 带有太空核系统航天器的发射》文件, 带有太空核系统航天器的发射授权应基于系统特性、潜在危害程度和国家安全考虑采取分级审批制度。

6) 电磁频谱保护

在有关电磁频谱问题上, 美国应:

(1) 为美国政府及其盟国、伙伴和商业用户利用太空保护电磁频谱的访问、操作及相关轨道进行分配。

(2) 为持续提供通信、导航、对地观测等现有和新兴天基能力保护和保存电磁频谱资源。

(3) 在太空能力采办审批前, 明确提出电磁频谱和轨道分配要求。

(4) 协调国家和国际监管框架, 确保监管制度稳定和可预测, 为提升美国许可的太空服务和系统的竞争力提供支撑和保障。

(5) 破除可能不利于商业卫星通信服务提供商从美国获得许可证的监管制度障碍, 或简化监管程序。

(6) 在把频谱重新分配给商业、政府或共享使用前, 应与政府太空系统运行方协调, 开展全面的运行、技术和政策影响评估并发布评估结果。

（7）与民用、商业和国际伙伴协作，增强无线电干扰源探测、识别、定位和归因的技术和能力，并采取必要措施确保美国关键太空系统运行电磁环境的可持续性。

（8）在符合美国国内规章制度前提下，参照商业地球站监管审批制度，适度放宽利用美国政府地球站运行商业卫星的监管审批。

（9）重点加强前沿技术、频谱利用创新方法、频谱共享工具与方法的研发，提高频谱访问能力、使用效率和效能。

7) 美国太空系统网络安全

在有关太空系统网络安全问题上，美国政府应：

（1）确保太空系统及其支持设施与软件采用基于风险的、纳入网络安全考虑的工程方法进行设计、开发和运行。

（2）与产业界合作，鼓励为太空系统制订并集成网络安全计划，包括防止未经授权访问太空系统关键功能，降低脆弱性，保护地面系统，推行网络安全保健做法，管理供应链风险等。

（3）开展跨机构、盟国、伙伴和商业太空系统运营商合作，推动最佳实践做法和减缓措施的开发和采用。

（4）在建章立制中尽可能采用已在实践中广泛使用的最佳做法和标准。

（5）所有政府的太空系统都要针对具体设计和运行特点开展任务风险评估，并确定适用的网络安全防护措施。

8) 确保国家关键功能

美国政府应通过公共和私营部门协作：

（1）开发保持服务连续性的技术、措施、关系和能力，确保太空支撑的国家关键功能安全可靠。

（2）加强重点航天器及支持设施的保护、网络安全和弹性。

（3）定期开展操作演练，测试因自然因素或人为破坏导致太空环境退化或拒止情况下，国家关键功能持续服务能力以及联邦政府任务保障能力。

（4）在跨机构和国家级演习中增加模拟太空系统服务中断的科目。

（5）综合利用太空和地面能力以及物质和非物质手段，通过改进设计、采办、指挥控制及加强演习演练，解决任务保障和体系弹性问题。

5. 各部分指导方针

美国太空活动包括三个彼此不同但又相互依存的部分：商业、民用和国家安全。各部门应在履行有关法律义务前提下，遵照以下指导方针开展工作。

1) 商业航天指导方针

在本政策中，术语"商业"是指由私营企业提供产品、服务或活动，并为此承担合理比例的投资风险和责任,按照典型市场运行机制控制成本和追求最大投资回报,且具备为现有或潜在的政府以外客户提供产品和服务的合法资格。

美国商业航天产业在全球航天市场处于领先地位是实现国家战略目标的基础。国家战略目标包括促进和保持可持续发展,坚持自由市场原则,加强国际合作和协作、技术创新、科学发现等。商业航天对于美国和盟国的国家安全也至关重要。

(1) 构建强健的商业航天产业。为构建强健的国内商业航天产业,把美国打造成开展商业航天活动的首选国家,从而增强美国的领导力。

(2) 国际贸易协定。美国贸易代表(USTR)对美国作为缔约方的国际贸易协定负主要责任。美国贸易代表在与有关部门负责人协商基础上,领导有关太空产品和服务贸易规则谈判与执行的一切工作。

(3) 新型活动的任务授权。与美国国家航天委员会协调基础上,美国商务部部长应识别计划开展的太空活动是否超出了履行国际义务所需的现有授权和监管程序范围。

(4) 培育和制订太空碰撞预警措施。经与美国国务卿、美国国防部部长、美国运输部部长、美国航空航天局局长以及有关部门负责人协商,美国商务部部长应依据有关法律与产业界和外国开展合作。

2) 民用航天指导方针

(1) 空间科学、探索和发现。美国将领导一项创新和可持续的计划,开展科学发现、技术开发和太空探索,与商业和国际伙伴一起推动人类向整个太阳系扩张,并把新的知识和机遇带回地球。从低地球轨道以远任务开始,美国将领导人类重返月球开展长期探索和利用,随后实施载人火星任务和其他目的地任务。

(2) 地球表面、环境和气象观测。继续开展和加强一系列计划,对地球表面、海洋、大气及其相互作用进行广泛天基观测、研究和分析,以改善地球生活。

(3) 陆地遥感。美国内政部部长应通过美国地质调查局局长,与美国国家航空航天局局长共同维持一个可持续的陆地成像计划,综合利用政府、商业和国际能力开展业务化陆地遥感观测,满足美国核心用户的需求。

3) 国家安全太空指导方针

美国寻求一个安全、稳定和可进入的太空域,由于竞争对手试图挑战美国及其盟国的太空利益,太空域已成为一个作战域。

提升太空实力和确保太空安全有助于保持美国和国际社会的安全与稳定。美国必须改革调整国家安全组织、政策、战略、学说、安全保密制度和能力,以慑止敌对行动,展示负责任行为,在必要时击败侵犯方,保护美国的太空利益。

美国天军是美国武装力量中达成这些目标的首要军种。美国天军负责组织、训练和装备部队，为捍卫美国国家利益，在太空、从太空、向太空投射武力；保护在太空域、从太空域、向太空域的行动自由；增强联合部队战斗力和效能。美国天军及其他军种向美国太空司令部及其他联合作战司令部提供兵力，为美军持续执行太空攻防行动提供所需的作战和作战支援能力，并为所有作战域联合行动提供天基支援。

（1）国家安全太空统一协同。太空域是美国情报和军事行动的一个优先领域。美国情报界和美国国防部利用太空能力为国家提供战略、战役、战术情报以及决定性军事优势。

美国国防部部长和美国情报总监应通过与有关部门和联邦实验室负责人协商，并在可行情况下与美国产业界合作。

（2）美国国防部。美国国防部部长应为美国国家安全和经济发展以及盟国和伙伴利用太空提供防卫；保护太空航行自由，维护太空域内交通线的开放与安全；确保具备足够的太空能力，继续为联合作战提供信息支援的同时，能够实施决定性太空进攻和防御作战，捍卫美国及其盟国和伙伴的利益；在太空、从太空、过太空遂行作战，以慑止冲突，一旦威慑失败后击败侵犯方，并与盟国和伙伴一起保护和捍卫美国至关重要的利益；作为美国国防部和情报界航天发射代理机构，为国家安全任务提供及时和经济可承受的进入太空能力，并且尽最大限度利用商业航天能力和服务；作为美国国防部和情报界航天发射代理机构，制订快速发射方案，在危机和冲突期间补充或重构重要的国家安全太空能力，并且在可行情况下利用商业航天能力；与美国国务卿和有关部门负责人协调，探测、描述、预警、归因威胁美国及其盟国和伙伴太空利益、危害国际和平与安全、损害太空环境长期可持续性的太空行为和活动，并做出反应；定期开展太空态势审查和评估，依据政策指导、基于威胁发展、聚焦战略层级，从军事、外交、信息和经济各方面进行综合态势评估，包括评估由美国政府、商业企业和国际伙伴组成的综合太空体系提供一体化威慑和强迫方案的适合性和有效性；开发、采办和运行太空情报能力支持联合作战。

（3）情报界。国家情报总监应加强基础科学与技术情报收集以及单一来源和全源情报分析；与美国国防部部长协调，确保为太空能力采办、运行和防御提供必要和充足的情报保障；开发、采办和运行太空情报能力，支持国家战略目标、情报优先事项以及上级指定的任务；针对国外太空能力、相关信息系统和威胁活动，提供及时、有效、强有力的信息收集、处理、分析和分发；综合国外太空能力与意图全源情报，制作增强型情报产品，为太空域感知提供支持；支持透明和建立信任措施的监视、履约与核查，如适用，也用于支持军备控制协定；确保美国政府无线电频率审议中情报界的利益得到体现和公平对待;促进在商业、民用和国家安全太空各界开展反间防谍和保密合作与实践。

7.1.3 《美国太空优先事项框架》

2021年12月1日,拜登政府召开第一次国家航天委员会会议,发布一份《美国太空优先事项框架》文件(图7-2),概述了美国太空政策2类共9项优先事项。该框架是拜登政府首次正式发布太空政策,凸显拜登政府在商业利益日益增长、与俄太空技术对抗加剧情况下,迫切需要解决军事、情报、民用、商业相关的太空发展与利用等重大问题。尽管该框架未涉及具体细节,但提供了美国太空优先事项的重要线索,主要内容如下:

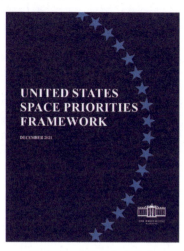

图7-2 《美国太空优先事项框架》文件封面

1. 维持稳健和负责任的美国航天事业

要想从太空获得当前和未来利益,美国需要在民用、商业和国家安全部门保持充满活力的太空事业。

1)美国将保持其在太空探索和太空科学方面的领导地位

美国将通过引领太空研究与技术,推动月球、火星及以远地区的探索,进而在科学与工程领域持续保持全球领先地位。美国的载人和机器人太空探索任务将实现首位女性和有色人种登上月球,打造强大的月球生态系统,继续利用人类在低地球轨道的驻留,使人们能够在太空中安全生活和工作,并为未来前往火星及以远的任务做准备。科学任务将调查宇宙的起源,增进对地球、太阳和太阳系的了解。执行这些任务时,美国将继续推进与老牌航天国家长达数十年的合作,并与新兴航天国家建立新的伙伴关系。

此外,美国将继续利用民用航天活动促进新的商业航天服务,如载人航天运输和低地球轨道空间站服务。

2)美国将推进支持气候变化行动的天基对地观测能力的开发和使用

美国将通过公共、私营和慈善部门之间的合作,加快发展对地观测,利用其支持减缓和适应气候变化的活动。对地观测数据的公开传播将支持美国国内和国际解决气候危机的努力。

3)美国将营造一种政策和监管环境,使美国商业航天部门具有竞争力并蓬勃发展

美国的商业航天活动处于太空技术、太空应用和太空服务的前沿。为了促

进美国工业的发展,支持美国就业机会的创造,美国将阐明政府和私营部门的角色和责任,并支持及时和反应迅速的监管环境。美国的法规必须为非政府太空活动的授权和持续监督提供明确性和确定性,包括在轨服务、轨道碎片清除、天基制造、商业载人航天以及太空资源的回收和利用等新型活动。为了在国际上创造自由和公平的市场竞争,美国将与盟友和伙伴合作,更新和协调太空政策、法规、出口管制和其他管理全球商业活动的措施。

此外,美国将与其盟友和伙伴合作,打击外国政府的非市场行为,保护美国的重要技术和知识产权,减少关键太空能力对战略竞争对手的依赖。这些事务将以经济数据和研究为依据,以更好地了解太空经济,并将反映负责任和可持续利用太空的重要性。

4)美国将保护与太空相关的关键基础设施,并加强美国航天工业基础的安全

太空系统是美国关键基础设施的一个重要组成部分,它直接提供重要服务,并支持其他关键基础设施部门和行业。对于提供或支持美国关键基础设施的太空系统,美国将增强其安全性和韧性,使其免受恶意活动和自然灾害的影响。美国将与商业航天工业和其他非政府航天开发商和运营商合作,改善航天系统的网络安全,确保高效的频谱接入,并加强美国航天工业基础供应链的弹性。此外,美国将加强对地面关键基础设施的保护,使其免受太空天气事件的影响。太空天气事件会破坏电力、电信、供水、医疗保健和交通。

5)美国将捍卫其国家安全利益,免受日益扩大的太空及太空对抗的威胁

加剧的战略竞争对美国的国家安全利益构成严重威胁,包括在太空领域。竞争对手的军事理论认为,太空对现代战争至关重要,使用太空对抗能力是降低美国军事效能和赢得未来战争的一种手段。然而,对抗或冲突并非不可避免。为了以有助于战略稳定的方式遏制对美国盟友和伙伴利益的侵犯,美国将加快向更具韧性的国家安全太空姿态过渡,并加强探测和判断太空敌对行为的能力。美国还将采取措施保护其军事力量免受太空威胁。作为加强太空任务保障的一部分,美国将利用新的商业太空能力和服务来满足国家安全要求,并将深化美国国家安全太空能力和活动与美国盟友和伙伴的整合。美国还将与战略竞争对手进行外交接触,加强外层空间的稳定。最后,美国国家安全太空行动将继续遵守适用的国际法,并在负责任地利用太空和管理太空环境方面展现领导能力。

6)美国将投资下一代

投资 STEM 教育(STEM 教育是通过科学、技术、工程和教学融合,培养学生的创新思维和实践能力。)对于美国在下一代继续保持领导地位以及培养国家

STEM劳动力以推动未来经济至关重要。美国由公共和私人组织组成的STEM生态系统将利用太空计划来教育美国的孩子,作为提高美国人科学素养和增加科技领域多样性、公平性、可及性和包容性的部分行动。美国是一个多元化和多文化的社会,其太空活动和劳动力必须反映这一构成。此外,太空信息将继续变得更加容易获取,为比以往更多的人提供灵感和获取太空惠益的途径。做法包括与商业航天实体合作,利用不断增长的太空经济来支持历史上资源不足和处境不利的群体,以便所有美国人都能受益于太空。

2. 为今世后代保留太空

随着太空活动的发展,指导外太空活动的规范、规则和原则也必须发展。美国将在负责任、和平和可持续地探索和利用外太空方面发挥领导作用。

1) 美国将带头加强太空活动的全球治理

美国将与国际社会一道维护和加强基于规则的国际太空秩序。美国将与商业界、盟国和伙伴合作,促进现有措施的实施,并牵头制定有助于太空活动安全、稳定、安保和长期可持续性的新措施。美国将展示如何以负责任、和平、可持续的方式开展太空活动。

2) 美国将加强太空态势感知共享和太空交通协调

美国将继续分享太空态势感知信息,并向所有太空运营商提供基本的太空安全服务。这些服务将转移到一个由美国民间机构托管的开放数据平台,该平台利用来自多家政府、商业、学术和国际来源的数据和服务。美国将与业界和国际伙伴合作,率先制定和实施开放、透明和可信的国际标准、政策和实践,为全球太空交通协调奠定基础。

3) 美国将优先考虑太空可持续性和行星保护

美国将与其他国家合作,最大限度地减少太空活动对外太空环境的影响,包括避免对其他行星造成有害污染;将加大努力减轻、跟踪和补救太空碎片;将推动制定和实施国内和国际最佳做法,以减少太空碎片的产生,并将支持努力发展这些做法,以确保未来飞行作业的持续安全。美国还将继续保护地球生物圈,避免返回地球的航天器造成生物污染;将与商业界以及国际盟友和伙伴合作,带头努力加强对潜在近地天体撞击的预警和减缓。

3. 结论

太空活动造福人类。它们为全球经济提供动力;巩固美国及其盟国和伙伴国家的安全;改善美国人和全世界人民的日常生活;激励人们追求梦想。现在正处于进入和使用太空的历史性变革的前沿——这些变革有可能为比以往更多的人和群体带来太空的惠益。美国将利用太空来应对国内外最紧迫的挑战,同时领导国际社会为今世后代维护太空利益。

7.1.4 《太空外交战略框架》

2023年5月30日，美国国务院发布白皮书《太空外交战略框架》(《A Strategic Framework for Space Diplomacy》)，旨在通过主导系列太空领域的国际合作，鼓励负责任的行为，加强对美国太空政策的理解和支持，促进美国太空能力的国际利用，提升和巩固美国的太空领导地位。白皮书概述太空在外交方面以及外交在太空方面可以发挥的作用。该文件列举了中国和俄罗斯等竞争对手带来的挑战，提到了国际伙伴关系带来的机遇。该框架三大重点工作为：①通过外交来推进太空政策目标，如太空活动的"基于规则的国际秩序"；②利用太空合作来推进美国的外交和国家安全政策目标；③提升太空外交领域人员的能力，为国务院人员提供支持太空外交所需的工具和知识。

1. 发布背景

首先，随着航天技术的不断发展和航天活动的日渐频繁，航天成本逐渐下降，越来越多的国家对太空技术进行投资和发展，商业太空获得前所未有的高速增长，太空域的竞争日益激烈，已成为重要的发展域和竞争域。其次，中国在太空领域的快速发展对美国太空外交战略框架产生了一定影响，美国认为中国在近年来取得了显著的太空成就，包括卫星发射、月球探测等，美国需要应对中国在太空领域的竞争和挑战。再次，美国为了维护自身在太空领域的优势地位，保护其在太空活动中的核心利益，需要明确美国的太空政策和目标，提供指导原则和行动计划。

必须不断发展外层太空活动的指导规范、优化最佳做法和原则，以促进对外层太空环境的负责任的管理，并使不断增长的太空经济为今世和后代带来最大的利益。美国以2020年发布的《国家太空政策》和2021年发布的《太空优先框架》为指导，制定并发布了首份《太空外交战略框架》，概述了美国政府的太空政策优先事项。

2. 战略使命

《太空外交战略框架》强调美国国务院与美国航空航天局、美国商务部、美国国防部、美国能源部、美国国土安全部、美国内政部和美国交通部进行机构间合作，并促进与美国国家情报总监办公室、科学技术政策办公室、国家太空委员会、国家安全委员会、联邦通信委员会和美国国际开发署的现有关系，确保太空外交活动开展。《太空外交战略框架》强调了美国在国际上推进太空政策、利用美国太空活动、加强美国国防部人员技术技能和知识三个主要支柱领域；美国希望通过太空外交，增强在太空探索、科学和技术领域的领导地位，促进其他国家太空政策的发展、实践和法规。

该框架概述了美国的太空使命:"美国国务院将促进美国在为和平目的探索和利用外太空方面的领导地位,并推进美国和盟国的安全优先事项。美国将追求并维护基于规则的外太空活动国际框架,包括空间的长期可持续性、商业化、探索和利用,以加强美国在联盟中的领导作用,扩大全人类在太空探索中的利益。"

3. 三大举措

根据美国的太空政策,美国海洋与国际环境和科学事务局(OES)和军备控制、核查和履约局(AVC)与该部其他利益相关者协商,共同起草了本战略框架。《太空外交战略框架》概述了三大行动举措:

1)通过外交推广美国太空政策

通过双边和多边合作,在国际上推进美国的太空政策和计划,以促进美国在太空安全领域中的领导地位,包括太空探索和商业行为,同时加强美国和其盟国的能力,努力减少冲突的可能性。

2)利用太空行动实现太空外交

利用美国的太空活动来实现更广泛的外交目标。争取在使用卫星应用、遥感卫星图像和太空衍生数据方面加强国际合作,以帮助解决紧迫的社会挑战和实现美国的外交政策目标,这些问题包括:①气候变化和环境可持续性;②危机管理和冲突预防;③军备控制和国际安全;④经济竞争力和繁荣;⑤人类健康,同时促进美国的标准、最佳做法和民主价值观,包括通过与外国公众的接触。

利用太空行动实现美国外交目标。加强卫星应用、遥感卫星图像和天基数据方面的国际合作,以帮助解决气候变化与环境可持续性、危机管理与冲突预防、军备控制与国际安全、经济竞争力、人类健康等领域的紧迫挑战,实现美国的外交政策目标。宣传美国的标准、最佳实践和民主价值观。

3)提升太空外交领域人员能力

为美国的外交人员提供所需的现代化工具和技能,提升太空外交领域人员的能力,通过所有相关的双边和多边论坛和机制实现与太空有关的政策和方案目标。

◎ 7.2 美国国防部层面

美国国防部层面,主要是美国国防部发布的太空战略、政策和愿景等。2020年6月17日,美国国防部发布《国防太空战略》;2022年2月22日,美国国防部与澳大利亚、加拿大、法国、德国、新西兰和英国联合发布《联盟太空作战愿景2031》文件;2022年8月30日,发布美国国防部指令《太空政策》;2024年

4月2日,发布《美国国防部商业太空整合战略》。

7.2.1 《国防太空战略》

美国国防部于2020年6月17日制定完成《国防太空战略》(图7-3)并对外发布了战略要点。新战略依据2018年《国家太空战略》制定的"美国优先"核心原则和"以力量求和平"战略方针,围绕《国防战略》设定的面向大国竞争确保"竞争、威慑、制胜"的国防战略目标,针对中俄大国竞争,分析了太空战略环境及威胁、挑战和机遇,提出了未来10年的"期望状态",梳理了4条目标一致的工作主线。新战略最突出的特点是针对与中俄大国竞争下合作、竞争、灰色地带斗争和武装冲突交织的所谓"竞争统一体"新常态,首次创造性地引入"天权"概念,即包含军事、经济、政治和外交等方面的太空综合国力,把建设和发展"天权"作为国家目标和新战略的核心要义,统领和指导美国国防部一切太空工作。美国国防部通过实施新战略,聚焦"天权"之军事力量建设和运用,不仅提供太空优势和作战信息支援,还计划加强与政府其他部门协作,承担多样化使命任务,包括参与和支撑太空外交战、太空信息宣传战、太空科技战、太空经济战,推动太空规则制定,做太空"好管家"等,意图以"太空总体战"实现"竞争、威慑、制胜"目标。

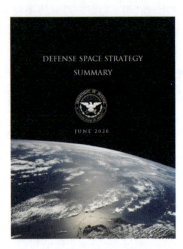

图7-3 美国国防部《国防太空战略》文件封面

现将《国防太空战略》主要内容编译如下:

1. 内容概要

美国国防部正在对国家安全太空计划进行有史以来最大规模的改革。太空已成为一个独立的作战域。面对新的战略环境,需要各方在政策、战略、作战、投资、能力和人才队伍等方面全面变革。本战略为美国国防部发展"天权"提出了战略指导,支撑美国国防部在以大国竞争为主要特征的复杂安全环境下实现竞争、威慑和制胜。

世界范围商业和国际航天活动迅猛发展,使太空环境进一步复杂化。商业航天活动开发的新技术和新服务不仅让美国国家安全和国土安全获益,也为既有和新兴市场创造了新的经济成长机会,然而,这也为美国保护关键技术、确保太空飞行安全和保持战略优势带来了挑战。在国际上,许多盟国和伙伴都认识到太空对军事作战的重要支撑作用,对太空活动面临的威胁越来越重视,积极发展本国的军事太空计划,这为美国加强军事合作和协作提供了新机遇。

为应对安全环境的深度演变,本战略依据2018年《国家太空战略》和《国防战略》指导,提出了美国国防部未来10年欲实现的期望状态,即保持太空域安全、稳定、可进入,确保为美国和其盟国所利用。这需要全面可持续的军事实力作保证。为此,本战略为美国国防部制定了指导所有太空相关机构的分步实施的战略途径,通过4条工作主线协调一致地加速推进。

为确保太空优势,维护现在和未来的国家利益,美国国防部正在积极创新和大胆改革。组建了美国天军,作为第六个军种;组建了美国太空司令部,作为新的联合作战司令部;正在对整个美国国防部的太空采办体系进行改革,这些工作为国家发展"天权"打通了道路,把太空作为国家军事力量的一个独立组成部分,与其他作战域共同支撑多域联合和多国联合军事行动,以有效维护国家安全。

2. 期望状态

《国防太空战略》聚焦"天权"之军事运用,通过控制、利用和影响太空达成战略、战役和战术级目标,旨在未来10年内加速实现以下期望状态:

以全面可持续的军事实力,保持太空域安全、稳定、可进入,确保太空为美国和盟国所利用,使美国能够在多样化军事行动中利用太空在所有作战域生成、投送和运用力量。

为实现期望状态,美国国防部应发展"天权"达成以下军事目标:

保持太空优势:美国国防部应建立、保持和维护美国在太空域的行动自由,应做好准备,保护和防御美国太空能力,如必要,保护和防御盟国、伙伴和商业太空能力,并威慑和挫败对手出于敌对目的利用太空。

为国家、联合和多国行动提供太空支援:美国国防部太空部队应在掌握全面可持续的军事太空优势的基础上,提供先进的太空能力和效果,支撑所有领域的国家、联合和多国行动。美国国防部应充分利用和支持正在蓬勃发展的国内民用和商业航天产业。

确保太空稳定:美国国防部应在太空保持持续存在,通过与盟国和伙伴合作来实现:慑止太空侵犯;保障在太空、至太空和过太空的飞行安全;支持国际社会建立普遍接受的负责任的太空行为标准,做一位太空的"好管家";支撑美国在太空交通管理和外层空间活动长期可持续方面的领导地位。

3. 战略环境

大国竞争决定了太空发展的战略环境。太空既是国家力量、繁荣和威望的源泉,也是其展现和发挥作用的管道。这使得太空再次回到了大国竞争的舞台中心，这次竞争美国的主要对手是中国和俄罗斯。

美国国防部太空相关机构不是针对当前战略环境而建立的。太空潜在对手的意图和进步正威胁着美国慑止侵犯、保护国家利益以及打赢未来战争的能力。

美国需要在全球范围投送和运用力量，因此比其他任何国家都更依赖天基能力。目前，美国对太空的依赖已经达到了这样的程度：太空能力对美国来说不仅仅发挥改善和增强作用，而是成为了美国生活方式和战争方式的基本条件。为了国家安全和繁荣，美国必须确保不受阻碍地进入太空以及在太空域的行动自由。

近年来，重回大国竞争以及盟国、伙伴和商业航天活动迅猛发展，深刻地改变了太空域的面貌。潜在对手的行动、意图和军事战略已经把太空变成了作战域。与此同时，盟国、伙伴和商业航天能力的发展既令太空运行环境更加复杂，又创造了前所未有的合作机会。

这些因素给美国塑造国防态势和实现期望状态带来了多重威胁、挑战和机遇。

1）威胁

尽管来自朝鲜和伊朗的威胁也在持续增长，但中国和俄罗斯给美国太空作战造成的威胁最直接和最严重。中国和俄罗斯的战略意图与能力给美国国防部实现太空期望状态构成了紧迫而持久的威胁。中国和俄罗斯都通过分析认识到美国对太空的依赖性，建立和发展了专门用来对抗或拒止美国进入太空以及在太空域行动的学说、组织和能力。同时，中国和俄罗斯两国自身对太空的利用程度也显著扩大。两国都把进入太空和拒止太空作为其国家军事战略的重要组成部分。具体来说，中国和俄罗斯的军事学说表明，两国都认为太空对现代战争极其重要，均把太空对抗能力作为削弱美国及其盟国和伙伴军事效能和打赢未来战争的重要手段。中国和俄罗斯已经把太空武器化，用以威慑和对抗美国对地区性军事冲突的介入。

2）挑战

美国国防部实现期望状态有以下几个限制因素：

（1）美国国防部需要继续依赖太空的支持向全球投送军力，而且还要比相应区域内潜在对手速度更快地做出危机响应。

（2）美国国防部对开始于或延伸到太空的冲突经验有限，而潜在对手的太空对抗能力却在快速进步。

（3）国际社会对于什么是不安全、不负责任或威胁行为的理解尚未统一，距离达成协议仍有很长的路要走。

（4）潜在对手、其他国家和商业天基能力的进步，使美国在太空中和地球上的活动越来越透明，限制了美国军队在各个作战域的机动和行动自由。同时，潜在对手正在利用商业航天的技术进步，以更低的成本和更多的获取渠道发展自己的太空技术和能力。

（5）公众对相关问题缺乏认识，包括对太空系统的依赖程度，太空域战略环境的深刻变化，以及美国及其盟国和伙伴面临的太空对抗威胁。

3）机遇

新的战略环境为提升美国国防部能力和实现期望状态也提供了许多机遇：

（1）国家领导层已认识到太空对国家安全和发展的重要性。为保持美国在太空域的领导力，美国已把太空，包括太空安全，作为一项优先要务，不断加大资源投入。美国《国家安全战略》、《国防战略》和《国家太空战略》均给出明确的战略指导，把不受妨碍地进入太空以及在太空的行动自由作为一项至关重要的国家利益。

（2）美国国防部建立了专司太空的组织体系，给整个美国国防部太空事务全面改革调整创造了历史性机遇。新组建了美国天军，作为新军种，统一领导和专司主营天军的组织、训练和装备。新组建了美国太空司令部，作为新的联合作战司令部，从作战层面聚焦太空威慑和塑造太空安全环境。空军部正在积极推进太空采办改革，同时美国国防部按照新的快速采办模式成立了太空发展局，快速开发和部署新的太空能力。建立这些组织是联邦立法分支和行政分支为推动国家安全太空领域战略转变在体制改革方面做出的共同努力。这些改革调整为解决当前及未来挑战凝聚了力量，添加了动力。

（3）美国国防部已经建立了新的太空采办领导和管理体系，将实现美国国防部太空采办工作统筹管理，简化管理结构，促进系统集成，加快交付速度。在空军部内新设立了主管太空采办和集成的助理空军部长职位，并新建立了太空采办委员会，负责监督和领导太空发展局、太空和导弹系统中心、太空快速能力办公室，有助于美国国防部精简管理层级，促进各部门协调同步。当太空发展局转隶到天军后，美国国防部将建立起新的集中统一的采办管理结构。

（4）美国基于互信、共同价值和国家利益，与许多国家一直保持着联盟和伙伴关系。这种合作关系是美国及其盟国和伙伴的重要优势。美国许多盟国和伙伴均认为太空是各自国家安全战略的重要组成部分，面临潜在对手的太空对抗威胁日益严峻。因此，他们对太空合作的意愿越来越强，希望协作发展太空能力，共享太空相关信息和情报，结成伙伴开展太空作战，以确保进入太空以及在太空中的行动自由。

（5）商业航天活动在规模和范围上都大幅扩展，市场进入门槛降低，利用商品化产品和商用现代技术,形成了许多新形式的商业能力和服务。在太空服务需求增长、企业加速创新、市场扩大投资、技术快速进步和成本持续降低的驱动下,航天产业高速发展。美国国防部应简化采办程序,加快采办速度,从而把握住商业航天发展带来的机遇,充分利用私营企业的创新和投资,协作开发改变游戏规则的能力。

4. 战略途径

美国国防部正在快速推进太空转型,把太空从一项支援功能转变为一个作战域,从而在未来10年有效应对上述威胁和挑战,把握发展机遇,实现期望状态及各项战略目标。

美国国防部在未来10年将大力发展"天权"军事力量,确保太空优势,维护国家安全和利益。美国国防部还将迅速采取行动,与盟国、伙伴和工业界建立紧密合作关系,主动把握发展机遇,充分发挥美国实力和优势。

建立起持久优势的"天权"军事力量还需要一段时间,这要求美国国防部在近期必须依靠已有能力进行改进和增强。美国国防部将扩大太空合作的广度和深度,与盟国、伙伴、工业界以及美国政府其他部门和机构建立新型协作关系,使合作和协作成为未来能力发展和作战的自觉行为和内生动力。同时,美国国防部将全面建设"天权"军事力量,打造一支训练有素、时刻战备的队伍,融入联合部队的各项计划,支持美国国防部在多样化军事任务中实现竞争、威慑、制胜目标。这既需要把太空作为国家和军事力量的一个独立的作战域,又要保证太空必须遵循联合作战原则。

为应对威胁和挑战,把握机遇,实现期望状态,美国国防部计划通过4条工作主线协调推进各项工作:

(1)建立全面太空军事优势。

(2)把太空融入国家、联合和多国行动。

(3)塑造有利战略环境。

(4)加强与盟国、伙伴、产业界以及美国政府其他部门和机构合作。

1)建立全面太空军事优势

美国国防部必须在太空领域实施全面改革:调整组织机构;部署弹性体系;建立对抗敌方利用太空的能力;发展"天权",建立与所受威胁相称的人才队伍、学说条令和作战概念。美国国防部应建立敏捷的太空组织体系,能够充分利用新兴技术和商业创新,持续超越对手威胁发展的步伐。通过多国集成、多轨分散、多域联合和跨部门协同实现太空优势。美国天军独立成为新军种为快速转型组织体系、实现太空优势提供了难得的历史性机遇。另外,设立主管太空采办和集成的助理空军部长、建立太空采办委员会能够进一步集中统一管理美国

国防部太空采办工作,改进太空系统和项目协调同步,确保美国国家安全太空领域实现跨部门集成。

美国国防部各单位应在《国防太空战略》规划的时间框架内,围绕此条工作主线统筹优化必要资源,实现以下具体目标:

(1)全面完成美国天军组建工作。

(2)制定和发布"天权"军事力量的基本理论学说。

(3)建立和发展面向作战的太空人才队伍和文化。

(4)部署可靠的太空能力。

(5)开发和部署对抗敌方利用太空的能力。

(6)围绕太空域全面军事优势要求改进情报和指挥控制能力。

2)把太空融入国家、联合和多国行动

"天权"军事力量必须与各种其他形式的国家力量组合运用才能发挥出最大潜力。优势太空能力融入联合部队,再进一步与盟国和伙伴一体化集成,是应对太空威胁和确保军事优势的基本要求。美国国防部不仅要确保部队掌握太空优势,还必须在条令学说、能力发展和队伍建设方面持续改进,进一步加强太空作战与国家、联合和多国行动的集成。美国太空司令部的成立使美国国防部拥有了一个联合作战司令部,能够专司太空威慑和"天权"军事力量的集成和运用。

美国国防部各单位应在《国防太空战略》规划的时间框架内,围绕此条工作主线统筹优化必要资源,实现以下具体目标:

(1)支持美国太空司令部筹划、演习、执行联合和多国太空作战,完成多样化军事任务。

(2)重新调整作战职权,修订交战规则。

(3)把太空作战行动、情报、能力和人员集成到各项军事计划和参谋机构中。

(4)把美国盟国和伙伴集成到筹划、行动、演习、交战和情报活动中。

3)塑造有利战略环境

美国国防部应慑止太空侵犯和攻击,一旦威慑失效,必须有能力打赢延伸到太空的战争。同时,美国国防部应采取行动增强太空域的稳定,减少潜在的误算。国际上刚开始把太空作为一个作战域看待,对什么是可接受的或不可接受的行为尚未达成一致,在某些方面甚至是完全空白。美国国防部应与国务院联合,共同推进与盟国和伙伴的合作,对什么是适当的太空行为取得共识。美国必须与盟国和伙伴结成同盟,与国际社会各界积极主动且坚定自信地接触和沟通,甚至包括潜在对手,从而维护美国、盟国和伙伴的国家安全利益,尽可能消除灾难和误解。此条工作主线必须与美国国务院紧密合作,在美国国防部内部跨部门协作,利用各种相关职权,但绝不能对美国国防部的太空能力开发、研制和部署活动造成不利影响。

总之,此条工作主线是长期持续的,但为了美国国防部在制定太空作战政策和建立相关作战能力中充分发挥美国的国家实力和优势,近期的工作尤为重要。具体目标包括:

(1)向国际社会和公众宣传对手给太空造成的日益增长的威胁。

(2)慑止对手针对美国及其盟国、伙伴和商业太空能力的侵犯。

(3)协调太空信息发布。

(4)推动有利于美国及其盟国和伙伴利益的太空行为标准和规范。

4)加强与盟国、伙伴、产业界以及美国政府其他部门和机构合作

虽然前3条工作主线中均包含合作,但此条工作主线特别强调合作的独特之处。美国国防部必须与美国政府相关部门和机构建立紧密的伙伴关系,在此基础上进一步与国际伙伴和商业实体开展合作。他们许多太空能力已经成为美国集体安全的一部分。美国国防部应推动与盟国和伙伴的分担和共享,在政策、战略、能力和作战等各个方面挖掘合作机会并加以充分利用。

此条工作主线是长期持续的,但近期工作最为重要,将为长期利益奠定坚实基础。具体目标包括:

(1)扩大与有能力盟国和伙伴的信息共享。

(2)加强与盟国和伙伴的太空政策协调。

(3)联合盟国、伙伴和美国政府其他部门和机构,推动有利于美国的太空行为标准和规范。

(4)扩大与盟国和伙伴的研究、开发和采办合作。

(5)充分利用商业技术进步和采办模式创新。

(6)改进美国国防部商业许可审批程序。

5.总结

本战略在现有工作的基础上,采取长远规划、分步实施、快速行动的方法,建立和运用优势"天权"军事力量。为成功实施本战略,需要把太空作为国家和军事力量一个独特源泉,并把联合作战原则运用到太空作战之中。为了实现战略目标、维护和发展国家利益,本战略将指导美国国防部实施必要的资源优化和风险管理。

7.2.2 《联盟太空作战愿景2031》

2022年2月22日,美国国防部与澳大利亚、加拿大、法国、德国、新西兰和

英国联合发布了《联盟太空作战愿景2031》(《Combined Space Operations Vision 2031》)文件。这是一项旨在解决总体需求的倡议,以鼓励负责任地使用太空,认识到太空可持续性面临的挑战、技术进步带来的威胁,以及其他民族国家日益全面和积极的反太空计划。《联盟太空作战愿景2031》概述了该倡议的总体目标并强调了其指导原则,包括自由使用太空、负责任和可持续地使用太空、在承认主权的同时开展合作,以及维护国际法。

现将《联盟太空作战愿景2031》主要内容编译如下:

1. 愿景

各盟友与伙伴作为负责任的行为者,在国家安全太空行动中发挥领导作用,并在敌对太空活动发生时,根据适用的国际法寻求并准备好进行自我保护与防御。

2. 使命

创造并改善合作、协调与互操作的机会,以维持太空行动自由、优化资源、增强任务保障性和韧性、防止冲突。

3. 太空的重要性

太空是现代多域军事行动不可或缺的组成部分,具有战略优势。天基能力广泛影响着日常生活,包括通信、导航、遥感、地球观测、气象服务和金融交易。保障和支撑这些能力的可用性符合每个国家的利益。持续提供这些能力需要完全进入太空并在太空自由行动。

太空已演变成一个竞争激烈、拥挤不堪的作战域,随着太空愈加拥挤,其安全性和稳定性受到了威胁。部分国家已发展相关能力,旨在拒止和降级天基能力,并破坏获取和利用天基能力的途径。这些国家已经证明,在危机或冲突中,其有能力将天基能力置于风险之中,还能打击关键资产以降低美国及盟友与伙伴的军事效力。此外,由于缺乏普遍认可的负责任行为规范和历史实践,误解的可能性和冲突升级的风险会增加。

以上因素汇集在一起,产生了强烈的战略和行动紧迫性,呼吁美国及盟友与伙伴采取行动。美国及盟友与伙伴都希望作为负责任的太空行为者,加快和提升开展联盟太空军事行动的能力,以在太空和地球维护自身安全并防止冲突升级;同时致力于为保护国家利益和和平利用太空做好准备。

4. 共同指导原则

联盟太空行动(CSpO)倡议谅解备忘录的参与者普遍认同以下指导原则:

(1)自由使用太空:在确保自由进入和使用太空的国际努力方面,军方发挥着重要作用。联盟太空行动参与者致力于确保国家安全太空作战行动能促进形成有安全保障、稳定、安全、和平、可持续运行的太空域。

(2)负责任和可持续地使用太空:太空活动影响着人类活动的方方面面,世界依赖于天基系统。联盟太空行动参与者开展的活动旨在最大限度地减少长寿命空间碎片的产生,并促进外空环境的持久可持续性。

(3)在维护主权的同时建立伙伴关系:联盟太空行动参与者承认并维护每个参与者如下权利,即以符合本国政策和利益的方式独立行动和交流。在适当的情况下,各国应通过明确和公开的对话,同步开展工作。

(4)维护国际法:各参与者根据《外空条约》《联合国宪章》等适用的国际法开展活动,在发生武装冲突时根据武装冲突法开展活动。

5. 目标

为了实现愿景和使命,联盟太空行动参与者确认以下目标,以指导国家和集体行动:

(1)防止冲突。联盟太空行动参与者寻求防止冲突,包括延伸到太空或源自太空的冲突。通过加强协调、建立韧性、促进负责任的太空行为、加强伙伴关系和透明沟通,提高国家和集体预防冲突和促进全域安全与稳定的能力。

(2)统一行动。联盟太空行动参与者寻求通过由统一培训的工作人员操作的实时同步网络行动中心,以行动所需要的速度共享多种密级(战略到作战和战术级别)的信息,来实现联盟太空行动。

(3)保障太空任务。联盟太空行动参与者寻求建立和维护强健、反应灵敏、可互操作的太空基础设施,以便在面对太空域的不利行动或变化时能够持续产生太空效应。在确保设备、设施、网络、信息与信息系统、人员、基础设施和供应链的持续功能和韧性的同时,美国寻求拒止干涉,并在全部军事行动中确保联盟太空行动参与者完成国家安全任务所需的基本功能可以使用。

(4)防御与保护。联盟太空行动参与者致力于防御并保护国家利益和太空域。这可能包括在一系列措施上开展合作,例如:为当前和未来需求定制太空防御系统,以对抗敌对太空活动,并威慑、拒止或挫败对太空体系的攻击或干扰;通过具备韧性、安全、可互操作、可持续的通信,提供灵活且自适应性的联盟指挥控制能力;酌情共享情报和信息;进行及时和包容性的领导层对话和决策。

6. 行动路线

联盟太空行动参与者试图通过几条行动路线来实现上述共同目标。以下路线为联盟太空行动参与者的国家和集体工作提供了指导框架:

(1)通过确定差距和合作机会,开发和运行具备韧性、可互操作的架构,以确保太空任务的保障性和一致性。

(2)加强联盟太空行动参与者之间的指挥、控制与通信能力及其他行动联系,以支持统一行动和在整个军事行动范围内进行联合和同步作战的能力。

(3)促进负责任的太空军事行为,以促进维护太空域自由利用、自由进入和可持续性的条件,阻止不负责任的行为并避免冲突升级。

(4)协作开展战略沟通工作,以便在信息环境中设定所需条件。

(5)分享情报和信息,形成共识,支持统一行动。

(6)专业化太空人员和相关培训工作,以促进对太空域的共同理解,分享最佳实践,并增加集体专业知识。

7. 结论

联盟太空行动参与者致力于按照共同指导原则落实上述目标和行动路线,以实现国家和集体利益。快速变化的太空域带来了诸多机遇和挑战,各方需要通力合作,加强负责任的行为,并促进形成安全、稳定、可持续的太空域。通过讨论和工作组的活动,美国及其盟友与伙伴打算为实现这些目标进行国家和集体努力。

7.2.3 《太空政策》

2022年8月30日,美国国防部常务副部长凯瑟琳·希克斯签署美国国防部指令《太空政策》(《Space Policy》),取代了2016年修订的太空政策。新版《太空政策》承认太空是"国家军事力量的优先领域";反映了美国国防部自2016年以来在太空方面的态势转变,美国国防部将"为美国国家安全、经济及其盟友和合作伙伴保护和捍卫太空的使用";正式采用了美国国防部部长奥斯汀2021年7月备忘录中发布的"太空负责任行为原则"清单,该原则要求美军以专业的方式在太空中、从太空中、到太空中和通过太空进行作战;限制长寿命碎片的产生;避免产生有害干扰;保持安全分离和安全轨迹,以增强太空安全性和稳定性。

新版《太空政策》指令,对后续太空活动作出了明确规范,首次明确"太空是美国家军事力量的优先领域",调整和细化了美国国防部范围内太空相关机构的具体职责,强调"在太空、从太空和向太空实施作战"、交付先进太空能力用于慑止敌对行动。

《太空政策》的主要内容和新版的主要调整变化如下:

1. 主要内容

该文件主要包括政策和职责分工两个章节。其中,政策部分包含将太空纳入美国家联合作战、发展太空专业知识并制定太空条令和作战概念、加强天军作战能力等。职责分工部分明确了17位美国国防部太空相关机构主管的职责,包括美国国防部部长、美国国防部分管各领域的副部长、美国空军部长、美国国家侦察局局长、美国国安局局长等。

主要太空政策包括：

(1) 明确太空是国家军事力量优先领域，是支持多域作战和联合军事行动的基础。

(2) 建立一个安全、稳定、可持续性发展的太空环境，保持进入太空自由，开发快速响应和弹性的太空发射系统与技术，使美军能在太空、从太空和向太空实施作战，从而捍卫美国国家利益。

(3) 积极扩大与盟友及伙伴的合作，为美国提供持久的战略优势。共同制定负责任的太空行为准则与规范，共享与太空相关的国家军事安全信息，合作开发抵御和反击敌方利用太空的能力，以慑止针对美国及其盟友或伙伴利益的潜在敌对攻击。

(4) 加强与国家情报总监办公室、国家侦察局、国家地理空间情报局等美国情报界的合作。增强太空域感知与指挥控制的能力，以探测、跟踪、表征、警告、溯源和应对威胁美国及其盟友利益的太空活动等。

(5) 重视并最大限度利用美国商业太空能力。鼓励商业航天企业发展，以实现降本增效；加强与国内外商业航天企业的合作，打造稳健的供应链基础，确保美国航天工业基础满足国家安全太空计划需要。

(6) 加强太空技术知识和专业能力建设。招募高技能的太空专业人员，开展有针对性的专业发展、稳健的太空作战训练计划以及多域兵棋推演和演习，促进美国国防部与国家实验室、学术界和商业航天部门的交流。

2. 主要调整变化

新版美国国防部太空政策主要有以下几点变化：

(1) 首次将太空视为美国国家军事力量的优先领域，提出美国天军在太空、从太空、向太空提供必要的作战能力，为全域联合作战提供太空支援，加强并同步美国国防部太空体系架构规划、资源配置、需求和采办工作，加快交付新型太空能力。

(2) 首次将负责任的太空行为准则纳入《太空政策》：在太空、从太空、向太空以及通过太空开展行动的同时，兼顾他人，并以专业的方式行事；减缓太空碎片的产生；避免产生有害干扰；保持系统安全运行；保持沟通，以增强太空域的安全性和稳定性。

(3) 进一步夯实美国国防部各机构主体责任。在国防技术安全局局长、负责研究与工程的美国国防部副部长等职责中增加太空相关内容，强化对太空系统出口管制、原型技术开发等管理，以保持美军技术优势；细化美国参联会主席太空相关职责，协助美国总统和国防部部长为各军种提供战略方向和指导；负责采办与保障的美国国防部副部长应确保所有采用导航定位授时信息的平台与系统在其采办重要节点,必须满足导航战合规性等。

7.2.4 《美国国防部商业太空整合战略》

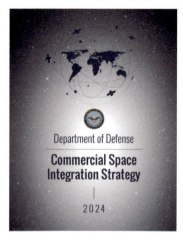

2024年4月2日,美国国防部发布《美国国防部商业太空整合战略》(图7-4)。这份战略报告跟美国天军商业太空战略保持一致,预计将更加紧密地关注采办策略。该文件列出了商业解决方案的四个关键优先事项以最大限度地发挥利益。美国国防部还确定了13个"太空任务区",在这些领域可以比目前更多地利用商业产品、数据和服务,这些任务区域分别是:战斗力投射、指挥控制、网络空间操作、电磁战、环境监测、情报监视、导弹警告、核爆炸检测、定位导航、太空访问移动(SAML)、卫星通信、太空域感知以及航天器

图7-4 美国国防部《美国国防部商业太空整合战略》文件封面

操作。根据美军作战需要,该战略还列出了使用商业能力的三个类别:政府主要任务区、混合任务区和商业主要任务区。

现将《美国国防部商业太空整合战略》主要内容编译如下:

太空在美国的安全和繁荣中发挥着至关重要的作用,对于美国国防部来说也是至关重要的。人类每天都要依靠天基服务来执行任务,面对新的威胁,美国国防部将继续优先考虑国家安全太空架构的复原力,有责任为联合部队和美国人民利用一切可用的工具。在《2022年国防战略》中强调了快速增长的商业航天领域,为美国国防部提供了一个不可忽视的机遇。

2024年发布的《美国国防部商业太空整合战略》是美国国防部的第一份战略,旨在将商业解决方案整合到国家安全太空架构中的优先次序和调整工作提供了愿景。它概述了基本原则、优先事项和方法,在各种冲突中加强太空任务保障和工作指导。

为实现这一愿景,是整个部门每个太空利益相关者的任务。整合商业解决方案,不仅仅是扩充现有的政府系统,而且要求其内部转变方法。各级领导者需要意识到并努力消除结构、程序和文化方面的障碍,克服传统做法和对商业部门如何支持国家安全的先入为主的观念。只有积极整合商业解决方案,美国国防部才能在危机或冲突中利用好这些解决方案。

1. 发布背景

商业航天部门的创新能力、可扩展的生产力和快速的技术更新率,为提高

美国国家安全太空架构的复原力、增强威慑力提供了途径。美国国防部的《美国国防部商业太空整合战略》与《国家安全战略》《2022年国防战略》相一致,旨在调整美国国防部的工作,推动将商业太空解决方案更有效地整合到国家安全太空架构中。这种整合,将使对手无法从针对攻击国家安全太空系统中获益,有助于建立一个安全、可靠、稳定和可持续的太空领域。

这种更加深入的整合商业太空解决方案代表着一种概念上的转变,同时也改变了传统的做法。美国国防部依赖于定制的、特有的方式,来限制商业解决方案的使用。鉴于商业太空部门的扩张和太空能力的扩散,美国国防部将使商业解决方案成为国家安全太空架构的组成部分,而不仅仅是补充以获取效益。

美国国防部已成功整合了其他领域的商业解决方案,用于数量有限的任务领域。在空域和海域中,美国政府分别通过"民用后备航空队"(CRAF)和"自愿多式联运协议(ViSA)"建立了合同机制,目的是确保在危机期间向商业运营商提供后勤支持。美国国防部应该建立机制,实现商业太空整合,以便使所有太空任务领域具有复原力。

商业太空整合存在着固有的风险。购买商业解决方案,而不是设计专门的政府系统,需要在实战能力速度和系统安全性之间进行权衡。但美国国防部也认识到,如果不整合商业解决方案,或不利用商业部门的技术创新和速度,也是有风险的。因此,为了整合商业太空解决方案,美国国防部将与商业实体合作,必要时降低风险,适当时接受风险。

在这份战略中,"商业部门"指的是为商业市场提供解决方案的个人、公司和组织,他们承担着很大一部分投资风险和责任,按照商业市场的激励机制进行运作,以控制成本和优化投资回报,并具有提供这些解决方案的法律能力;"商业太空解决方案"是指商业部门提供的系统、能力或服务;"商业整合"是指将商业太空解决方案纳入美国国防规划、行动、任务和架构中。

2. 原则

美国国防部将坚持以下四项基本原则来指导其决策,确保以有效、可持续和战略性的方式将商业解决方案纳入国家安全太空架构。这四项原则包括平衡性、互操作性、复原力和负责任的行为。

(1)平衡性:美国国防部将为每个任务领域寻求政府和商业解决方案的适当平衡,同时避免过度依赖任何单一的供应商或解决方案。

(2)互操作性:加强军事标准和程序与商业解决方案之间的互操作性,同时又不抑制商业部门的创新、速度或规模。在适当的情况下,美国国防部将考虑采用商业标准和接口建造未来的专用系统,以促使商业整合。

(3)复原力:整合商业太空解决方案将增加商业供应商的数量,使供应链多样化,并扩大美国国防部可采用的解决方案的种类和数量,从而加强复原力。美国国防部也将利用商业解决方案本身具有的复原力,特别是应对网络威胁。

(4)负责任的行为:该部将继续按照国际惯例和标准及其"负责任的太空行为原则"行事。美国国防部还将一如既往地,在与商业部门的合作中坚持履行道德行为层面的长期承诺。

3. 优先事项和方法

美国国防部整合商业太空解决方案,目的是加强在整个冲突范围内的太空任务保障。整合工作将促进弹性太空架构的建立,并支持各域的联合部队。为了最大限度地发挥整合商业解决方案的潜在效益,美国国防部将努力实现以下四个关键优先事项:

1)确保在各种冲突中都能获得商业解决方案

美国国防部相信在需要时可以获得商业解决方案,其中包括可以被激发的商业能力,满足在整个冲突范围内的军事要求和能力需求。

方法:美国国防部将利用合同和其他协议作为正式机制,确保在各种冲突和任务领域内获得商业解决方案。合同和其他协议将涉及商业实体与该部合作所需要满足的网络、数据和供应链安全等要求。必要时,合同将使特定情况下的美国国防部的军事需要和能力需求优先级高于其他商业客户。

2)危机发生前实现商业太空方案的整合

为了在危机和冲突期间无缝利用综合商业太空解决方案,美国国防部将在和平时期整合解决方案。这种商业太空解决方案的整合,将扩展到规划和培训活动,并支持日常行动。美国国防部也将继续与情报部门、盟国和合作伙伴合作,旨在将商业解决方案整合到共享架构中。

方法:美国国防部将把商业太空解决方案纳入军事演习、桌面推演和日常训练中,以测试技术发展和完善战术概念。美国国防部与商业实体之间的稳固关系,将促进对利益、意图和解决方案的相互理解,其沟通渠道还将有助于商业能力采用强有力的网络、数据和供应链安全措施,降低风险和漏洞,遵循并加强太空行动规范,与美国国防部互惠共享信息。

3)为整合商业太空解决方案创造安全条件

美国国防部将促进一个安全可靠的业务太空领域,并酌情减少商业太空行为体在支持国家安全太空行动中固有的风险。

方法:美国国防部将利用所有领域的系列工具,包括所有太空部分商业太空解决方案在内,遏制对美国国家安全太空利益的威胁。在适当的情况下,美国国防部可以使用军事力量来保护和捍卫商业资产。总的来说,美国国防部将通过以下三个方面的努力:规范和标准、威胁信息共享和金融保护,来确保商业解决方案的安全。

(1) 规范和标准：国际商定的规范和标准可就什么是负责任的行为达成共识，并减少可能导致对危机和冲突误判的风险。美国国防部的"负责任的太空行为原则"为美国国家安全太空作战行动在必要时刻制定新的最佳做法、规范和标准提供了一个基准。美国国防部将继续支持美国国务院在多边论坛上为制定和实施太空领域最佳做法、标准和行为规范所做的努力。

(2) 威胁信息共享：美国国防部将推进与商业航天部门的威胁信息共享。及时传播可操作的威胁信息对于商业部门提高复原力和缓解威胁的能力是至关重要的，因此它是成功整合商业太空解决方案的基础。美国国防部将努力减少障碍，其中包括过度保密、审批程序和许可设施访问，以建立与商业太空部门进行非机密通信的可扩展程序。

(3) 金融保护：采用解决方案支持军事行动的商业实体将承受一定风险。传统的商业保险、商业战争险、美国政府提供的保险和法规中定义的赔偿都是减轻风险的财务保护措施。美国政府提供的保险可用于空域和海域，但尚未用于太空域。美国国防部将评估商业保险提供商在提供保护方面的差距和太空域所需美国政府提供保险的条件，同时也包括评估当前这些条件是否能够满足所需。

4) 支持开发新的商业太空解决方案供联合部队使用

利用商业航天部门的速度和创新，不仅要整合现有的商业解决方案，还要确保将新兴解决方案能够推向市场。美国国防部将继续在商业航天部门寻找有潜力的、能够支持联合部队的新兴技术。

方法：美国国防部将利用各种可用的金融、合同和政策工具，快速部署和推广商业技术，吸引私人投资和商业贷款，协助清除涉及国家安全的监管障碍，并最终将新的商业解决方案快速提供给作战人员。这些工作将充分利用美国国防部在关键技术、能力差距及美国政府研发工作方面的专业知识。为了与美国国防部的道德行为承诺保持一致，美国国防部将努力保护整合商业解决方案的知识产权。

4. 任务领域

目前，国家太空安全的13个任务领域：战斗力投射，指挥和控制（C2），网络空间作战，电磁战（EW），环境监测（EM），情报、监视和侦察（ISR），导弹预警（MW），核爆探测（NUDET），定位、导航和授时（PNT），太空进入、机动性和后勤（SAML），卫星通信（SATCOM），太空域感知（SDA），以及太空作战。由于每个任务领域都由一系列不同的业务和技术功能组成，必须履行这些功能，才能提高联合部队的能力。

美国国防部将寻求为所有任务领域整合商业太空的解决方案。这些解决方案,不仅能够提高复原力等能力,而且在非风险的情况下,确保了美国政府对某些关键的国家安全职能负有的责任。商业太空解决方案的整合将因任务领域而异,具体取决于以下评估:必须履行的职能,可用于履行这些职能的商业解决方案,以及这些商业解决方案满足任务保障的适当要求和能力需求的能力。

美国国防部将商业太空解决方案纳入国家安全太空架构,采用三种任务领域分类。随着商业太空能力的不断成熟、军事要求和能力需求的发展,任务领域可能会在不同类别之间进行转换。美国国防部将定期评估国家安全太空任务领域及其相应职能,以确定商业太空解决方案作出贡献的机会。以下介绍了这三种任务领域类别:

(1)政府任务领域:与商业部门的产品相比,支持这些任务领域的政府系统通常在技术和功能上有显著差异,并且包含可能缺乏明确商业市场的属性。支持这些任务领域的政府系统通常在技术和功能上与商业部门的产品有很大的不同,并且很可能缺乏明确的商业市场。目前,属于政府任务领域类别的有:战斗力投送、C2[包括核指挥、控制与通信(NC3)]、EW、NUDET、MW 和 PNT。

(2)混合任务领域:在这一类别中,有些功能必须由政府执行,其他功能则可由商业部门执行。商业部门非常适合履行这些任务领域的职能,美国国防部将整合政府和商业拥有和运营的混合系统。目前属于混合任务领域的有:网络空间作战、卫星通信、太空作战、ISR、SDA 和 EM。

(3)商业任务领域:在这一类别中,这些任务领域内的大部分功能可由商业部门执行,少数功能则必须由政府执行。执行这些任务领域功能的商业太空解决方案已显示出了一定的技术成熟度,可以满足美国国防部对任务保证的要求和能力需求。目前属于商业任务领域的有:SAML。新兴的商业开发任务领域,如太空服务、组装和制造(lSAM),可能会在未来提供更多的机会,以支持作战人员作战。

5.结论

美国国防部将商业太空解决方案整合到国家安全太空传输和架构中,对于增强美国在 21 世纪的应变能力和威慑力是至关重要的。此种整合,将有助于保持美国的技术优势,使对手无法从攻击国家安全太空系统中获益,并有助于建立一个安全、可靠、稳定和可持续的太空领域。《美国国防部商业太空整合战略》为美国国防部提供了战略指导,确保其充分抓住现有机会,与商业实体合作实现相关战略目标。

◎ 7.3 美国参联会层面

作战条令是军队实施作战行动的基本标准和规范,为军事战略制定者提供基本依据。美军的《太空作战条令》在美国太空军事战略制定过程中发挥着非常重要的作用。美军条令主要包括联合条令和军种条令(空军条令、海军条令、陆军条令、陆战队条令和天军条令)两大类。联合条令统称为"联合出版物"(JP)系列。联合条令由美国参联会制定,是美军实施联合作战行动的基本标准和规范,具有很强的权威性。从职能领域来看,美军联合条令可划分为6个系列:1系列为人事,2系列为情报,3系列为作战,4系列为后勤,5系列为计划,6系列为通信系统。

《联合出版物(JP)3-14:太空作战》由美国参联会主席签发,是美军联合作战系列条令中的太空作战部分。该条令主要面向太空联合作战,用于指导美国武装力量在联合军事作战中的行动,是美军机构间协调以及参与多国太空作战的条令基础。美军根据实际情况对联合条令进行不定期更新和修订,目前的最新版本于2023年8月23日更新发布,文件具体内容未公开。

7.3.1 《联合出版物(JP)3-14:太空作战》(修订版)

2002年美国参联会发布首版《联合出版物(JP)3-14:太空作战》条令,2009年、2013、2018年分别发布了更新版。2020年10月26日,美军更新发布了《联合出版物(JP)3-14:太空作战》(修订版)(图7-5)。

《联合出版物(JP)3-14:太空作战》(修订版)主要包括四个方面内容:联合太空作战概述、太空作战和联合功能、联合太空作战的指挥控制,以及联合太空作战的筹划与评估。

1. 联合太空作战概述

进入太空对美国及其盟国和伙伴的集体安全至关重要。美国国防部采取的太空政策聚焦于通过慑止敌人、抵御威胁、发展弹性太空体系实现太空任务保证和目标。此外,美国必须保持对恶意或不负责任行为的归因溯源能力,这些行为将危害整个人类航天发展。可持续地利用太空对美国及其盟国和伙伴的集体安全至关重要。

太空域是在大气对空中目标气动效应可

图7-5 《联合出版物(JP)3-14:太空作战》(修订版)文件封面

忽略不计的高度之上的区域。美国太空司令部的责任区是地球平均海平面以上大于等于100km的区域。

太空作战是影响或者直接使用天基资产增强美国及国际伙伴潜力的作战。联合太空部队由遂行太空作战所需的太空和地面系统、装备、设施、组织、人员或其组合构成。太空系统包括太空段、链路段和地面段三个部分。

2. 太空作战和联合功能

太空作战的10项能力如下：

(1) 太空态势感知：太空态势感知(SSA)是对太空中的物体、太空作战依赖的环境(包括物理、虚拟、信息和人员维度)、正在实施或准备实施太空作战的所有实体的各种因素、活动和事件的基本情况、现状和发展的认识和描述。太空态势感知能力由天基和地基传感器提供。实现太空态势感知的途径包括综合太空监视、信息获取和处理、环境监测、美国及合作方卫星系统状态掌握、美国和多国部队太空战备状态掌握、太空域分析研判等。

(2) 太空控制：太空控制是运用防御性太空控制和进攻性太空控制作战确保太空行动自由，挫败对美国或其盟国太空资产干扰或攻击的行动。为保证连续和可持续地利用太空，太空控制要有多样化的反对选择措施。太空控制运用多样化手段确保利用太空，识别攻击与实施方，行使自卫权，打击对太空能力的威胁，为太空威慑提供支撑。

(3) 定位导航授时：军事用户依赖可靠的PNT系统提供精准的位置、导航和时间参考服务。像GPS这样的全球导航卫星系统(GNSS)以及其他系统提供的定位导航授时信息，事实上已成为所有现代武器系统不可或缺的基本要素。

(4) 情报监视侦察：天基情报收集是协同和集成各种传感器、资产和系统，以持续、事件驱动或按计划的方式收集目标或关注地域的数据和信息。在一个机构内部应由一名情报收集主管统一领导天基情报监视侦察[包括"过顶持续红外"(OPIR)]，从而确保这种高需求量的资产能够与作战集成、同步，避免冲突。

(5) 卫星通信：卫星通信系统具有超视距连接能力。依据具体的配置，卫星通信体系可提供赤道地区覆盖(不含极区)或是高纬度地区覆盖(包含极区)。卫星通信能够使国家和战略领导者保持态势感知，及时向联合作战指挥官传达作战意图。

(6) 环境监测：地面环境监测能够提供影响军事作战的气象和海洋环境要素信息。太空环境监测能够为太空资产、太空作战及其地面用户提供太空环境的预报、告警和预警数据。联合作战的环境监测保障能够使联合部队指挥官更好地掌握作战环境。

(7) 导弹预警：导弹预警任务综合使用天基"过期持续红外"系统和地基雷

达。导弹预警保障北美防空防天司令部(NORAD)遂行预警任务,通过"共享早期预警"系统向国家领导人报告针对北美的导弹攻击以及针对其他地区多国伙伴的攻击,还向受导弹攻击的作战司令部、多国伙伴和前沿部署人员报告;若作战司令部或多国伙伴没有相关能力,还帮助其进行导弹攻击评估。

(8)核爆炸探测:核爆炸探测能力集成全球部署、持续运行的各种传感器监视全球关注地区,为美国总统、美国国防部部长和美国作战司令部司令提供预警和评估建议,包括核爆炸地点、高度和当量等信息。

(9)航天发射:航天发射是把有效载荷(卫星或其他装备)送入太空的能力。

(10)卫星运管:卫星运管是机动、配置、运行、维护在轨航天器。在冲突中,卫星运管对太空能力的指挥控制、运动与机动、保护、维持等联合功能起到至关重要的作用。

3. 联合太空作战的指挥控制

美国太空司令部司令负责主张、计划和实施太空作战,拥有确定军事太空作战重点,协调冲突,与当前和计划的联合作战集成和协同的职责。太空协调权(SCA)是分授给一名指挥官或委任一名人员行使的专门用来协调特定航天功能和能力的职权。太空协调权可申请和集成特定战区的太空作战和力量。

4. 联合太空作战的筹划和评估

在战略级,太空作战筹划应紧密围绕美国国家安全总体目标和分阶段目标,确保太空能力与美国国家安全优先级保持一致。美国国防部太空筹划人员在筹划联合太空作战的同时,还应考虑与美国政府其他机构、盟国和商业机构的互动。

联合筹划过程:在任务分析阶段,筹划人员应识别出需要太空部队承担的基础性、专门性和关联性任务。另外,在作战环境联合情报准备(JIPOE)中应分析对手的能力以及可能对友方太空部队和太空能力产生的影响。最终,军事筹划人员还应识别出给对手构成威胁的太空部队和能力以及友方的防御重心。美国太空司令部司令负责领导美国国防部的太空作战筹划,提供筹划保障,确保与其他作战司令部各项计划同步。美国太空司令部司令应确保太空计划支持国家政策和战略目标。美国太空司令部司令围绕防御"太空责任区"以及创造太空效果进行筹划。联盟联合部队太空组成司令部司令还负责提供支持,把美国太空司令部司令批准的有正式代号的作战方案细化为可执行的作战计划。

7.3.2 《联合出版物(JP)3-14:太空作战》(最新版)

美军根据实际情况对联合条令进行不定期更新和修订,目前的最新版本于

2023年8月23日更新发布,文件具体内容未公开。据太空司令部和天军为该条令制作的解释性幻灯片内容,新版本主要包括以下更新:

(1)引入"天文区域"(astrographic)描述美国太空司令部的责任区,即从海拔100km到超出地球同步轨道(ex-GEO)的太空空间,包括地月空间、月球轨道和地月拉格朗日点。

(2)规划了美军联合太空任务领域,包括太空域感知、进攻性和防御性太空作战、定位导航授时、情报侦察监视、卫星通信、环境监测、导弹预警、核爆探测、卫星运管和航天发射。

(3)提出"直接和赋能能力"概念,其中直接能力是影响对手的火力,赋能能力不会造成毁伤,但起到力量倍增器作用。文件阐述了支持每个联合太空任务领域的能力类型,如卫星通信任务主要由赋能能力支持,进攻性和防御性太空作战主要由直接能力支持。

(4)用"压制敌方太空能力"概念替换"太空优势"概念,与空军"压制敌方防空能力"概念平行,该改动旨在让指挥官能够衡量"在太空域压制对手的进程"。

(5)停用"太空控制"和"太空对抗"两个术语,因为太空控制"意味着所有权",违反联合国《外空条约》,此外还将不再使用"拒止"术语,该术语曾包括欺骗、阻扰、阻断、降级、摧毁太空资产或服务。

7.4 美国太空司令部层面

在美国太空司令部层面,2021年1月28日,太空司令部司令詹姆斯·H.迪金森上将发布了《太空司令部指挥官战略愿景》;2022年4月6日,太空司令部推出了最新的《太空司令部商业整合战略概览》;2024年2月20日,太空司令部司令斯蒂芬·N.怀廷发布了最新的《太空司令部战略愿景》。

7.4.1 《太空司令部指挥官战略愿景》

2021年1月28日,美国太空司令部司令詹姆斯·H.迪金森发布《太空司令部指挥官战略愿景》,制定了太空指挥领域的广泛目标,强调以"联合部队"的形式开展行动,将太空领域与其他领域融合,提高太空战备能力,威慑美国对手(图7-6)。该战略愿景概述了美国竞争对手开发、测试和部署反太空能力的情况,再次明确了太空司令部的使命、愿景、关键任务等。美国认为,不受限制地进入太空以及在太空的行动自由,对美国至关重要。美国太空司令部旨在执行太空作战以遏制冲突,并在必要时击败对手,为联合部队提供太空作战力量,捍卫美国与其盟国和伙伴的重要利益。为战胜日益强大的竞争对手,太空司令部与其盟国和伙伴将通过全面整合攻防行动,以提升太空作战力量;保护和捍卫美国国土及利益,并确保长期可持续性优势。此次愿景发布旨在使太空司令部人员保持作战心态,共同执行统一任务,同时向美军、盟国和伙伴、美国人民以及竞争对手表明太空司令部已为保卫太空领域做好准备。

图 7-6　美国太空司令部司令詹姆斯·H.迪金森阐述其战略愿景

现将《太空司令部指挥官战略愿景》主要内容编译如下:

1. 发布背景

半个世纪以来,天权一直是美国一项重要战略优势。当今,太空影响着社会的各个方面,支撑着人们的生活方式。

从商业贸易到气象预报和全球通信,社会不仅依赖太空能力,还期望太空服务持续不断。太空支撑着美国的国家安全和生活方式,令美国军队取得众多成就,从保护国土安全、与盟友并肩作战到人道主义救援等。

成立美国太空司令部,并将其作为第 11 个联合作战司令部,充分展现了美国对太空的重视程度。全球地缘政治格局、技术进步和新兴威胁持续演化发展变化,但无论环境如何改变,太空仍将是人们生活方式和国家安全的重要支撑。现总结出 4 条反映这种恒久不变关系的"太空公理",用以指导军队在日益复杂的环境下以及充满不确定性的未来遂行太空作战行动。

2. 太空公理

(1) 太空是美国生活方式和国家安全的组成部分,是至关重要的国家利益。

(2) 太空优势赋予联合部队全球全域竞争、作战和制胜能力。

(3) 太空作战人员是形成太空打赢战斗力的核心要素。

(4) 太空从"终极高地"到"最后一公里"为部队提供全面作战优势。

当前太空环境更具竞争性和危险性。美国的竞争对手不仅在网络空间、陆地、海洋和天空挑战美国国家安全和利益,而且还向太空拓展,把曾经和平安宁的太空变成了一个作战域。而且美国的竞争对手积极研发、试验和部署太空对抗能力,把太空纳入军事理论学说,力图拒止美国不受妨碍地进入太空以及在太空中的行动自由。

太空不再是避难所。技术发展、战略方针调整以及新型安全挑战,要求美国太空司令部必须创新和转变,确保太空作战人员做好准备,完成未来在太空、从太空、对太空的任务。美国太空司令部将保卫美国国家和人民,确保太空一刻不离。

3. 战略环境

美国国家安全和国土防御越来越依赖太空。《太空司令部指挥官战略愿景》认为,当今世界已步入大国竞争时代,中国和俄罗斯抱有取代美国权力和影响力、意欲主导全球的雄心,挑战着美国的国家利益,侵蚀着美国的安全与发展;中国和俄罗斯对美国及其盟友构成了长期而重大的安全威胁。

美国认为,美国太空能力面临的威胁日益严峻。中国和俄罗斯为实现其战略目标,正在积极开发、已经部署并准备使用专门针对美国及其盟友的太空对抗武器。中国和俄罗斯扩充太空对抗武库,给美国及其盟友的太空活动构成了严峻而紧迫的威胁。

美国认为,不受妨碍地进入太空以及在太空中的行动自由是一项至关重要的国家利益。与所有国家一样,美国固有自卫权。对这种国家利益的任何蓄意侵犯和有害干扰,都将招致美国在自己选择的时间、地点做出相应的反击。

美国,将与其盟友和伙伴一道,捍卫和促进负责任、和平与安全地利用太空。然而,一旦国家召唤,美国太空司令部将随时准备战胜一切来犯之敌。

4. 太空影响着人们日常生活的方方面面

当今世界数字化和互联程度日益提高,太空技术是其中不可或缺的组成部分。从电子邮件、互联网,到环境与气候变化监测、全球商贸等人们日常生活的方方面面都离不开太空。

太空支撑着社会众多至关重要的功能,也是一种全球科学资产,为自然保护研究人员提供着必备的工具,农场主利用GPS辅助农机设备显著提高了农作物产量。

太空最初由政府主导,随着发射成本和准入门槛降低,商业航天已成为全球产业增长最快的领域之一。

目前全球在轨工作卫星约有2000颗。依据目前商业卫星许可申请,未来十年还将增加10.7万颗在轨卫星,继续为21世纪全球繁荣提供有力支撑。全球对太空广泛依赖,"离开太空片刻"都将给人们日常生活造成重大影响。

美国及其盟国军队在冲突全阶段利用太空系统提供通信、预警、制导和决策信息,直至战术"最后一公里"。

1) 使命任务

美国太空司令部负责在太空、从太空、对太空遂行作战行动,慑止冲突,如必要击败侵犯,为联合/多国部队提供太空战斗力,与盟友一起捍卫美国至关重要的国家利益。

2)制胜方法

取得太空优势是打赢全域冲突的制胜条件。为战胜能力日益强大的竞争对手,美国太空司令部与长期盟友和伙伴一起全面集成攻防行动来提供太空战斗力。美国太空司令部集成和同步太空能力与行动生成太空战斗力,并将其融入联合/多国部队,以慑止,并在必要时战胜敌人侵犯,保护和捍卫美国国土和国家利益,确保优势长期可持续。归根到底,提供太空战斗力确保"太空能力时刻在线"是美国太空司令部的制胜方法。

5. 指挥官的重点工作

美国太空司令部通过如下工作取得并保持太空优势:

1)了解竞争对手

(1)加强联合作战人员威胁和敌情教育。

(2)训练联合作战人员料敌机先能力。

(3)鼓励颠覆性思维大胆创新。

2)构建竞争打赢指挥体系

(1)实现完全作战能力。

(2)保持作战文化。

(3)灵活适应战略环境变化。

3)维护关键国际合作关系

(1)强化联盟和吸引新伙伴。

(2)提升互操作能力。

(3)统一目标团结协作。

4)保持数字化优势

(1)通过创新催生竞争优势。

(2)发展网络作战以保持敏捷弹性战备态势。

(3)投资发展改变游戏规则的技术。

5)与国内商业和机构集成

(1)推动太空负责任行为。

(2)主张太空能力发展。

(3)与所有国家权力要素协作解决共同挑战。

7.4.2 《太空司令部商业整合战略概览》

2022年4月6日,美国太空司令部司令詹姆斯·H.迪金森将军在太空研讨会的媒体简报会上推出了最新《太空司令部商业整合战略概览》(图7-7)。虽然目前战略细节未公开,发布了一份4页的《太空司令部商业整合战略概览》,概述了该战略的目标、努力方向以及太空司令部在商业融合时优先考虑的技术领域。该战略揭示太空司令部将通过新战略加强与商业卫星供应商的合作伙伴关系。

图7-7 《太空司令部商业整合战略概览》

《太空司令部商业整合战略概览》主要内容编译如下:

1. 战略背景

制定战略的外部环境为:

(1)航天技术加速发展;

(2)竞争对手积极利用商业航天增强国家能力;

(3)在美国国内,国防部和政府其他机构都在积极利用商业航天力量。

制定战略的内部需求为:

(1)正在制订太空作战计划,驱动生成能力需求;

(2)深感支撑太空作战资源不足;

(3)已采用了"合作研发协议"(CRADA)等创新合作模式,但范围和规模有限;

(4)亟待转变组织文化,以广泛接受商业力量;

(5)亟须破除保密和安全壁垒,以促进商业能力应用。

2. 目的和目标

美国太空司令部制定"商业整合战略"的目的不是要越权抢夺军种的建设职能,不提出具体项目和计划,不寻求颠覆现行采办制度,不建立自己的国防创新或产业基地。

"商业整合战略"目的是：聚焦最终用户的紧迫需求，以提升作战能力为出发点和落脚点，孕育形成一整套集成商业和民用力量的方法途径组合，促进双方互惠合作和创造新的合作机会，以利用商业力量填补太空司令部资源和能力缺口。

"商业整合战略"目标是：为美国太空司令部与商业企业合作、集成和形成长期伙伴关系建立战略框架，为各项商业集成工作确定优先级并整体同步推进，从而解决太空司令部能力短板，提升太空体系弹性，获得和保持对敌技术和作战优势。

"商业整合战略"期望战略效果是：增强军事太空力量，支撑太空司令部在整个竞争连续体中夺取和保持太空优势，确保"太空永远不失"。

3. 实施途径

通过三条战略途径落实"商业整合战略"，实现竞争和打赢优势。

(1) 购买商业现货，满足特定系统需求。美国国防部通过购买商业现货产品加快装备采办速度，缩短技术更新周期。太空司令部寻求利用商业能力满足特定系统需求的重点领域包括：指挥控制和作战管理系统、具备人工智能和大数据管理功能的信息系统、建模仿真系统、太空控制系统、通信卫星和终端设备等。

(2) 购买集成服务，满足特定保障需求。以"集成即服务"（合同或租赁）方式购买商业服务补充现行的采办和采购模式。太空司令部购买集成服务的重点领域包括：服务于作战情报的太空域感知、卫星通信带宽、遥感、防御性太空控制、建模仿真、人工智能和机器学习、量子计算、加密等。

(3) 购买专业知识，提升军方聪明才智。太空司令部希望与商业实体之间不拘于简单买卖关系，还应寻求更紧密合作，从而提升支持保障的速度和质量，重点是利用联军太空组成司令部（CFSCC）建立的商业集成小组（CIC）数据共享平台和机制框架孕育新的能力。

4. 预期军事效益

通过增进相互了解与信任、共享信息、改进技战术规程，实现从复杂分散的各类系统中摄取和聚合信息，可有效支撑快速作战决策；通过选择一批特定系统提出军民系统和网络兼容与互操作需求，并采用快速采办方法生成能力，可加速提升体系弹性；能够以更低代价（时间和资源）补充军事太空装备体系能力；能够确保各方信息共享和计划同步，围绕共同目标相互支撑和互鉴经验。

7.4.3 《太空司令部战略愿景》

2024年2月20日，美国太空司令部司令斯蒂芬·N.怀廷发布了最新的

《太空司令部战略愿景》(图7-8)。该文件强调了太空司令部要集中精力履行《美国法典》第10篇规定职责和《统一指挥计划》规定职责。同时,该文件也概述了四个优先目标,分别是战备态势、威胁应对、加强联系和扩大作战优势。

图7-8 《太空司令部战略愿景》文件封面

《太空司令部战略愿景》主要内容编译如下:

1. 发布背景

美国太空司令部扩大了美国在维护太空域安全、可靠、稳定和可持续的领导地位。然而,伴随太空战略竞争复杂程度加深,导致国家在太空力量上面临威胁也随之加剧。为此,美国太空司令部将与联合部队、机构组织、盟国和合作伙伴携手合作应对威胁挑战。太空司令部将履行《美国法典》的第10篇和《统一指挥计划》规定职责,即太空作战、全球传感器管理、全球卫星通信管理、跨区域导弹防御和太空联合部队提供者。

2023年12月,太空司令部已实现全面作战能力,现阶段的精力将集中投入到作战任务中,同时将继续通过演习和评估促使司令部更加成熟,以验证太空军的战备状态。

太空司令部的竞争优势在于拥有多军种经验,具备太空、陆地专业知识及人员的职业精神。为实现此愿景,太空司令部也将围绕战备态势、应对威胁、加强联系和扩大作战优势四个优先目标采取统一行动。其预期最终目标是:到2027年,在最终状态下,太空司令部将开展动态、合作和一体化的太空行动,支持跨区域导弹防御,提高联合部队的杀伤力和有效性,保护联合部队免受太空攻击,扩大对竞争对手的优势,并在面对各种级别冲突的威胁时成功开展行动,以遏制侵略和击败对手。

2. 四个优先目标

为实现愿景，此项工作将得益于联合工作队伍，与联合部队、各军种、盟国、合作伙伴、机构间组织和商业实体之间的通力合作。

四个优先目标分别为：

(1) 战备态势：到2027年，最大限度地提高战备状态；

(2) 应对威胁：实现并保持太空优势；

(3) 加强联系：继续建立优势太空军事力量联盟；

(4) 扩大作战优势：为未来战斗塑造军事太空力量。

3. 小结

该文件的主要目的是为太空司令部人员提供方向和指导，但斯蒂芬·N.怀廷认为美国民众、盟友、合作伙伴及竞争对手也需要了解太空司令部未来几年的发展轨迹，是该份文件的次要受众。

7.5 美国天军层面

美国天军自成立以来，非常重视理论体系的发展，在建设发展上坚持"理论先行"，以愿景、指南、战略等理论文件以及太空条令等形式提出先进的理论、思想和理念，指导美国天军未来建设发展。

7.5.1 美国天军理论文件

美国天军理论文件，包括愿景、指南、战略等。2020年2月19日发布《美国天军卫星通信发展愿景》；2020年11月9日发布《太空作战部长规划指南》，涵盖美国天军建设发展的各个方面，指明美国天军未来10年的发展方向；2021年5月6日发布《美国天军数字军种愿景》，首次正式提出要建成世界上第一个全数字军种；2021年9月21日发布名为《卫士愿景》(《The Guardian Ideal》)的人才战略文件；2021年12月6日公布《美国天军战役支援计划》；2022年5月10日，发布《太空试验体系愿景》文件；2024年4月8日，发布首个《商业太空战略》。

7.5.1.1 《美国天军卫星通信发展愿景》

2020年2月19日，美国天军正式发布《美国天军卫星通信发展愿景》(简称《卫星通信愿景》，见图7-9)，从顶层阐述了美军卫星通信体系现存问题、未来"作战型卫星通信"(fighting SATCOM)体系概念与目标、能力发展核心要素等。这是美军近年来罕见地以官方文件形式公开披露其卫星通信领域战略思路，也是少有的一份从体系化角度论述其未来架构的权威文件，将统领指导美国天军成立后卫星通信总体能力建设，意义重大。

图 7-9 《美国天军卫星通信发展愿景》文件封面

现将《美国天军卫星通信发展愿景》主要内容编译如下：

1. 前言

美国拥有无与伦比的全球卫星通信能力,各级联合作战人员在所有军事行动中均依赖该能力。卫星通信为总统指挥控制核力量提供可靠通信保障,使国家和军队领导层能够全面掌握战略态势,向联合部队指挥官及时传达其作战意图。卫星通信传送的情报、监视和侦察信息,令联合部队指挥官能够深入了解作战环境,高效指挥控制部队,主动塑造环境和实施决定性行动。在战术层面,卫星通信为机动部队提供超视距连接,实时传送战场情报,使部队能够对传感器和武器系统进行远程控制,在武器发射后还能实施途中控制,闭合传感器到射手作战环路。

对手已认识到卫星通信支撑着美国的军事优势,正在积极发展对其进行拒止、其降级和摧毁的能力。美国天军的卫星通信能力由军事卫星通信(MILSATCOM)和商业卫星通信(COMSATCOM)构成,尽管实现了全球范围的即时服务,但在体系弹性、健壮性、灵活性和易管理性等方面亟待提升。为保持美国全球天基通信的非对称优势,卫星通信相关单位必须迅速行动起来。美国天军现在必须要建立一个能够在对抗、受损和行动受限(CDO)条件下作战的卫星通信综合体系,能够防止或承受能力降级,持续为作战人员提供服务。美国天军把这个对未来的发展愿景称为"作战型卫星通信"。

近期一系列重大改革举措为美国天军转型卫星通信能力的采办、运行、管理和提供方式提供了难得的机遇。2019 年 8 月 29 日,美国太空司令部(USSPACECOM)成立,负责保护美国的太空利益,确保在各种规模军事行动中太空可用。次日,美国太空司令部司令下令成立联盟部队太空组成司令部(CF-SCC),取代之前美国战略司令部之下的联合部队太空组成司令部(JFSCC),负责全球太空作战的筹划、集成、执行和评估,为各联合作战司令部、联盟伙伴、联合部队和国家提供作战相关太空能力。2018年12月12日,美国空军太空司令部接管了美国国防部商业卫星通信服务采购的独家统筹管理权,目前已经移交给天军。2019年5月28日,空军部长和海军部长达成协议,将未来窄带卫星通信能力采办权从海军移交给空军,这是为成立美国天军整合太空能力所做的一步铺垫。最终,美国天军于2019年12月20日正式成立,负责培育太空职业队伍,采办军事太空系统,发展太空军事理论,组织太空部队向联合作战司令部提供兵力。新获得的采办权,以及组织、训练和装备美国太空部队的职权,使美国天军有能力提供更具弹性和更加优化的综合解决方案,构建出满足作战人员需要的能打仗和打胜仗的卫星通信体系。

该文件描绘了美国天军对卫星通信未来发展状态的愿景,集成了许多年来的多项研究成果,以及卫星通信集成作战处(SIOD)和"作战型卫星通信"体系论证组制定的最新作战概念,具有许多已深入人心的特性——能力灵活性、终端和网络敏捷性、网络和链路安全性、与联合指挥控制系统数据互操作性等,包含一个企业化综合体系所涉及的各个关键组成部分——太空、终端、网络、体系管理和控制、指挥控制、组织管理等。美国天军正在转向一种新的卫星通信提供方式,希望美国国防部卫星通信体系相关方及所在机构能够与美国天军共同努力实现这一愿景。

2. 背景

作战人员需要的是在对抗、受损和行动受限条件下卫星通信也能有效运行。2015年,美国国防部组织各军种和业务局成立了一个"作战型卫星通信"体系论证组,识别建立企业化卫星通信体系亟待改进的重大问题。解决这些的问题能够增强联盟部队太空组成司令部的能力,确保在对抗、受损和行动受限条件下为作战人员提供弹性卫星通信支持。识别出亟待改进的重大问题包括:

(1)整个企业化卫星通信体系的作战同步。

(2)整个企业化卫星通信体系的态势感知。各种规模冲突下系统和体系的防御性太空控制(DSC)使作战人员在任何条件下均能通信。

(3)美国国防部对所用商业卫星通信资源的管理和指控能力。

通过参与卫星通信集成作战处(SIOD)和"作战型卫星通信"体系论证组及给出新作战概念,联合作战界也提出了他们对卫星通信未来发展状态的想法和要求。《美国天军卫星通信发展愿景》充分吸收了这些观点和要求。图7-10为目前的卫星通信体系。

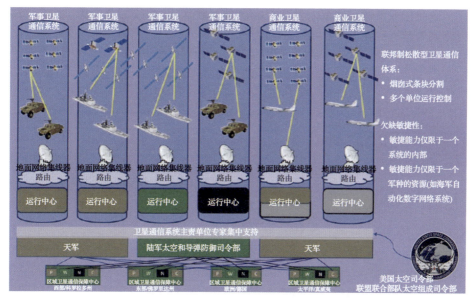

图 7-10 目前的卫星通信体系

3. 愿景

美国天军应提供一个运行高效、经济可承受、弹性和安全保密的卫星通信体系,支持全球作战任务,并能够适应需求、技术和威胁的快速变化。

4. 期望的终极状态

美国天军太空作战部长为美国太空司令部司令提供企业化卫星通信体系,能在对抗、受损和行动受限条件下以战术级时间要求保障联合作战部队战胜各种规模的冲突。

5. 企业化环境和主要要求

为了实现这个愿景,企业化卫星通信体系至少应具备以下关键特性:

(1) 具备快速、弹性的全球卫星通信持续接入能力,使美国国防部所有用户在各种作战条件下遂行任务时都能快速获得和保持卫星通信服务。

(2) 有灵活的终端和调制解调器。终端能够使用多种频率和波形,并可快速切换。

(3) 有灵活的网络。使用户在不同波束、天线、卫星或系统间切换时仍能维持其网络连接。

(4) 有安全的网络和链路。能够为作战人员提供网络弹性,使其面对坚定而老练的攻击者时仍能有效保护信息和控制系统。

(5) 具备与联合指挥控制系统的数据互操作性,保证作战人员与太空指控系统之间能够高效交换信息。

企业化卫星通信体系由多个组成部分互联而成,必须综合考虑。图 7-11 为体系关键特性要求。

图 7-11 体系关键特性要求

6. 核心概念

以下核心概念应组合在一起综合运用才能满足关键特性要求,实现未来发展愿景。

(1)"作战型卫星通信"是由一名作战指挥官统一指挥控制的企业化综合体系。

目前,军事卫星通信各项能力是依据参联会主席指令文件《CJCSI 5350.01:美国国防部卫星通信》进行优先级排序的,并单独进行资源分配。在某些情况下,用户为满足其任务要求,直接租用商业卫星通信服务,而在租用期间这些资源只能由购买用户专用。未来,联盟部队太空组成司令部(CFSCC)将有能力对美国国防部的商业卫星通信服务租赁实施集中统一管理,既能提高资源使用效率,又能改善卫星通信的态势感知。

把所有卫星通信(包括军事卫星通信和商业卫星通信)的需求收集、作战筹划、资源分配和运行管理等职权集中到美国太空司令部实行集中统一管理后,可以全面掌控相关态势和资源,以战术级时间要求为所有联合作战人员提供服务保障。在美国太空司令部统一指挥下,可加快卫星通信资源分配和调整的反应速度,在服务降级或发生冲突时,能够快速执行危机筹划,围绕最高优先级用户自动配置和调整资源(包括军用、商用和盟国系统资源),快速生成电磁干扰应对方案;在部分资源损失后,能够更迅速地重构和优化体系。

(2)为各种条件下的用户动态优化通信接入。

通过对整个体系跨部门集中统一管理和控制,可对作战人员动态变化的需求快速做出响应,提高运行效率,把资源分配速度从几个月或几周大幅减少到数分钟。为用户提供单一入口,既可以便捷用户接入,又有助于以体系综合能力全面有效地满足用户的卫星通信需求。美国太空司令部将实施全面综合的任务管理,快速地进行任务筹划和资源分配,持续监控执行情况,迅速发现、定位、评估和解决相关问题,为用户提供弹性、无间断的卫星通信。

(3)改善对抗、受损和行动受限条件下的弹性和敏捷性。

企业化体系将利用美国国防部和商业界的多种系统、能力和产品,能够在所有作战条件下,特别是在对抗、受损和行动受限条件下,为用户提供通信联接。体系能够以战术级时间要求,为用户及其网络快速切换卫星通信资源,并能够根据对抗、受损和行动受限条件下瞬息万变的战场情况动态配置和调整。体系提供的互操作性和弹性可令用户拥有多种系统接入选择,满足战时通信量激增需求,并且在一种手段失效后有其他替代途径。通过国际合作,未来接入途径和弹性还可以进一步扩充。

(4)快速提供卫星通信服务,为用户敏捷作战提供灵活、弹性、体系化支持。

体系交付能力的速度要超越对手建立技战术规程的速度。这需要由多种系统、网络和产品组成综合体系,集成军事和商业以及国内与国外的能力,充分利用商业和国防工业基础,大力开展技术、产品、工具、服务和流程创新。

7. 关键要素

未来卫星通信体系如图7-12所示。核心概念要由一系列关键要素支撑,包括以下部分:

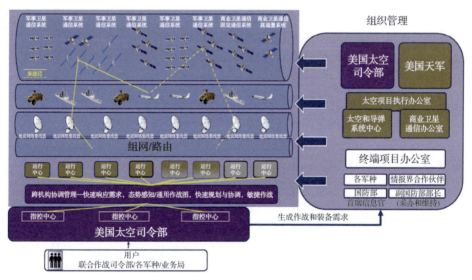

图7-12 未来的卫星通信体系

(1)全球态势感知和通用作战图。为了把"作战型卫星通信"体系真正打造成一个企业化综合体系,美国太空司令部需要一个自动化系统,提供跨机构的全球卫星通信态势感知和通用作战图（SA/COP）。态势感知和通用作战图既包括用户长期常态化需求，也包括用户紧急实时需求，并能够根据用户要求定制视图，为战役筹划、实施、评估以及其他相关决策提供支持。在作战期间，态势感知和通用作战图能够实时显示资源状态及其所受威胁（如干扰）。该系统还能够把数据分发给其他作战域的指挥控制系统（如战区作战管理核心系统、联合自动化纵深作战协同系统），快速响应地支持多域作战筹划和联合能力集成。

（2）管理与指挥控制系统。体系管理与指挥控制系统必须能够敏捷筹划、作战和恢复，以战术级时间要求满足用户需求。该系统必须能够为联盟部队太空组成司令部提供全面的任务管理能力，快速进行任务筹划和资源分配，持续监控执行情况，迅速发现、定位、评估和解决相关问题。它还作为快速处理用户卫星接入请求的工具，能够动态规划和调整卫星通信资源。

（3）卫星通信终端。用户终端应能够使用多个频段和多种波形，尽可能支持"非预设路径"敏捷连接，从而提升体系抗干扰能力。

（4）跨机构协调管理。构建体系需要一个跨机构管理结构来领导和支持政策、标准、接口、产品和能力的开发与交付，使美国太空司令部即使在对抗、受损和行动受限条件下，仍能为作战人员提供卫星通信服务。这个管理结构要确保当前与未来的系统、网络和能力能够兼容集成和平稳过渡。这需要对技术、进度和成本进行综合权衡，从而提供一个灵活、弹性和经济可承受的体系解决方案。商业、政府和国际伙伴应共同制定和实施相关体系标准。卫星通信体系应由单一机构集中统一管理，从而避免重复低效。管理机构应有权领导和协调各单位的相关采办工作和项目，为美国太空司令部和用户提供一个灵活和快速响应的卫星通信体系。为了加速吸纳私营企业的能力，管理机构必须要重新审查和调整相关政策以及合同管理、试验、认证等制度和程序，进一步简化流程。

（5）采办。过去，多个部门多渠道采购多种卫星通信产品和服务，导致目前卫星通信体系互不兼容、条块分割，只能在各系统内部进行垂直集成，无法实现横向整合，使得用户没法同时使用多个系统，并充分获益。另外，在军事卫星通信系统采办中，天地系统缺乏统筹协调也是一个长期困扰美军的问题。卫星通信系统的太空段、地面段和终端段必须同步部署才能有效为用户提供作战支持。

建立卫星通信需求单一入口，使体系相关方的需求能够得到高效统筹管理，可避免再现互不兼容情况。在商业卫星通信服务采购方面，一部分服务将通过代理公司采购，这样可以更灵活和更具效费比地获得多星座、多频段、多轨道的服务；对于一些特定用户的特定功率/带宽要求以及一些老终端的兼容性需求，将尽可能使用多年期"资源池"型合同采购，只在没有其他选择的情况下才会使用为期一年的短期租赁合同。

只有那些商业市场无法提供的频段、覆盖区域或军事专用服务,美国国防部才采办专用的星座、卫星和有效载荷。为加快采办速度,美国天军将采取演示验证和原型开发等方法,推动体系方案和作战应用快速创新和演进。天军还将采用可扩展的开放式体系结构,能够快速吸纳新系统和新产品,同时还能为体系发展留出技术创新与引入竞争的空间。另外,天军还在寻求与盟友达成有效载荷托管搭载和国际合作协议,这对体系成本控制和作战能力提升都有显而易见的好处。

8. 结束语

一个企业化卫星通信综合体系将给联合部队打仗制胜提供无与伦比的支持。与目前烟囱式组合体系相比,企业化卫星通信综合体系在性能和弹性上都将跨越式提升,能够确保美国有效应对21世纪太空域的对抗和冲突。最终,这个体系必备以下能力:

(1)能够承受中断和损失,持续提供作战服务。

(2)能够运用新工具优化体系应用,实现卫星通信资源主动管理,对作战环境变化及对手作战行动快速做出响应。

(3)能够快速调整资源,把资源分配给最高优先级任务。

(4)能够支持用户在多个系统间灵活漫游。

(5)能够为决策者实时提供和融合信息。

(6)能够提供网络弹性,有效管理作战风险,保证任务平台持续运行。

(7)能够以一个整体来执行训练、演习和作战任务。

(8)依靠敏捷采办流程,充分吸纳军事、商业以及创新能力,使体系更加灵活、敏捷和弹性。

美军必须要比对手动作更快。美国天军的采办流程和指挥控制结构必须进一步提速。这样才能在对抗、受损和行动受限条件下持续提供卫星通信服务,让作战人员掌握和保持的作战优势。

7.5.1.2 《太空作战部长规划指南》

2020年11月9日,美国天军发布了首个《太空作战部长规划指南》(图7-13)。该文件是指导天军未来建设发展的行动纲领,在天军的规划、计划、预算和执行(PPBE)制度中,向上分解和落实美国国防部《国防规划指南》对天军的战略指导和要求,对下作为军种

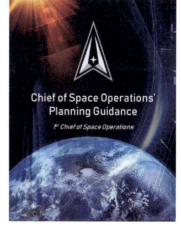

图7-13 美国天军《太空作战部长规划指南》文件封面

级指令性文件,指导天军新财年各项工作计划制定和预算编列,形成《计划目标备忘录》和《预算预估呈报件》报美国国防部综合审查。该文件概述了天军指挥官的总体意图,分析了当前天军发展建设的战略背景,给出了天军组织结构总体框架,确定了"打造精干敏捷的新军种、发展融入联合的世界级队伍、以作战要求速度提供新能力、扩大合作促进发展与安全、创建数字化军种加速创新"等5大优先事项,提出了深度融入多域战破反介入和区域拒止战略,实施任务式指挥、否决式指挥、基于条件授权,打造全军第一个数字化军种等众多新要求。

现将《太空作战部长规划指南》主要内容编译如下:

美国正在缔造一支战于九天之上的新军种。美国向侵略者展示能力,令其无法达成预期目标并为此必须付出巨大代价,从而慑止侵犯,最终目的是增进安全,保护其盟国和伙伴。美军要确保美国在当前太空大变局中持续保持全球领导力,要成为美国政府加快决策和行动速度的引领者,要领导各方共同推动在太空和利用太空的负责任行为,从而增进安全和促进发展。作为美国的太空职业军人,美国天军严阵以待,胆敢有侵略者威胁美国的利益,他们将随时准备战斗并取得胜利。

1. 意图

《太空作战部长规划指南》旨在为推动天军实现国家和美国国防部战略目标提供基本方针。该文件是用于指导美国天军规划工作的军种级指令性文件,将取代以前相关指导文件,并对新军种设计工作提出总体要求。该文件对有些领域确定了具体的任务、时间表和主责单位;其他领域则给出了意图和期望结果。该文件的总体意图是向美国天军各级单位的太空职业人员赋权,调动起他们的主观能动性,使他们能紧密围绕军种优先事项中与自己相关的任务,在其职权范围内积极行动起来。为了集中资源提升主动性,该文件具体指出了一些不再作为重点的事项。

《太空作战部长规划指南》传达了太空作战部长的意图,确定了美国天军在其任期内应发展的能力和文化。太空作战部长将每年更新意图和指导,并通过《兵力设计指南》审查各项转型计划的进展。太空作战部长希望美国天军各级单位都要学习理解和贯彻执行本指南文件。

美国天军既是国家利益的开拓者也是保护者,肩负有国家战略、政策和法律所赋予的责任。技术扩散与利益竞争彻底改变了太空的战略环境。太空以前是一个友好的领域,未来将囊括人类善恶的各个方面,包括战争。大国竞争对手的再次出现深刻改变了全球安全环境,而太空是这种改变的核心。

美国天军的使命是组织、训练、装备和提供兵力,捍卫美国的太空行动自由,支撑联合部队的战斗力和效能,在太空、从太空、向太空提供独立选项。美国天军通过展示和持续保持军事太空力量,促进太空域的安全,并确保其伙伴的安全。太空力量是美国威慑的支撑,令敌对行为体了解美国有能力让其无法达成目标,并且还能向其施加难以承受的报复。安全和稳定是美国及其伙伴广泛利益的先决条件,能够增强美国长期竞争优势和领导地位。

虽然工业时代美国在太空领域取得了先发优势,但信息时代要求美国必须发展新的工具和技能才能巩固和扩大这种优势。太空域各项活动,特别是军事太空作战的规模、范围、复杂性和速度快速增长,要求美国必须建立专注于太空的独立军种。紧随2017年《国家安全战略》和2018年《国防战略》步伐,国家作出了政策和法律的重大调整,创建了美国天军,正在面向未来大刀阔斧地进行兵力设计。美国将把美国天军打造成一个精干、灵活和创新的组织,为美国国防部树立新的标杆。

在这一转型时期,美国的部队必须为其国家和联合部队继续提供太空支持,不容有失。尽管在建立新军种期间有些任务不可避免地受到影响,但负责这些任务的指挥官必须把无缝过渡作为首要任务。该文件中列出了指导天军组织、训练、装备、整合和创新的五大优先事项。

(1) 打造精干敏捷的新军种;
(2) 发展融入联合的世界级队伍;
(3) 以作战要求速度提供新能力;
(4) 扩大合作促进发展与安全;
(5) 创建数字化军种,加速创新。

这些优先事项对美国天军各级单位均有指导作用,并为美国天军总部开展绩效评估指明了重点,为美国天军与美国国防部内外部文职领导沟通汇报提供了框架。这些优先事项将为美国天军未来十年的建设发展打下坚实基础,指导意义超越任何一届太空作战部长、联邦政府或国会的任期。

该文件将为文职领导与联合部队指挥官威慑和挫败侵犯实现国家目标提供参考依据,既可独立运用,也可联合使用。虽然美国在和平时期要扩大和保卫美国的竞争优势,但衡量美国战备水平的最终标准是有能力打赢开始于或延伸到太空的战争。

美国正在加速打造一个精干、敏捷和创新的新军种,为迎接当今与未来的挑战做好准备。美军将严阵以待,随时准备在自由的高边疆上保护、威慑、战斗和制胜。

2. 战略背景

1) 美国天军设计要求

美国需要有一支天军,能够慑止冲突,一旦威慑失败,能够打赢开始于或延伸到太空的战争。太空能力能够增强其他所有军事力量的效能。美国的国家领导需要弹性可靠的军事太空能力，能够在和平时期保持竞争优势，在冲突或战争中夺取决定性优势。

美国天军应承担三大基本职责：维护行动自由；支持联合部队战斗力和效能；在太空、从太空、向太空提供独立选项。美国天军必须能够让文职决策者和联合指挥官充分利用太空域达成国家战略目标。

地缘战略和作战环境的变化促使美国必须建立天军。这意味着必须围绕新要求对许多以前的太空能力进行重新评估。需要强调的一点是：如果美军不改革调整，不以超越竞争对手的速度发展，美国很可能会失去太空作战优势，甚至失去和平。

设计和建立一个新军种的过程中肯定会对当前工作造成影响。如果仍沿用过去的方式方法，不可能为美国提供所需的新能力。指挥官和项目经理需要能够大胆创新和实验，敢于接受适度风险，从而把美国天军建设成一个灵活敏捷的新军种，确保美国在太空领域的长期竞争优势。

如果不能接受创新和实验相伴的风险，将会减慢美国天军的能力发展，最终风险会转移到联合作战人员身上。绝不允许因为因循守旧而让前线将士承受风险。

美国天军面临着双重挑战：一个是胆子不够大，一个是循规蹈矩不敢触碰风险，都会影响天军的改革。第一项挑战由太空作战部长负责，太空作战部长要求所有太空职业人员必须大胆创新，不要有任何顾虑。第二项挑战由天军高级领导负责，需要大胆创新，以身作则带动天军内外部各级领导者积极作为。

2）大国竞争加剧

该文件指出，中国和俄罗斯视太空为现代战争不可或缺的组成部分，把反太空能力作为削弱美国及其盟国军事效能的有效手段。中国和俄罗斯现代化的太空监视网络能够发现、跟踪和描述所有地球轨道上的卫星。俄罗斯和中国都在发展利用电磁频谱、网络空间、定向能、在轨能力和地基反卫星导弹等摧毁天基资产的系统。这些系统能够给美国及其盟国的军事、民用和商业能力造成从临时可逆到不可逆退化等一系列影响。

除了部署反太空系统威胁美国的太空能力，竞争对手还部署了众多天基信息系统，令其作战范围、敏捷力和杀伤力越来越强，而这些优势以前一度为美国军队所独享。中国和俄罗斯都在继续完善他们的天基情报监视侦察和卫星通信能力，用以构建远程打击链，使美国及其盟军地面部队处于危险之境。

除了太空能力，中国和俄罗斯都把提升信息优势和决策速度作为其军事学说的核心原则。以机器速度观察、判断、决策、行动(OODA)的能力将彻底颠覆未来的军事作战,在太空领域尤为如此,因为航天器的运行速度与距离比地球上同功能系统高几个数量级。谁的部队在这场军事革命中准备充分并能充分挖掘和利用其潜力,谁就会取得显著优势。

3) 航天发展迅猛

商业航天快速发展为美国提供了新的潜在合作伙伴,以及利用商业投资增强美国太空能力的新机遇。泛在技术降低了所有人访问太空的门槛,并引入了新的参与者、竞争者和潜在对手。谁能创造出最好的技术并加以集成、部署、保护和运用,谁就会取得显著优势。

4) 过去、现在和未来的任务演变

在人类步入太空时代之初,研制和部署的太空系统数量有限、复杂精密,航天国家必须要掌握当时最先进的科学、工程和制造技术。早期的军事太空系统被设计用于战略任务,如探测弹道导弹发射等。20世纪60年代,苏联积极开发了反卫星技术,用以攻击美国数量有限的军事卫星。从那时起,太空职业军人的任务开始发生转变,增加了为精密的军事太空系统提供防御的任务。

新技术发展以及航天制造企业和运营商的创新,推动这些数量有限的高价值战略性太空系统承担起以前未曾预料到的新业务和战术应用。1991年海湾战争,美国首次把太空能力全面整合进战场,被誉为第一次"太空战争"。天基情报监视侦察、卫星通信和全球定位系统的应用使联军掌握了压倒性优势,这也吸引潜在对手在未来冲突中把美国的太空系统作为攻击的目标。近期直接上升式和共轨式反卫星能力部署出现,且更具现代化,这要求我们在短期内必须快速开发并提供攻防手段,在中远期必须建成能够抵御攻击、确保服务能力、可快速重构的弹性体系。

在太空领域,军队、政府、民用和商业实体之间每项互动都会创造一种行为模式,能够传达意图,建立、加强或削弱行为规范。美国的太空域感知能力提供了另一种途径,使我们能够与传达的语言和行为进行比对分析,更全面地研判意图。一个行为者声称做某件事情是一方面,我们还要观测实际发生了什么,例如谁的航天器主动机动抵近了另一个航天器,或者谁对机动请求负责任地做出了回应而谁又置之不理,这些都有助于更好地判断行为者的意图。美国天军将在符合适用法律的前提下积极互动沟通,推动形成行为规范,以增强国家安全,避免竞争对手或潜在敌人误判意图。

潜在敌人已认识到美国在陆地、海洋、水下和空中的强大军力,正在采取非对称方式削弱美国的力量投射。大国对手在"反介入和区域拒止"(A2/AD)能力上投入巨资,使美国或多国部队从陆上、海上、空中很难进入到邻近地域进行干预。对于地球上的"反介入和区域拒止"环境,太空能力可从垂直方向上撕开口子。目前由海、陆、空部队执行的多项任务未来将部分或全部迁移至太空。战术情报监视侦察任务已开始迁移,很快还将扩展到其他任务领域。

3. 打造精干敏捷的新军种

1) 精简组织机构

美国天军总部和美国直属司令部是美国天军为追求速度和敏捷而精心设计功能互补的新机构,大大精简了指挥层级。美国天军应进一步创新,孕育更快速、更扁平化的决策和指挥结构,还可在整个美国国防部范围内推广应用和持续改进。

成立美国天军的原因之一是美国国会开展的一项国防太空采办研究发现有60多个部门拥有太空政策、监督和指导权,近30个部门能够影响太空体系结构。美国天军将在整个美国国防部范围内统筹协调相关工作。美国天军将制定一项实施计划,统一目前分散在美国陆军、海军和国防部部长办公室的太空系统采办和维护职权。

精简组织机构不仅是有效管理的要求,还能提升决策与执行的速度和敏捷性,从而在竞争或冲突中获得组织管理优势。当前,美国天军现代化工作正在努力提速,争取跟上威胁与技术快速发展的步伐,但这些工作却必须通过一套运行缓慢、决策分散、官僚低效的体制来管理,给战场上的联合作战人员增加了风险。美国天军应统筹和协调分散的管理体系,以加速决策和降低风险。

精简组织机构并不意味着弱化法律和政策所要求的监督。相反,把决策权下放给最有能力、最快做出反应的层级,能更好地落实责任,强化问责机制。权责一致是获得速度和敏捷性的关键。

2) 美国天军总部设计

建立精干和充分赋权的新军种要求美国天军总部的结构设计应精干和扁平化。美国天军总部将各项职能整合在以下四个新成立的部门之下。

(1) 人力资源局(HCO)负责构建和管理美国天军面向未来的人才队伍。该局将制定人力资源战略,强调与时俱进地采用创新方法来招募、聘用、评估和留住世界级的军职和文职专业人才。该局的首要责任是赢得当前与未来人才争夺战的胜利。该局承担兵力发展工作,根据需求把天军成员培养成经验丰富、训练有素、纪律严明的太空职业军人,这些人员的战技素养和思维模式将令美国保持大国竞争优势,在与同级对手的战争中能够打赢制胜。该局要充分利用天军精干高效的优势,在人才管理实践中促进个人发展,留住人才,管理好人才,培养出具有高度影响力的高端人才。

(2) 作战局负责为美国太空作战司令部和太空训练与战备司令部提供支

持。该局将监督部队与能力战备状态,为美国空军部长向联合作战司令部提供兵力制定方案计划。该局将统筹管理情报和作战政策,从而超越威胁发展速度,并持续实施天勤人员战备计划;领导美国天军系统、人员和流程的综合绩效考核和评估工作;为美国太空作战部长管理部队战备提供支持和保证。此外,为支持美国太空作战部长作为参联会成员的相关工作,该局还将研究制定联合美国参谋部中天军人员的岗位设置方案并派出军种代表。在作战局之下,美国天军高级情报官将构建一套跨机构的太空情报监视侦察体系,为作战、军种设计与发展建设、军文职领导决策提供情报支持。

(3)战略与资源局(SRO)负责美国天军的战略、规划和计划工作,确保军种和部队获得必要资源。该局将领导美国天军能力发展工作,作为发展太空能力资源的捍卫者,并影响美国太空体系设计。该局还负责与各联合作战司令部协调,确保天军《计划目标备忘录》经过联合效能综合优化;领导合作伙伴沟通交流,确保军、民、商、盟的能力发展协调互补。

(4)技术与创新局(TIO)是为加速美国军种向数据驱动的"数字化军种"转型而成立的新部门。该局将领导天军的创新工作,统筹管理先进技术开发。此外,该局还将与美国人力资源局紧密合作,在美军太空职业队伍中培育崇尚技术的文化,提升胜任能力。该局将确保美国天军获得现代化的数据基础设施,实现机器学习增强,促进部队接纳具有信息时代特征的组织体制创新和实践。

美国天军参谋主任将制定一套综合全面且简洁明晰的工作制度和指令体系,划定总部内部各部门的作用和职责。美国天军参谋主任将代表美国太空作战部长发布指令文件,确定各类参谋工作的内容和流程。

3)美国天军直属司令部

同美国天军总部结构一样,美国天军直属司令部结构也非常扁平化,从原来5个层级结构减少到现在的3个层级,充分体现了以任务为中心的兵力设计。

(1)太空作战司令部(SpOC)是太空部队主要的兵力提供方。太空作战司令部负责生成战备就绪的太空兵力,通过天军部队指挥官(COMSPACEFOR)向联合部队提供兵力。

(2)太空系统司令部(SSC)负责开发、采办和部署有效且弹性的太空能力。太空系统司令部将负责天军太空系统的研发性试验、发射、入轨检测、维持与维护,以及与其他太空开发工作的集成,包括与多国合作伙伴能力开发工作的协调。此外,太空系统司令部还负责统筹管理和监督美国天军科技计划,领导采办文化转型、采办人才培养和采办制度改革等工作,以适应其他合作伙伴太空技术发展的步伐。

(3)太空训练与战备司令部(STARCOM)负责太空职业队伍的教育和训练,开展系统作战试验和评估,以确保太空部队战备就绪,随时准备在太空域战斗和打赢。目前成立了一个太空训练与战备暂编德尔塔部队(STAR DELTA(P)),将在2021财年正式组建满编的太空训练与战备司令部。近期的条令开发、训练和教育工作高度依赖美国空军教育和训练司令部以及美国空军大学。通过与人力资源局协作,太空训练与战备司令部将于2023年建立起一套更为独立的天军学说条令体系和职业军事教育体系。

4)下放决策权、否决式指挥和任务式指挥

敏捷决策能力也必须扩展到美国天军总部机关和参谋部结构之外。应把权力尽可能下放,由能够胜任的最低层级指挥官、主任和督导官进行决策。下放权力实现及时有效决策的关键是对授权的准确传达。天军总部各部门发布的授权需要做到清晰明确,各级指挥官理解需要全面准确。

传统的"规定式指挥"把下级部队权力限制得很死,除非得到上级明确命令,否则下级部队只能按预定计划遂行作战。鉴于太空战速度快、范围广,采取"规定式指挥"很可能使部队陷入危险的不利态势。因此,太空作战部长要求把"否决式指挥"作为默认指挥方式,下级可主动采取行动,上级保留有否决权。

为发挥天军军种规模小、以任务为中心的独特优势,创造条件充分调动各级部队主动性,要求美国天军使用"任务式指挥"。《联合出版物3-0:联合作战》条令阐述"任务式指挥",即建立在各级部队领导者自觉自律基础之上,令其积极主动采取行动遂行任务。这与美国天军建立大胆、敏捷、创新军种的要求一致。美国天军将使用"任务式命令"(MTO)指挥下级部队行动,并与美国太空司令部一起推动"任务式命令"的实施,从而增强太空部队作战指挥控制的弹性和响应能力。

很快,美国天军的作战行动将得到人工智能辅助增强,以机器的速度观察、判断、决策、行动(OODA),各级指挥官必须为此做好准备。预计自主能力将深度融入决策和指挥控制结构之中,因此太空训练与战备司令部将会开展指挥官培训,令其掌握"任务式命令"编制和发布技能,而且要指导人员和机器共同执行。对太空职业人员和情报系统的人员进行专门培训,令其有能力周密谋划,基于条件授权,在人在环路、人控环路、完全自主作战之间灵活转换,结合人类判断,在对抗条件下牢牢掌握决策优势。

4. 发展融入联合的世界级队伍

1)联合部队的一个新军种

每个军种都要为联合部队提供对国家有责任感、对使命有献身精神的作战人员,但每个军种的作战人员又各具作战域赋予的鲜明特征。虽然美国天军有些专业知识和技术与其他涉及太空领域的组织相同,但作为实现军事目标的太空职业军人,还需要精通太空域作战的专业知识和作战艺术。太空域的战争特性与其他作战域存在根本上的不同。为了赢得战斗胜利,需要发展自己独特的系统、战术和学说,打造专业化的作战队伍,开展专门的教育和训练,积累作战经验。

2)以价值观为取向的军种

核心价值观是美国天军的精神支柱。敏捷、创新、赋权、任务式指挥、伙伴关系等各项工作的成功均取决于美国天军每个人共同的价值观。需要天军所有成员都能理解、践行和巩固我们的核心价值观。

美国天军将在各级领导的带领下培育并最终形成天军自己的核心价值观。在此之前美国天军将沿用美国空军的核心价值观——诚实至上、无私奉献、力求卓越。

3)提倡多样和包容的军种

美国天军肩负着保卫美国人民和美国理想的职责。有不同背景、技能和经验的专业人士加入,会增强美国天军实现国家安全目标和解决复杂问题的能力,同时还能防止以自我和小团体为中心,形成群体偏见。

成立新军种给美国天军成员们创造了一个重新开始的机会,从政策到军装、家庭保障、人员发展、设施标准等一切都是全新的,每项工作都体现了美国天军的包容性。美国天军不再坚持工业时代的招募标准,不再突出强调整齐划一而忽视个体文化和习惯。

美国天军认可每名成员给军种文化带来的贡献,并相信美国天军伟大的使命职责会鼓舞拥有不同背景的每个人,令他们认同美国天军的标准,让其更加强大。美国天军不会接受军中存在有意或无意的偏见,并且会制定反歧视政策积极加以防范。

4)信息时代下招聘和留住人才

随着未来规模扩大和任务增长,美国天军需要更多的太空职业人员,一定要招募最好和最聪明的人才。针对这一需求,美国人力资源局将与一些著名招聘机构建立合作关系,招募各种具有不同背景的技术人才。美国人力资源局将开展一系列招募宣传活动,包括体验式宣传、合作宣传、媒体宣传和文学作品宣传,提高公众对太空的关注和兴趣,吸引人才加入。并且美国天军不会被动地等待优秀人才毛遂自荐,还要制定多样化的招募标准主动招贤纳士。

这些人才招募进来后,美国天军还要努力做好管理和培养工作,留住这些人才,这对其保持长期发展活力和取得成功至关重要。天军规模小、扁平精干的优势可令人才能够获得更好的个人发展。美国天军紧密围绕打赢制胜培养聚焦太空作战的人才队伍，使其掌握必要的经验和技能，为人才职业发展创造各种机会，同时也会充分考虑他们的利益。美国人力资源局需用好用足现有的军职和文职人事管理权，包括直接雇佣权等近期修订的法律授权。

还要把目光投向美国国防部其他部门和外部机构，包括国家安全、民用和商业等所有航天领域，为天军挖掘优秀人才，为人才提供发展机会。还将招募著名专家和具有独特经验的成熟人才，从而能够立即发挥其作用，同时还将选拔一批具有领导和创新潜力的人才组建一支初级军官队伍。美国天军将创造机会促进高层次人才在企业和政府岗位之间双向流动，其成员也可派到企业或政府其他机构挂职，从而掌握最新技术和管理经验。

5）贴近实战训练

美军长期处于竞争环境，太空能力很可能是对手首选的进攻目标。在竞争和冲突中，对手将通过降级系统、破坏网络、释放错误信息或中断通信来制造战场迷雾和摩擦。美国天军将开发和采办一系列高保真训练模拟器，引入虚拟现实、增强现实、人工智能等技术，培育批判性思维和战斗决策技能，提升与有思想、反应灵活对手的作战能力。

各级指挥官必须确保所辖部队的作战编组指挥长和任务主任熟练运用作战概念，如自身防御作战、可接受的风险、给任务造成的风险、给部队造成的风险等，并随时准备在紧急情况下做出合理的战术决策。鼓励专家系统围绕指挥官意图有效管理和谨慎接受风险。

6）批判性思维和沟通

一个精干、敏捷、以任务为中心的军种需要所有层级保持高效顺畅的联系、协作和沟通。美国天军倡导分享见解和信息的文化，要求向指挥链上下级主动提供任务背景，从而确保其太空职业人员了解自己的任务、理解指挥官的意图，及时知晓要求的变化。并认为清晰准确的口头和书面沟通对有效决策和实施行动至关重要。

美国天军重视用批判性思维和数据驱动方法解决问题。参谋主任将发布指导文件，为太空职业人员如何实现结构化的数据驱动决策建立标准。与任务式命令类似，工作流程标准化并不是为了束缚太空职业人员思考，而是为了提高他们快速分析复杂问题、制定和评估行动方案以及优选最佳方案的能力。

7）职业教育

作为太空作战的领导军种，美国天军将促进太空作战学说条令与兄弟军种以及国家、联合和多国机构的学说条令同步和集成。调整太空职业人员训练和教育工作的重点，围绕太空作战岗位发展需求，优化训练内容和课程设置。太空职业人员还可以通过高等教育深造、岗位轮换交流、派遣至联合和多国部队任职等多种途径积累职业经验。

为了提升太空职业人员的战术素养和领导能力,美国天军将重点培养七个军事太空力量专业领域的领军人才。在本科级太空训练(UST)中打牢太空作战基础知识,通过高级训练(AT)拓展专业知识,培养7个专业领域的专家。太空训练与战备司令部将首先为轨道战、太空电子战、太空作战管理、太空进入与维护4个专业开设专门的教学课程。此外,对于军事情报、网络作战、工程与采办3个专业,太空训练与战备司令部还将在原有课程的基础上增补太空领域教学内容,为有意加入美国天军或为其提供支持的人员进行扩展培训。

8)家庭关爱和保障

能否满足太空职业人员的家庭需求和军属期望直接关系到能否留住多样化、有才华和有能力的人才。既要支持天军成员的发展和成长,也要重视其家庭的发展和成长。与空军合作,改善儿童保育、住房、家属就业等,加大资源投入,使天军更具吸引力。开发和使用专门的人力资源管理工具,辅助解决天军成员军事岗位调动造成的随军家属就业问题。

5. 以作战要求速度提供新能力

1)分析推演驱动兵力设计

过去几年的军种级兵棋推演已聚焦到与同级对手的冲突场景上。这些兵棋推演得出的认识和结论为未来兵力发展提供了指引,同时还展现了太空作战能力可大幅提升美国联合部队效能、效率和灵活性。

兵棋推演表明,在任何大国冲突中,美国联盟和伙伴关系都是美国取得胜利的关键因素。美军将支持和保护其盟友,反过来其盟友会补充其能力。

太空中没有国界。这意味着太空中没有领地概念能够分隔开双方的部队。地球上的部队各处一方,从而能够建立早期预警,实施机动防御,通过可信升级控制能力实施威慑。但目前太空中没有类似规范,使得行为体可以在太空域任意位置、相对于其他航天器任意距离上运行。潜在攻击者可以接近其他太空资产,从近距离先发制人地发动突袭。这导致了"要么使用它,要么失去它"的两难困境,给威慑造成了潜在的不稳定,会引发冲突加速升级。为避免陷入这种困境,天军的兵力设计必须要降低脆弱性,以应对敌方先发制人突袭,并且提供纳入太空战修正的升级控制选项,以确保联合指挥官夺取或重新掌握主动权。

此外,兵棋推演还表明,太空力量分布于多个作战域,存在固有脆弱性。太空作战依赖于轨道段、地面段和链路段,每部分都为对手提供了一个攻击面,对手会选择最脆弱的部分实施攻击来削弱整个体系的效能。天军必须确保联合指挥官做好准备,对支撑联合部队的关键太空资产实施防御。

2）规划计划结构性调整

打赢制胜能力是天军所有任务的核心。虽然过去几十年美国的军事太空能力在作战中发挥了重要作用，但主要用于支援作战，其系统不是为了打赢开始于和延伸到太空的战争而设计。仅对以前的系统进行小规模修改无法达到预期效果，从打仗制胜角度考虑太空体系将颠覆目前的设计和工程选择。

天军立项的项目应为联合部队提供能打仗的能力，是联合作战指挥官达成作战目标的军事支撑之一。天军支撑联合作战指挥官保卫美国人民和领土，捍卫国家和盟友利益。太空作战部长表示愿意承受使用原有系统给能力和可用性上带来的风险，用以换取大规模结构调整机会，从而构建具备弹性和防御能力的新一代系统体系。天军的兵力设计必须要基于对潜在大国对手的能力预测，采取威胁导向、数据驱动。

为了保证规划计划的一致性和稳定性，天军正在企业化战略和体系办公室（ESAO）和"太空安全和防御计划"（SSDP）办公室基础上，组建全新的太空作战分析中心（SWAC）。太空作战分析中心将负责开发未来兵力设计方案，为太空作战部长决策提供参考建议。太空作战分析中心还将为天军与联邦行政机构和立法机构就资源分配和审查监督事务有效沟通提供支持。

为了确保天军的兵力设计能够为联合部队提供可信效果，太空作战分析中心将开展已有系统增强弹性的分析论证，作为向太空域部署作战兵力的过渡步骤；同时面向未来开展兵力结构设计，满足不断变化的任务需求，实现应对威胁的弹性，并给出相关成本预估。太空作战分析中心将承担军种兵棋推演职能，从而更好地设计体系结构，深入理解天军与联合部队之间的互动关系。太空作战分析中心的设计成果经天军战略与资源局审查确认后，将提供给太空作战部长，为每年修订《太空作战部长规划指南》中有关兵力设计、军种需求和规划方案等内容提供决策支持和参考。

规划方案应把美国政府其他机构和伙伴能力纳入考虑范围，构建混合体系结构。在天基环境监测、某些战术卫星通信和定位导航授时等方面，民用和商业伙伴可提供一定程度的支撑，能够为发展下一代作战体系节省资源投入。

近期，天军通过政府和商业合作快速提升了航天发射和维护、太空域感知等领域的能力。下一步，天军将优先投资轨道战、太空电子战、战术情报等领域，获取有效防御和敏捷进攻能力，以慑止对手在太空中发动冲突或将冲突延伸到太空，一旦威慑失败，能够在太空中战斗并取得胜利。

3）以作战要求的速度采办

虽然天军从战略转向战役和战术作战，太空任务发生了巨大变化，但其采办模式很大程度上仍未转变。在当前的采办制度下，即使技术成熟、风险较低的项目,从能力需求审批到实际部署应用仍然需要数年时间。

在空军部支持下,天军将争取一些新的采办授权,涉及简化需求审批;加快立项决策;保持预算执行稳定性,提升灵活性和效率;合并预算编列条目扩大项目涵盖内容;加快合同签订速度等方面。这些改革将令天军摆脱工业时代采办和监督模式的束缚,加速新技术引入,超越对手发展速度。这些改革举措有的需要在法律或政策上给予新的授权,有的仅在现有职权下转变做法即可实现。天军承诺在推进改革的同时确保美国国会和其他利益相关方实施有效监督。

4) 增强竞争优势

2017 年《国家安全战略》指出,"敌人和竞争对手(已经)变得善于在公开军事冲突门槛之下和国际法边缘行动。"敌人积极创造和利用"灰色地带"达成政治目的,避免触发美国拥有明显军事优势的传统冲突。天军将提供特有的太空支撑,为作战指挥官提供灵活的支持,从而压缩灰色地带的利用空间。例如,太空域感知可以揭露和归因非法或敌对行为,为更好地了解情况、合法地做出反应创造条件。

天军的兵力转型设计还必须考虑增强美国天权中民用和商业太空实力。《第四号太空政策指令:建立美国天军》以及《美国法典第 10 卷》有关条款均要求天军保护美国的利益,包括太空商业利益。最近天军发布的《2020 年航天工业基础报告》阐述了天军在帮助有发展前景的商业伙伴验证新技术获得初始风险投资方面能够发挥重要作用。天军将利用战略投资帮助美国增强航天工业基础,提升多样性和竞争力。民用和商业航天的发展为近地轨道以远的太空探索和商业化开发铺平了道路,开发的相关技术令天军获益,同时也对天军能力提出了更高的要求,需要我们具备地月空间及以远的感知、通信以及保卫美国利益的能力。

6. 扩大合作促进发展与安全

不断发展和扩大伙伴关系能够提升天军的体系规模、能力和弹性。天军将在已有合作基础上,进一步把伙伴的太空能力整合进其综合体系之中。

1) 与联合部队集成

美国空军是天军最亲密的伙伴。天军将依靠空军完成两项我们共同的任务:空军将运营天军的基地,为天军全球各地部队的联络提供帮助;为太空职业人员及家属提供服务保障。

天军将加强与所有军种的合作,积极参与联合和其他军种的兵棋推演及能力开发,了解他们多域概念和太空需求,为综合集成创造机会。

太空职业人员必须要成为专业的集成者和沟通者,以确保联合部队所有军种和各级单位及时了解快速发展的太空能力与威胁及其对联合作战的影响。

为了确保联合部队指挥官能够更好地利用太空域独特的作战能力,天军首席作战官(COO)将负责联合部队海上组成指挥官(JFMCC)、联合部队陆上组成指挥官(JFLCC)、联合部队空中组成指挥官(JFACC)和联合特遣部队(JTF)训练课程中太空训练模块的更新修订工作,从而提高联合军官对太空作战能力及独立或联合运用的认识。

为确保多军种背景的天军成员更好地理解天军规划指南,为天军建设做出更大贡献,太空作战部长命令整个天军使用联合规划方法。除非空军部另有指示,否则天军的训练模块将全部采用联合样式、格式和术语。这将确保天军与基地军种统一标准,紧密融入联合部队。

2)与情报界集成

随着任务转变和新威胁的出现,对太空域情报需求持续增长。天军将继续加强与整个情报界的合作,特别是美国国防情报局、美国国家地理空间情报局、美国国家侦察局和美国国家安全局等。目前的合作主要集中在保护和保卫太空资产任务上,未来必须向各层级作战协作拓展。现在,天军正在与多个机构进行更深层次的协调。未来,将进一步共享战略,同步美国国家安全太空能力和行动,以探测和表征威胁、挫败攻击,并对侵犯做出反应。

作为太空域情报的中心节点,天军将重新调整美国空军的国家航空航天情报中心(NASIC)涉及太空领域的相关职能,在原有地点成立隶属于天军的国家太空情报中心(NSIC)。预计未来对基本情况以及战术、战役和战略级太空情报需求将持续增长,天军将建立跨部门的天军情报监视侦察工作体系,美国国家太空情报中心在其中发挥核心骨架作用。

3)多国合作

多国合作有助于增强威慑和促进稳定。美国将利用其盟友和联盟伙伴的作战和采办能力,识别和填补其太空体系的能力差距。美国将采取措施帮助其盟国加强其太空能力。包括能力发展合作、专业教育和训练、作战协调和联络等。美国不仅扩大自己的合作网络,还将努力成为其他伙伴的首选合作方,为其提供集体安全保证。

以前太空是一个很少有争斗的领域,因此美国很有安全感而忽视了合作。目前安全环境发生了巨大变化,要求美国加强与其伙伴和盟友的互操作,实现作战能力全面集成。天军将重新评估数据共享协议和保密管理制度,去除那些影响太空多国合作互操作性的障碍。天军将推动合作伙伴深度参与其作战和能力发展,以降低成本,提升弹性,加快能力现代化。

天军的合作对象还包括美国企业界、民间组织、科研院所和政府部门。扩大合作的一个关键抓手是建立灵活裁减的体系结构和开放式标准,从而能够快速、高效费比集成所有合作伙伴的能力。

7. 创建数字化军种,加速创新

数据和信息、技能和工具以及应用和创新是加快天军决策速度的发展方向,未来将渗透进天军所有关键活动之中。

要驾驭最前沿的技术,以超越对手进步的速度加以应用,这需要天军必须改革能力开发流程。在天军采办计划下,天军将主导实施数字化工程和标准工作。将采用数字孪生和基于模型的系统工程技术,推广敏捷软件开发和开发安全运行一体化(DevSecOps)方法,以完善采办模式,加快能力开发。在硬件制造、物流、软件开发和大数据分析等领域,美国的先进企业普遍采用这些技术和方法,为自己赢得了商业竞争优势。天军也必须转型,把企业界的最佳做法、工具和标准运用于军事太空能力的开发和作战上,获得像先进企业一样的敏捷性。

为有效驾驭这些技术,天军需要培育自己的"数字化人才"。天军人员必须要适应技术发展,并有能力围绕国家安全目标加以应用和改进。他们应能够在"数据空间"中思考和行动,关注重点应从以产品为中心的工作流程转变到以数据为中心的解决方案上。此外,将从天军成员中优选人员组成建模卓越团队,以引领天军数字化工作,提升能力,加强与企业界合作,使天军能够利用建模仿真创造出更多的数字化采办范例。天军成员在整个职业生涯中将持续接受数字流利度训练,从先进的数字化训练环境开始,直至实现数字化辅助决策。

在实施数字化工程和数字流利度训练的基础上,天军还将推动涵盖所有任务的"数字化作战",以增强全域感知能力,构建综合信息支撑的强健指挥控制决策能力,以更快的速度闭合杀伤链。为此,天军将广泛利用基于商业的先进数字化技术,包括软件定义网络技术、大数据分析技术、机器智能技术、边缘云计算技术和模块化即插即用系统技术等。数字化技术不仅应用在我们的武器系统中,还要应用在我们的工作流程中。天军将应用数字化技术打造"数字化总部"。全面实施数字化战略还包括投资建设数字化工程的数据和分析基础设施,以确保天军所有数据可发现、可访问、可理解、可关联、可信任,并且支持多层安全机制。

自动和自主将加快天军的行动速度,简化行动组织,优化任务和总部效率。应用机器学习和可信自主技术,将使天军人员实现数据驱动决策,改变目前由人工处理太空作战产生的海量数据、手动排序和凭感觉决策的现状。

这场数字化运动给天军带来的一项重大收益是提高人力资源使用效率。那些重复、耗时、不需要脑力的工作可交给自动化系统完成,将为天军成员解放出更多的时间进行训练、教育和推演,从而获得世界级的作战力量。另外,使用前沿认知工具从事高技术工作对优秀人才极具吸引力,这为天军招募和留住太空职业人员创造了优势。技术与创新局将负责领导自动化和数字化工作,计划在未来一年里通过数字化提升效率,进一步释放出15%的驻训时间用于高级训练。

7.5.1.3 《美国天军数字军种愿景》

2021年5月6日,美国天军发布了《美国天军数字军种愿景》(图7-14),希望成为世界上第一个全数字军种。该文件实际上是对美国天军《太空作战部长规划指南》(2020年发布)中提出的"创建数字军种,加速创新"这一优先事项的具体落实,它阐述了美国天军当前进行数字转型的必要性和迫切性,给出了数字军种的定义及其三大原则(即互联、创新和数字主导),明确了四个数字化重点领域(即数字工程、数字人员、数字总部、数字作战)。另外,预计在今年夏季,美国天军将会发布与该文件相配套的转型路线图,进行更为详细的探究并确定正在进行和已经计划的关键举措。

图7-14 《美国天军数字军种愿景》文件封面

现将《美国天军数字军种愿景》主要内容编译如下:

1. 发布背景

美国天军作为信息时代下组建的唯一军种,拥有"天生数字化"的独特机遇。太空是一个作战域,美国面临的威胁覆盖的距离很远且速度极快。美国必须自行接受信息时代工具,确保太空域对于当前一代以及下一代是安全、稳定和可进入的。美国天军将成为世界上首个全数字军种。天军将成为一支互联、创新、数字主导的部队。

天军成为数字军种不仅仅是一代人的机遇,也是作战的必然要求。这种必要性由两大因素推动:威胁的性质和天军的规模。该文件认为,美国潜在对手正在以惊人的速度制造各种威胁,直接影响太空中的稳定和美国作为航天大国所享有的许多利益。为应对这些威胁,美国必须在领导关系、采办、工程、情报和作战的所有方面采取更加迅速和果断的行动,以持久驻留在对手的观察、调整、决策和行动(OODA)环内。此外,由于天军规模相对较小,为实现上述目标,天军必须汇聚一支技术精湛、"数字流畅"的太空骨干队伍,其熟练、高效和敏捷程度将超过历史上所有其他部队。

该文件首先阐述了成为数字军种的必要性。随后描述了什么才是数字军种的理想愿景,包括关键概念的介绍和定义,它们构成了整体"数字化流畅"的基础。该文件还解释了四个数字化重点领域及其范围和重要性,以及相互间的关联性。这些重点领域为实现数字化提供了一个框架,将影响即将出台的数字转型路线图。

该文件认为,虽然现已委托技术与创新办公室负责美国天军的数字转型,但这并不只是他们一个部门的责任。事实上,将自己打造成数字军种是天军每个人义不容辞的责任,每个人均应具有合作、无畏、持续学习能力,以及多样性、包容性和适应性。每名天军人员无论其职业领域或背景是什么,都应抓住机会接受新技术以及将日常工作迁至"数据空间"中,并在这一过程中必要时鼓励同伴。

2. 发展数字军种的动因和紧迫性

创建美国天军的根本原因(威胁真实存在且迫在眉睫)决定了美国为什么必须成为数字军种。此时此刻,潜在对手正在努力快速缩小差距,以消除美国在太空域的优势,他们正在比美国更快地加紧部署太空、太空对抗、网络空间和电磁频谱(EMS)能力,且在某些情况下部署速度远远超过美国。鉴于太空能力作为现代联合作战环境的一部分所发挥的重要作用,美国国家安全和经济繁荣面临着无法承受的风险。

为解决这一威胁,美国必须立即采取行动。需要利用信息和数据,以前所未有的速度和效率加速联合太空能力的开发、部署和运行。必须利用数字化解决方案,以适应敌对、复杂和动态的环境并实现自身的发展壮大,该环境相比于任何其他防御域和任务集,本质上更受制于技术,但同时技术也是推动力。事实上,太空是唯一一个能实施军事行动但没有人类存在的物理域。天军作战人员对该域的一切经验都来自于从太空中接收的数据,以及快速分析该数据,以形成天军优势的能力。鉴于这一作战现实,以及天军必须甚至更为广泛地利用数据和信息才能在高度竞争和拥挤的作战环境中占据优势,天军将通过采纳现代技术和手段,进行大规模文化与技术转型,以成为真正的数字军种。数字转型旨在使美国重新获得主动权,并在美国开创的太空域保持优势。

天军规模为数字转型提供了另一个动因,即为了利用小规模、专业化军种完成天军的众多使命,天军必须极其精干且高效。

通过这种数字转型,天军旨在培育一种环境,在能力开发的每一方面都能孵化出快速转变、创新的解决方案;消除官僚主义,并实现在各个层级都能进行快速、数据驱动的决策;借助先进的训练内容和恰当的职业激励,将在整个协同体系中释放出天军优秀人员的能量。数字天军不但能形成全面竞争优势,掌控未来太空冲突的各个环节,还能为兄弟军种树立在作战域存何种可能性的楷模。

需求不必非常清晰,面对全面改革美国国防太空体系的历史机遇,天军必须迅速且周密地行动起来,将自己打造成数字军种。在所有这些工作中都不能改变的是,确保数字军种在网络空间和整个电磁频谱中的安全对于美国至关重要。

天军认识到,这一数字转型需要时间,需要克服一系列挑战才能实现目标。虽然天军正在积极努力,改进其与美国空军共享的数字基础设施,但仍有许多工作要做。天军必须利用与工业部门和政府的合作伙伴关系,确保天军所依赖的数字基础设施能够满足现代要求。此外,天军必须在进行数字转型的同时进行文化转型,以培育一种环境,鼓励胆大敢为、透明公开、持续创新,并权衡潜在机遇与承担风险。天军还需要重新反思那些束缚天军的过时政策和流程,以确保其能比对手更快地创新和适应。克服这些挑战将需要一项综合计划,以便统筹当前和未来各项活动。这一计划的制订对确保长期成功至关重要,将在即将发布的路线图中加以解决。

3. 数字天军愿景

天军面对威胁日益增长、专职人员队伍规模较小的严峻现实,迫切需要开展数字转型工作。下面将确立并阐释数字天军愿景的完整范围。

1)数字天军愿景的定义

数字天军愿景的定义是:一支互联、创新、数字主导的部队。下面讨论这三大原则,包括它们之间的关联性以及递进性。

(1)互联。

一支互联的部队能有效和高效地同支持任务的众多利益相关方共享相关信息。这必然包括实现与促进信息和思想自由交流所需的人员和基础设施。

互联部队的基础是数字基础设施,天军要真正做到"数据中心",就必须将数字基础设施视为重要的战略资产。必须以高带宽、冲突期间可靠运行来确保数据网络,保障各安全层级的安全。共享数据库必须对于有需求的人员保持可见和可访问,而对无需求人员则是具有安全防护措施。基于这种强大的数字基础设施,就能建立一个可信、可理解、可协作的环境,它包含有用户工具和应用程序,以实现与受保护的各类数据的安全交互。此外,天军必须得到不再受限于单个物理位置的场景支持。这可以使天军具有灵活性,让天军人员如"数字游民"那样进行虚拟操作,从而作为机动部队的一部分,从不同地点无缝地支持各种任务。必须探求与地点无关的解决方案,以实现基于服务的分布式功能,而无须考虑所支持的任务和所涉及的数据保护要求。所有这些要素还必须完全联接起来并可互操作。

实现全面互联不仅需要强大的数字环境,而且还必须解决人员和文化方面的问题。天军将建立并鼓励所有利益相关方之间公开、透明的沟通,以实现部队的行动统一。未来所有天军人员都必须倾向于通过综合解决方案实现协作;每个人都应努力建立全局意识,实现相互协助。这就要求天军人员在整个部队从横向和纵向均培育一种坦诚互信的文化,在这种快节奏、高威胁的环境中,必须时刻牢记自己属于同一个集体。

成为一支互联部队的另一个重要方面是各组成部分联接的宽度。与工业界的针对性合作关系可以获得快速发展变化的技术。通过吸引新的和具有前瞻性眼光的企业与天军合作,并在任务活动中迅速增加对商业数据的应用,可以实现远超天军自身水平的整体能力。此外,与学术机构的合作将使天军有机会获得学位和证书,从而培养和发展一支训练有素的专业化人员队伍,并形成研发合作机制。此外,寻求和加强与兄弟军种、国内机构和国际盟友间的合作,在扩大天军影响力与价值的同时,还能分担转型成本。在建立伙伴关系的过程中,应确保天军拥有适当的数据权利,以提高灵活性并加强控制,这一点至关重要。最终,在扩展至更广泛利益相关方的可互操作数字合作环境中,可以获得内在的力量、效率和集体智慧,天军将积极建立并加强这些伙伴关系,以惠及各方。

(2)创新。

一支创新的部队通常乐于接受新的方法并随时准备改变现状,才能不断发展、完善和进步。在数字军种背景下,这种创新必然涉及新技术的开发和利用,以便更有效应对变化无常、对抗环境下的不确定性。由于天军人员不仅需要具备相应的技能才能有效进行创新,还需要适当的支撑结构和激励才愿意创新,因此授予全体人员以相应的权利对于愿景的创新方面至关重要。

作为这支小而精干的军种的一部分,每名人员都必须是变革的推动者,能够针对棘手的问题提出大胆而富有想象力的解决方案。为鼓励这种精神,持续学习和个人成长应成为天军的座右铭。所有人员都有责任不断扩充其"数字流畅"能力,磨炼技能,以便与这个高度动态变化的数字环境保持同步。此外,天军还应借助最先进的方式及时开展相关学习活动,以弘扬上述价值观。结合上文讨论的协作和互联的力量,天军专业人员将获得与当前和新兴技术相关的培训、教育和行业沉浸机会,以实现并保持"数字优先"的观念。

天军还需要通过多种渠道吸引并留住具有适当技术能力和不同风格的人才,以确保天军拥有顶尖的数字人才和必要的视野。借助天军通过互联建立的伙伴关系，广开招贤纳才渠道，以实现招募目标。在短期内，将在整个天军招募具有进取精神的高级技术专家，同时发现和培养年轻骨干力量，播下未来领导人和创新者的种子。此外，使天军成为"数字游民"的相关技术也将造福于更广泛的使用者群体。这有助于实现天军人员思维和专业知识的多样性，以及工作背景和经验的包容性，从而催生更多的创意，防止群体思维，并推动创新。

除投资培养一支"数字流畅"的人员队伍外，天军还必须营造环境来释放其成员的潜能，包括为天军人员配备恰当的工具，以充分发挥其技能。为有效应对对手的威胁，天军必须积极尽早采用前沿、用户驱动的技术，它们代表了工业部门提供的最佳能力。另一个重要问题是必须拥有适当的数据权利，以确保天军对其能力有必要的主动权。最重要的是，为真正获得颠覆性创新，必须赋予天军人员按自己想法行事的权力。天军人员必须获得心理安全感和职业激励，以便展示自信并在必要时敢于承担风险。为实现这一模式转变，天军应修改绩效评估框架，以认可并珍视这些品质。此外，在这一数字转型过程中，天军要敢于让每个人都成为导师和领导者，并坚持将决策下放至可行的最低层级。通过培育这种文化，天军就能摆脱传统的消极心态，建立一个自下而上、有机创新的环境，从而推动数字转型。

（3）数字主导。

数字主导的部队能将累积的技术实力转化为强大的力量倍增效应，从而比任何潜在对手更快、更有效地开发、部署和利用各种能力。为实现持续主导，需要将上文所述的各种互联和创新要素逐步引入并综合到天军工作的方方面面，以便为联合作战部队提供支持。

数字主导的关键在于人员。天军必须打造一支资源配置得当、得到充分授权、"数字流畅"的人员队伍，该队伍时时处处拥抱创新并受到积极鼓励。基于"肯定的文化"、精简的业务流程和健壮的数字工程生态体系（DEE），天军人员就能在"数据空间"中进行直观思考和行动，完全有能力应对所面临的动态挑战。最终，必须设法使所有人员都作为"内部创业者"，拥抱数字技术，推动创新，并在整个组织流程和运作方式上取得突破。

要拥有"数字优先"思维并成为数字主导，就需要建立一个广泛创新、"数字流畅"的天军专业人员网络。天军专业人员会本能地优先考虑具有可操作性的知识，而非静态产品（如报告、评估、图表、简报图等）。在传统的产品中心模式中，主要关注的是创建孤立、无变化的交付品，它们产生于信息不完美的工业时代。糟糕的是，这些过时而零碎的交付品创建和管理起来往往非常麻烦，且不能为任务或决策过程提供相应的价值。优秀的模式将是数据中心模式。这种模式可使人们在数据空间中快速获取和交换所需的信息与知识，包括与任务相关行动和结果息息相关的精简、动态、同步输出。最终,数字天军将做出数据驱动决策,以目前难以想象的速度来部署和运行突破创新性太空能力。

通过上述互联的创新途径,数字天军将能够快速采办、开发和部署"改变游戏规则"的能力,并利用精简的人员队伍战胜威胁。天军将建立并鼓励与其他军种、国家机构、国际伙伴、学术和研究机构以及商业部门间的联系,使天军成为颠覆性技术机遇的推动者与采用者。通过把这种广泛的数字合作与天军有机能力结合起来,天军将成为数字主导军种。通过这种数字主导,美国将获得优于竞争者和对手所需的速度和敏捷性,从而保持太空优势。

2) 数字化重点领域

天军发布的《太空作战部长规划指南》强调指出,迫切需要"创建数字军种,加速创新"。为更好了解需要做出变化的范围,以及确立实现这些变化的框架,《太空作战部长规划指南》还确定了四个重点领域(图7-15):数字工程、数字人员、数字总部和数字作战。为实现"数字军种愿景"的原则(即互联、创新和数字主导),必须对每个重点领域进行大量统筹投入。这种投入会带来无可估量的长期优势,能使美国用一支精干有力的部队来面对并战胜威胁。同时,也将获得很多短期收益,包括成立天军这个新军种的明智途径,实现《太空作战部长规划指南》所要求效率的手段,例如可用于人员培训的驻训时间增加15%。

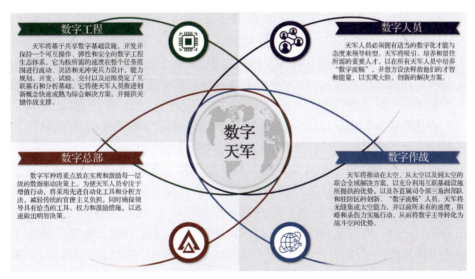

图7-15 美国天军四大数字化重点领域

这些重点领域彼此相关,必须统筹推进。天军需要与空军职能部门以及空军合作伙伴进行广泛合作,以加速投资优先事项以及振兴共享数字基础设施,确保满足所有任务需求。按照《2020年美国国防部数据战略》要求,天军将与更大的群体合作,以确保整个"技术栈"的设计、采购和使用,并从一开始就把数据和过程互操作性作为核心要求。天军还将联合美国国防部、学术界、工业界和国际合作伙伴中具有创新意识、并正在着手自身数字转型的领导者。即将发布的路线图将包含具体的实现指南,连同有形投资和相关衡量标准,它们将提出合作机会,并按照上述四大重点领域进行结构上的安排。这些重点领域彼此交织、密不可分;任何一个重点领域出现问题,天军都不可能成为真正的数字军种。通过在这四个重点领域全部推动数字主导,才能实现数字天军的愿景,并巩固在数字领域的优势,进而推动太空优势这一更大目标的实现。

(1)数字工程。

按照2018年《美国国防部数字工程战略》,数字工程的关键目标是管理当前极具复杂性的武器系统采办工作,以及加速从概念到部署、再到运维的整个能力开发生命周期并使采办过程现代化。在权威信息源的驱动下,通过结合大数据技术,利用基于模型的系统工程等手段并以共享的建模与仿真(M&S)框架为基础,对需求和测试的管理将是从作战人员到开发人员,再从开发人员回到作战人员,并将其作为总体技术栈内一个持续、虚拟的数字主线。天军将开发体系级架构,它能准确描述与威胁模型和预期作战效果相关联的最优兵力设计,同时支持更广泛的美国国防部体系的战略意图、合作与合作伙伴关系成果。天军将采用敏捷实践快速创建和部署增量解决方案,建立开发安全运行(DevSecOps)一体化工厂来促进软件开发,并从开发之初便将安全因素纳入考虑范畴。天军不进行只有少数人参与的里程碑、基于人工制品的技术评审,而是在增量和持续的基础上,让所有相关方有针对性地参与进来,同时还将确保天军遵守与关键采办决策点相关的适用法律和政策。天军也将建立"数字孪生",将这些要素紧密联系在一起,作为敏捷能力开发与测试的一部分,从而实现同任务伙伴的合作,以及无缝过渡到运行和持续维持中。

改进和加速能力生命周期在很大程度上依赖于安全、蓬勃、弹性的数字基础设施,该设施由先进、可互操作的低延迟网络提供所驱动。在此底层基础设施之上,天军还将建立必要的工具、应用程序和接口,使用户能够生产和操纵数据、模型与分析,所有这些构成了一个架构完整的数字工程生态体系。数字工程生态体系将能实现从任何地方进行及时、可靠和多级安全的访问,同时针对每个重点领域的所有任务相关活动,促进天军人员之间高效协作。此外,持续进行投资,通过与不断发展的能力和威胁相同步的定期技术更新,保持数字工程生态体系性能有效和安全,确保天军人员始终有随时可用的现代和可靠技术。随着数字工程生态体系的实现,协同正在进行的采办简化工作,天军可以以作战相适应的速度领导变革,保持领先于对手。

(2) 数字人员。

数字人员这一重点领域包括两个相辅相成的方面:才能和态度。①在才能方面,天军将实施一项大胆的、新的《天军人员战略》,以挖掘并依赖每个人的独特优势,为互联的高效团队提供动力。天军将充分利用小军种固有的选择特性,吸引和招募全国精通技术的人才,并将人才放在完全集成的数字人员队伍中进行管理。作为实现并保持"数字流畅"战略的一部分,天军将确保天军人员能够及时获得定制的学习机会,以磨炼和更新相关技术技能,使他们能直观地优先考虑数据中心解决方案而非产品中心流程。也将为管理者们提供必要的工具和洞察,以在人员雇佣、发展机会和职业提升方面做出明智而有效的决策。最后,还将建立新的职业系列、晋升框架和评估方法制度,以培养建模、数据科学和软件开发方面的专长人员,并建立培育数字优先思维的顶层创新文化。②在态度方面,将激励天军数字人员相互合作并授权他们采取行动。每一层级的每名天军人员都将自然地乐意与他人分享自己的知识和专长,从而使得天军整体上能够进行"超出自己量级的较量"。例如,鼓励天军人员在牢记安全要求的同时分享信息,不仅是在各自任务范围内,而且还面向更大的相关方群体,以了解不同观点,并促进体系共识。最重要的是,将授权天军每名人员,迅速采取与自己责任级别相称的行动。除非更高指挥层级明确保留权力,否则"否定式指挥"将是默认指挥类型,鼓励并授权天军人员采取行动。尽量确保数字人员不会受到官僚程序的过度束缚,因为这只会阻碍人们快速且大胆地行动。归根结底,必须使天军人员具有走向成功的适当技能,同时为他们营造适宜的环境,使他们不断成长并随后摆脱困境。

(3) 数字总部。

数字总部概念并不是指一个地点,而是指一种功能,即在天军每一层级进行有效和高效决策的能力。为有效决策,将数据视为战略资产,利用数据可进行对不确定性的数字赋能管理,并为灵活、数据驱动的决策提供动力。意识到传统的基于文件的沟通作为不完美的中间沟通形式过于繁琐,将在数据空间中直接促进同决策者以及决策者之间的直接合作。同时,针对从数据洪流中识别相关信息这一难题,可通过沉浸式可视化和可以随时随地访问的定制仪表板轻松解决。最后,鉴于任何实际决策都会涉及风险管理、优先级区分和资源分配,美国天军将使用类似数字战备、数字能力综合管理和数字项目目标备忘录(POM)规划这样的概念。这些概念可提供分析基础,以支持敏捷和有依据的作战风险管理、战备、投资规划和成本-能力权衡,确保稀缺资源和精力用于为天军获得最大的任务价值和优势。

为了提高效率,天军将建立数字基础设施,以支持快速、数据驱动的决策,并将人员从不会增值中解脱出来,或可通过自动化更好地完成传统人员配置与协调活动。首先,天军将消除或重塑业务流程和政策规定,以减少官僚层级,从而能够在恰当的时间为恰当的人提供决策和支持信息。对于余下的增值流程,将在适当时利用机器学习和增强,将枯燥的人员配置活动交给人工智能例程或机器人自动化过程,从而解放天军人员,让他们能够集中精力投身于训练、教育和兵棋推演,从而推动天军成为世界一流的作战力量。更进一步,通过加速天军的决策,并根据天军数字人员的授权原则,将确保决策权下放至最低层级领导,并消除微观管理的不利倾向。最终,有效和高效的数字总部将使天军能以前所未有的敏捷性和效率,组织和倾注并提升强大的数字能力。

(4)数字作战。

数字作战在其他三个重点领域集中体现。它将通过健壮的数字化工程生态体系和无处不在的数字主线嵌入采办工作,受到恰当专业激励和创新要求的鼓励,并通过周密的权力下放和独特的发展机遇获得动力。天军将利用先进的数字工程生态体系和"数字游民"偏好,从不同地理位置进行几乎任何任务的去中心化和最优化卫星操作。天军将通过在各直属司令部三角洲部队和驻防区建立战斗开发团队(CDT),推进数字作战,并为这些团队装备必要的数字技能、工具和资源,以针对当前和不断发展的能力集群的大部分迫切痛点,设计快速、创新和综合的解决方案。例如,不同于发射后的数月检查和学习,采用共享数字孪生和持续相关方互换,可以实现更快速的系统启用,因为系统开发人员已获悉了当前威胁和潜在的战术、技术与规程(TTP),同时作战人员甚至在系统部署前就可以获得"第一手"经验。在完成部署后,数字孪生仍存在价值,它是解决异常情况的有力工具,能够全面排除故障,同时最大限度地降低作战风险。最后,共享建模与仿真基础设施的使用将让作战人员能在逼真的虚拟训练场景中磨炼作战技能,以应对可以预料的遭遇,不断强调适应能力和批判性思维将有助于天军人员在发生不测事件时迅速做出响应。

显然,明智、快速、数据驱动的决策对天军的愿景至关重要,且在作战领域显得尤为迫切,因为这里时间线被缩短,行动后果被放大至生死攸关。从根本上说,在每一级别的战争中,都必须在组织上授权天军人员,并对其进行数字装备,使他们完全专注于任务,而不用考虑它在什么地方才属于冲突范围内。自动化和机器学习对这一目标尤为重要,能帮助作战人员以对手无法比拟的速度和杀伤力执行联合"杀伤网"概念。通过一张复杂、数据融合的用户自定义作战图,可以前所未有的准确性和速度实现这一点。其中,该作战图可融合和展示多源情报,并与多域指挥控制能力同步,从而交付联合作战效果。总之,数字作战整体利用其他重点领域创建一支具有杀伤力的太空作战部队,确保将数字优势转化为保持太空优势的能力。

3）行动号召

鉴于天军的规模有限，数字天军将对有效应对威胁、支持美国的国家安全目标至关重要。天军将制定数字军种应当如何作战的标准，从而通过授予全体人员一定权利以及利用"改变游戏规则"技术的力量，培育一种数字文化。在什么是数字军种方面达成共识，将为持久和可实现的数字转型营造必要环境。

关键是，每名天军人员都必须大胆识别各种机会，朝着数字军种愿景进行创新和发展。必须坚持不懈地寻求各种途径，全面改善天军的各项工作；在整个军种内，创新必须永不停止且无处不在。本着合作和赋权的精神，将继续为这种对话以及关于当前和未来数字转型倡议的信息共享提供场合。这将有助于制定和完善即将发布的路线图，进而确立实现愿景的途径。基于该愿景给出的前提，天军将加紧行动，推出大胆创新的初始版路线图，并持续更新和完善，以适应情况的不断变化。

最后，数字天军愿景以及实现这一愿景的数字转型，仅靠高层领导是无法实现的。从初级到最高层领导，每名天军人员都要为实现这一愿景贡献自己的力量。

7.5.1.4 《卫士愿景》

2021年9月17日，美国天军发布首个"人力资本计划"——《卫士愿景》（图7-16），内容涉及军官、士兵和文职，涵盖人才的培养、吸引、发展和使用，核心内容为天军人才发展的五个目标。该文件可以说是天军的人才战略，反映了美国天军作为全新的军种，在精干、敏捷的数字军种的设想中，在快速变化、复杂、严峻的太空域作战条件下，美国天军军官和士兵应具备的素质、能力和特点，以及如何培养、训练、安排和使用太空人才。该文件中还给出了《天军卫士承诺》和按季度划分的人才管理任务清单，对于深入了解美国天军士兵培养、学习和借鉴天军人才管理方式具有一定的参考价值。

现将《卫士愿景》主要内容编译如下：

1. 概述

在所有作战域中，太空最具有物理意义上的挑战性。太空行动是各国为寻求自

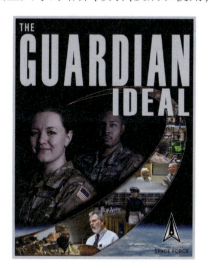

图7-16　美国天军《卫士愿景》文件封面

身利益而开展的竞争。谁具备更快的学习、预测和适应能力,谁就将获得太空优势。因此,美国天军必须发展必要的军事指挥官和专业人员,来保护和捍卫美国的太空利益,有效并可靠地履行联合部队中的太空部分的使命任务。天军首任太空作战部长约翰·雷蒙德将军指出了发展天军的真髓:"我们正铸造一支'永远在太空'的作战军种。我们的目标是促进安全、为盟友和伙伴提供保障。而且,我们将展示拒止敌人实现目标、让其付出代价的实力,从而慑阻入侵者。"

"捍卫国家利益、在这一最广阔的作战域威慑潜在对手"是美国这支最新军种的使命。天军必须身兼数职,充分利用多样性人员结构所固有的力量来保卫国家。天军将打破内部部门之间不必要的壁垒,在新的、统一的力量结构下,释放包括军职和文职在内每一名天军卫士的潜能。而且,天军将采用具有力量倍增效果的技术和工具,支持天军卫士专注于熟悉对手、预测对手并战胜对手。一段时间以后,天军将更广泛地应用流程自动化和人工智能技术,将天军卫士从日常性、重复性工作中解放出来,使他们可以加快创新工作,用新的方式和手段使潜在对手处于两难境地。这样,天军将成为美国第一支真正的数字军种。

天军要想取得成功,就必须采用不同的人才管理方式。天军的人才管理引入了监管市场的理念,整合并加强了公平、发展和特质。在新的人才管理机制下,每个人都可以根据个人倾向和天军需求自主地选择职业发展路径。为实现这一目标,天军正在设计和实施一种新的人才管理方式,以挖掘和利用每个人的独特优势,构建相互联系且高绩效的团队。

新的人才管理理念与现行军职和文职人员的管理方式截然不同,因此必须得到美国国会和美国国防部的支持才能付诸实施。天军将最大限度地利用现有的权力,但同时还需要更大的权力,天军正在努力为美国空军部和天军争取必要的法定权力,以便更好地推动新理念的实现。同样,天军还将与美国国防部部长办公室进行协调,以确定美国国防部人事政策所需的必要调整。

为提升和加强团队绩效,天军将培养深谙各种作战之道的天军卫士。即便如此,仅凭天军的一己之力也难以成功履行使命。未来战争将在全域展开,而且要与兄弟军种、国际盟友并肩作战,这就意味着,全体天军卫士都必须具备联合作战能力,才能在复杂、多变的作战环境中取胜。以团队为中心的文化将提升天军无缝融入联合、跨部门和联盟行动的能力。协作和包容精神使我们能发展和加强公共部门、私营部门和学术界的战略伙伴关系,以满足实战的速度提供新的能力,并增强新兴的太空经济的繁荣和安全。

注重吸引、发现、发展和维持多样化的人才,并将其组合为高绩效团队,可支持天军实现太空作战部长在《太空作战部长规划指南》中提及的优先事项,进而支持美国国防战略。天军将采取基于实证的方式,确保天军卫士更密切地反映他们所服务的民众,因为这是美国国家安全的当务之急。此外,天军人才管理系统将更加灵活,允许全体天军卫士在职业生涯任意阶段都可以便捷地在全职和兼职工作间转换,从而为天军卫士提供更多机会,并提升服务质量。通过人才管理系统可以对每个人的贡献潜力进行评估,然后将他或她安排在合适的层级。

天军的建立,在很大程度上是由于美国认识到需要一支专业军种来保护和捍卫美国的太空利益。天军有责任发展和培养能确保太空安全的军官和士兵。自 1947 年美国空军成立以来,天军是最新的一支军种,天军正在采取一种全新的人才管理方式,具有以下五个相互支持的目标:

(1) 在协作环境下相互联系;
(2) 引导数字赋能;
(3) 培养和吸引人才;
(4) 发展和使用人才;
(5) 集成弹性。

上述目标互为基础,共同构成聚焦太空这一作战域的新的组织文化,鼓励天军卫士实现颠覆性突破。这几个目标对于增强信任、提升透明度和落实责任至关重要,是天军取得胜利的必要条件。前所未有的、数字赋能的联合是天军走向成功的基石。

美国天军《卫士愿景》是一个指南,需要假以时日才能全面实现。天军将致力于早日实现这些目标。在向新的人才管理模式过渡期间,天军将谨记对每一名天军卫士的责任,并将在部队各级的支持和参与下制订周密的过渡计划。

2. 在协作环境下相互联系

创新以人为驱动力,需要相互联系和协作的能力。本目标的目的是要创建一种不怕犯错的组织文化,使所有人都可以发挥全部潜能。必须消除军官、士兵和文职人员之间非必要的障碍,采用更加统一和通用的人才管理方式。这些概念也适用于天军与工业界、学术界、其他政府机构、盟友和合作伙伴之间的合作。

天军必须采取果断行动,根据运行架构和文化理想,为团队建立新的愿景。《天军卫士承诺》是打造全新军种文化和表达天军价值观的重要体现。这是个性化的、面向行动的价值观表述,每个天军卫士都应具备四个方面的价值观:品格、互联、忠诚和勇气。在这份承诺中,每种价值观对应三条以"我将"开头的宣誓,这是全体将士都必须践行的行为指南。虽然许多天军卫士都将在某些岗位发挥领导作用,但是对于处于监管或指挥岗位的天军卫士来说,其被赋予的责任和期待会更高。

3. 引导数字赋能

天军必须努力成为一个真正的数字军种,如《数字化劳动力作战概念》和《数字军种愿景》所述,提高每个天军卫士的数字流畅度是成为天军卫士的基本要求。全面实现数字化将使我们实现《太空作战部长规划指南》的宗旨,将天军建成一支精干、敏捷的军种。全体天军卫士都将使用数字服务,从而加快在作战、业务流程及相关活动等方面实现创新。为实现这一目标,将创建数字化解决方案,破除内部的数据壁垒,创建聚焦透明度、沟通交流和全面决策的数字赋能文化。

全体天军卫士都需要具备一定的数字流利度才能取得成功,天军也需要拥有一支具备数字化能力的干部队伍,掌握包括敏捷软件开发、软件产品管理、产品生命周期管理、数据架构、数据分析、网络安全、网络防御和信息技术基础设施等在内的相关能力。被称为"超级编码员"的网络战士是软件编码员、数据科学家和信息技术专家的骨干人员,将领导天军的整个数字化工作。

4. 培养和吸引人才

天军最重视的领域之一是努力发现天军所需的最佳和最多样化的人才,以支持天军履行在联合作战中的使命。必须采用正确的方式:今天的新成员就是明天的天军领导。其中一个重要的关注方面就是要体现所服务国家的特征:一个独特的融合了不同观点、文化、种族和经验的美国。人才吸引计划的三个主要目标也是对天军卫士承诺的重申,包括:加强团队成员之间的个人联系、提升天军的决策透明度和责任落实、鼓励和营造一种氛围,重视坦诚的反馈和勇敢且具有一定风险的行为和思想。

利用不断增强的数字能力,天军将设计和构建一个人才运营平台,以提高吸引内部和外部人才的能力。该平台将有助于提高透明度并改善天军卫士的互动,同时促进更有针对性的募兵,更加重视个人潜力评估,并与更多样化的候选者进行积极互动。

5. 发展和使用人才

天军的人才发展和使用模式超越了普遍的发展模式,是更加具有针对性,可为每名天军卫士在其需要时提供所需的支持。加大对那些兴趣、优势和潜能契合天军当前和未来需求的个人的投入,以培养每位天军卫士所需的基础和职业技能。在初始培训和教育提供的知识的基础上,通过实践和锻炼加以巩固,每个人都能获得量身定制的发展机会。

随着天军从高度结构化的职业发展路径转向基于能力框架的管制市场式的人才管理模式,天军卫士将拥有多种发展路径。在不久的将来,天军卫士将能够看到每个职位所需的能力以及他们当前的能力水平,从而为自身发展和下一步决策提供信息支持。天军将采用更全面和综合的方式实施人才管理决策,着眼于整体力量和未来需求,倾听每名天军卫士的声音,并充分利用评估成果和数据科学。

6. 集成弹性

随着各国纷纷发展各自太空能力、探索更远的空间,作为联合部队的一部分,发展、部署、运行和维持美国太空能力的需求也在不断增长。而且,压力、逆境、挣扎和挫折是人类必然面临的环境条件。这些挑战再加上服务国家的需求,要求必须在美国天军卫士愿景的各个方面考虑增加弹性因素。弹性不仅仅是各种不连续的项目,更是贯穿在联系、吸引、发展和照顾每名天军卫士及其家人的整个过程中。天军的人才管理方法强调积极主动,防患于未然,从现在做起,全面建立心理、身体、社会和精神方面的弹性。

此外,美国天军将调整现有的、行之有效的备战和家庭支持计划,以满足美国天军卫士的需求。许多天军卫士拥有除婚姻或子女关系之外的其他重要社会关系。因此,天军将研究相关政策选项,使之覆盖这类人员,包括提供辅导和咨询。随着不同工作模式的广泛应用,包括兼职、临时工作(即基于项目的临时工作)、在偏远地区工作和远程工作,天军将开发新的社交项目,以增强虚拟环境下团队的凝聚力,并促进本地群体的联系。

太空环境异常严酷。必须要尽最大努力创建、发展和保持随时能战的天军卫士队伍,并培养他们的潜能。美国天军卫士愿景中的五大目标既相互联系、又相互支持,这一特征反映了天军内部的高绩效和多样化团队的生态系统。随着学习的深入和不断地向目标迈进,这些愿景及配套计划也会随着时间的推移而演变。

7.5.1.5 《美国天军战役支援计划》

2021年12月6日,美国天军公开发布了《美国天军战役支援计划》(图7-17),旨在落实美国在太空领域"扩大合作以促进发展与安全"的规划指导,描述了天军如何通过组织、训练、装备一支战备就绪的天军部队,以支援地理作战司令部,进一步阐述了天军的目标,明确各部门、人员的职责。天军的目标是与盟友及伙伴在多方面合作,保卫美国免受攻击,在全球和关键地区保持

图7-17 《美国天军战役支援计划》文件封面

美军优势,防止对手侵犯美国太空利益,保持有利于美国的地区力量平衡,确保全球公域的开放和自由。天军将在联合演训、提供装备、机构建设、军备合作等方面与盟国及伙伴国家合作,加强与商业太空组织合作,建立弹性的太空系统,维持太空优势。

现将《美国天军战役支援计划》主要内容编译如下:

利用安全合作和军种权力机构,同时在现有及新的联合、合作、民用及商业关系及能力领域的基础之上,天军将保持美国在太空的行动自由,赋能联合部队杀伤力和效能,提供在太空、自太空、去太空的能力。

为实现上述目标,提议采用"三管齐下"的战略方式,并行推进以下三条工作主线(LOE):

(1)扩大合作关系网络,包括联合、合作、民用和商业的伙伴,使美国天军成为太空域最可靠、最值得信赖的合作伙伴。

(2)强化初级合作关系,包括联合、合作、民用和商业的伙伴,提升在太空域的合作、协作和互操作性,从而形成更加弹性的网络和决定性的军事效能。

(3)利用优质合作关系,在作战和采办方面利用具有较强太空能力的合作伙伴,识别并弥合天军在太空企业体系方面的不足,降低成本、提高弹性,并加速推进能力现代化。

1. 战略态势

1)概要

《美国天军战役支援计划》旨在支持《作战指挥官(CCDR)战役计划(CCP)》,同时寻求天军独有的安全合作目标,并与图7-18中的太空域战略目标保持一致。《美国天军战役支援计划》的目的是通过推动安全环境向有利于美国目标和利益的方向发展,从而支持作战司令部塑造太空域战略安全环境。《美国天军战役支援计划》将集成《美国法典》第10卷中的项目和《美国法典》第22卷中美国国防部管理的项目,进而支持《作战指挥官战役计划》和军种机构目标。美国天军意图通过各自计划部门和组成司令部,实现《美国天军战役支援计划》中的行动与作战司令部战役计划保持协调一致。

2)战略环境

天基能力为军事、商业和民用应用提供了全面支持。太空领域长久以来的技术和成本门槛正在下降,使得越来越多的国家和商业公司可以参与卫星制造、太空发射、太空探索和载人航天活动。因此,美国在太空领域的优势正在缩小;同时,战略竞争对手技术进步迅速、军事现代化持续推进,威胁了美国及其盟友在太空的行动自由。

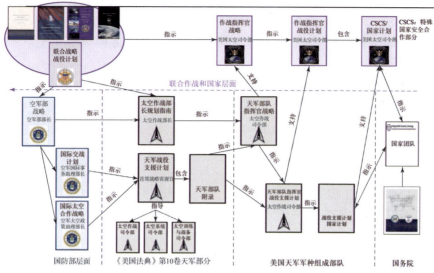

图 7-18　美国天军战役支援计划设计概念图

3) 作战环境

(1) 战略竞争对手的情况。

该文件认为,中国和俄罗斯正在快速发展太空能力,对美国的太空优势形成了威胁和挑战。中国和俄罗斯的军事学说表明,他们认识到太空对于现代战争的重要性,并将太空对抗能力视为削弱美国及其盟友军事效能的手段。中国和俄罗斯在 2015 年进行了军队改革,强调了太空作战的重要性。

中国和俄罗斯都已发展了强健且高水平的太空能力,包括天基情报、监视与侦察。而且,两国正在对现有系统进行改进,包括运载火箭和卫星导航星座。这些能力为其军队提供了全球范围内军队指挥控制的能力,增强了其态势感知能力,使其能够监测、跟踪和瞄准美国及其盟友的军队。

中国和俄罗斯的太空监视网络具备所有地球轨道卫星目标的搜索、跟踪和识别能力。这一能力支持了太空作战系统和太空对抗系统。

中国和俄罗斯正在发展卫星干扰和网络攻击能力、定向能武器、在轨操作能力和地基反卫导弹,可实现各种可逆性和非可逆性作战效果。

中国和俄罗斯也在持续扩大其与新兴航天国家的合作,以扩展能力并提升其在太空行为准则方面的影响力,而这将会损害美国及其盟友的利益。

伊朗和朝鲜均展示了卫星干扰能力,并拥有独立的太空发射能力。

(2) 己方情况。

以下两个方面的因素共同定义了美国太空体系和联盟太空部队当前的作战环境。

①在面对旨在拒止、中断、降级和摧毁美国及其联盟太空系统的动能和非动能武器时,天军当前的太空体系缺乏足够的弹性。

②全球各国以及商业和研究实体都在积极寻求与天军的合作机会。

4)战役计划假设

《美国天军战役支援计划》建立在7个关键假设之上,这些假设描述了太空中持续增长的威胁、开放进入太空带来的机遇和挑战,以及美国为实现预期的终局状态(一个富有弹性的、联盟的、企业化的太空体系,从而增强天军的太空威慑能力和竞争优势)对合作伙伴的依赖。该文件的7个假设分别为:

(1)假设1:中国和俄罗斯将持续发展提升太空计划,包括专注于情报监视侦察、通信、太空发射、载人航天和环境监测的计划,从而利用太空为国家提供一种持久的、可供选择的愿景。

(2)假设2:太空域的持续商业化将进一步降低进入太空的门槛,扩大美国及其伙伴国家受到的潜在威胁。

(3)假设3:降低进入太空域的门槛,可更显著地提升合作伙伴参与太空活动的潜力,并使美国有更大机会成为太空域安全体系下的公共代理人。

(4)假设4:美国将持续强化现有联盟,同时吸引致力于确保太空域自由、开放使用的新合作伙伴。

(5)假设5:美国及其盟国和伙伴将继续一同识别可以互补和协同发展的太空能力领域。

(6)假设6:违反《各国探索和利用包括月球和其他天体在内的外层空间活动的原则条约》(通常简称为《外空条约》)和相关国际法的恶意行为时有发生,若得不到遏制,将对太空域的可用性造成长期、严重的负面影响。

(7)假设7:美国及其盟国和伙伴将寻求友好的太空域行动自由,而在当前战略竞争环境下,太空域行动自由预计将面临持续挑战。

2. 使命任务

美国天军将使用以下全领域的安全合作工具,与盟国和伙伴在太空域的学说、组织、训练、装备、领导、人员、设施、政策(DOTMLPFP)等方面交流合作,以强化盟友关系并吸引新的伙伴,最终确保:

(1)保卫国土免受攻击;

(2)在全球和关键地区保持联合部队军事优势;

(3)慑止对手侵犯美国的核心利益,尤其是太空域核心利益;

(4)维持对美国有利的区域力量平衡;

(5)保卫盟国和伙伴免受胁迫,并公平分担共同防卫责任;

(6) 确保全球公域保持开放和自由。

3. 执行

1) 战役方式

美国天军将使用以下安全合作方式来强化太空域的伙伴关系：

(1) 防务联络与交流。此类活动包括军事参谋会谈、领域专家交流、会议、计划研讨会，以及其他类似活动。

(2) 人员交换。此类活动包括军职与文职人员间的交换，以推动实现提升互操作性、促进能力建设等一系列目标。

(3) 联合演习和训练。包括美军为实现提升或保持战备目标而与合作国家部队开展的双边、多边演习和/或训练活动。

(4) 训练与装备/提供防卫物品。此类活动使美国政府可以按照《美国法典》第22卷"安全援助"以及第10卷中相关项目规定的向伙伴国家提供军事训练、防卫物品和防卫服务。包括外国军事销售和外国军事融资。

(5) 防务机制建设。此类活动通常指在美国国防部、参谋部/军种部或相关机构/支持实体层面开展的关于某伙伴方太空相关防卫机制的战略和战役工作。

(6) 作战支援。此类活动包括向伙伴方部队提供防务用品、服务和后勤支援，以支持其有效遂行或维持军事作战任务。多数情况下，这种作战支援是在双边采办与交叉服务协定下提供。

(7) 职业军事教育。这些项目向伙伴方人员提供美国军种学院、学校、大学、高级军事学院、训练项目、特殊项目(如西半球安全合作研究所和航空领导力项目)，以及公立大学和私立大学的教育项目。

(8) 国际军备合作。此类活动涉及防卫技术、系统或设备的合作研究、采办、开发、试验与鉴定；防卫物品或设备的联合生产和后续支持；按照《美国法典》第22卷、第10卷规定的采购外国技术、设备、系统或后勤保障。

此外，由于美国天军的外国伙伴通常缺少专业的太空军种，且时常通过民商机构开展太空活动，因此美国天军应与其外国伙伴的民用和商业太空组织开展合作，以确保美国天军在面对快速发展演变的制度环境和技术环境时能够保持太空域竞争优势。

2) 作战概念

根据美国空军部发布的《国际合作计划》和现行政策的规定，美国天军将使用安全合作工具来扩展、强化并利用与其盟友、合作伙伴、外国民事和商业组织的关系，实现军种目标。

3) 美国天军战役支援计划目标

美国天军将利用安全合作方式来组织、训练、装备和提供一支战备就绪的天军部队,以满足地理作战司令部的作战需求,提供其盟友深度参与的、首要的、弹性的、难以匹敌的太空能力。

4)任务领域、中级军事目标(IMO)与任务

(1)工作主线1:通过使用合适的安全合作方式扩展盟友和伙伴的合作关系,使美国成为太空域最可靠、最值得信赖的合作伙伴,合作国家可能不具备全球力量投射能力,或可提供特定的能力/手段,或可有意破坏战略竞争对手的战略。

(2)工作主线2:强化与多个国家的合作,包括拥有能力且愿意面向共同对手投射能力的国家、不愿意在全球或单边投射力量的国家、能够提供特定的能力/手段的国家。目标是加强太空域的合作、协作和互操作性,构建更具弹性的网络、交付决定性的军事效能。美国天军应加强合作范围、规模和频率,与这些国家促进信息共享、开展联合实验和训练。

(3)工作主线3:利用美国的盟友、伙伴、民事和商业机构合作关系,包括那些能够提供能力协助拒止或击败同等量级或近似量级对手的合作方,和/或具备能力且愿意面对共同敌人投射全球力量的合作方。目的是降低成本、提升弹性、加速能力现代化。

5)各单位任务

作为军种的战役支援计划,承担任务的单位包括美国天军总部(HQ USSF)、直接报告的直属司令部:太空作战司令部、太空系统司令部和太空训练与战备司令部,如图7-19所示。

图7-19　直属司令部结构(2020年5月14日)

(1)天军总部(HQSF)。

美国天军全球合作处(SF/S5P)将与直属司令部一同设计、规划和阐述军种级国际合作伙伴战略与活动。SF/S5P负责确保太空企业全体都知悉合作机会。直属司令部与SF/S5P彼此保持信息通畅,知悉与国际、民事和商业伙伴探索机会的所有活动。通过常态沟通和团队合作,SF/S5P与直属司令部将遵循美国国防部和空军相关政策,一同贯彻落实和执行这些政策、计划和活动机会。

通过军种级计划、政策、学说、指南和实施,SF/S5P将支持作战指挥官战役计划(CCP)和国家特定安全合作部分的评估、规划、实施和监测。

SF/S5P和直属司令部将保持良好的沟通,并与美国空军和其他军种部、联合参谋部、国防部部长办公室(OSD)、国防部业务局(例如国防安全合作局)和其他政府机构保持合作和活动方面的沟通协调。天军战略与资源局(SF/SRO)应确保直属司令部及时跟进国防部部长办公室(OSD)、军种级战略、规划、政策和资源的调整变化,确保天军对外部机构有一个统一的声音。直属司令部将确保沟通交流与军种的信息报送和意图保持一致,SF/S5P掌握与外部机构的直接合作,确保天军总部级的、与美国国防部部长办公室、主管国际事务的助理空军部长(SAF/IA)以及外部盟友和伙伴的所有沟通都是同步的。

SF/S5P将监管和协调天军所有"全球防务态势"(GDP)政策和计划,并代表天军审查全部"全球防务态势"议题。

SF/S5P将制定军种级指令,并在天军范围内发布安全合作政策、计划和战略调整。

SF/S5P和直属司令部都应遵守对外信息披露政策、训练要求和指南。确保对外信息披露权限以正式行文的方式分派或指派,且所有下属单位都已受到适当的训练。

SF/S5R响应作战司令部(CCMD)太空联合作战要求,与主管太空采办和集成的助理空军部长(SAF/SP)、SF/S5P和天军直属司令部一同,制定和支持美国天军和国防部能力发展与采办过程中的美国/伙伴联合能力要求。

(2)太空作战司令部(SpOC)。

作为天军支持太空司令部的军种组成司令部,太空作战司令部应落实军种级指南,并在军种战略、规划和政策下就如何最优地使用太空向作战指挥官提出建议。

根据JP3-20、军种级指南和空军部国家蓝图,太空作战司令部将制定军种组成司令部的战役支援计划,包括面向发展美国盟友和伙伴的特定国家指南。该计划将在军种内(天军作战试验与鉴定活动及权限)集成作战的美国太空司令部主导的活动和权限,从而确保各类伙伴活动的一致性和统一性。

作为天军支持太空司令部的军种组成司令部，太空作战司令部应定期与美国太空司令部总部进行协调，确保安全合作相关活动依据美国国防部、国防安全合作局、作战司令部指南得到了适当的评估、监测和评价（AM&E）。作为天军的直属司令部，太空作战司令部也应确保作战试验与鉴定相关安全合作活动符合天军总部和空军部关于评估、监测和评价的指南。

在太空训练与战备司令部建立前，太空作战司令部应发展战备就绪的太空部队，作为天军主办的国际训练、教育和演习活动的执行代理机构。

（3）太空系统司令部（SSC）。

太空司令部负责与美国盟友联合开发、研制、生产和维持太空能力。

根据法律法规及军种战略，在主管太空采办和集成的助理空军部长（SAF/SP）和天军战略与资源局（SF/SRO）的协助下，太空系统司令部是负责国际军备合作（IAC）活动的主要军种机构，具体包括合作研究、采办、开发和集成防务技术、系统或设备；联合生产防务用品或设备及其后续保障；采购外国技术、设备、系统或后勤保障；协同能力生成与多国伙伴及其他太空开发活动的集成。

太空系统司令部是负责太空领域外国军事销售（FMS）的主要军种机构，确保所有案例均已制定，且移交给执行机构。太空系统司令部在作战和训练相关的外国军事销售案件中将与太空作战司令部、太空训练与战备司令部紧密合作。

（4）太空训练与战备司令部（STARCOM）。

一旦智能转移条件确定，太空训练与战备司令部将负责实施、执行、评价并指示天军总部指南、政策和指导中与军种特定学说和概念开发相关的内容。

6）协调性指令

（1）直属司令部应按需为军种战略、规划、政策和指南提供输入。

（2）直属司令部应实施、执行、评价，并提供天军总部参谋为完成指派任务在战备和资源等方面状态、反馈和建议。

（3）直属司令部应制定战术、战技和战规以及特定指挥方面的指令，以完成指派的任务。

（4）直属司令部应遵守对外信息披露政策、训练要求和指南。确保对外信息披露权限以行文方式委派/指派，并且下属单位均受到适当的训练。

（5）直属司令部应监管其指派职责的实施及其与国际协议的一致性。

4. 行政与后勤

天军应组织、训练和装备军种组成司令部并提供资源保障，从而支持和支援安全合作活动的开展。

在天军军种组成部队最终架构确定之后，天军总部将与美国空军总部、美国空军部队军种组成部队保持密切合作,以确保天军总部的指南得到落实。天军总部应确保美国空军部队和/或未来天军军种组成司令部支持地理型作战司令部目标而执行的安全合作活动,是基于可用的和有优先级的军种能力和资源,且支持机制目标。

机制目标将与国家战略和战场指南保持一致,聚焦军种特定能力,能够实现更高效和更有效地分配资源,支持全球安全合作事项。

天军总部和太空作战司令部间的密切合作将确保军种机制目标和优先级,这一点在美国太空司令部的作战指挥官战役计划制定过程中得到了考虑。

5. 指挥与通信

太空作战部长(CSO)在决定与美国盟友及伙伴安全合作活动的军种优先级方面拥有首要权力。

首席战略与资源官在制定相关战略、指南和资源方面拥有首要权力,从而支持实现与美国盟友及伙伴安全合作活动的军种目标。

全球合作处主任(SF/S5P)是主要的联络人,在美国天军安全合作战略、政策和规划方面是首席战略与资源官(CSRO)、太空作战部长和空军部长的首席咨询官。全球合作处主任负责计划、政策、战略、规划和指南的制定、行政和管理,以支持美国天军安全合作、民事和商业机构合作、全球防务态势发布、国际事务计划与训练,以及与美国盟友和伙伴相关的国际和战略交流的指导和主题。

7.5.1.6 《太空试验体系愿景》

2022 年 5 月 10 日,美国天军发布由太空作战副部长大卫·D. 汤普森上将签发的《太空试验体系愿景》(图 7-20),提出构建新型太空试验体系,以"综合试验"理念整合开发试验、作战试验等各类试验工作,尽可能早地在装备开发中引入作战和试验设计,缩短装备采办和试验鉴定两套工作体系反馈回路,以作战需求速度交付可信作战能力。该文件介绍了威胁环境转变、新技术新能力快速发展、天军人力资源有限三大改革动因,阐述了"综合试验"理念,明确了各部门职责和分工,提出了建立综合试验组织体系、发展专业太空试验队伍、建设太空试验基础设施三大工作举措,以及组建综合试验部队、建立国家太空试验和训练靶场、研发真实、虚拟、构造综合仿真环境、建立数

图 7-20 美国天军《太空试验体系愿景》文件封面

字孪生平行系统、重点解决复杂异构体系和弹性生存能力试验难题等具体任务。

现将《太空试验体系愿景》主要内容编译如下：

1. 愿景

太空试验体系目标是：驱动天军基于数据快速决策，最大限度提高天军为联合部队和国家提供天基能力的灵活性和效率。天军的试验鉴定方法是"综合试验"，这也是实现愿景的途径。天军将加强试验体系中组织、人员、设施、采办、试验等各组成要素的统筹管理，在能力生成整个生命周期内最大限度整合开发试验和作战试验鉴定活动。

这种方法是太空作战部长约翰·雷蒙德上将在2021年4月8日《太空试验体系愿景》中的指示要求。天军各级人员应积极主动履职尽责，为实现太空作战部长提出的愿景，建立和发展天军试验体系贡献自己的力量。《太空试验体系愿景》阐述了改革意图，为天军试验鉴定任务相关组织、专业队伍和设施的建设与发展提出了具体指导。

2. 改革动因

今天，美国曾经享有不受妨碍进入和利用太空的特权正遭到战略竞争对手从军事理论到行动上的挑战；这些竞争对手太空技术发展迅速且持续加速，美国天军为保持领先优势、有效应对非常真实的威胁环境、适应快速发展的新技术和新能力，试验体系必须进行改革调整；只有充分发挥天军规模较小固有的高效组织优势，才能实现以作战需求速度交付可信作战能力。以上这三个因素是天军构建太空试验体系的主要动因，也是组织、队伍和设施建设发展的驱动力。

以前，开发太空系统提供能力主要面对来自环境方面的两项挑战——独特的发射环境要求和恶劣空间环境下运行要求。可以说现在美国已基本解决了这两个问题，系统已常态化进入轨道，运行时间远超设计寿命。美国天军在研制能够抵御这些环境威胁的弹性系统方面拥有丰富经验。

然而，一个新维度正在迅速转变——威胁环境，这是必须转变太空试验体系的第一驱动力。中国是一个加速赶超的挑战者，在太空领域各方面不论体量还是能力正在全面快速发展。例如，2007年中国进行了一次直接上升式反卫星试验，摧毁了一颗自己的低地球轨道卫星。俄罗斯也掌握有类似技术，在2021年11月15日刚刚进行了一次直接上升式反卫星试验。这进一步突显了太空已从一个友好的领域转变为充满对抗的作战域。正是环境向拥挤和对抗转变，要求美国天军必须有能力保护美国及其同盟和伙伴所依赖的天基能力。

新技术和新能力快速发展是塑造和转型太空试验体系的第二驱动力。由于美国天军看重对抗环境新需求，因此必须要利用技术进步，发展部署更具弹性、能力更强的新体系。然而,这些先进能力也更加复杂,天军必须开发出适于新要求的试验方法。天军的试验体系不仅要提升自身专业技术水平,还应发展政府拥有的基础设施,从而更有效和高效地集成和试验新能力,如人工智能、机器学习、大规模星座、复杂异构体系等。

天军特有的规模结构是塑造太空试验体系的第三个驱动力。天军规模较小,计划总员额仅为1.6万名人员。相比之下,美国空军由现役军职、预备役、国民警卫队和文职人员组成,总员额80万。因此,天军必须构建扁平高效的试验体系,消除重复,并与国家安全太空领域各部门密切协作。天军规模小也具有敏捷快速优势,能够从开始到按要求快速交付能力的整个过程紧密聚焦作战需求。

总的来说,威胁环境转变、新技术和新能力快速发展、天军规模结构三个因素,驱动形成美国天军试验体系愿景和军种独特的试验理念。

3. 综合试验——美国天军试验鉴定理念

美国天军试验理念旨在解决开发试验(DT)与作战试验(OT)各自为政的历史延续问题,以有效应对威胁的快速演变,尽早注入作战视角,及时交付能够打赢战争的可信能力。综合试验是一体化整合试验、开发试验、作战试验、技战术规程确认、武器系统鉴定等各类试验活动,旨在为系统开发尽早提供作战输入,并增进开发人员对系统运用的了解和认识。通过综合试验,天军的作战部门和采办部门能够密切协作,确保交付的系统管用、好用,丰富联合作战司令部指挥官选择,能够按照联合作战指挥官要求融入作战。如果交付的能力自身运行很好,却不能有效融入联合作战,则会给联合作战带来负面影响。天军必须把联合作战下的运用作为最高要求。天军的综合试验方法能够令作战人员尽早参与装备开发,及时解决作战和操作缺陷,确保实战应用效能,还能提高试验效率和数据采集速度,确保交付能力管用、好用和集成应用,提升现有作战能力。

综合试验是一种协作、可裁减、快速响应的试验方法,为系统性能及有效性、适用性、可维护性和生存能力独立评估提供共享数据。在天军中,从战略到战术、从异构体系到具体系统或部件等各级试验将全面整合。这种综合试验理念落实到最低层级是试验队伍中的每个人,试验人员应为所有相关方提供数据,不论是开发部门还是作战部门。与以前相比,综合试验方法最核心的特征是,每个具体试验的计划和实施都有一名领导统筹管理资源和协调职权,从而更好地实现统一行动,而以前曾经尝试过要求不同分立部门之间进行协调,但只在试验数据采集效率方面取得了一定的进步。

天军将积极采取行动,把综合试验方法贯彻落实到整个军种试验工作的各个方面,包括理念、组织、队伍和设施等。天军专业试验人员将积极参与到系统全寿命周期各个环节之中,从需求定义到项目立项、能力开发、部署和维护等。试验人员应熟悉采办计划里程碑安排和要求,就像他们熟悉作战的战术战法和装备的潜在应用一样。

综合试验方法还能在整个试验体系内培育形成一种试验文化。在各任务领域内,将安排采办、试验和作战部门之间跨界人员交流,以增进联合作战人员对系统开发的影响。按照太空作战部长的指示,天军将整合试验队伍,尽可能在研发试验和作战试验的具体计划和实施中使用同一批人员,从而提升队伍能力,最大限度提高效率,填补太空试验鉴定能力缺口。天军的太空专业试验人员通过综合执行开发试验和作战试验,把作战专业经验带入太空试验,加速能力成熟,助力作战概念和技战术开发,驱动基于数据快速决策。

2020年11月11日发布的《太空作战部长规划指南》建立了两项关键职责:

(1)太空系统司令部(SSC)负责天军太空系统的开发试验、发射和在轨测试,以及与其他太空开发活动的整合(包括与多国伙伴合作能力开发)。

(2)太空训练与战备司令部(STARCOM)执行系统作战试验鉴定,为在太空作战域取得成功提供战备完好的太空兵力。

为贯彻落实综合试验理念,《太空试验体系愿景》进一步细化了相关职责:

(1)太空训练与战备司令部是实施综合试验的领导机构,将发展成为天军的作战试验局(OTA)。

(2)太空训练与战备司令部负责面向开发试验和作战试验需求培育政府综合试验队伍,领导建立和管理聚焦任务的"综合试验部队"(ITF)。

(3)综合试验部队是实施太空试验的基本单位,代表政府对作战适用性、有效性和生存能力进行独立鉴定。

太空试验体系愿景的实现取决于天军各部门之间的有序协调与协作。在天军努力实现太空试验体系愿景过程中,天军各部门相互协作和支持是义不容辞的责任,相关部门应承担如下角色和职责:

(1)天军试验鉴定主任(USSF/TE):领导整个天军综合试验实施工作,采用综合试验部队模式作为天军试验鉴定基本单位。天军试验鉴定主任负责天军试验体系资源需求生成,包括各项目的通用试验需求以及异构体系和多域能力试验需求。天军试验鉴定主任与天军首席人力资源官共同管理专业试验队伍,包括试验鉴定专业队伍建设发展所需的试验鉴定训练。除了提供资源、管理队伍外,天军试验鉴定主任还负责为成功实施试验任务制定顶层政策;与天军首席作战官协作,领导天军"外国装备计划"(FMP),确保为天军试验体系提供逼真、可信的威胁数据。

(2) 太空系统司令部(SSC)：领导太空系统司令部采办项目的开发、试验和鉴定，并管理相关经费。在现有职权基础上，太空系统司令部设立首席开发试验官(CDT)，组建承包商试验监督队伍。此外，太空系统司令部还负责为综合试验部队提供资源和成员、参与监督，并负责修改合同，将主承包商纳入天军综合试验结构之中。

(3) 太空训练与战备司令部(STARCOM)：领导跨直属司令部协调建立综合试验部队，利用内、外部资源实施综合试验。在太空训练与战备司令部内部，第12太空德尔塔部队(即试验鉴定德尔塔部队)提供绝大部分政府试验人力，下属各试验鉴定中队是综合试验部队的核心力量；试验靶场和假想敌德尔塔部队(即第11太空德尔塔部队)管理和运行各类试验设施，组成美国国家太空试验和训练靶场(NSTTC)，为执行各种试验活动提供支持。此外，为促进试验高效实施和资源合理配置，太空训练与战备司令部还作为天军综合试验工作的军种联系焦点，全面汇集和掌握各项政府独立试验工作，包括开发试验、作战试验、技战术规程确认和武器系统鉴定等。

(4) 太空作战司令部(SpOC)：参与综合试验部队，并负责运行太空系统支持综合试验。太空作战司令部将建立作战人员职业管理计划，与试验队伍管理计划保持一致，支持试验领域与作战领域跨界人员交流。

(5) 太空作战分析中心(SWAC)：负责天军未来兵力设计，为试验界提供兵力设计分析成果，同时也利用试验数据修订兵力设计。太空作战分析中心在实施支持兵力设计决策的试验和验证时还作为受援部门，获得试验界的支持。最终，天军将创建能力交付的闭环模型，基于太空作战分析中心领导的分析、建模和验证工作制定形成的兵力设计方案，还要运用项目综合试验获得的知识和认识进行确认。

4. 工作举措

天军为实现太空试验体系愿景，安排了以下三条工作主线：

(1) 建立综合试验组织体系；
(2) 发展专业太空试验队伍；
(3) 建设太空试验基础设施。

1) 建立综合试验组织体系

天军现在必须在对抗环境下作战，因此准确针对潜在对手的威胁进行试验是基本要求。更为重要的是，向作战人员交付的能力必须要经过最新威胁的检验，系统必须要置于更大作战包络中运行才能分析其影响。在追求弹性和系统生存能力过程中，为有效平衡风险与性能，作为代表政府独立开展系统鉴定和交付验收的第三方机构必须发挥更大的作用。综合试验部队模式为天军进一步发挥这种作用构建了一条能力成长之路。天军授权各级部门围绕此架构,以最高效实现天军综合试验理念为目标,大胆进行改革调整。

作为天军基本试验结构,综合试验部队负责执行天军全寿命期试验活动,并为任务合作伙伴系统的具体试验计划和实施提供支持。综合试验部队模式借鉴了之前先导项目获得的经验教训,如太空对抗开发小组、作战试验小组,将在整个太空试验体系中进行推广。其中最重要的经验教训是,应尽早让作战人员参与试验和开发活动,并发挥影响作用。通过组建综合试验队伍,加强各类试验活动的综合集成(包括开发试验、作战试验、技战术规程确认等),把作战视角注入系统开发工作。综合试验部队按照任务领域划分,把跨职能领域的试验人员和资源置于单一领导之下,按照《美国国防部指示5000.89:试验鉴定》《美国空军部指示99-103:基于能力试验鉴定》要求,执行开发、作战、集成和全寿命期试验鉴定工作。

在综合试验部队结构下,天军作为一个独立军种,期望发展包括太空能力战役级试验在内的政府独立试验能力。综合试验部队必须落实太空系统司令部项目办(开发试验)、太空训练与战备司令部(作战试验计划)、太空作战司令部(部署和使用建议)、美国国防部作战试验鉴定局(项目监督)等机构的要求。综合试验部队结构最核心的特征是通过跨直属司令部协议,将一些试验职权和资源置于单一领导(综合试验部队主任)之下。这种结构的目的是建立一种机制,使综合试验部队主任能够统一领导具体任务领域政府试验的实施工作,并有效利用承包商试验。每个综合试验部队将整合该领域专业知识和专家力量,建立一个常设试验资源池,可为多个项目复用。

《美国国防部指示5000.89:试验鉴定》和《美国空军部指示99-103:基于能力试验鉴定》中定义的"综合试验小组"(ITT)在综合试验的计划和协调方面发挥关键作用。综合试验小组将与综合试验部队形成一种"客户-供应商"关系,在综合试验部队帮助下组建具体项目的"能力试验小组"(CTT),承担开发试验、作战试验、技战术规程确认等具体试验的计划和实施。在起始阶段,每个项目的综合试验小组将在按领域常设的综合试验部队的帮助下,简化综合试验工作,获得试验资源,了解该任务领域以前和当前其他项目的试验能力。此外,这种结构通过向综合试验部队派遣参与试验的作战人员,以及为综合试验部队指定支持作战试验的作战中队,有助于作战人员尽早提供意见和建议。

2)发展专业太空试验队伍

太空成为对抗的作战域,促使天军必须建立一支训练有素的专业化队伍,掌握生存能力测试、程序化验证、全包络特性试验、战术战法开发等核心技能。天军必须加强内部建设和对外合作,在综合试验队伍中积极培育和发展核心试验能力,满足能力"从生到死"的试验需求。目前美国政府迫切需要异构体系和生存能力试验方面的人才。

专业太空试验队伍必须体现天军的军种特点,应由操作太空系统所需的跨职能复合型专业人员组成,必须经过良好的试验鉴定专业理论培训,掌握相关技能,熟练运用相关工具,并具有探究系统性能和能力的思维方式。

2021年,天军与美国空军试飞员学校合作设立了为期12周的太空试验基础班,在专业太空试验队伍建设方面迈出了关键的第一步。未来5年内,天军将把这个学习班扩展为能够授予学位的太空试验专业班,学制1年,并向所有天军人员开放,包括来自作战、采办、工程、情报、网络等职业通道的军官、士官、文职人员。

虽然太空试验专业班对培育高端试验人员和提高专业深度十分必要,但仅有深度、没有广度还不够,未来天军将为所有试验人员提供更为普及的试验基础知识培训。除了利用美国国防采办大学(DAU)和美国空军数字大学可用资源外,天军还必须建立自己特有的太空试验文化——流利使用数字试验语言并对健壮性校核、验证和确认过程的复杂性有深入认识,从而能够提供基于模型和基于仿真的环境,对健壮性进行严格鉴定。此外,作为一个军种,天军必须把专业太空试验队伍纳入到军种职业人员管理框架内,并把太空试验队伍从一种具有"特殊经历"的人群转变为一支拥有宝贵专业知识的职业队伍来大力培育和发展。

3)建设太空试验基础设施

为了使试验组织有效应对快速发展的威胁,增强试验队伍能力,天军必须转变传统试验靶场范式,提供可快速配置、经得起实践检验的太空试验基础设施。该试验基础设施可支持天军人员训练,支持多个跨职能和专业的任务线程,为天军敏捷交付能力提供有力支撑。

在作战域执行试验和技术能力快速发展带来的挑战,促使天军开始调整在轨试验的目的,必须将重点从需求满足情况确认调整到模型确认,最终目标是建立一个可信的数字试验框架。天军将利用新兴技术建立一套数字试验体系,使其能够在典型的密集威胁环境下以一定置信度(系统能力和局限)对能力进行鉴定。

为作战人员提供关键、有效的太空能力取决于天军的太空试验能力。开发多地点分布式国家太空试验和训练靶场(NSTTC),提供"真实-虚拟-构造"(LVC)综合仿真环境,对提升天军试验能力至关重要。国家太空试验和训练靶场是支持试验和训练的一整套能力,结构经过周密设计且可重构,可为天军建立美国国家安全太空体系和太空所处联合作战环境的可信数字表达提供支撑。

国家太空试验和训练靶场力求扁平高效，能够与其他联合试验设施互操作，支持天军开发试验、作战试验、高级训练等多种任务。为全面评估异构体系能力，试验基础设施的关键部分必须由政府拥有和掌握。

国家太空试验和训练靶场除了支持航天界评估系统能力和局限外，还将为太空作战人员面向真实联合作战环境进行战备训练提供支持。数字联合作战环境可支持实时训练演习，并能够复现以前仅在特定太空演习中严格约束下发生的事件。这不仅能极大提高试验和训练的有效性，还能够降低成本，优化作战能力，加快战斗力生成。

开发国家太空试验和训练靶场是采办界、试验界和作战界的共同责任，太空训练与战备司令部负责确定需求优先级并承担运行维护任务，采办专业人员负责采办，总采办权由太空系统司令部掌握。太空系统司令部将成立一个国家太空试验和训练靶场项目办公室，与太空训练与战备司令部试验靶场运行单位在同一地点共址办公。这种安排有助于项目办代表及时掌握试验靶场的运行需求。

国家太空试验和训练靶场是太空训练与战备司令部履行天军作战试验局职能，在贴近真实的典型威胁环境下鉴定天军能力的核心。因此，太空训练与战备司令部除了负责试验靶场运行外，还必须研究分析需求，制定国家太空试验和训练靶场投资路线图。在军种层级，美国空军部长委派空军试验鉴定主任（在天军试验鉴定主任支持下）对国家太空试验和训练靶场资源管理与使用进行监督，天军试验鉴定主任负责国家太空试验和训练靶场能力需求生成以及军种级和联合级系统整合。

7.5.1.7 《卫士精神》

2023年4月3日，美国天军发布《卫士精神》（图7-21），该文件是对美国空军政策指令-1（AFPD-1）《空军文化》的落实，正式确立了美国天军价值观，并支持将"卫士承诺"中所表述的那些价值制度化。该文件指导原则适用于所有天军卫士，无论是军人还是文职人员。

现对《卫士精神》主要内容编译如下：

卫士精神是对美国天军身份品格的集体表征。它描述了天军队伍最为积极的态度，成为天军作为独立军种的特征。具有卫士精神的卫士将在天军中茁壮成长，而缺乏这一

图7-21 美国天军《卫士精神》文件封面

精神的卫士将艰难前行。《卫士精神》中所述的核心价值观——品格、团结、奉献和勇气是基石。基于此基石,该文件概述了卫士如何通过下列三个关键的角色来践行卫士精神:

(1) 做坚持原则的公仆。展现出卫士精神的卫士毫无疑问是坚守原则且具备优良品格的职业军人。无私奉献是美国天军的根基,也是美国民众对军方的信任之源。

(2) 做具有太空思维的作战人员。展现出卫士精神的卫士具有足够的能力保家卫国、捍卫国家利益、击退一切来犯之敌,也将潜心精进专业素养,加深自身对太空作战的理解。他们擅长构想、部署和运用太空能力,对抗多谋善断的敌人。

(3) 做大胆且善于协作的问题解决者。展现出卫士精神的卫士是大胆无畏、团结协作的问题解决者。他们将勇于面对、分析和接受新的思想,并不断挑战困难。遇到问题时,他们将充分发挥团结精神,齐心协力在实验、失败、学习、调整和创新中找到解决办法。他们既善于把握和利用主动性,也乐于鼓励下属行动起来。

扮演好上述角色并践行天军的核心价值观要求每名卫士都积极承担职责。强化卫士精神是每名卫士义不容辞的责任,也是领导层的核心使命。各级领导团队必须率先垂范发挥卫士精神,同时奖励先进,遏制不良倾向。

该文件蕴涵一个颠扑不破的真理:卫士是美国天军的最大作战优势。为此,卫士精神是作战要务。

为保证天军的健康活力,必须切实践行各项价值观,积极实现上述目标,并大力弘扬卫士精神。

1. 概述

太空是最终的高边疆以及未来冲突中的决定性作战域;为陆、海、空中的成功奠定了基础。太空的对抗性日益增强,潜在对手正在积极发展太空能力。美国在太空以及通过太空自由行动的能力已成为军事成功、经济繁荣和保持美国人民生活方式的前提。

卫士是杰出的职业军人,每名卫士聚在一起就是美国天军,天军的宗旨和使命高于任何人的个人利益。在打造天军及其文化的过程中,天军成员必须坚定不渝地将品格、团结、奉献和勇气这四大价值观作为基石。

在履行天军使命时,天军成员既要具备奉献和勇气精神,也要坚定内心的道德准则,即品格和团结。价值观是大家团结、强大并保持战备的重要助力,体现了天军作为军种的信仰。它们构成了天军文化和卫士身份认同的根基。

卫士承诺:概述了各级团队成员的文化和行为期望。这些期望以卫士价值观为中心,对于推动和加强完成任务所需的团队中心文化至关重要。"卫士承诺"是卫士价值观的个性化和面向行动的表达,对于四项价值观的每一项,包含了针对团队成员和团队领导的三条以"我愿意"开头的誓词。从新入伍士兵到资深领导,每名卫士都是团队成员。这些"我愿意"誓词是全体卫士都必须践行的行为指南,是个人和团队建设的起点。每个卫士都有责任满足这些期望,大力弘扬卫士精神。

2. 品格

1) 高尚的品格

卫士们捍卫美国宪法,服务国家。在为国家服务的过程中,卫士们每天都会面临各种困境,为有效应对这些困境,必须坚持原则。在生活中主动并始终遵循最高的道德和伦理标准实属难事,一直面临着或大或小的两难选择:是敷衍了事还是一丝不苟地正确完成?是披星戴月工作还是花费更多时间陪伴家人?是主动请缨还是拈轻怕重?是勤勉不辍还是贪图享乐?是潜心精进还是换一个更清闲但工资更高的工作?在各种真实或察觉到的或大或小的困难或困境中,品格将帮助我们做出正确选择,并在个人生活和职业生活之间取得平衡。使命任务必须始终得到完成,天军必须建立一支准备就绪的可靠战斗力量。这一目标的实现没有万能法则或灵丹妙药,唯一途径便是针对卫士的个性特点制定专门方案,同时兼顾当前和未来重要事项,以及关乎任务、团队和每名卫士的重要事项。具备高尚的品格,卫士们将不仅能够游刃有余地应对这些困境,还能根据环境变化对困境进行重新评估。卫士们将秉承正直、坚韧、诚实、真实和值得信赖的美德;将对自己的决定、行动和不作为承担全部责任;将履行服务于使命、同伴和国家的义务;将永远是坚持原则的公仆,誓不负国家的期许。

2) 背景

优良品格是第一价值观,是相互信任、团队协作和良好秩序与纪律的基础。没有优良品格,另外三个价值观将如无本之木、无源之水,将失去意义,队友将丧失奉献的信念,卫士将无望获得勇气。相反,秉持高尚品格的人将始终忠于自己的价值观,无论面临何种处境,都会做出正确抉择。因此,高尚品格是卫士需要遵循的首要标准。

3) 团队成员誓词

团队成员誓词如下:

(1) 我愿意以正直、诚实、坦率和奉献精神对团队行事。正直和诚实意味着绝对真诚。卫士不会隐瞒真相、含糊其词或歪曲事实。卫士的坦率是以善意为前提,其目的是促进团队进步,而非指责评判他人。对团队无私奉献有助于建立并保持信任,是无法伪装的。在优秀团队中,成员必然真诚相待,彼此关心。

这些是对团队成员的最低品格要求,能落实全部要求的人必将为天军做出力所能及的最大贡献。

(2)我愿意为自己的决定和行为向他人和团队负责。个人对自己的行为负责有助于建立信任以及提供学习和成长的机会。对团队负责有助于强化"将团队利益放在首位"的观念。

(3)我愿意秉持最高标准,践行天军价值观。这是一种自我肯定,即个人将尽力保持高尚品格,身体力行赢得他人信任。具备高尚品格的卫士将大力弘扬卫士精神,并带动他人践行同样的标准。

4)团队领导誓词

团队领导誓词如下:

(1)我愿意保持正直、诚实、坦率、公正和透明的处事方式。团队领导也是团队成员,同样需遵循团队成员誓词中的内容。此外,团队领导需在工作中做到公正、透明。公正旨在确保公平对待,不偏袒,不歧视。透明旨在确保每个人都了解决策的过程和背后原因。团队领导需解释"原因"并建立对任务的理解,不能简单地发号施令。在维持团队健康发展方面,团队领导责无旁贷。

(2)我愿意为自己的决定和行为向他人和团队负责。只有秉持高尚品格、决策时坚持原则的人才敢于力排众议,做出合理决策。本誓词中的"负责"并非让团队"掌管",而是表示领导需承担更多责任,满足更多期待。为做到这一点,领导必须常怀谦逊之心,尊重每一个人。有效摆脱困境需要高尚的品格,如果能做到这一点,将直接提高使命任务和卫士团队的水平。最后,领导必须始终对自己的决策、行动和不作为负责,并从中汲取经验教训。

(3)我愿意秉持最高标准,践行天军价值观。最佳领导方式莫过于身先士卒。团队领导须始终亲自践行天军共同价值观,弘扬卫士精神。对团队而言,身教大于言传,领导应把对团队成员的要求也作为自己的行为准则。始终带领团队走向优秀可能最能彰显领导的品格。

3. 团结

1)走向统一的团结

天军成员因高于个人利益的共同目标而团结在一起:完成一项艰巨、高度复杂的国防使命。天军集体的力量超过任何个人。处于同一位置的人群和团队之间的差异就是个人之间的团结。群体的团结性使其能够得益于成员可取得仅凭自身能力无法取得的成功。正如谚语所说:"一人独行走得快,与人同行走得远。"不同观点的碰撞将激发创造力和创新解决方案,我们经常会面临复杂问题,团结将使我们的思维在多样化观点碰撞中日渐开阔。团结有利于启发我们的创新灵感,让我们从不同视角寻求更好的解决方案。在推崇团结精神的团队中,每个人都会得到有尊严、有同理心和被尊敬对待。此外,团结能使我们借助他人的长处,思考得比潜在对手更深入、做得比潜在对手更好。

2) 背景

领导力是人的一项能力,并且是一项非常高级的能力,凝结着我们以毕生精力学习的社交技能。如果领导力本质上旨在激励他人,那么其从根本上说就是一种社交技能,而团结是这一技能的先决条件。不懂得团结的领导一定不能激励他人,也不可能启发团队的创新灵感。表现良好的团队是成功完成任务的必备条件。领导必须让卫士们有归属感,并感受到自己的付出得到了重视。任务成功完成取决于卫士们能够自由表达想法、提出尖锐问题、表露疑虑、承认错误以及相互信任。简言之,成功取决于团结。

3) 团队成员誓词

团队成员誓词如下:

(1) 我愿意以尊重、诚实和真实的态度与每个人相处。每个人都有权享有尊严和被尊重。团队成员需开诚布公、敢于暴露自己的不足,以真实的态度建立有意义的彼此关系,同时真诚如一,始终以同理心对待队友。团队成员也须铭记,对于包括自己在内的所有人而言,工作之外的生活也十分重要,因此,必须平衡好所爱的人与工作之间的关系。

(2) 我愿意鼓励队友分享他们的想法和才华。很多人都不敢说出自己的想法。对此,卫士们必须积极鼓励他人为团队作出贡献,并在公开思想交流中重视他人的贡献。卫士认识到他人的经验和观点与自己的一样重要,并将虚心求教、倾听并尝试理解。

(3) 我愿意在他人需要时伸出援助之手,并在自身需要时寻求帮助。优秀的团队成员懂得相互支持,并寻求相互帮助。请求帮助非但不是软弱的表现,还能凸显自己的强大和自信。团队通过支持和成就其成员而蓬勃发展。

4) 团队领导誓词

团队领导誓词如下:

(1) 我愿意营造一种让人可以无所畏惧地参与并表达想法的环境。团队领导也是团队成员,同样需遵循团队成员誓词中的内容。领导需承担更多期许,包括负责创造并维护一个重视每名成员贡献、让人心理上具有安全感的环境,从而使团队通过最大程度的协同获得成功。团队领导将通过鼓励团队成员分享各自的想法、意见和才华,推动形成健康的互动和争辩氛围。领导必须创造允许团队成员相互交流,以改进团队成果的条件。领导还需牢记工作之外的生活也十分重要,并创造一种环境,可以了解、解释以及处理决策对团队成员所爱之人及工作生活和谐的影响。

(2)我愿意在信任和尊重的基础上维持与他人的团结。每个人都有权享有尊严和被尊重。各级领导必须具备良好的判断力,能够根据下属的能力和经验恰当地委以职责。同理心和谦逊态度是领导赢得信任的关键推动因素。领导需信任团队成员有能力履行职责,并就向成员授权达成共识,让下属自主决定任务行动。

(3)我愿意利用他人的优势,确保他人感到自己的贡献已被纳入并受到重视。优秀的领导了解团队成员,并能让团队成员认识到自身的优势和不足,从而促进他们的个人成长和职业发展。决策时,领导应积极采取措施,确保团队成员有机会分享自己的观点,并让他们感到自己的贡献得到重视。

4.奉献

1)善于奉献

卫士们致力于成为自我、职业和太空域的驾驭者,深知这是没有终点的毕生过程;献身于慑止敌对行动、捍卫美国太空利益和保卫国家的持久使命,将他人眼中的挑战视为机遇。卫士们将充分利用天军部队的多样化和独特优势,以对手认为不可能达到的速度和敏捷性开展行动。鉴于军事职业和战略环境不断发展,以应对新的威胁和技术,卫士们将精益求精作为永不止息的追求。奉献意味着坚定不移、坚持到底。缺乏奉献精神,漫长的旅途会让人望而却步。相反,秉持奉献精神,千里之行将始于足下。奉献不仅仅意味着每天都到岗打卡,还意味着每天都能有所作为。卫士致力于每天都相比前一天有些许进步,不会因未知和新的挑战而退缩,相反,会从中学习、成长,并最终攻克它们。

2)背景

包括军人和文职人员在内的所有卫士都应在进入现役时宣誓。卫士们将在履行誓言的过程中,努力成为自我和职业的驾驭者。不断学习新知识、调整方法和获取更多的技能,将使天军保持太空优势。美国和联合部队都需要具有太空思维、技能熟练的作战人员。由于技术发展日新月异,这些技能需要持续的努力、成长的心态以及队友和领导的支持。随着时间的推移,奉献也将使我们获得切实的进步。当有意义的变化需要很长时间时,奉献精神将激励我们持续前行。相比于其他价值观,奉献更能让卫士和天军无与伦比。

3)团队成员誓词

团队成员誓词如下:

(1)我愿意努力实现大胆的目标,在经历中学习。卫士们认识到广袤太空域中存在挑战和机遇。我们知道,失败的代价十分高昂,但由于畏惧失败而规避风险的代价也很大。我们明白,知识、技能和做好准备可使我们应对紧张局势,满足不断变化环境中的任务需求。挑战自我和反思过往是通往驾驭的必经之路。卫士们将秉持谦逊和成长的心态，接受建设性反馈意见，从汲取的经验教训中不断成长。

（2）我愿意适当时提供坦诚的反馈，以促进自我成长和进步。每个人都需要他人的反馈和支持，以成为更好的自己。坦诚的反馈是建设性的和直截了当的，它不是评判的借口。优秀的队员能始终将队友放在首位，所有的反馈都将是建设性的。

（3）我愿意接受挑战，每天努力使自己变得更好。对驾驭的衡量是以自身为参照，而非他人。卫士们是在同潜在对手竞争，而非同伴，在队友的反馈和支持下直面挑战，以成为更优秀的人、军事职业人员和太空职业人员。彰显追求驾驭的不是孤立的事件，而是持之以恒的努力。

4）团队领导誓词

团队领导誓词如下：

（1）我愿意把他人和所需的资源整合起来，以实现团队目标。除了承担作为团队成员的责任外，团队领导还需承担其他责任。其中之一便是为团队成员提供成功所需的资源。如果无法做到这一点，领导需坦诚说明制约因素和预期。在资源需求得不到满足的情况下，应在必要时调整团队目标。为完成任务，团队领导需对其团队成员的不同才能、技能和经验进行评估并加以利用。这意味着发掘个人的独特优势，并将能力互补的团队团结在一起，从而取得成功。

（2）我愿意积极寻求他人的反馈，以加强自身领导能力和改进团队。与其他所有追求一样，领导力的驾驭也是一段没有终点的旅程。团队成员由于担心不被接受，可能不愿向团队领导提供反馈意见。对此，团队领导应积极寻求并考虑来自团队成员的反馈，纳入所需的变化，并对反馈提供者予以赞赏。

（3）我愿意不计结果地支持他人的努力，并每天努力使自己变得更好。团队领导将鼓励团队成员不害怕失败，持之以恒地向目标前进。如果团队和团队成员设定大胆的目标，有些失败是难免的。团队领导应欣然接受这种失败，将其视为一次宝贵的学习机会。在实现驾驭的过程中，团队领导必须主动以身作则。

5. 勇气

1）获得无畏的勇气

卫士们做需要做的事情，说需要说的话，这是正确的。不管在任何情况下，卫士们都勇于做出抉择，偏重行动，接受风险，以保护太空域和国家。卫士们无所畏惧地行动和仗义执言，坚信队友和领导是卫士们的坚强后盾。从现在起，继续把一些卫士部署至严苛的位置。对于需要天军能力的地方，正如约翰·韦恩（John Wayne）所说，"就是怕得要死，但仍驭马前征。"这就是身为军人的天职。对大多数卫士而言,其他类型的勇气将经受更频繁的考验。敢于指出不合理政策的勇气;敢于向上级说明其疏漏的勇气。敢于拿信誉和名誉冒险,尝试可能更好的行动方案的勇气。卫士们也需要知道有风险且敢于去做的勇气。国家需要卫士们具有坚守信念、指出错误、支持变革和异想天开的勇气。

2)背景

成为一个大胆的问题解决者是卫士精神的核心,勇气必不可少。正如马丁·路德·金所说:"做对的事,任何时机都是好时机。"勇气是天军价值观不可或缺的一部分,因为没有勇气,卫士们将无法践行品格、团结和奉献这三个价值观。卫士从伙伴那里获取勇气和力量。与勇气做伴,卫士们将咬定青山不放松,直面所有挑战,冲破重重阻碍。

3)团队成员誓词

团队成员誓词如下:

(1)我愿意坚定不移,为正义挺身而出。坚定是指明辨是非曲直,坚持自己的选择,但这绝不等同于顽固坚持某一观点或个人喜好。

(2)我愿意寻求各种机会进行创新,同时鼓励他人创新。我们在做工作和选择做工作的方式时往往基于一个正当的理由,但在某些情况下,我们不应被所谓的正当理由和办事程序束缚。卫士必须时刻关注并鼓励队友关注工作中能够改进的方面。创新需要一个挑战既定规范的创造性环境。

(3)我愿意分享想法和观点,以帮助团队完成任务。所有卫士都有义务质疑没有价值的工作并提供可能的备选方案,推动团队不断进步。卫士在队友的支持下,获得克服恐惧的勇气。团队成员将借助其他成员的优势、洞察和勇气,提升自己的表现,成功完成任务。

4)团队领导誓词

团队领导誓词如下:

(1)我愿意坚定不移,为正义挺身而出。与其他价值观一样,团队领导也是团队成员,并对所有团队成员的期望负责。说到有勇气坚持正义时,团队领导还有责任做出需要做的决策。领导不能回避责任,要有甘冒名誉和地位受损也坚持做正确的事情的勇气。团队领导面临更多的监督和期望,应牢记适当时领导必须表达关切并坚持自己的立场。你的团队和伙伴正指望着你。

(2)我愿意帮助他人形成观点并支持那些观点,以加强团队建设和完成任务。卫士们有很多绝妙的观点,但有时缺乏使之可行所需要的经验或环境。透明沟通是创新的前提,因此领导必须向团队成员反馈某个观点有无被采纳的原因。领导必须支持最佳的观点,而不考虑个人利益得失。相对于短期的顺从,这样做的好处就是团队能获得长期的发展动力。

（3）我愿意承担明智的风险，为他人提供探索新想法的机会。任何改变都有可能带来风险。明智的风险承担是对成本与回报价值进行评估。任务式指挥概念和否定式指挥方法鼓励领导层做出明智的风险决策，并确定潜在的任务收益是否值得团队付出努力。团队领导要为已承担和未承担的风险，向自己的团队和上级负责。天军采用任务式指挥，旨在鼓励各级领导者掌握主动权，抓住机遇，确保任务结果满足指挥官的意图。

7.5.1.8 《美国天军综合战略》

2023年8月，美国空军部发布了《美国天军综合战略》，并于2023年10月13日公开了非密内容。《美国天军综合战略》详细介绍了美国天军的全面战略，并提供了执行相关愿景的计划，核心内容如下：

1. 天军在部队组织、训练和装备方面的目标

目标是为美国提供在太空、自太空和向太空的行动自由，遂行太空作战，保护美国在太空的利益。

（1）为美国提供在太空、自太空和向太空的行动自由。确保美国能够继续利用太空来追求国家利益，包括确保美国具备持续安全发射和运行卫星的能力，确保没有对手能够阻止美国进入太空等。

（2）遂行太空作战。天军应当设计、建造、发射、使用、集成、维护并负责任地处置军事太空能力。正是这一责任要求天军向作战指挥官提供天军兵力以完成需要的作战任务。

（3）保护美国太空利益。天军必须做好威慑并击败美国潜在对手的准备。

2. 天军实现有关目标的计划

相关计划包括地面基础设施计划和太空架构计划，公开版文件中仅阐述了相关计划的立足点，并未涉及计划的具体详情。

（1）地面基础设施计划：太空域是天军的重点作战域，但为保障天军的太空作战能力，需要对所有的地面基础设施和有关链路加以整合，包括地面、海基和空基的卫星通信终端、GPS终端、导弹预警系统等。

（2）太空架构计划：太空能力必须立足系统之系统进行设计和部署，以优化任务性能，减少非必要的系统冗余并最大限度提高资源效率。太空作战部长同时作为美国国防部联合部队太空需求的整合者，与其他军种和统一作战司令部合作，了解其太空能力需求，并对太空架构进行优化设计。

3. 实现目标可能需要的其他国防部组织机构的单位和资源

天军与多个政府机构合作，包括：美国国家侦察局、美国导弹防御局、美国陆军部和海军部的太空采办和维持办公室、美国国家战略资源局等。其中美国国家战略资源局主要负责领导天军与统一作战司令部的协调关系，以及天军与

民商盟力量的合作互补。

4. 天军最终的人员和力量要求

天军预计将包含 8600 名军人和约 5000 名文职人员。天军应当在未来着重研究由上述人员是否有合适的背景、经验和技能,以便天军能够有效地执行任务要求。天军还应该通过部队战备状况评估人事政策和人才管理流程,专注于实施以最迅速的方式优化军种战备状态的政策和流程。

7.5.1.9 《美国天军商业太空战略》

2024 年 4 月 10 日,美国天军太空作战部长 B. 钱斯·萨尔茨曼上将在年度太空研讨会上,公布了新版《美国天军商业太空战略》(图 7 - 22),以便更好地将商业技能、人才和产品整合到太空中,该战略是确保美国在太空继续保持优势的关键一步。新版《美国天军商业太空战略》是一份详细的蓝图,允许工业界更多地参与美国天军的计划、开发和行动。该战略以美国国防部要求的四项基本原则:平衡、互操作性、弹性和负责任行为作为指导,以协作透明度、作战与技术整合、风险管理和保障未来为具体目标,聚焦政府和商业解决方案的正确组合,

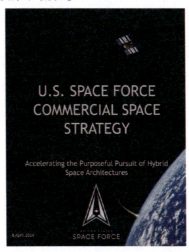

图 7 - 22 《美国天军商业太空战略》文件封面

增加供应商数量和实现供应链多样化,为天军提供所需的工具和技术,并适当应对中国、俄罗斯和其他国家在太空的行动。《美国天军商业太空战略》明确提出,通过整合商业太空解决方案,美国天军将增强任务执行的灵活性和可靠性。商业太空能力的引入,尤其是在卫星通信和太空域感知等关键领域,将极大增强美国对太空战略环境的适应与响应能力。通过实施该战略,美国天军不仅在技术和操作上实现了军民融合,也在策略上形成了新的思维方式。

现将《美国天军商业太空战略》主要内容编译如下:

《美国天军商业太空战略》将指导商业太空解决方案的整合,以提供补充或取代现有政府能力的技术创新。在可行且具有成本效益的情况下,把商业太空解决方案整合到现有的理论、战略、概念、部队设计、采购和行动中。

1. 执行摘要

美国正面临着来自战略对手日益加剧的威胁。与此同时,商业太空领域的快速发展正在塑造新的环境,培育创新生态系统,并降低进入太空的壁垒。这对全球安全和稳定具有很大的影响。

美国天军如果能有效整合商业航天供应商的能力,将更具弹性和实力。因此,美国天军将把弹性的、盟国的和商业的太空解决方案整合到混合太空架构中,使美国的太空能力大于各部分之和。

美国天军将利用商业部门的创新能力、可扩展的生产能力和技术的快速迭代,增强美国国家安全太空架构的弹性,加强威慑力量,并在和平、竞争、危机、冲突和冲突后等各种时期支持作战。

本战略将直接服务于美国国家政策和战略,如《美国国防部商业太空整合战略》(2024年)、《美国新型太空活动授权和监督框架》(2023年)、《美国国家安全战略》(2022年)、《美国国防战略》(2022年)、《美国国家军事战略》(2022年)、《美国太空优先事项框架》(2021年)和《国家太空政策》(2020年)。

《美国天军商业太空战略》的实施将充分利用商业部门的业务能力和潜力,同时关注能力发展过程中的显著变革,进而提升美国及其合作伙伴在全球竞争中的优势地位。传统上认为,通过美国政府拥有和运营美国军方的大部分太空能力,可以最好地管理风险。但正如美国国防部部长所指出的那样,这种思维方式已不再有效。

美国国会规定美军方不能完全依赖商业系统来满足某些作战要求(2022年《国防授权法》的第1607条),但美国天军将利用商业太空解决方案来将商业系统整合到其太空架构和部队采购中,以确保联合部队优势地位。

在美国国防部四项主要原则指导下,《美国天军商业太空战略》实施商业太空解决方案(如2024年《美国国防部商业太空整合战略》所述):

(1)平衡性:美国天军需在政府和商业解决方案之间寻求适当的平衡,同时避免过度依赖任何单一的供应商或解决方案。

(2)互操作性:军事标准与流程应该加强政府和商业解决方案之间的互操作性,同时也不能妨碍商业部门的创新活力、发展速度以及规模化发展。在适宜的情形下,美国国防部将积极考虑采用商业标准和接口,为未来的专用系统铺设商业整合的道路,进而推动整体效能的提升。

(3)弹性:通过整合商业太空解决方案,可以显著提高整体弹性。这包括但不限于增加商业供应商的数量,实现供应链的多元化,以及扩大美国国防部可采纳的解决方案的种类和数量。特别需要强调的是,美国国防部所利用的商业解决方案本身必须具备强大的弹性,尤其是在应对日益猖獗的网络威胁时。

(4)负责任行为:解决方案的使用将在法律和道德上按照国际规范和标准以及美国国防部"太空负责任行为准则"(Tenets of Responsible Behavior in Space)行事。

这些指导原则将对美国天军是否采用商业太空解决方案发挥重要影响。

美国天军将通过以下主要工作路线(LOEs)来实施《美国天军商业太空战略》：

(1)工作路线1:协作透明度；

(2)工作路线2:作战与技术一体化；

(3)工作路线3:风险管理；

(4)工作路线4:保障未来。

这些主要工作路线与2024年《美国国防部商业太空整合战略》的重点优先事项一致，并将在下面进一步阐述。

2. 战略环境和商业部门背景

美国目前正置身于激烈的大国竞争时代。来自战略竞争对手的威胁，不仅在数量上急剧上升，而且在强度上也显著增加。

在这种背景下，美国天军必须致力于创造战略优势，以支持联合部队指挥官(Joint Force commanders)的作战目标。2022年《美国国防战略》指出，美国国防部"将在优先领域加强与私营部门的合作，尤其是与商业航天产业紧密协作，利用其高新技术和创业精神，实现新的能力"。此外，2024年颁布的《美国国防部商业太空整合战略》对整个美国国防部的商业太空解决方案进行了全面整合，《美国天军商业太空战略》则制定了一项精准的战略，旨在利用商业能力提升国家太空能力的弹性和杀伤力。

国家安全和民用需求仍然是太空战略环境的主要驱动因素。但新兴的商业太空解决方案的成熟为美国天军实现需求提供了新途径。目前，美国的商业航天公司正在积极布局军用太空领域，推出了一系列创新的解决方案，如广泛应用的商业低轨能力、在轨服务、组装及制造等。美国的发射供应商在技术创新上不断取得突破，努力改善进入太空和从太空返回的条件。这些商业太空解决方案大多以服务的形式提供，具备高度的灵活性，能够根据用户需求快速签约并执行，更实现了真正意义上的"按需运行"。

此外，随着美国商业航天公司的不断崛起和壮大，美国航天产业的成本逐渐降低，并在多个领域，如制造业、交通运输、物流、农业、金融、通信以及网络等，催生了大量的就业机会。

在和平、竞争、危机、冲突和冲突后等时期，通过有效整合商业太空解决方案，美国天军以及美国将变得更加强大。天军必须预先考虑如何整合商业太空解决方案，在整个竞争过程中实施控制措施，以满足其预期的激增需求和其他战时能力。例如，当美国政府在危机或冲突时期需要优先获得太空能力并增强自有系统时，商业增强太空储备计划(CASR)将允许天军通过签订预先谈判合同来达成目的。

此外，美国天军联合商业作战小组（JCO）亦积极加强与美国盟国、合作伙伴、学术界及商业部门的协同合作。JCO由商业公司与美国盟国协同运作，其核心职责是监控太空环境并应对紧迫的太空挑战，从而支持太空优势任务。展望未来，JCO将继续致力于寻求多样化的协作伙伴，以支持既有和新兴的任务，包括监视、侦察和跟踪（SRT），非对地成像（NEI），协同干扰和电磁干扰（EMI），数据开发和增强处理（DEEP），定位、导航和授时（PNT），以及天基射频（RF）等。

3. 目的和范围

《美国天军商业航天战略》详细说明了美国空军和天军将如何履行其与2024年《美国国防部商业太空整合战略》相关的职责。通过整合商业太空解决方案来支持联合作战与协同作战，为提高美国竞争优势所需的军种级活动提供框架。美国天军"卫士"计划将实施四个主要工作路线，以优化商业整合流程，并向商业部门发送明确的需求信号，为其指明发展方向，从而构建一个稳健参与、持续发展的结构体系。

1）目的

《美国天军商业航天战略》的目的是补充美国国防部部长办公室（OSD）战略，最大化整合商业太空解决方案的收益，以提高美国的竞争优势并支持联合作战与协同作战。本战略概述了新的思路和方法，描述了提案评估标准，确定了商业太空任务的优先次序，并定义了关键术语，以加强各利益相关方之间的协作。此外，该战略指导并授权"卫士"计划按照美国天军的指导和政策，实施本战略中描述的目标和行动，并为美国商业部门、美国盟国及合作伙伴提供信息。

2）范围

本战略重新构想了现有的组织、培训和装备功能以及正在进行的实际努力，以更充分地整合商业太空解决方案、商品、服务和活动。重点专注于太空、链路和地面段等需要商业支持的任务区域和功能。

3）受众

本战略的主要受众是美国天军卫士和商业部门，也将为美国其他军种、盟国和合作伙伴、行政部门和国会提供信息。

4）参考标准

根据美国国防部的政策和指导方针，以下四个标准将为天军使用商业太空解决方案的相关决策提供依据：

（1）作战效用：能力、商品、服务或活动是否部分或全部满足美国天军行动所需的能力或要求，以支持联合战役或协同战役？

(2)可行性:采购和开发能力、商品、服务或活动是否有足够的价值符合美国天军需求,其成本是否在计划的资金范围内?

(3)弹性设计:能力、商品、服务或活动是否具有弹性并具备持久的竞争优势?

(4)应对速度:为有效使用能力、商品、服务或活动制订时间表,是否能在支持行动和应对威胁方面具有优势?

4. 行业机会

天军将与商业伙伴合作,将商业太空解决方案更好地整合到美国国家安全太空架构中。本战略突出了任务领域、优先事项和商业整合方法,以提供最适合商业空间解决方案的需求信号。

本战略将提供商业支持的任务领域细分为太空域感知(SDA)、卫星通信(SATCOM)、太空进入、机动与后勤(SAML)、情报、监视和侦察(ISR)——以下简称战术监视、侦察和跟踪(TacSRT)、天基环境监测(SBEM)、网络作战,指挥与控制(C2),以及定位、导航和授时(PNT)。此外,天军将为太空任务寻求混合解决方案,这些功能将跨越多个任务,是太空作战的基础。目前,天军的导弹预警、军力投送、电磁战和核爆炸(NUDET)探测等任务暂未寻求商业支持。

这些任务将在工作路线2中得到详尽的阐述。天军新商业整合的优先任务包括战术监视、侦察和跟踪,天基环境监测,定位、导航和授时,以及太空进入、机动与后勤,也包括继续把商业太空解决方案集成到卫星通信、发射和太空域感知等成熟任务中。这些优先事项是美国天军发出的明确需求信号,表明其致力于"尽我们所能购买"的承诺。即使在那些传统上由政府主导的任务领域,商业太空解决方案也被认为可以支持和增强政府的能力。

美国天军已深刻洞察到,传统的流程在很大程度上阻碍了商业公司与解决方案的顺利整合。为此,天军将更新这些流程,以期实现更快速、更高效的整合。天军同样意识到,针对特定的任务领域,可以迅速采纳那些已拥有庞大客户基础且成熟的商业太空解决方案。而在其他任务领域,政府将暂时以采购服务为主。为了确保竞争优势,应该在预算申请中继续为广泛的行业基础提供资金支持。

天军对于跨领域能力和服务有着迫切需求,例如决策支持软件与工具、快速原型设计、人工智能、数据管理、地面支持以及建模仿真等领域。因此,不论是小型企业还是大型企业,都存在着与天军合作的可能。许多传统上并未涉足航天领域的公司,如今也能提供部分甚至全部的跨领域能力和服务。天军正在积极寻求各种商品、服务以及活动,旨在支持并融入多元化的混合太空架构。部队设计所需的混合太空架构将更好地集成商业太空解决方案,使商业部门能够满足美国天军部分或全部任务需求。

为了提升商业整合效果，天军需要对商业太空解决方案有更强的态势感知能力。天军卫士将建立制度流程，以平衡任务、需求和商业整合的机会。天军将在未来进行行业合作，以提高投资意向的透明度，并加强有关商业整合的双向沟通。将继续与商业部门合作，以改善整合工作并进一步扩大美国的竞争优势。

5. 最终目标

美国天军直属司令部（FLDCOM）和每个直接报告单位（DRU）都将使用本战略来指导综合活动。任务将由天军总部工作人员、直属司令部、直接报告单位或美国空军支持组织（根据要求）执行，以改善整合商业太空解决方案的运营或机构活动。天军还将把其他军种的要求纳入其商业太空整合计划。战略目标是已知的、可衡量的和有范围的，下面详述了实现最终目标的细节。每个组织都将在指挥官和负责人的指导下实施本战略。

1) 军队供给

美国商业部门和商业太空解决方案将作为天军提供能力的一部分，纳入到混合架构中，以满足作战司令部的需求。

2) 透明度

各级卫士应了解其任务领域当前的商业成果以及美国商业部门的发展方向，以掌握在任务领域内能发挥的全部潜力。

3) 文化

卫士应具有商业意识，并将美国商业部门作为天军作战文化的一部分，并与美国空军一样在与美国商业部门合作时恪守道德。美国天军还必须最大限度地将主要的"建造"模式转向"购买"和"开发"模式。

4) 资源配置

目前资金状况和年度预算申请需持续地进行优化调整，以确保最终目标的实现。随着混合架构整合进天军的军力设计中，需要对预算进行调整和重新设置优先级，从而迅速推进实战化进程。同样，随着本战略的成熟，天军也将进行必要的组织调整，以充分利用混合架构带来的作战优势。

5) 整合

天军确保将商业太空解决方案适当、及时地纳入其日常运作，为一系列任务领域提供支持，其中包括兵棋、演习和训练；也要克服与历史上过度依赖的精致管理系统有关的内部结构和文化障碍。

6) 合作

天军将持续与美国盟国和合作伙伴、各行业、各国家领导人、各地区领导人和全球商业部门等利益相关者进行接触,并在适当的时候领导太空相关活动。

6. 工作路线

为了最大化整合商业太空解决方案的潜在利益,天军将实施四大核心工作路线。这些措施各自承载着明确的目标和具体行动方案,以确保天军商业太空架构的顺利整合。

1)协作透明度

描述:天军将积极寻求商业太空解决方案,通过部署多样化、弹性的、扩散的卫星星座和分布式太空架构来增强综合威慑力。与商业部门建立伙伴关系和合作,使商业太空解决方案在各种冲突中得到可持续的扩展和整合。天军将尽可能地全面了解商业部门的技术创新、更短的开发时间以及迅速发展的一系列新兴商业太空解决方案,以增强竞争优势。

该工作路线强调,本战略的成功与否有赖于美国国防部、政府部门、商业部门、盟国和合作伙伴之间的有效参与和持续合作,以及能否从国内外获取必要、持久的资源和支持。

通过与行业协会、智库和学术界的深入交流,能够及时获取新兴技术的发展动态和不断变化的政策趋势,从而确保战略实施过程中的信息准确性和有效性。

近期目标:天军将提高其对商业太空解决方案的认识,以了解市场趋势,识别和减少合作的障碍,并确定需整合到太空架构中的能力。

作为军力设计过程的一部分,天军将确认每个任务区域内的商业太空解决方案是否能够满足需求。在军力设计中,鼓励项目执行官(PEO)与商业太空办公室(COMSO)在运营、测试和培训方面进行合作,以确定能够满足现有需求的商业能力。

天军将继续运用当前和新兴的需求,将卫士融入商业领域,深化彼此间的交流与合作,利用创新的解决方案来处理作战问题,同时灵活应对不断变化的任务需求。

主要责任办公室:在商业太空办公室的大力支持下,首席战略和资源官(CSRO)将肩负起工作路线 1 主要责任办公室(OPR)的重任。为了加强与空军部(DAF)利益相关者的协同合作,首席战略和资源办公室将致力于加强区域和国家间的紧密联系,以争取更多支持和资源,从而进一步整合商业太空解决方案。

2)作战与技术一体化

描述:天军将在操作上把商业太空解决方案整合进混合太空架构。该工作重点包括制定政策、流程和程序,允许美国商业部门与天军整合数据和硬件,并要求天军与联合部队在执行涉及混合架构运用的任务时共同努力。

美国天军认为适合商业整合的任务领域详述如下。名单上排名靠前的任务表明:①目前存在商业太空解决方案,可以增加;②天军正在积极寻求将这些能力整合到联合部队中,并将继续寻找更多的合作机会。而列表中排名较低的领域可能会提供新的机会,同时保留相关的关键的和固有的政府职能。

(1)卫星通信(SATCOM)。

卫星通信包括支持超视距通信卫星星座的运行,对于建立指控(C2)、数据传输和全球联合部队的回传至关重要。全球卫星通信的可用性对于美国及其盟国现代作战的态势和任务有效性至关重要。

天军寻求商业部门的能力,以提高和/或改进数据传输速度、容量、敏捷性、灵活性、可靠性和/或弹性,并为联合部队整合新兴技术以保持竞争力。天军将优先考虑能够快速整合到联合系统中的能力(例如,系统屏蔽、多频段、多轨道、机器到机器自动化等)。天军通过将激增的商业网络集成到混合架构中来提高系统弹性,并抵消未来对政府拥有能力的投资。

(2)太空域感知(SDA)。

太空域感知是对作战环境及时、相关和可操作的了解,使军队能够规划、整合、执行和评估太空行动。实现太空域感知的途径包括:融合美国及其盟国与第三方太空系统整合它们的计划活动;了解太空物理环境;了解潜在对手的系统或活动;洞察对手的意图或对事件的可能反应。太空域感知使美国天军具有探测、描述、定位、监管和跟踪对手的能力,以保持太空优势并有效管理美国及其盟国的太空资产。如今,美国天军与商业部门共同进行了大量的测试、实验,为联合部队作战提供支持。

美国天军向商业部门寻求有助于全面生成太空域感知的能力。

(3)太空进入、机动和后勤(SAML)。

太空进入、机动和后勤支持通过太空运输、部队重组、维护和太空资产后勤来维持联合太空行动。太空运输包括太空发射服务或能力、运载火箭多任务清单、发射设施、航天港基础设施、发射指挥和控制以及航天器处理设施。商业发射服务已完全纳入天军进入太空的需求中,同时天军也认识到,在太空机动和后勤的某些领域,军队才是主要客户。美国拥有强大而灵活的太空发射能力,依靠天军的场地、基础设施和向行业提供的支持服务。

天军寻求从商业部门获得的能力包括发射服务、灵活的发射选择、在轨服务,以及天军可以测试、实验并纳入未来任务的战术响应太空能力。这些能力将建立在美国国家安全太空发射计划、与盟国和合作伙伴的互操作性基线之上,并作为美国天军生成模型(SPAFORGEN)的一部分,为联合部队司令部持续提供支持。

(4)战术监视、侦察和跟踪(TacSRT)。

战术监视、侦察和跟踪将传感器和装置的规划与操作,与直接支持作战的处理、利用和分发系统进行同步和整合。这不是正式意义上的情报,而是关于对手军事力量能力、组成和部署的空间作战信息,以及与各领域规划、决策和作战相关的位置和惯性数据。美国天军开展战术监视、侦察和跟踪是为了获得在缺少TacSRT活动情况下无法获得的信息,使军事规划和战斗管理能够建立和加强军事行为的先例和规范,并支持救援和人道主义工作。目标定位、跟踪、对手能力估计、预警和评估等功能需要通过TacSRT进行及时和全面的收集,也需要数据分析服务和健壮的通信路径来满足联合部队的要求。

天军向商业部门寻求广泛的监视服务,规划产品、数据、传输和融合以及分析能力,以帮助开发和优化TacSRT功能,支持各军种和作战指挥官的工作。在寻求这些服务的过程中,天军将继续与情报界合作,酌情利用现有能力,以确保不会出现重复工作。

(5)天基环境监测(SBEM)。

环境监测包括对自然环境进行感知、描述和利用。在陆地环境监测中,整合了来自陆地、海洋、空中的多元化传感器数据和观测结果,以确保为遍布全球的联合部队提供全面而精准的气象和海洋信息,包括信息的提供、支持以及必要的预警服务。在太空环境中,自然现象的特征描述利用陆基和天基传感器来识别对太空领域内系统和作战的环境威胁。探测空间环境事件和影响对于保护美国及其盟国和合作伙伴的航天器和行动至关重要。

天军寻求商业部门提供环境监测能力,以确定地面(通过天基传感)和太空环境(通过地基和天基传感)的特征,从而提高地面和太空环境监测架构的弹性;为联合作战部队的作战规划人员和决策者提供信息;提高军事系统的弹性,以实现作战效果并避免意外发生。

(6)网络作战。

太空作战在很大程度上依赖于网络作战,并与网络空间作战相互整合。天军的行动通过网络域投送战斗力,产生进攻性或防御性的太空作战效果,以实现指挥官目标。天军的网络部队通过开展网络防御和美国国防部信息网络作战来支持指挥官目标。网络作战还包括为确保、配置、运行、扩展、维护太空系统,以及保持太空系统的完整性,创建和维护太空系统数据的保密性、完整性和可用性而采取的行动。确保网络安全是天军及其商业合作伙伴的共同责任。网络安全是任何商业供应商被考虑纳入天军整合的基本要求。为确保网络安全,将根据美国国家安全局、国家标准与技术研究院和国防信息系统局的标准对每个供应商进行评估。

天军向商业部门寻求能够在所有环节(地面、链路和太空)提供一定程度的任务保障。此外,天军还寻求能进一步增强其数字化力量的能力,包括使数据可视、可访问、可理解、可链接、可信任、可互操作和安全。这需要根据"美国国防部零信任框架""美国国防部数据、分析和人工智能应用战略"进行大胆变革和技术开发。天军寻求持久的伙伴关系和能力,以便在未来与美国盟国和合作伙伴一起提高对网络领域的认识和保护。

(7)指挥与控制(C2)。

为实现任务式指挥的意图,天军的指挥与控制必须克服太空作战的全球性和远程性,系统地为战术部队提供所需的态势感知数据,以识别、协调和利用短暂的太空作战机会,防止决策瘫痪。天军的指挥与控制理念必须支持联合部队的作战方式。

天军向商业部门寻求进一步提高指挥与控制的容量和能力。天军将优先考虑具有动态技术(即多波段)的能力。这类型的能力可为联合部队提供弹性数据管理、决策支持工具、规划支持和安全的全球通信,以避免作战的意外并剥夺对手的先发优势。

(8)定位、导航和授时(PNT)。

天基定位、导航和授时是一种全球多用途能力,对于在军事行动中执行指挥与控制、移动、机动和火力打击等联合职能至关重要,对支持美国及其盟国的外交、信息、军事和经济目标至关重要。定位、导航和授时系统与用户设备相结合,可为联合部队提供精确的四维定位能力、导航选项和高精度的时间基准。

天军向商业部门寻求定位、导航和授时能力,以增强联合部队、盟国和合作伙伴的作战弹性。天军将对这些能力进行测试和评估,以了解其在冲突谱系中的操作利用情况。

太空任务使能并不局限于特定的任务领域,却能为一个或多个任务领域提供坚实的支撑,是执行常规和复杂太空行动不可或缺的基础。美国天军需要跨领域的能力和服务,涵盖了星座管理、卫星遥测与跟踪的标准用户界面、决策支持软件与工具、快速原型设计、人工智能、数据管理、地面支持、整合多种数据流的通用操作图片以及建模与模拟等多个方面。各种规模的公司(包括不参与提供商业太空解决方案的公司),都有大量机会与美国天军合作,提供部分或全部跨领域支持。

近期目标:针对天军已明确界定的与商业整合息息相关的任务领域,天军旗下所有单位将得以在统一框架内协同作战,并配备相应的工具,从而有效融合商业太空解决方案。那些直接参与操作层面商业整合的部门,将具备敏锐的市场洞察力,并能够通过系统的培训和与作战单位的紧密合作,验证商业产品、服务或活动的实效性。为确保每项相关任务的高效执行,天军将建立一套灵活选择商业供应商的流程,以满足联合部队作战的多样化需求。

作战单位在运用商业太空解决方案时,将对商业部门有更深入的了解,这将使他们能够进行更加细致和全面的尽职调查,以及更有效地整合各种资源。为了确保商业太空解决方案的机构整合能够顺利进行,必须对理论、作战概念、组织架构、培训、物资采购、领导力教育、人员结构、设施和政策进行持续分析和更新。未来天军部队在设计和规划、计划编制、预算编制和执行(PPBE)等流程中,将更多地融入商业太空解决方案。资金的分配将依据天军任务的战略重要性和紧迫性进行,且将优先考虑那些对加强国家安全至关重要的任务领域。这一优先顺序与天军的总体目标保持高度一致,即保持太空优势并保护美国在太空领域的利益。

为了加强其作战测试和训练基础设施,提升专用和剩余用途的测试和训练能力,天军必须积极寻求商业太空解决方案。这将有助于增强天军的战备生成能力,确保其在关键时刻能够迅速、有效地响应。在此过程中,商业测试和训练服务将扮演重要角色,例如,通过红、蓝部队组成的虚拟或合成轨道靶场,以满足作战系统所需的测试和训练。

主要责任办公室:在项目执行官的支持下,太空系统和项目服务采购执行官(SAF/SQ)和首席战略与资源官(CSRO)所领导的部门将作为工作路线 2 的主要责任办公室。SAF/SQ 和 CSRO 将与美国空军部利益相关方协调,明确和/或制定运行组织、途径和/或流程,以改进所有任务领域商业能力和服务的运行和技术整合。要明确以商业为重点的组织的作用、责任和资源配置,包括太空作战司令部、太空系统司令部、太空作战分析中心、太空快速能力办公室、太空发展局和组成直属司令部(Component Field Commands)等。

3)风险管理

描述:将商业太空解决方案纳入美国天军架构并非没有风险。选择采用解决方案支持军事行动的公司必须接受这样做的固有风险,并采取行动保护其能力,以确保在需要时(包括战时)可用。美国天军将帮助商业公司识别这些风险,并提供可操作的及时的数据,以帮助降低风险。

近期目标:美国天军必须建立一个与商业公司共享威胁信息的流程,以便及时分享可操作的威胁数据,从而降低商业系统的风险。信息共享将包括多个分类级别的态势感知和网络安全威胁信息。美国天军将与美国国防部合作,减少障碍,如过度的保密、审批流程和审批设施访问,以建立与商业航天部门进行非机密通信的可扩展程序。

主要责任办公室:首席战略与资源官(CSRO)所领导的部门将作为工作路线3的主要责任办公室。CSRO将与美国空军部利益相关方协调,制定一种与商业部门更广泛、更充分地共享威胁信息的手段,并确定共享数据的障碍,与适当的组织合作,在适当的情况下降低密级。

4) 保障未来

描述:天军将继续深入探索商业航天领域的新兴技术,这些技术有望在未来为联合部队提供不可或缺的支撑。天军计划通过高效利用商业部门的尖端创新技术、缩短开发周期以及充分利用不断涌现的太空产品、服务和活动,来进一步巩固和增强其竞争优势。在此过程中,美国天军将优先关注那些能够针对作战环境进行优化的科学技术,以便在作战相关的时间框架内迅速转化为实战应用。

近期目标:天军必须建立一个流程,对包括传统和非传统航天部门在内的各种商业产品进行评估,以确定能够满足业务需求的跨领域能力和服务。此外,美国天军将继续通过与"天军创新工场"(SpaceWERX)、"空军创新工场"(AFWERX)、国防创新单元(DIU)等组织建立伙伴关系,促进和鼓励工业基础的发展。

主要责任办公室:美国天军太空系统司令部(SSC)将作为工作路线4的主要责任办公室。SSC将与空军部(DAF)利益相关方协调,增加对满足盟国和合作伙伴要求的商业解决方案的认识,并提高这些利益相关方对美国天军任务需求的认识。SSC还将支持和扩大美国国防部和机构间为出口商业太空解决方案所做的努力,包括那些由中小型企业开发的解决方案,以便在符合美国出口管制和国家安全目标的情况下供应国际市场使用。

天军认为,相较于维持现状所带来的风险,实施本战略所需的成本和面临的挑战几乎可以忽略不计。因此,决心致力于构建一个综合美国国防部、商业和盟军能力的混合太空架构。同时,卫士致力于扩大行业合作伙伴关系,旨在增强整体弹性,并进一步强化对联合部队的支持。在太空中,多个利益相关方在相同的环境中共同运行,面临着相似的威胁,并会在执行各自任务的过程中相互协作。为了最大化整体效能,必须实现地面与在轨太空能力的无缝整合。通过"利用现有资源、采购可用能力和按需采购"的策略,充分利用商业部门的创新力来采购和部署太空能力。

7.5.2 美国天军太空条令

太空条令方面,继2020—2022年陆续发布顶石级条令《太空顶石出版物:

天权》和基石级条令《太空条令出版物 1-0：人事》《太空条令出版物 4-0：维持》《太空条令出版物 5-0：计划》后，2023 年 7 月发布《太空条令出版物 2-0：情报》《太空条令出版物 3-0：作战》两个基石级条令、11 月发布《太空条令出版物 3-100：太空域感知》战役级级条令，明确实施太空作战行动、情报、天域感知的具体内容，太空作战理论与条令加速完善。截至 2024 年 5 月，美国天军基石级条令尚余《太空条令出版物 6-0：指挥控制》未发布，其余战役战术级条令也将持续完善。图 7-23 为美国天军太空条令体系。

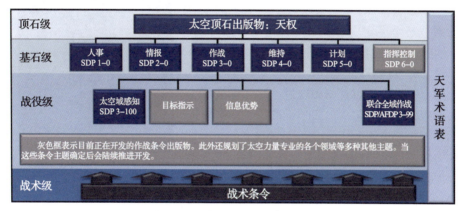

图 7-23 美国天军太空条令体系

经过不断完善，美国天军目前已形成完备的太空条令体系。依照该体系，美国天军条令分为顶石级、基石级、战役级和战术级。①顶石级条令主要阐述基本且持久的理念和原则，作为天军的基本军事学说，为天军建设发展提供全面指导。②基石级条令为作战环境和能力条件约束下各作战参谋职能领域正确组织运用天军力量提供指导原则、建议做法和注意事项。目前计划分为 6 个系列，包括《太空条令出版物 1-0：人事》《太空条令出版物 2-0：情报》《太空条令出版物 3-0：作战》《太空条令出版物 4-0：维持》《太空条令出版物 5-0：计划》《太空条令出版物 6-0：指挥控制》。③战役级条令，在每个基石级条令系列之下，为作战环境和能力条件约束下正确组织运用天军核心能力和专业力量达成作战目标提供指导原则、建议做法和注意事项。④战术级条令主要考虑特定目标和具体条件，重点阐述如何使用资产达成战术目标。战术级条令主要以技战术规程形式，对如何生成能力以及完成战斗保障任务给出详细指导。由于战术级条令与作战能力和资产的运用方法密切相关，基本上都定为涉密文件。

7.5.2.1 《太空顶石出版物：天权》

2020 年 8 月 10 日，美国天军独立成军后发布了第一部学说条令《太空顶石出版物：天权》（图 7-24）。该文件在天军条令体系中处于最高层，作为基本军事理论指导美国天军的建设、发展和运用，并向军内外宣告自己的宗旨、身份和价值。新学说系统阐述了天权概念与天军角色定位，把天权作为国际政治体系下国家权力的一种独特形式，军事太空力量作为外交、信息、军事和经济四大国家权力工具中军事力量的组成部分，通过太空发挥威慑和胁迫作用，既强调天军的暴力本质，又要求超越单纯军事问题看太空。新学说定义和阐述了太空域的属性特点，把太空作战看成是物理、网络和认知维度有机统一体，在物理维度引入太空"交通线""关键地形"等概念，通过认知维度进一步强调战争中人的因素和作战艺术。新学说的重点是系统提出了天军三大使命任务、五项核心能力和七种专业力量，把维护行动自由作为首要职责，重新整合现行联合条令中的十项太空能力，新建轨道战、太空电子战、太空作战管理等专业力量，并提出可在敌行动之前实施先发制人攻击。新学说相比于现行太空作战联合条令和美国空军太空对抗学说有多项重大理论创新，对了解美国最新太空军事思想以及天军的建设、发展和运用有重要参考价值。

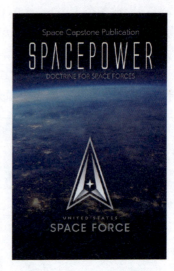

图 7-24　美国天军《太空顶石出版物：天权》文件封面

现将《太空顶石出版物：天权》主要内容编译如下：

《太空顶石出版物：天权》是美国天军的顶层军事学说文件。作为新成立的军种，这是美国天军首次系统阐述自己独立的军事理论。该出版物回答了为什么天权对美国至关重要、如何运用军事太空力量，以及军事太空力量包括哪些内容、有何价值。简言之，美国正在打造一个专司太空作战的独立军种，而这份顶层文件是美国天军知识体系的根基。与所有的美国军事学说一样，该学说也服从和服务于美国政治与国家战略，军事太空力量具有威慑和胁迫能力，可为其国家和联合部队领导提供独立选项，但如果与其他形式的军事力量集成运用则能够发挥出最大潜力。因此，在发展天权理论学说的同时，还必须大力促进美国天军与空军、陆军、海军、海军陆战队和海岸警卫队等其他军种更紧密集成。只有实现真正集成和相互依存，才能释放出美国国家天权的全部潜力。

1. 绪论

1) 军事太空力量指导原则

(1) 美国希望太空域保持和平、安全、稳定和可进入。以实力和太空的安全支撑其他作战域的行动自由,并为世界安全与稳定作出贡献。美国必须调整国家安全太空组织、学说和能力,以慑止和击败侵犯,捍卫美国太空利益。

(2)太空域是指大气对空中目标气动效应可忽略不计的高度之上的区域。太空域的价值在于其活动范围、连续性、持久性和响应能力无可匹敌,并且能够合法飞越地球上任何地点,因此天权具有全球属性。

(3)军事太空部队是由保护、防御和投射太空力量的职业军人组成。他们在太空域、从太空域、向太空域使用太空力量,提供支援、安全、稳定和战略效果。这要求军事太空部队必须依据国内法和国际法,与美国政府各机构、盟国和合作伙伴密切协调与合作。

(4)太空作战不仅具有全球属性,还具有多域属性。对太空体系任一部分(或多个部分)成功实施攻击,无论是轨道段、地面段还是链路段,都能使太空能力瘫痪;因此,为确保太空域进入、机动和利用,防御行动需要全面协同所有三个部分。

(5)作为一个组织精干、聚焦任务的数字化军种,美国天军高度重视组织的敏捷力、创新力以及无畏精神。要进一步发扬这些优秀品质,应首先向小型团队充分授权,并且善于识别风险,敢于承受风险,把试错作为快速学习和改进的机会。

2)天权的发展

在苏联发射人造地球卫星1号后,1958年1月31日在卡纳维拉尔角航空站,美国陆军成功发射了美国首颗人造地球卫星探险者1号。两个月后,美国海军成功将先锋1号卫星送入轨道,成为世界第一颗太阳能供电的卫星。同年,美国高级研究计划局成功发射和验证了世界第一颗通信卫星。这些为美国空军和中央情报局合作开展"科罗娜计划"铺平了道路。在"科罗娜计划"下,1960年8月18日发射的发现者14号卫星首次在轨获取了超过430万 km^2 苏联领土的卫星图像,并成功携带胶片返回地球。美军通过一系列成就向世人证明,人类是可以通过控制和利用太空来追求发展和安全的。

从这些早期里程碑开始,美国陆军、海军和空军各自发展了众多太空能力,有效增强了国家的陆权、海权、空权和网权。这种分散发展模式塑造了过去60年美国军队对太空的认识。这种体制造成的结果是,当前的军事理论和学说几乎都把太空作为其他形式军事力量的支援力量,没有把握到太空对国家发展与安全的直接和独立作用。本学说把天权提升为一种独特形式的军事力量,与陆权、海权、空权和网权并列。

3)美国天军的主要职责和核心能力

美国天军高度重视组织的敏捷力、创新力以及无畏精神。要进一步发扬这些优秀品质,应首先向小型团队充分授权,并且善于识别风险,敢于承受风险,把试错作为快速学习和改进的机会。这些原则同样适用于作战和日常任务。美国天军必须利用这些优秀品质,坚持不懈地为美国发展军事太空力量。

作为军事太空力量的管理方,美国天军承担三大顶层职责:维护太空域行动自由、支撑联合部队战斗力和效能、为美国国家领导提供独立选项。这些职责由太空安全、作战力量投射、太空机动与后勤、信息机动和太空域感知五项核心能力支持。美国天军的这些核心能力需要轨道战、太空电子战、太空作战管理、太空进入与维护、军事情报、网络作战、工程/采办七种专业化力量(图7-25)。

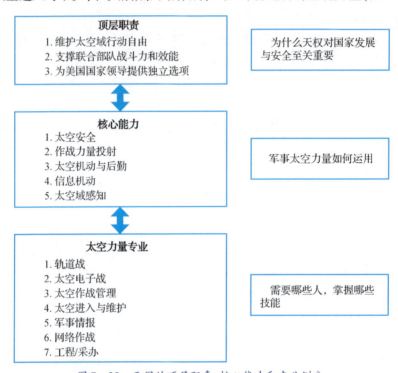

图7-25 天军的顶层职责、核心能力和专业划分

美国天军履行每一项顶层职责都需要综合运用所有五项核心能力,而运用每一项核心能力都需要所有七种专业力量共同完成。虽然这些领域相互依赖、相互联系,但利用该框架,太空专业人员可以沿着自己受训的具体岗位,到所属的太空力量专业,再到支持的核心能力与顶层职责,了解到自己日常工作如何为美国国家安全作出贡献。

4) 天军学说条令体系

《太空顶石出版物:天权》是美国天军首部学说文件,与美国国家安全战略、国防战略和军事战略保持一致,可作为训练和教育的基础大纲,并为领导决策、任务分析、目标分解以及军事太空战略制定提供参考。该文件清晰阐明了天权是国家权力的一种独特形式,并提出了一套独立的天权理论,为美国国防部、政府其他机构和盟国引入了一些新的术语和概念,同时,该文件还尽可能地与联合学说条令保持一致,从而确保美国天军能够与联合部队高效协同。

该文件拉开了美国天军构建自己专业知识体系的序幕。随着新军种建立与发展以及在新兴战略环境中不断积累作战经验,天军学说条令也将同步发展。该顶层学说文件处于天军学说条令体系的最高层级,是基于历史经验在长期愿景牵引下形成的一种理论基线,不涉及作战应对,允许领导者根据具体情况部分借鉴,作出自己的决策。随着时间推移以及军事太空力量运用、评估和改革调整,预计会有更多战役级和战术级出版物发布。

美国天军学说条令体系计划由三个层级构成:①第一层为顶层学说文件,由太空作战部长负责,主要向美国其他军种、国防部、政府其他机构和盟国阐述美国天军的宗旨、身份和价值;②第二层为战役级条令,主要为有效开展各项军事工作提供组织指导,为发展核心能力提供具体指导;③第三层为战术级条令,称为"战术标准作业程序",总结和固化经验教训,供美国天军成员在各专业工作中应用。

顶层学说文件一般每四年进行一次审查。尽管美国天军在组建初期组织结构和程序可能会比正常时期更频繁地调整,但顶层学说文件中的原则不应出现颠覆性修改。战役级条令由直属司令部条令中心负责每两年审查一次。如果需要对某条令内容进行快速修订并获得批准,美国天军条令中心主任有权临时启动相关文件的审查和更新工作,最快可在3个月内完成。"战术标准作业程序"的使用是一个持续、在线和协作的过程,修订审批权将下放给适用的最低指挥层级,从而使美国天军能够充分发扬敏捷和无畏的特质,快速作出调整和修订。

2. 太空域

太空域是轨道飞行的区域。人类掌握和利用轨道飞行能力在地球大气层以外基于引力作用持续运动,开创了太空时代。轨道飞行成为现实后,使人类有能力利用太空域的各种特性,且轨道飞行的价值就来自于太空域物理环境的特性。因此,理解天权必须从认识太空域开始。

1)轨道飞行特性

太空域是一种独特的物理环境。轨道飞行的主要性质和价值源自于这些环境特性。太空域最主要的特性在于其物理媒介。在地球上陆、海、空各物理域,浓密大气和压力产生黏性摩擦来抵抗所有形式的运动,这种力被称为阻力。太空环境接近真空,尽管不是完全真空,这大大减小了摩擦力,使物体主要在引力作用下运动。大气密度随着高度升高而降低,因此距地球较近轨道上的物体必须比更远轨道上的物体克服更大的阻力。此外,由于没有大气来保持热量,在太空域中会受到极端温度的影响。并且,太空域内还弥漫着由带电粒子和高能辐射组成的未扩散的太阳能量,这些现象及其变化统称为太阳天气。

在太空中,由于物体需要克服的阻力可以忽略不计,因此航天器可在无动力情况下仍能保持极快的速度,根据轨道高度的不同,它们可以在90min内环绕地球一周。此外,电磁频谱信号在接近真空的太空中传输时失真或衰减很小,但信号强度会随着距离的增加按平方反比减小。

领空的边界并不延伸至太空。轨道飞行的最早应用确立了航天器可以不受限制地飞越任何国家的国际准则。这令太空成为对国际社会所有成员平等、开放和共享的环境。在这种制度安排下,太空域的科学和经济发展潜力无限。展望不远的将来,轨道飞行将帮助人类获得不可估量的待开发资源,创造新的经济发展机遇,进一步提升太空域的价值和轨道飞行的重要性。

2) 太空系统结构

太空系统结构在太空作战中发挥着重要作用。为了利用轨道飞行,所有太空系统均由三部分组成:①"轨道段"指在地球大气层之外轨道上运行的航天器。根据不同的应用,航天器可以分为有人驾驶、载人自动驾驶和无人自动飞行三种;②"地面段"指陆、海、空等地球物理域内所有的航天器操控和应用设备,包括控制站、天线、跟踪站、发射场、发射平台和用户设备等;③"链路段"指连接地面段和轨道段的电磁频谱信号。上行信号把数据从地球传送给航天器,下行信号把数据从航天器传回地球,星间链路信号把数据从一个航天器传送给另一个航天器。

总的来说,太空系统是一种"系统的系统",其运行必须跨越物理、网络和认知维度。太空系统每部分的工程设计性能都非常重要,在决定太空任务能力、局限性和脆弱性方面发挥重要作用。

3) 太空作战

太空是一个独特的物理域,与天空域物理相接,但与所有作战域均存在相互联系。这决定了人类进入太空和在太空中活动的方式。天军进入、利用和防御太空的能力取决于能否跨越所有作战域协同行动,同时还需要关注太空域独特的物理、网络和认知维度的特性。

(1) 物理维度。

太空域的物理维度包括轨道环境以及在域内运行的航天器。范围从地球大气层顶部保持持续轨道飞行所需高度开始向无限远延伸。引力在太空域塑造出不可见的"地形"。太空域内物体在万有引力作用下做恒定自然运动,其在物理维度内的运动特性可计算和预测。轨道上所有物体都没有固定的位置,看似"固定"在赤道上空的地球同步轨道航天器也会在 24h 内飞行 26.4 万 km。

绝大多数航天器一旦进入轨道就不再返回地球。军用航天器一般都提前部署,有一定工作寿命,执行任务的周期主要由星上一次性消耗品(如燃料)和航天器可靠性决定。从地球视角看军事行动的范围,通常使用运输时间、射程、持续时间等属性,而从轨道视角看军事力量,则使用访问窗口、重访速度、任务寿命、对威胁系统的生存能力等属性,还需要在时间、位置和总能量之间进行权衡。

目前,对手的武器系统对轨道资产的威胁日益严重,现在太空已经与其他作战域一样成为了争斗的场所。太空战场既没有前沿地带,也没有供重构和修复航天器的大后方。无论是和平还是战争时期,航天器一直在轨道上运行,都存在被对手反太空能力攻击以及有害太空环境影响的潜在危险。

(2) 网络维度。

太空作战的网络维度通过一套物理和逻辑体系使用户能够指挥、控制和利用太空能力。这套体系可以跨作战域在全球范围收集、传输和处理数据。由于存在这种依赖关系,因此网络维度是太空域与其他作战域的主要联系纽带,网络空间作战是军事太空作战中至关重要且不可分割的组成部分。这种依赖性为对手创造了可乘之机,相比于仅在太空域内实施轨道战,网络维度的攻击成本更低,成功概率更高。

节点和链路是网络维度的基本组成要素。节点是太空体系结构中能够创建、处理、接收或传输数据的单元。重要节点包括任务地面系统、控制天线、用户设备、太空观测站和航天器有效载荷等。链路是节点之间传输数据的线路。对于所有太空体系,除地面网络之外,电磁频谱也是一种至关重要的链路。在轨航天器接收指令、下传遥测和任务数据都使用电磁频谱信号。此外,使用有源和无源电磁频谱传感器还能够探测、监视、跟踪常驻太空物体,获取目标特性。由于航天器普遍采用远程操控,因此电磁频谱是实现太空域控制和利用的主要管道。

(3) 认知维度。

太空域的认知维度是指从事与进出太空域信息相关的传输、接收、综合、分析、报告、决策和行动的人的感性认知和心理过程。每个作战域中涉及人的事务都含有认知成分。由于太空域普遍采用远程操控,进一步放大了认知维度的重要性。太空虽然是一个物理空间,但需要基于虚拟刺激来执行操控和解译现象。而且,太空系统本质上是一种能够扩展个人和群体在太空域、从太空域、向太空域执行任务能力的工具,它不是静态的系统,而是被有思维能力的人所设计、部署和使用,因此是涉及认知成分的所有相关过程塑造并决定了人在太空域的行为。

4) 轨道飞行挑战

克服太空域的障碍是轨道飞行的基本挑战。轨道飞行的约束条件以及太空环境的危害决定了太空作战的本质特征。

(1) 进入、机动和回收限制。

机动自由受限是太空作战的一个重要特性。根据轨道动力学原理，在轨物体保持持续运动状态。到达轨道高度或机动到另一条轨道需要巨大的能量。由于物体飞行速度极快，因此要机动到另一条轨道所需能量非常高，足以令这一选择不可行。

(2) 轨道飞行危险。

有一种常见的误解是太空以一种完全真空的形式存在。这样描述忽略了轨道飞行环境中存在的动态变化的不利因素，包括多种具有危害性的自然条件。地球大气层的范围远远超过了保持持续轨道飞行的高度，并且随太阳活动变化而扩大或缩小。在这个空间里，大气阻力对轨道飞行有显著影响。另外，在地球磁层保护之外运行的航天器虽然不受大气阻力影响，但是却暴露在太阳风之中。太阳持续发出的太阳风裹挟着辐射和带电粒子，能够严重破坏航天器的物理和电子部件。虽然太阳风遍布太空域的广大区域，但地磁场会俘获一些带电粒子形成范艾伦辐射带，穿越该区域的航天器将遭受高密度带电粒子和高能辐射的轰击。

空间碎片给人类太空活动发展造成了进一步风险。任何不再使用的人造太空物体都是空间碎片，有可能与轨道上其他物体发生碰撞。如果不人为主动离轨，物体的轨道将会在引力作用下逐渐衰减，直至再入大气层终止轨道飞行。在没有主动高度保持的情况下，环绕地球轨道飞行的物体陨落到大气层的时间少则数天（轨道高度低于400km），多则几年（低于480km）、几十年（低于650km）甚至上百年（高于650km）。随着空间碎片数量和集中程度不断增加，碰撞风险也持续升高，并且碰撞产生的碎片还会引发级联效应，造成更多的碰撞和碎片，进一步危及轨道飞行安全并影响太空域利用。

此外该文件认为，太空域变得越来越对抗、拥挤和充满竞争性，天军的潜在对手正在持续开发、测试和扩散先进武器。这些武器有可能成为轨道飞行最可怕的危险。为了尽可能消除这些危险，针对威胁执行太空作战，全面及时地集成相关情报监视侦察行动势在必行。

3. 国家天权

进入太空对美国的发展与安全至关重要——这是美国国家要务。美国许多国家利益来自于太空，包括大众传媒、金融和经济信息网络、公共安全、气象监测和军事技术等。与任何国家权力来源一样，美国必须培育、发展和保护这些利益,从而确保持续繁荣。

1) 政治、政策和权力工具

天权是国家权力的来源和渠道。因此,认识天权要从了解国际强权政治开始。政治是指在国际体系中对权力的追逐,需要精心谋划并与外界紧密互动;而政策是指一个国家或非国家行为体的政治目的和目标。政治是一套不断动态变化的社会系统,既有合作,又有竞争。权力定义为对事件、结果以及其他行为体的影响和控制能力。国家追逐权力是为了强化其实现战略目标的能力。

国家利用多种国家权力工具在国际体系中施加影响和控制。国家权力工具主要有四种:外交力量、信息力量、军事力量和经济力量。从总体来看,权力工具是一国用来实现国家目标所使用的工具。

2) 国家天权概述

国家天权是一国利用太空域追求国家发展与安全的能力总和。国家天权代表一国在外交、信息、军事和经济等方面利用太空域的能力强弱。太空域既是形成全部四种国家权力工具的源泉,也是运用这些工具的管道。在这方面,太空与陆地、海洋、天空和网络空间没有任何区别。太空探索可以提升国家威望,创造多国和平合作机会,进而能够增强外交力量。美国的天基遥感和通信是信息力量的基本组成部分,是运用其他权力工具的必备条件。在现代战争中,军事太空力量已成为全球威慑和力量投射的先决条件。美国商业航天产业是美国经济中一个快速增长的领域,未来潜力无限。这种高度依赖性使太空成为美国国家权力至关重要且不可分割的组成部分。正确地组织和运用天权必须服务于政治目的和目标,寻求强化所有四种国家权力工具。

3) 统一太空行动

组织和运用国家天权需要通过统一太空行动实现。统一太空行动同步国家天权各组成部分,协调一致地维护国家利益。由于存在进入、机动和回收的限制,国家天权按民用、商业、国家、国防部、情报界和军种等用户进行完全没有重叠的分割与独立运用是不现实的,因此,国家天权各组成部分必须共存共用。统一太空行动将协调各组成部分,确保它们组合在一起能够彼此促进而不是相互掣肘。

统一太空行动不仅仅是为了协调国家天权各部分的冲突,更要努力做到相互辅助、相互促进、相得益彰。例如,国家天权的军事太空力量能够保护和防御国家经济力量中的天基资源,反过来,商业航天技术的进步能够用来提升军事太空部队的战斗力和效能。同时,军事和经济力量还为外交力量提供强有力的支撑,从而使国家能够利用太空活动与其他行为体开展国际交流,对其施加影响。天基信息获取可以作为一种可靠的国际条约和协定的核查手段,从而加强外交力量。为充分发挥国家天权各部分相互促进作用,取得全部战略利益,美国必须要加强国家层面的统筹协调。

军事太空部队将在统一太空行动中发挥重要作用。军事太空研究、开发和采办应与民用、商业和国家情报太空计划紧密合作和协调。

太空军事行动能够维护和发展国家天权的所有权益。此外,由于军事太空装备的数量和规模庞大,因此军事太空部队必须要在建立和加强太空域行为标准和规范中发挥主导作用。

4. 军事太空力量

人类自古以来就把抢占制高点作为用兵打仗的原则之一。占领制高点可以居高临下不受遮挡地俯瞰战场,对敌方行动早期预警,防止部队遭受突袭。此外,高地上的部队还拥有明显的能量优势,令军事作战的效能和持续时间大幅提高。控制"制高点"还可建立稳固阵地,作为御敌有效屏障,迫使敌方从主要方向抽调专门资源耗时耗力进攻,从而分散其兵力。

太空域包含制高点所有属性。军事太空力量已成为现代战争中展现制高点价值的关键力量。在对敌运用时,军事太空力量具有威慑和胁迫能力——可为国家和联合部队领导提供独立选项,但与其他形式军事力量集成运用才能发挥出最大潜力。

1)战争

军事太空力量与战争存在着密不可分的联系。军事太空部队必须在这个新的作战域战斗,为国家赢得战争作出贡献。因此,战争的基本属性以及现代战争的特点塑造并决定着军事太空力量的发展和运用。

(1)战争基本属性。

该文件认为,战争是为达成政治目的被社会认可的暴力行为。正如克劳塞维茨所说:"战争是政治另一种方式的延续。"因此,人类历史上没有任何一个领域存在政策目标对抗而从未发生过战争。美国遵照国际法承认利用太空的和平目的,同时也必须为应对太空现实情况做好准备,防止有人企图破坏美国的太空政策目标。

作为对立意志的碰撞,战争表现为动态竞争。交战双方都针对其对手采取行动和作出反应,每一方都极力争夺可以将意志强加于人的有利地位,同时极力为对方达此目的设障。归根到底,打仗的是人而不是武器。人的因素为战争注入了不确定性、无序、惊奇、情感、多变和诡诈。

作战样式是指发动战争的方式。战争背景各不相同,可以是主权国家之间宣战的敌对行动,也可能是非国家代理人之间有限的暴力行为。竞争连续体是合作、未升级为武装冲突的竞争和武装冲突的组合。在任何冲突中,政治目的、政策约束和武装冲突法都影响战争的强度。

(2) 现代战争特点。

战争虽然有基本属性,但其特点则不断演变。科技进步以及对军事优势无休止的追求共同塑造了战争的方式。在人类历史绝大部分时间里,直接暴力都是战争的普遍特征。向对手威胁或使用军事力量需要直接接触。物理毁伤和直接人身暴力仍然是许多现代战争的主要特点,然而由于军事技术的进步,这已不再是现代战争的必备属性。

同样,军事技术进步还令太空成为国家权力的组成要素,从根本上改变了现代战争的特性。指挥控制、信息、情报、火力、运动与机动、维持和保护等七种联合功能为理解太空在现代战争中的作用提供了一个系统框架。现代武器系统的速度、射程和连通性使交战双方能够在全球尺度上跨越多个作战域发动战争。在这样的冲突中,指挥控制、情报、协同运动与机动、部队维持都必须在全球尺度上实施而且要足够快速,这样才能击败速度极高的远程武器。

为取得这些作战条件,就要具备全球信息收集、处理、融合和分发能力,从而产生了对信息的依赖性。信息时代战争的一个关键特征是许多武器系统都要依靠外部信息源才能实现功能。在现代战场上,信息优势对部队保护发挥着关键作用。除了保护战场中的部队外,现代战争还要求交战双方必须保护支持信息快速交换的物理和逻辑通信线路。另外,现代战争中的火力已发展为致命性火力和非致命性火力以及动能火力和非动能火力。造成暴力和毁伤的致命性火力在战争中仍将继续发挥作用,然而在信息时代,这些火力需要置于精确打击体系下才能发挥出效力和效率。此外,现代战争对信息的依赖性给所有作战域运用非致命性火力和非动能火力创造了机会,从而削弱敌方信息访问能力,割裂其决策过程,瘫痪其战场部队。

(3) 战争胁迫与制胜。

所有战争都试图胁迫对手。从形式上讲,胁迫是指威胁或使用武力,以迫使对手作出别无选择的行为。战争的胁迫形式可分为威慑和强迫。威慑是一种预防性行为,通过威胁对手必将招致无法接受的反制行动和/或令其相信行动成本将超过预期收益来实现。威慑主要用于维持现状。一个行为体还可以采取延伸威慑和保证,把伙伴方的利益视同为自己的利益,并向潜在对手或同级竞争者传达保护这些利益的决心。强迫是在公认法律许可范围内,试图强行改变或塑造对手的行为和目标,直至逼迫其就范。

太空域具有全球到达功能,可提供一种持续、持久和快速响应的全球视角。这些特性使部队能够在太空域及其他作战域从美国本土以最少兵力向更远距离和更大范围发挥效能。这种能力对于潜在对手来说是一种强大威慑。美国天军的全球达到功能时刻影响着他们的行为和决策。

在战争的竞争环境中,取得胜利是一方通过胁迫成功将其政治目的强加于另一方。包括军事太空力量在内的所有形式军事力量都是通过威胁或使用武力来力图达成这一目标。胜者可以强迫对手别无选择地改变行为。胜利的结果多种多样,从敌人作出有限让步,到无条件投降,直至推翻其政府。

军事力量作为一种政治工具,有两种基本运用战略:一种是剥夺能力战略,从物理上摧毁敌方军事能力令其无法抵抗,但这一战略并不需要完全解除敌方军事能力,而是为了消除政治对手的军事抵抗;另一种是侵蚀战略,目的是令对手在政治行为上按照要求作出改变,从而比继续抵抗遭受更少的痛苦。

(4) 太空战。

该文件认为,对手在太空、从太空、向太空竞争是为了达成其政治目的,将自己的意志强加于人。当敌对双方威胁或使用武力,把暴力作为互动方式时就形成了战争。军事太空力量不仅可以慑止这种行为,为访问关键信息提供支持,而且还可以向对手施加致命性和非致命性暴力。军事太空部队作为一支作战部队,应在战略目标指引下以及法律与政策约束下,坚定地为诉诸适当水平的暴力作好准备。

与其他作战域的作战样式一样,太空战也是敌对双方意志的暴力碰撞。需要特别强调的是,太空战的对手绝不是航天器或其他没有生命的系统。太空战的目标是有思想的敌人,旨在消除敌人的能力,剥夺敌人的抵抗意志。美国军事太空部队是在与那些威胁美国发展、安全和政策目标的有思想的敌人进行斗争。因此,美国军事太空部队必须为以智取胜、以谋制胜做好准备,战胜那些意图阻碍美国行动的有思想、有能力和致命的侵略者。

2) 军事太空力量价值

军事太空力量是指通过控制和利用太空域达成战略和军事目标的能力。美国军事太空部队是军事太空力量的实践者,为联合部队提供全球视角。安全、威慑和暴力斗争是铭刻在作战部队身上的烙印,美国军事太空部队亦不例外。他们塑造安全环境,慑止外敌侵犯,并在太空、从太空、向太空使用致命性和非致命性武力。

然而,太空域的特性令军事太空力量有别于其他形式的军事力量(正如地球上的军事力量也有别于军事太空力量一样)。太空是唯一能够对全球任意地点持续合法过顶军事覆盖的物理域。军事太空力量综合利用太空高位优势、航天器持续前沿部署特性、合法飞越全球任一地点的国际法律制度,实现对全球的持续性覆盖。这为军事力量提供了独特的机会。

轨道飞行把通信线路延伸到人类活动最荒凉和最偏远的地区。各级部队都利用这种全球视角超视距共享信息，协同所有作战域的全球力量投射。不受限制地合法飞越令航天器能够穿透战场上最受限的区域。通过穿越拒止区域，天基情报监视侦察可为分析敌方能力、行动方案和意图提供基础情报，为太空域感知和联合部队指挥官决策提供预测性情报和支持。当这些与陆、海、空情报监视侦察能力全面集成后，可以为保护和防御太空域提供改变游戏规则的情报。控制和掌握了这个"上帝视角"，军事部队可以在大规模力量尚未出战区之前，就能对全球任意地区的突发事件实施监控并迅速作出反应。因此，轨道飞行的全球性、合法性、穿透性和持续性等特性令军事太空力量成为对全球威胁最先作出反应的军事力量。

除了看向地球，轨道飞行向外看还能为观测太空域提供一种无可匹敌的视角。航天器可以用来监测轨道活动，不受大气扰动、地球天气和地物遮蔽等因素影响。而且太空域的某些区域只能从轨道视角进行观测，例如月球背面。如要观测和监视太空域的遮蔽部分只能在轨道上实现。

总的来说，利用太空这个制高点能够削弱敌方发动突袭的能力。对于敌方来说，由于太空域同时具备全球性、合法性、穿透性和持续性，令其很难发动突袭或隐藏攻击行为。太空视角能够为防范战术、战役和战略突袭提供持续警戒。

3）全维军事太空力量

要全面认识军事太空力量，必须把太空域的物理、网络和认知维度作为有机整体来看。这些维度非串联结构，没有先后次序。相反，这种太空作战模型认为所有三个维度彼此紧密耦合在一起，同步且相互关联地影响着军事太空力量。为实现军事太空力量的效益，太空作战必须要周密考虑和影响全部三个维度。

（1）物理维度关键拓扑。

识别、占领、利用和保护有价值的物理位置是所有作战域军事力量的一项关键任务。采用通用方式或基于轨道优势特点对物理环境进行划分是细分太空域作战区域的一种很有用的方法。因此，必须系统理解"交通线"（LOC）和"关键轨道"（KOT）概念，从而令军事太空部队在筹划、执行和评估太空力量作战时能够运用广阔的太空域与敌展开搏斗。

"交通线"是指军事部队与作战基地之间用于补给和运动的联系通道。控制关键交通线可以令太空域内的军事部队及时调整、补给和增援。一些有价值的交通线包括发射场的发射弹道，航天器的回收弹道，一条轨道至另一条轨道的最小能量转移轨道，从地心轨道向地月轨道或更远区域的转移轨道等。

"关键轨道"是指航天器能够支持用户、收集信息、保护其他资产或与对手交战的轨道,是太空域中执行任务和投射力量的关键区域。关键轨道可以相对于天体定义(惯性坐标系),也可以相对有利能量状态定义(能量坐标系),或相对其他轨道定义(航天器本体坐标系)。在惯性坐标系下,一些关键轨道包括低地球轨道(LEO)、中地球轨道(MEO)、地球同步轨道(GEO)、太阳同步轨道(SSO)等,可以把它们看作太空战场的"关键地形"。

(2)网络维度访问保护。

网络维度不是静态的,它代表了一个物理和逻辑的机动空间。网络维度的战术机动包括监测和防御软件、攻击敌方计算机系统、复制网络、放大信号、改变频率、升级加密、调整数据路径等。在军事作战中,太空域网络维度中的链路和节点是薄弱环节,易受攻击。对网络维度任何部分成功实施物理或逻辑攻击都可能割断航天器与用户的联系。因此,网络维度的任务保证需要采取整个政府协调一致的方式对所有组成部分加以保护。

(3)认知维度影响因素。

军事太空力量塑造和操纵认知维度的所有方面,涉及对手如何处理信息、形成认知、得出关键判断和作出决定等。太空域具有远程操作特性,没有直接的感官输入,挑战着操作者对物理行为的理解。因此,欲影响认知维度,需要在环境中保持观察和判断能力,从远程地点有效作出决策和采取行动。承认太空域的认知维度有助于提升对军事太空力量胁迫能力的重视程度,尽管军事太空力量在太空域物理维度中人员数量和规模有限。

在所有级别的战争中,认知维度的行为体可分为友方、敌方和第三方。例如,采取太空行动,让对手认识到攻击必将招致无法接受的反击,或者对盟国和商业伙伴在太空域的安全作出保证承诺,都可以慑止对手的侵犯。

在太空战中,许多最重要的作战目标都需要在认知维度实现。决策优势、威慑、吓阻、强制和保证均属于此维度。如果行动不能影响敌人认知或决策,则摧毁敌方航天器的军事价值非常有限。

(4)电磁频谱机动空间。

电磁能量在一系列不同能态间跃迁,统称其为电磁频谱。电磁频谱影响着太空域全部三个维度,给太空作战带来异同寻常的特性。首先,绝大多数航天器利用自然界产生的电磁能量获得电力。此外,所有太空力量应用都依靠远程操控,这令电磁频谱成为一种重要的物理机动空间,许多关键网络链路都位于其中,把航天器与地球上的操控者、用户和客户连接在一起。电磁频谱无线连接可提供数据快速分发,进而影响着依靠太空信息实施决策、创造经济价值或实现军事优势的人的认知过程。不使用电磁频谱就没有现代化太空作战。

虽然电磁频谱影响着太空域全部三个维度,但是也存在着被干扰等风险。自然产生的电磁辐射会给航天器电子设备造成极大危害。武器化后的定向能装置可以毁伤航天器及其有效载荷。电磁能量能够干扰和阻断电磁频谱链路,割断航天器与操控者和用户的联系。如果不加以保护,虚假数据或信息有可能通过电磁频谱进入太空网络,令对手得以控制决策人员和太空系统操控人员的认知过程。这些弱点给军事太空力量的生存带来巨大风险,因此军事太空力量必须要把电磁频谱作为一种已经被武器化的机动空间,做好利用和防御电磁频谱的准备。

5. 太空部队运用

现在,军事太空部队敏捷、持续地执行太空作战,应履行以下三大顶层职责:①维护太空行动自由;②支撑联合部队的战斗力和效能;③为美国国家领导人实现战略效果提供独立选择。综合起来,这三大顶层职责明确了军事太空力量的重要贡献,确立了美国天军的宗旨。

1)维护太空行动自由

美国国家权力投射和运用能力取决于能否进入太空。因此,不受妨碍地进入太空以及在太空的行动自由是美国一项至关重要的国家利益。维护太空行动自由是美国军队,特别是美国天军的一项基本使命。行动自由是一项战略条件,维护行动自由是一个国家或主权行为体对该战略条件的相对控制水平或能力,从而能够通过显性或隐性太空战略实现外交、信息、军事和经济等全部四项国家权力。不论是和平还是战争时期,维护行动自由都是一项国家要务,太空安全已成为贯穿竞争连续体的关键任务。

对行动自由程度的要求取决于国家战略。在政治层面,如果美国失去通过太空域运用外交、信息和经济这三种国家权力工具的能力,那么只取得军事行动自由的价值将非常有限。这种观念要求,维护太空行动自由虽是军事概念,但也必须支持国家天权的其他组成部分。由于这种整体性,因此军事太空部队必须要具备战略大局观,高度重视使用军事力量以外的太空域需求。

太空均势、太空优势和制天权等术语描述了两个或多个对手之间的相对优势程度。太空均势指在特定时间内没有任何一方取得相对优势。太空优势指一方相对于另一方对太空的控制程度,这种控制程度可令优势一方能够在特定时间内遂行作战而不会遭受敌方过度干扰,并能剥夺敌方太空域行动自由。制天权指一方可相对安然无恙地遂行作战,并能剥夺敌方太空域行动自由。在面对同级对手时,制天权既非总能实现,也不应期望持续掌握,不应不考虑条件地把制天权设定为军事太空力量的目标。此外,一方有可能希望其对手在冲突中保持一定程度的太空能力,从而减少战略误判或防止冲突升级;另一方面可能允许国家基础设施的一些组成部分继续不间断地提供服务,如医疗服务或敌对双方领导人热线等。

2)支撑联合部队战斗力和效能

控制和利用太空域能力是现代战争的基本组成部分。军事太空力量令信息在全球范围快速分发,在没有地面基础设施保障的条件下收集和传递,从而使精确打击、机动作战、战略预警、全球力量投射等能力成为现代战争的基础。这些能力必须加以保护,而军事太空部队又必须依靠其他作战域的军事行动获得保护。

鉴于军事太空力量对联合部队的重要性以及相互依存关系,因此军事太空力量必须全面有效地把太空能力融入联合训练、联合筹划和联合作战之中。为最大限度地提高联合部队战斗力和效能,需要有军事太空部队作为骨干队伍,精心准备,把太空力量集成到各种国家和联合行动中。换句话说,美国天军从一开始就必须要努力建设成为一支精于联合的太空部队,同时还必须帮助全军建设成为一支精于太空的联合部队。

3)为美国国家领导人实现战略效果提供独立选择

由于国家可以利用太空形成和运用国家权力,因此太空域的行动可以直接影响一国的决策。军事太空力量的一个核心原则是能够独立实现战略效果。军事太空力量绝不仅是陆、海、空和网络力量的支援力量。在整个竞争连续体中,军事太空力量可为国家领导提供独立的军事选择,为国家发展与安全作出重要贡献。军事太空部队通过在太空域、从太空域、向太空域遂行作战来达成国家和军事目标。

太空域的行动可为国家领导人提供多样化选择。像发射航天器或调整太空能力部署位置这样非攻击性行动,既可以用来履行对国际伙伴安全承诺,也可以向战略竞争对手表明美国的决心。任何依赖太空、把太空作为外交、信息、军事或经济力量来源的国家或非国家行为体,都易受到军事太空力量的胁迫。

军事太空力量的胁迫价值并不局限于大国竞争。对于缺乏明显太空依赖性的国家或行为体,军事太空力量从太空域投射军事力量仍能对其产生胁迫作用。军事太空力量能够合法穿越国界和距离限制,为向地球上目标产生致命性和非致命性效果提供了独特机会。此外,太空如幽灵般提供着全球警戒,迫使对手必须调整其行为,并耗费时间、精力和资源对敏感事件进行掩盖或伪装。通过增强发现和查明恶意行为的能力,或使用天基国家技术手段执行军控核查,军事太空力量令威慑更加可信。军事太空力量还能增强联合部队战斗力和效能,提供非对称优势,从而对常规威慑也有重要贡献。

此外,通过太空域协作和安全合作,军事太空力量能够塑造有利的安全环境。帮助合作伙伴建立天权能力可为实现战略效果提供非暴力机会;鼓励美国的伙伴为支持美国的目标而采取行动可以促进美国的利益;通过强化联盟和军事合作,可令威慑更加可信有效。美国军事太空部队实施这些行动还可令美国的伙伴增强与美国保持合作的信心。

4) 美国天军军事太空力量核心能力

美国天军具有五项核心能力:太空安全、作战力量投射、太空机动与后勤、信息机动、太空域感知。这些核心能力及各种组合是军事太空部队必须为国家成功有效提供的能力。集成运用全部五项核心能力才能履行三大顶层职责。美国天军负责组织、训练和装备,代表联合部队运用这些核心能力。

(1) 太空安全。

美国的发展和经济安全越来越依赖于和平利用太空。太空安全为民用、商业、情报界和多国合作伙伴安全进入太空和开展太空活动创造条件,进而保护美国的国家利益。太空安全是一项多方参与的任务,美国可以帮助其伙伴监测和保护他们的利益。太空安全鼓励广泛合作,而不是强调对敌强制。然而,如有必要,太空安全也包括保护任务伙伴避免危险和非法行为侵害。在这方面,作战部队为太空安全提供威慑。太空安全还涉及共享信息和太空域感知、发展自卫能力、协调异常解决支持、消除机动冲突、监测电磁频谱、火箭发射搭载、保护交通线、国家太空贸易,以及通过联合训练和演习帮助合作伙伴获得相关能力。

合作与协作是太空安全的基本属性。为了有效保证太空安全,美国军事太空部队必须与民用、商业、情报界和多国伙伴建立紧密的合作关系。太空安全强调互利,美国军事太空部队为合作伙伴维持安全的太空环境,作为回报,合作伙伴也分享其能力和重要信息,增强美国的太空域感知。这种紧密合作关系可令各方在危机期间能够互帮互助。

随着民用、商业、情报界和多国伙伴的太空应用领域不断扩展以及航天活动范围向离地球更远的区域延伸,美国军事太空部队必须要做好准备,扩大太空安全的保护范围,维护美国新的国家利益。

(2) 作战力量投射。

作战力量投射确保美国及其盟国在太空的行动自由,为了防御威胁,如有必要,剥夺对手的太空行动自由。作战力量是指在必要时可用于保护、防御或击败威胁的军事力量,是一种最纯粹形式的军事力量,在实现战略目标方面发挥着独特作用。美国军事太空部队以防御和进攻目的投射作战力量。防御作战通过保护和防御美国在太空域的行动自由来加强美国对太空域的控制。一旦获得授权,进攻作战通过拒止对手进入或利用太空域的能力取得对敌相对优势,是夺取太空优势的基本手段。

防御作战在攻击之前、期间和之后保护和保存友方太空能力。防御作战又分为主动防御作战和被动防御作战。主动防御作战包括摧毁、压制或降低令友方太空能力处于危险之境的威胁或效能。主动防御作战虽然包括在敌方发动攻击后采取反应行动,但还包括在敌方攻击迫近时为掌握主动而采取先发制人的行动。主动防御试图直接拦截敌方威胁友方太空任务的能力,而被动防御则是利用友方系统和体系结构属性提高生存能力。被动防御措施包括航天器机动,自卫,功能分离,轨道多样,大规模星座分散,通信、传输和发射安全,伪装、隐蔽和欺骗,系统加固等,涉及太空系统的轨道段、地面段和链路段。

进攻作战以敌方在所有作战域的太空和反太空能力为目标,削弱敌方部队的效能和杀伤力。进攻作战旨在夺取主动权,在敌方尚未针对友方运用之前就压制其太空任务。进攻作战不只局限于敌方的反太空系统,还可以把敌方利用太空域的所有能力作为目标,包括陆、海、空地球物理域和网络域的目标。

太空系统结构由轨道段、地面段和链路段组成,这令进攻和防御作战具有多域属性。为保护太空能力,所有三个部分都必须加以防护。同理,成功攻击太空系统结构的任何部分都能够压制太空能力。因此,进攻和防御作战必须采取基于效果的方法对所有三个部分全盘考虑,核心是对敌方行动产生特定结果或影响。

(3)太空机动与后勤。

太空机动与后勤是为在太空域、从太空域返回地球以及进入太空域的军事装备和人员提供机动和保障。控制和利用太空域的能力总是要先从物理上进入轨道。太空机动与后勤以安全可靠的方式把军事装备发射到适当轨道上。在冲突期间,航天发射必须灵活和快速反应,能够从多个地点发射来补充和重构在轨能力,满足作战需求。目前的太空机动与后勤几乎都是在没有对抗的环境下实施的,但战争的历史经验表明,这种情况不会持续太久。为此,美国军事部队必须要做好对进入太空域的物理通道实施防御的准备。这是防御作战的一项重点,需要美国军事太空部队做好投射作战力量的准备。

轨道维护与回收是太空机动与后勤另一项重要应用。商业航天企业的经验已经证明,美国军事太空部队可利用轨道维护给无法回收的航天器补加一次性消耗品。轨道维护还能够在轨检查航天器、解决异常、维修硬件和技术升级。轨道回收可从太空域回收人员或军事装备,还包括可重复使用航天器或运载器。

(4)信息机动。

信息机动是在各种军事行动中及时、快速、可靠地收集和传输数据,支持战术、战役和战略各级决策。信息机动包括点对点通信、广播通信、远距离干线通信、防护战略通信、机器到机器接口、定位导航授时、核爆炸探测、导弹预警、情报监视侦察等。

全球力量投射牵引出只有太空才能提供的信息收集和传输需求。信息机动把通信线路延伸到人类活动最荒凉和偏远的地区。军事用户利用这一视角能够超视距共享信息,协同所有作战域的全球力量投射。

信息机动是一项需要依据其他作战需求周密筹划、集成和定制的任务。信息机动还必须具备对抗能力,必须要有主动和被动措施加以保护。

(5)太空域感知。

太空域感知是指有效识别、表征和理解影响太空作战的与太空域有关的各种因素及其对国家安全、经济或环境的影响。太空域感知使用的系统属情报监视侦察和环境监测等系统中的一类。太空域感知利用这些系统及相关数据共享安排,为操控者和决策者及时提供所有因素和行为体(包括友方、敌方和第三方)的特性。此外,太空域感知必须具有预测性,对事实和症候进行综合评估,作出未来可能或大概率结果的判断。

从根本上说,太空域感知是一项大数据挑战。美国天军要实现太空域感知就必须要有能力收集、综合、融合和理解来自所有资源的海量数据。作为一个数字化军种,美国天军除依靠自己的人员外,还必须广泛利用盟友、民用和工业伙伴以及大数据工具集来揭示模式、趋势和关联,特别是太空域感知所需的与人的行为及交互相关的模式、趋势和关联。

太空域感知涉及太空作战的物理、网络和认知维度。为了在太空物理环境中作战,需要及时感知空间天气、光照条件和引力拓扑。除了自然现象,军事太空部队还必须保持对在轨航天器的感知,包括工作航天器和碎片。此外,对于工作航天器的跟踪,太空域感知不仅要获取其轨道参数,还包括完整的与任务相关的各种细节信息,如任务、意图、系统能力、剩余寿命、一次性消耗品状态等。

对网络维度的感知必须包括轨道飞行以及在太空域、从太空域、向太空域信息机动的链路和节点,涉及电磁频谱链路的频率、位置、访问和功率,轨道段、地面段和链路段之间传输信息的物理和逻辑路径等。太空域感知还提供网络维度中重要冗余和重大瓶颈的感知。

对认知维度的感知涉及操控或依赖太空系统的行为人及其决策过程、偏好习惯、文化价值观、心理倾向等。同样重要的是,美国军事太空部队还必须保持对自己决策过程以及个人或组织偏好习惯的感知。对认知维度的太空域感知可令指挥官能够识别诡计,确定敌方意图,并能快于敌方决策循环先敌而动。

太空域感知存在的现实情况是,美国天军无法掌握所有时间的全部信息,因此，必须周密筹划和保持太空域感知，确保在正确的时间把正确的信息传递给正确的决策者。太空域感知可以看成是一种自我强化的过程，太空域感知有助于预测未来结果和条件，而新情况又给太空域感知提出了新需求。

5) 太空部队指挥控制

传统战争模型把军事目标分为三个相互关联的层次：战略、战役和战术。该模型明确了国家目标与战术行动之间的关系——战术目标嵌入在战役目标之中，而战役目标又嵌入在战略目标之中。

指挥控制是指正确任命指挥官行使指挥权和指挥部队遂行指定任务。有效指挥控制可保证编属和配属部队的统一指挥，以及所属部队与外部组织的协调一致。这取决于人员、装备、通信、设施和程序的有序安排。此外，有效指挥控制还取决于对意图的沟通、决策权下放到适当梯队以及指挥官依据上级指导基于可用战场感知信息和作战经验及时作出决断。

太空作战的指挥控制取决于对权限、作用和关系的清晰定义。明确界定指挥链、各组织间支援关系以及对编配部队的控制权限是分散执行太空作战的先决条件。设计良好的指挥控制方案既要详细注明授予指挥官和职能领导人的权限，同时又要保证控制架构具有一定的灵活性。太空部队的控制体系可依据作战条件按轨道区域、太空部队核心能力或将这些核心能力组合成力量包等多种形式进行组织。应充分考虑实际的战斗节奏，并对组织之间的协调机制进行充分演练，这样才能确保选择的指挥控制结构能够使不同军事组织及相关方协调一致，特别是与情报界的统一行动。

轨道飞行的特点会导致战略被压缩，模糊战术、战役和战略之间的界限。一个航天器能够支持多个战区，且很难替换，对国家有巨大战略价值。这通常会导致战术行动的影响被进一步放大，一次有限军事接触的结果可能会迅速传播到战役和战略层面，造成严重后果。

与其他作战域或职责领域一样，太空部队的指挥控制也应反映太空作战的独特性质以及太空域物理维度的独特属性。而太空指挥控制需要闭合一个更为复杂的决策回路，通常物理距离更远，时间要求更短，需协同的组织更为分散，资源呈现典型的高需求、低密度特点，因此需要实施更为高效的管理。为有效指挥控制太空部队，应对上述挑战性特点予以特别关注。

太空指挥控制主要面向战术行动，旨在积极夺取和保持主动权，从而超越对手的决策和行动速度。要克服太空作战的物理距离挑战需要及时和预测性的太空域感知，这只能通过"结队成群"的指挥控制结构才能实现。然而，军事太空部队各单位均无法孤立独自作战，因为没有一个单位掌握完整的作战态势图，甚至仅是一次有限的太空战术接触。因此，美国军事太空部队的指挥控制必须要把下达指导、意图、命令及报告状态的纵向指挥结构与及时共享预测性太空域感知的横向结构融合在一起。

为适应全球性太空作战特点，美国军事太空部队的指挥控制使用任务式指挥方法。作为一种指挥控制组织理念，任务式指挥基于任务式命令的分散执行遂行军事作战，以充分发挥战术单位的主动性。任务式指挥认为，遂行作战的单位对局部态势最了解，最能快速发现和利用战场机会。任务式指挥还认为，在通信降级或阻断，没有上级规范命令的情况下，战术单位仍要能够在相应时限内作出反应。为实现任务式指挥下达的意图，军事太空部队必须克服太空作战全球性和远距离带来的不利影响，向各战术部队系统地提供太空域感知，从而令其能识别、协调和利用稍纵即逝的战场机会，避免决策失效。

根据任务式指挥原则，美国军事太空部队的指挥控制起始于战役指挥官以任务式命令向战术指挥官分授遂行特定任务的职责和权力。在任务式命令中，以指导和意图传达任务和目的，并明确约束、限制和交战规则。任务式命令关注任务目标，而非如何遂行任务的具体细节。任务式命令说明受领任务的部队必须做什么以及遂行任务必须建立什么条件。任务式命令隐含着对遂行任务指挥官的赋权和信任，令其可以根据自己的战术判断和战场感知决定如何更好地遂行指定任务。

为按照上级指导和意图作战，遂行任务的指挥官必须掌握必要的态势感知和一定的控制权限。采用"结队成群"组织形式的太空指挥控制采用分布式方法实现作战同步，对标准的集中式控制结构起到增强作用。美国军事太空部队的指挥控制需要各单位之间建立一种能够纵向和横向共享态势的去中心化网状联系，从而能够应对信息干扰和阻断，在战术、战役和战略各层级协同行动。只有使用分布式太空域感知，军事太空部队才有能力识别、协调和迅速利用稍纵即逝的战场机会。这种指挥控制体系克服了层级森严的集中式管理造成的脆弱和繁琐等问题，能够实现大范围同步，因此具备强健壮性。

互操作、可靠和冗余的通信链路和信息支持系统也必不可少。作战人员应训练有素，时刻准备根据作战指导和意图识别、协调和利用稍纵即逝的战场机会。此外，作战人员可以组成一个力量包遂行指定任务，并且必须要能够在纵向和横向上与其他单位就战场机会进行有效沟通。力量包可以由太空高价值资产单元、防御作战单元、进攻作战单元、情报监视侦察单元和/或网络防护单元等多种作战单元组合而成。通过采取适当的指挥控制方式，可令军事太空部队在不牺牲固有的集中式全球同步能力的前提下，充分发挥各专业力量的主动性、反应力、战术创造力，密切配合协调一致地遂行作战任务。采取这样的指挥控制结构必须要向战术指挥官充分授权，为其提供必要的态势感知，令其即使在远程指挥作战时也敢于承担风险大胆决策。这种指挥控制结构创造出的战术勇猛程度和敏捷水平是工业时代的控制体系前所未见和望尘莫及的。

6）太空域管理

美国军事太空部队必须要成为太空域负责任的"管家"。在设计任务、演训和执行寿命末期操作中，应遵守外层空间条约、武装冲突法、国际法以及美国政府和美国国防部的各项政策，尽一切努力推动负责任的行为规范，确保太空长治久安和开放共享。与所有战争模式一样，应根据军事必要性、区分原则和相称原则对诉诸太空战及可能产生的附带损害进行谨慎判断。通过这些做法，美国军事太空部队将在履行战备职责与为子孙后代保持安全和可持续太空环境之间取得平衡。

6. 美国军事太空部队

轨道飞行令人惊叹的技术有时可能会掩盖太空力量最为重要的因素：人员。创新驱动太空力量发展，这毋庸置疑。不论是加大投入还是组织改革，都比不上创新的价值。创新可以激发新技术发展，而仅靠先进技术并不能保证军事压倒性优势。美国太空力量的历史基础以及未来决定性因素是那些投身于轨道飞行众多应用的富有远见的开路先锋。

1）发展专业队伍

美国天军最大的财富是发展和运用国家天权的太空专业人员。如果没有掌握专业知识的人员并赋予他们挥洒才智的权力，再正确的理论和再卓越的能力都毫无用处。美国天军首要考虑的就是人员的发展，确保官兵具备优秀的领导才能、专业技能和洞察力，能够在任何战略或作战环境下保护和捍卫美国利益。

太空作战错综复杂、瞬息万变，需要有一系列专业队伍共同努力，从而支撑起美国天军的核心能力，确保有效履行其顶层职责。太空力量的专业包括作战、情报、工程、采办和网络等。太空作战人员运用自己的武器系统依据战争法则夺取战场优势。工程人员设计先进太空系统，识别和发现系统性能优化和改进机会，为作战筹划和任务执行提供支持。采办人员根据作战人员需求在要求的时间内采办和部署系统，面对威胁他们最先行动。情报人员针对潜在对手和作战环境开展基本情况以及战术和战役级情报评估，为决策和行动快速提供相关信息，支撑所有专业队伍。网络人员常态化执行防御任务，为所有太空活动提供虚拟连接，确保太空部队在各种规模的冲突中均能访问和利用太空域。

成功集成这些专业需要一个周密计划的过程，包括建立通用知识库，跨核心能力统筹相关专业，利用各种机会提升领导能力等。太空专业人员必须培育和保持一种全球视野，从远距离上为联合作战相关单位提供创新的解决方案。

达到这些效果不仅要依靠美国天军自己的太空资产,太空专业人员还必须保持足够灵活,能够根据需要利用其他机构、盟国、民用和/或商业的资源。这个过程首先应充分认识到太空作战、情报、工程、采办和网络等专业队伍是一个太空作战共同体,因此必须要掌握有关作战的科学和艺术,因为他们不只是专业人员,首要身份是国家的太空职业军人。

2)建立天权意识

国家天权需要探险家、外交官、企业家、科学家、开发人员和军人共同维护和运用。国家天权意识应广泛渗透进航天各界,包括研究、采办、试验、发射、使用、太空情报活动以及军事太空任务的指挥控制、决策、执行和维持等。太空专业人员通过控制和利用太空域来捍卫国家利益。

太空专业人员应认识到国家天权能够独立地影响国家发展。太空的全球性和持续性可令联合部队能够持续地为盟友提供安全保证、慑止侵犯、胁迫竞争对手和战胜敌人。美国天军提供常态警戒,保护美国及其盟友免遭战略突袭。由于这种全球性、持续性及常态警戒,太空专业人员能够为联合部队提供全球性,而不仅仅是区域性的视角和能力。从最基本的层面看,航天专业人员旨在保护国家的发展与安全;从发展的眼光看,美国天军在太空中的存在是为了保障美国持续拓展国家利益边界。

(1)打造军人战斗文化。

美国军事太空部队是保护、防御和投射国家天权的职业军人,是美国太空利益的卫士。其主要目标是通过威慑并在必要时使用武力来捍卫美国的利益。打造战斗文化是操控天基信息系统与使用可信军事太空力量之间根本性的区别。作为美国联合部队的一员,这是一支同样可信的作战力量,通过坚持不懈的军事斗争来慑止战争,反制战略竞争对手的恶意行为。一旦威慑失败,美国军事太空部队随时准备战斗,在太空域、从太空域和向太空域为美国赢得战争胜利。

美国军事太空部队必须同时满足军事素养和专业素养两项高标准要求。这种双重要求是科学与艺术的融合,形成了美国军事太空部队的宗旨目的、身份认同和部队文化。

所有战斗文化的本质核心都是打赢对手。因此,对外要紧盯有思想、有能力、对美国利益构成致命威胁的对手,对内要积极加强战备。为获得对敌优势应大胆创新,把胜利和失败,而不是系统可用性,作为衡量作战效能的最高标准。美国军事太空部队在瞬息万变充满不确定性的环境下战斗,要采用任务式指挥方式分散遂行任务,夺取战场主动权。这种战斗文化以对胜利的渴望激发出顽强的斗争精神以及不可动摇的制胜打赢决心。

打仗是一项严肃的事情。美国天军决不能让太空作战的高远距离冲淡战争道德层面的严肃性。军人的行为很可能造成严重的后果。胜利将确保美国的利益和繁荣,而失败则会危及美国得以立国的政治理想。美国天军作为美国联合部队的组成部分,其在太空域中的失败还会危及世界各地作战人员的安全。

(2)培育航天专业素养。

无论是在陆地、海洋、空中还是网络空间,作战人员必须要对自己的作战域有直观的认识,军事太空力量亦不例外。

术语"精通航天"是指对太空作战物理、网络和认知维度的技术理解。为做到"精通航天",除了要掌握现代太空系统的物理和工程知识,还应对民用、商业和国外太空行为体的利益和行为有较深入的理解和预见能力。做到"精通航天"需要一定的时间,还需要系统性的教育、训练及经验积累。

"精通航天"可令美国军事太空部队更加专业和迅捷,比对手更快地完成观察、判断和决策,进而更好地把作战力量在正确的时间聚合到正确的目标上,令其更具战斗力。

太空战结合了科学与艺术,是一种智力的比拼。科学是基于实证和可证伪假设的知识体系,而艺术是想象力、创造力和抽象的应用。太空战科学的一面可以使我们能深入理解运动与机动、连接、遥感、能量暴力转移等,从而能更好地利用太空域物理特性获得军事优势。太空战艺术的一面使我们能洞悉战争中人的因素,包括领导力、作战艺术、不确定性、情感、战斗意志、灵活性和诡诈等。

(3)发展太空专业部队。

轨道战、太空电子战、太空作战管理、太空进入与维护、军事情报、工程与采办、网络作战等七个太空力量专业已经成为美国军事太空力量理论必不可少的组成部分。随着太空战的发展和演变,必将还会产生更多的专业。

以上七个太空力量专业是美国天军成立后培育其人员精通太空战所必备的专业,是美国天军运用核心能力的知识框架。这七支专业队伍综合集成构成了美国军事太空部队。

太空力量专业化发展可使这些太空职业军人更快速更聚焦地执行太空战。约翰·博伊德上校的"机动战"理论认为,"速度"指行动的快速性,"焦点"指对目标的聚合效果。战术作战人员的主要目标是精通自己的太空力量专业,从而赋予军事太空部队突出的智力优势,令其能够决定交战节奏,破坏对手的决策过程,迫使对手进入被动应对身心俱疲的状态。

太空力量专业将物理、技术、使用目标和关键接口集成于一个综合知识体系之中。所有专业都由基本公理、经验法则、绩效指标、技战术规程(TTP)或战术标准作业程序(TACSOP)组成。

组合运用所有七个专业才能发挥军事太空力量的最大效能。例如,作战力量投射核心能力必须将轨道战、太空电子战、太空作战管理、太空进入与维护、军事情报、网络作战等专业综合集成才能实现,并且在更综合和长远的行动计划中,还要由工程和采办专业为其提供系统能力。

3) 太空作战艺术

就自身而言,太空战的科学与其应用之间存在不可知性,效用有限。正是太空战的艺术赋予科学以相关性,艺术和科学结合起来,教会美国天军如何战斗与制胜。战争不是一个完全满足因果关系的确定性系统,一个有思想、有能力和致命的对手很容易打乱预先确定的行动计划。要战胜这样的敌人,需要美国天军在各级作战计划中注入领导才能、作战艺术、机智、谋略和胆量。

作战艺术是把创造力和想象力运用于军事行动。研究作战艺术可以培育和增强我们对战斗中机会、风险和回报的直觉和判断能力。利用经验、判断和直觉,作战艺术可以帮助我们识别出制胜的关键因素。作战艺术中的技能还会塑造我们的创造本能,制定出决定性解决方案。如果这种技能在各级人员中得到充分发展,可以释放出强大的创造力,令美国天军队伍能够以大胆果断的战略、战役设计以及战术完全碾压对手。

通过反思过去来研究作战艺术,只有通过历史经验(包括个人和历史的),才能提升美国天军对作战艺术的驾驭能力,提高其创造力。以史为鉴可令我们铭记教训,不再重蹈覆辙;以他人为师可补己之短,增强我们的直觉和判断。军事太空部队为了提升作战艺术驾驭能力,必须要在一定的广度、深度和联系上研究军事历史。

研究军事历史应具有一定的广度。这样可以帮助我们认识战争的演变,从最早的起源到现代的特征。通过研究战争演变,我们可以辨别哪些因素发生了改变,哪些因素又亘古不变。研究的广度有助于太空职业军人理解战争的永恒本质,并且对未来战争的特点有深入认识和洞见。关于战争普遍法则的知识完全可以运用于太空。这种做法有助于太空力量在更多样化的冲突中发挥更大的作用,也有助于部队面向未来做好军事斗争准备。

研究军事历史应保证一定的深度。要有选择地深入研究一些战斗以及战术和战役行动。深入研究的目的是了解战争中人的因素。虽然太空战缺乏历史经验可循,但这并不影响深入研究军事历史的重要价值。通过研究可以了解人的因素如何影响暴力斗争的过程。从任何作战域深入研究战争,都能让太空职业军人更清楚地认识到高强度冲突将给其战斗职责带来的压力。深入研究典型战例可以了解真实战场上如何决策,以及各种不确定性、意外和混沌因素如何影响决策。这样会对运气、时机和偏好如何影响军事行动过程有更深刻的认识。虽然没有什么方法可以替代战场上的压力,但通过深入研究军事历史,可以获得最接近真实的体验,有助于充分了解制胜和失败因素。

研究军事历史还应注重作战艺术与当时政治和社会背景的联系。战争作为国家政治的延续,只有结合交战双方的政治目的、放在当时社会背景下才能得出正确的认识。为了获得更加和平安定的局面,作战人员必须与外交人员共同努力。为此,军事太空部队必须要了解军民关系如何塑造和决定战争。通过军事历史认识战争与政治和外交的关系,有助于更好地理解我们为什么要打仗,政治目的如何约束和限制军事行动。虽然政治对我们理解作战艺术很重要,但政治本身并不能决定战争的背景,还需研究和理解社会背景如何影响战争。经济、文化、语言、民族历史、心理和宗教等都会对政治实体为什么打仗和如何打仗产生影响。社会背景还决定对手的战斗意志,这是战争的核心之一。了解这些因素之间的相互关系及其如何塑造一个国家的性格和战争的社会基础,有助于我们更好地认识敌人和战略竞争对手。

4)提升领导才能

领导者必须建立和强化军事太空部队的宗旨意识和身份认同。在和平时期,领导者必须向所属人员和集体灌输组织独特的愿景、精神、价值观和团队意识。在冲突期间,领导者设定目标,研究对敌计划,并指挥部队行动。由于这种重要作用,各级领导必须坚定不移地推动部队建立自己独特的战斗文化,并与联合部队无缝结合。

与所有军事领导者一样,军事太空专业队伍的领导者肩负着两项重要职责:执行任务和做好战备。太空部队具有地理位置分散和在驻地执行作战的特点,这给领导者平衡两种职责造成了挑战。当同一单位同一时段既要执行任务又要进行战备时,领导者关注任何一项职责都不可避免地给另一项带来风险。为此,领导者必须利用好手中的权力,根据作战环境和任务要求灵活调节工作重点,目标是达到一种最佳平衡,让两项工作可以相互促进,相得益彰。为达到最佳平衡,领导者必须非常熟悉他们所领导部队的长处、弱点和组织氛围。

(1)做好战备。

战备水平是指军队在可接受的风险范围内遂行指定任务的能力。领导者要确保其下属拥有足够的装备、训练、环境保障和人员弹性,以便在冲突中能打仗和打胜仗。战备的核心是确保军事太空部队根据其训练、资源和装备条件,做好战胜任何对手的准备。

战备水平取决于体力、精神和意志上均做好执行任务准备的将士。弹性是指一个人从艰难困苦中恢复的能力,是战备工作中常常被忽视的一个因素。战争会进一步放大成员所承受的个人和情感压力。只有体力、精神和意志充沛的成员才能努力适应重压环境并保持活力。因此,人员弹性对作战部队的战斗力和效能有直接影响,从提升弹性角度来看,关爱下属就是完成任务的重要部分。保持和增强人员弹性比战备更为重要,这是每一位领导者必须履行的庄严承诺。

(2)执行任务。

"精通航天"是执行任务中每一位领导者应具有能力。军事太空部队的每一位领导者都必须有能力应对复杂情况,而且虽然身处遥远位置,仍要能化繁为简,作出决断,给出明确的应对方案。领导者还必须了解太空能力的效果及其损失后给联合部队造成的影响。此外,他们还必须考虑冲突的后果,对每一次交战和行动都要正确评估给长期战略或政策带来的影响。领导能力是部队建立价值体系的关键,从而保证核心能力在其领导的部队得到发展和加强。

在执行任务期间,美国天军基本作战团队由来自七个太空力量专业的人员组成。这些团队由军官或士官领导,他们是美国天军的战术级领导者,被授权执行重要的战术和战役级任务。这些军官或士官必须要能够带领他们的团队克服战争的迷雾与意外、敌人的攻击以及设备的故障,成功遂行受领的任务。他们领导的团队不是孤军奋战,相反,他们是加入到一个网络化组合的相互支持的力量包之中参加战斗,与其他纵向和横向单位紧密协作。为取得成功,战术级领导者需要具备态势感知能力,精通专业技术,并具有批判性思维。

(3)敏捷、创新、无畏。

无论哪个部队、官阶或专业的人员,都必须把敏捷、创新、无畏作为指导其行动的标准。作为一个组织精干、聚焦任务的数字化军种,美国天军必须坚持不懈地追求创新,善于识别风险,敢于承受风险,从错误中快速学习,把敏捷、创新和无畏的特质进一步发扬光大。同时,领导者还必须倡导和嘉奖这些品质。

授权是发扬敏捷、创新和无畏品质的一个重要组成部分。领导者必须持续培育团队能力,向其充分授权,积极发挥其主动性、创造性和敢作敢为的精神。训练、教育和任务式命令是支撑授权的基础,然而被授权的团队必须要经过实践的检验。在日常任务中可以向一些小型团队授权,令其建立起组织本能,为未来在作战中授权奠定基础。通过权利的转移可以把批判性思维责任移交给团队,从而激发其创造力和主动性。

要发扬敏捷、创新和无畏品质,就必须要允许冒险和容忍风险。美国军事太空部队的人员必须要善于识别风险和管理风险,完成任务必须要满足相关速度要求,同时应认识到"通常完美才是劲敌"。冗长的办事流程会延长决策周期,稀释改革创新红利。领导者必须要不断地在期望能力与现实计划、纪律与效率、周密筹划与快速行动之间寻求平衡。

如果我们要培育勇于创新的敏捷团队,就必须要容忍一定时期出现的失败。一个合理的决策过程和专业的风险管理方法应包含创新效益相对于失败风险的评估标准。更重要的是,训练中的错误往往是培育批判性思维能力的最佳教学工具。容忍错误的文化是向错误学习,而不要责备个人。建立一种鼓励谨慎冒险的文化会进一步推进军事太空力量向更前沿发展。

7.5.2.2 《太空条令出版物1-0:人事》

2022年9月7日,美国天军发布了《太空条令出版物1-0:人事》(图7-26)。该条令遵循美国天军现行条令和《太空作战部长规划指南》,清晰给出了美国天军的当前结构、外部机构对美国天军的作用,以及发展并保持天军卫士文化的特有做法。

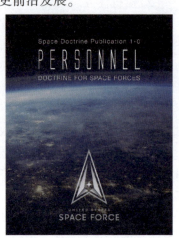

图7-26 美国天军《太空条令出版物1-0:人事》文件封面

《太空条令出版物1-0:人事》包含"引言""美国天军组织架构""力量发展""美国天军卫士的弹性""全球视野""美国空军对天军的支持"六个部分。核心内容如下:

1. 引言

"引言"部分介绍了《太空条令出版物1-0:人事》的主要内容,指出美国天军卫士是最宝贵的资产,应高度重视发展并保持一支美国天军卫士队伍,使其能充分利用各种人员及其技能、才干、专长和视野。

2. 美国天军组织架构

美国天军组织架构包括美国天军架构和美国天军人事架构两方面。美国天军架构方面,天军太空作战部长办公室下设太空作战司令部、太空系统司令部、太空训练与战备司令部三个直属司令部。美国天军人事架构方面,包括太空作战部长办公室、首席人力官、直属司令部和独立单位人力与人事办公室、太空德尔塔部队和太空基地德尔塔人员支持,以及其他构成要素五个部分。

3. 力量发展

美国天军力量发展工作旨在为美国天军卫士提供一种充满机遇的环境,以便其确定职业道路。力量发展有助于美国天军卫士做好准备,以便能以超越对手的节奏执行天军各领域基本职责。力量发展的期望目标是提高战备状态,并确保美国天军卫士获得完成任务所需装备和训练,以培养一支技能熟练、富有弹性、善于解决问题的队伍。

4. 美国天军卫士的弹性

弹性是指个人从困境或困难中恢复的能力,是战备的一个关键因素。培养个人弹性需要通过建立行为、思想和行动规范,提高个人幸福感和心理健康。增强弹性对作战部队的战力和效力有直接影响。

美国天军设立了一系列计划为其卫士提供平等机会、咨询服务、心理健康支持和经济支持,包括教官计划与指导计划、多元化与包容性、防止性侵犯和性骚扰、预防自杀与暴力以及其他计划。

5. 全球视野

全球视野为美国天军必须具备的素质之一,以便利用联合资源、机构、盟友、民用和商业资源,为美国及其盟友提供创新型解决方案和太空力量。美国天军的全球视野体现在数个方面,包括保持与联合机构的互动,维系美国的盟友和伙伴等多国伙伴关系,与不同机构、工业界及学术界保持互动等。其中,多国伙伴关系的主要计划包括机动训练小组、军事人员交换计划,联络官计划,安全合作官计划,海外学习计划和地区太空顾问计划。跨机构、工业和学术界互动的主要计划包括大学伙伴关系计划和大学联盟计划等。

6. 美国空军对天军的支持

美国天军隶属美国空军部,利用美国天军卫士、现役美国空军、美国空军部文职人员、美国空军预备役人员和美国空军国民警卫队人员执行太空任务。美国空军部军职和文职人员还为驻军和美国天军基地提供设施支持。为美国天军提供支持的美国空军人员包括现役美国空军人员、美国空军部文职人员、美国空军后备队和美国空军国民警卫队。为美国天军提供支持的美国空军机构包括美国空军办事处、美国空军人员中心、美国空军装备司令部、美国空军预备役司令部、美国国民警卫局。

7.5.2.3 《太空条令出版物2-0:情报》

2023年7月19日,美国天军发布了《太空条令出版物2-0:情报》(图7-27),该条令遵循《太空顶石出版物:天权》和《联合出版物2-0:联合情报》等现行条令和《太空作

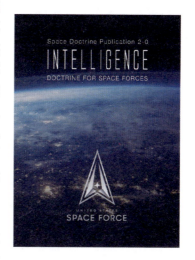

图7-27 美国天军《太空条令出版物2-0:情报》文件封面

战部长规划指南》，是美国天军的情报条令，旨在保障美国天军、联合部队和联盟部队在太空、从太空、向太空的行动自由；《太空条令出版物2-0：情报》主要阐述了情报在太空作战中的重要性、太空对联合作战人员可用的情报数据主体的贡献、美国天军参与情报处理确保数据可用的方法，以及美国天军卫士在情报界的角色。

《太空条令出版物2-0：情报》包括"概述""情报的角色""面向太空作战的情报专业""情报处理、收集和主体""情报组织、角色和关系"五个章节，核心内容如下：

1. 概述

"概述"章节首先点明情报是美国天军卫士专门研究的太空力量专业之一，主要指对太空域、电磁频谱域和其他作战域遂行作战的重要数据和信息，竞争连续体中的情报和太空作战环境中的情报相关概念。

2. 情报的角色

"情报的角色"章节主要阐述了情报在作战中的驱动角色，指出"指挥官通过明确阐述目标和特定任务的优先情报需求来塑造情报处理，其涵盖所有太空力量的能力和专业，并与指挥官的决策点密切相关。"该部分包括"情报的层级"和"将情报融入太空作战专业"两部分。

"情报的层级"部分介绍了《联合出版物2-0：联合情报》所定义的三个情报层级，即战略情报、作战情报和战术情报。

"将情报融入太空作战专业"部分首先指出军事情报是《太空顶石出版物：天权》所提出的军事太空力量七大专业之一，以情报为导向、威胁知情的作战对于美国、盟友、伙伴及其在太空域防御和保持竞争优势的能力至关重要。并分别说明了情报在轨道战、太空电子战、太空作战管理、太空进入与维持、工程与采办、网络作战等领域的重要作用。

3. 面向太空作战的情报专业

"面向太空作战的情报专业"章节详细阐述了军事太空力量七大专业中情报专业的内涵，并分别介绍了美国天军情报主要关注的类型，包括地理空间情报、信号情报、测量与特征情报、开源情报、技术情报、人力情报和反情报。

（1）地理空间情报是利用并分析图像和地理空间信息以描述、评估和直观描绘地球上或地球周边物理特征和地理参照的活动。

（2）信号情报包括所有通信情报、电子情报和外国仪器信号情报。

（3）测量与特征情报是通过对物体或事件的物理属性进行定量和定性分析而产生的信息。

（4）开源情报来自可以公开合法请求、购买或观察获取的公开信息。

(5)技术情报数据来自对外国武器和科学信息的开发利用。技术情报始于购买外国的设备或科学技术信息。

(6)人力情报收集人力情报来源提供的信息,并加以汇编形成的情报。包括情报审讯、消息源作战和汇报。

(7)反情报包括为识别、欺骗、利用、破坏或防止为外国势力、组织、个人或其代理人,国际恐怖组织,或代表外国势力、组织、个人或其代理人进行的间谍活动、其他情报活动、破坏或暗杀而收集的信息和开展的活动。

4. 情报处理、收集和主体

"情报处理、收集和主体"章节根据2020年《太空作战部长规划指南》和《联合出版物2-0:联合情报》,定义了通用的情报处理、作战环境的情报准备、情报收集、目指、情报分析、情报任务数据生产、采办情报保障等流程。

(1)情报处理为通用情报术语和程序奠定了基础,由六个相互关联的情报行动阶段构成:规划和指导、收集、处理和归纳、分析和生产、分传和整合、评估和反馈。

(2)作战环境的情报准备是一个集成在全情报处理中的持续分析过程。根据任务要求以及综合分析和生产,美国天军卫士开发并维护太空域作战环境的情报准备,以帮助指挥官了解复杂的作战环境、作战相关方、相关因素和行动方案,从而为决策提供信息。作战环境的情报准备产出需要与其他组织的情报相结合使联合部队指挥官全面了解作战环境。

(3)情报收集是获取信息并将信息提供给处理单元的活动。收集使情报处理能够产出满足作战人员需求的情报产品。收集也可以传达作战环境变化以及对手意图的理解。

(4)目指是综合作战需求和能力,选择实体或对象,确定优先级并为其匹配适当响应的过程。

(5)情报任务数据生产是指获取、生成并快速更新用于在开发、试验、操作和维护中对美国天军任务系统进行编程的情报能力,涉及领域包括但不限于:特征、电磁战、作战序列、特性和性能。

(6)对采办情报保障及其相关的分析过程通过确定技术特征、对未来威胁预测的分析和对正在开发项目情报敏感性,为太空和情监侦系统设计提供信息,为采办界提供指导。情报分析遵循《情报界指令203:分析标准》。

5. 情报组织、角色和关系

情报组织、角色和关系章节首先总括了美国天军当前的结构,并分别介绍了其中与情报作战相关的职位,最后概述了美国天军和其他情报机构的合作关系。

美国天军总部及三大直属司令部重要的情报职位包括:负责情报的太空作

战部副部长(SF/S2)、太空作战司令部分管作战的副司令办公室情报处处长(DCG-O/S2)、太空系统司令部情报处处长(SSC/S2)、太空训练与战备司令部情报作战主任、太空作战分析中心情报顾问。

美国天军从事情报工作的部队主要包括:第5太空德尔塔部队、第7太空德尔塔部队、第15太空德尔塔部队、第18太空德尔塔部队、第11太空德尔塔部队、第12太空德尔塔部队。

与美国天军开展情报合作的重要情报界成员包括:美国国家情报总监办公室、美国国防情报局、美国国家安全局和中央安全局、美国国家地理空间情报局、美国国家侦察局、美国陆军情报机构、美国空军情报机构、美国海军情报机构。

7.5.2.4 《太空条令出版物3-0:作战》

2023年7月19日,美国天军发布了《太空条令出版物3-0:作战》(图7-28),该条令是在太空能力变得不可或缺,且美国天军认为潜在对手正在针对美国太空力量发展威胁手段的背景下编写发布,遵循《太空顶石出版物:天权》《联合出版物3-0:联合战役和作战》等美军现行条令和《太空作战部长规划指南》。该条令阐述了美国天军如何提供太空力量融入联合指挥官的统一行动,为美国国家和联合部队领导层提供独立军事选项。

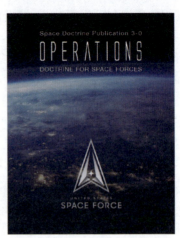

图7-28 美国天军《太空条令出版物3-0:作战》文件封面

《太空条令出版物3-0:作战》包括"军事太空作战""作战环境""天军作战概念""天军作战"四个章节,核心内容如下:

1. 军事太空作战

"军事太空作战"章节概述军事太空作战以及太空对联合全域作战的贡献,并详细阐述了《联合出版物3-0:联合战役和作战》所确立的12项联合作战原则,包括目标明确、积极进攻、集中优势、灵活机动、节约兵力、统一指挥、确保安全、攻敌不备、简洁清晰、冷静克制、坚定不移、遵纪守法。

2. 作战环境

"作战环境"章节讨论了太空作战环境,包括特性、威胁和挑战,明确指出太空对竞争连续体各阶段联合作战的贡献正是利用了太空作战环境和太空系统的独有特性,而自然和人为威胁对太空作战环境和美国太空系统运行安全与太空域行动自由产生重大影响。该部分包括"作战环境描述""太空作战威胁"

"太空作战环境挑战"三个方面内容：

1）作战环境描述

太空作战环境包括太空系统太空段运行的太空环境、太空系统地面段运行的陆、海、空等地面环境、太空系统链路段运行的信息环境和电磁环境。

(1) 太空环境：太空环境是太空系统太空段运行的环境，涉及的区域主要包括地心轨道区域、地月轨道区域、日心轨道区域等，典型轨道包括地球同步轨道、大椭圆轨道、中地球轨道、低地球轨道等。

(2) 地面环境：地面环境涉及的太空作战主要对象通常是用于指挥控制的太空系统，如地面控制站、天线、网络、末端用户设备、地基雷达、光电传感器、航天发射设施以及作战中心等。

(3) 信息环境：信息环境是社会、文化、语言、心理、技术和物理等信息相关因素的集合。从太空作战角度，这些因素左右着信息对人的影响，以及人和自动化系统如何提取有用信息并据此采取行动。

(4) 电磁环境：电磁环境是实际和潜在电磁能量辐射、条件、情况和影响的组合体，能够影响能力运用和指挥官决策。电磁环境包含当前背景辐射（如电磁辐射环境）以及在电磁影响区内友方、中立方、对手和敌方能够辐射能量的电磁系统。

2）太空作战威胁

太空作战面临来自各种作战环境中的自然环境威胁和人为威胁。对手能力对美国太空作战的威胁涵盖可逆效果（非毁坏和临时性，系统能够恢复正常运行）到不可逆效果（永久性损伤或毁坏传感器和其他卫星部件）。

(1) 自然环境威胁：自然环境危害会损坏或干扰航天器敏感部件和通信链路，典型的自然环境威胁包括太阳耀斑和射电爆发、银河宇宙射线、地磁暴、受热大气、电离层闪烁、空间碎片等。

(2) 人为威胁：太空作战需要面对来自多域的有意和无意人为威胁。这些威胁可能干扰或降级太空作战，或永久失效或摧毁太空系统。典型的人为威胁包括网络空间威胁、电磁干扰、电磁脉冲、空间碎片、定向能、核爆炸、供应链威胁、物理攻击等。

3）太空作战环境挑战

太空作战环境非常独特，除自然环境威胁和人为威胁以外，太空作战环境还面临一系列挑战，主要包括能力维持、观测局限性、异常归因、连续全球作战、数据集成和归纳等。

(1) 能力维持：实施维持操作可保持任务能力和延长预期寿命。目前的航天器主要针对初始部署、站位保持、星座重构、在轨维护、应对退化或损失、寿命末期处置等进入轨道或轨道面内(调相)机动需求,通过精打细算的设计,确保寿命期内燃料够用,但如要应对威胁进行机动,会额外消耗大量燃料,显著缩短航天器工作寿命。

(2)观测局限性:地面和在轨的太空目标监视和识别(SOSI)传感器在可视范围、视场、目标识别能力方面均存在固有局限。这些传感器组成太空监视网,但尚不能实现持续感知。

(3)异常归因:准确、及时、全面掌握太空段、地面段、链路段情报,对于准确判定太空能力中断的原因至关重要。观测局限性增加了异常归因的复杂性。

(4)连续全球作战:太空作战在全球各地常态化持续遂行任务,给作战执行和管理带来独特挑战。

(5)数据集成和归纳:长期以来,太空域感知和太空态势感知面临最大的挑战和持续追求的目标是融合全源可用数据生成决策质量信息。

3. 天军作战概念

"天军作战概念"章节详细阐述太空力量作战概念、太空人员在贯穿竞争连续体的统一行动中的角色和作用,以及风险评估。指出天军为联合部队统一行动贡献太空力量,贯穿整个竞争连续体,支持所有作战域。天军的重要作战概念包括统一行动、联合全域作战、贯穿竞争连续体的太空作战、风险评估四部分内容。

(1)统一行动:统一行动指政府和非政府实体活动与军事行动同步和一体化集成,协调一致行动。美国天军对统一行动的支撑包括塑造作战环境、防止冲突和打赢冲突三部分。

(2)联合全域作战:当今任何作战域的作战效能均取决于与其他作战域的相互支持。多域一体化筹划,运用全域能力和效果,可令联合部队有效应对威胁,最大限度发挥作战效能。最有效干扰、阻断、破坏或摧毁对手太空能力、确保太空行动自由的作战行动,很可能来自于太空以外的其他作战域。

(3)贯穿竞争连续体的太空作战行动:贯穿竞争连续体反映了联合作战以及作为联合作战组成部分的太空作战的基本面貌,美国可以对同一对手同时在不同作战域处于不同竞争阶段。

(4)风险评估:在整个竞争连续体各阶段,美国天军持续评估和预测对手的活动,并进一步评估和消减太空作战相关风险,为统一行动提供支持。美国天军风险评估关注的领域包括兵力风险、任务风险、升级风险三个方面内容。

4. 天军作战

"天军作战"章节介绍美国天军组织、训练、装备其人员所要执行的太空作战,以及如何向联合部队提供太空兵力。美国天军与其他军种和美国盟国协调同步实现效果汇聚,为竞争连续体各阶段的作战和应急行动提供支持。该部分包括"天军作战领域"和"天军兵力提供"两方面内容。

(1)天军作战领域:美国天军作战共涉及的作战领域分别是:太空域感知、作战力量投射、定位导航授时、卫星通信、情报监视侦察、环境监测、核爆炸探测、电磁战、网络空间作战、航天器运控、太空机动与后勤、指挥控制。

(2)天军兵力提供:美国天军组成直属司令部(C-FLDCOM)(或俗称为战区天军)是美国天军人员集成进联合部队、支持统一作战司令部的组织结构。组成直属司令部与三大直属司令部组织层级相同。每个统一作战司令部指挥官及其下的组成直属司令部,基于自己的责任区和使命任务,通过指定的作战中心及其产品和程序,灵活调整人员、程序和技术。

7.5.2.5 《太空条令出版物4-0:维持》

2022年12月,美国天军发布了《太空条令出版物4-0:维持》(图7-29),该条令遵循美国天军现行条令和《太空作战部长规划指南》,介绍了当前与太空部队和能力的维持相关的知识体系,提供了关于整个竞争连续体中最佳太空域作战维持途径的卫士观点,确定了与政府和非政府机构、多国部队以及其他跨组织合作伙伴进行交流的考虑因素。

《太空条令出版物4-0:维持》包含"引言""维持和竞争连续体""维持能力""角色、职责和关系"四个部分。核心内容如下:

图7-29 美国天军
《太空条令出版物4-0:维持》
文件封面

1. 引言

"引言"部分主要介绍了"作战环境"和"维持基础知识"两方面内容。

在"作战环境"方面,明确了维持太空能力的作战环境本质上具有的全球属性和多域属性,提出了太空段、链路段、地面段维持面临的挑战。

在"维持基础知识"方面,明确了维持包含的内容(提供保持作战所必需的后勤、财务管理、物理基础设施、人员服务和卫生医疗服务保障),提出了维持的九项原则(集成、预测、响应、简单、经济、生存能力、持续性、即兴应对和互操作性),阐明了维持的几个重要因素(一体化生命周期管理,维修,基础设施,东道国支援,以及系统可靠性、可用性和可维护性指标)。

2. 维持和竞争连续体

竞争连续体描述了一个合作、低于武装冲突的竞争和武装冲突交织在一起的持久竞争世界。美国天军交付贯穿整个连续体的太空作战能力,这些能力的维持解决方案、挑战和优先级根据情况而变化。该部分主要从以下两种情况阐述了维持所需行动。

在合作与低于武装冲突的对抗性竞争情况下,维持行动聚焦于资源(人员和物资)建立、兵力投送、资产保护以及维持过程和位置的确立。在这些要素行动中,重点是人员的征募和训练,以提高美国天军卫士的能力并确保其做好准备,从而实施支援武装冲突/战争的作战。

在武装冲突/战争期间的维持行动情况下,维持行动聚焦于补充和最大化作战能力。可能需要重定位在轨卫星,以更好地支援特定地理区域或者填补因中断造成的星座缺口。也可能需要将替换部件急速送到远程太空监视网络站点,使其恢复至作战状态。

3. 维持能力

"维持能力"部分主要阐述了太空段、地面段和链路段的维持能力,指出了维持能力面临的挑战。

1)太空段

轨道(太空)段包括地球大气层以外的所有在轨航天器。美国天军以支持大部分核心后勤功能的独特在轨能力,支持美国联合部队维持活动。具体包括以下几个要素:

(1)进入太空、机动和后勤(SAML):它包括在太空域和往返太空域的军事装备移动、部署、根据需要组装和支援。

(2)协调:某些在轨资产的维持需要美国政府内部以及外部同国际社会之间的广泛协调。

(3)碎片减缓:要求美国天军卫士及早考虑针对轨道碎片减缓标准惯例的合规性、冲突消解/机动、寿命末期处置计划,并贯穿系统的寿命周期。

(4)定位、执行和重建:它是太空段面临的一个挑战。与其他军种联合行动期间,重点是高效地管理星座和资产,以使燃料消耗最小化以及对其他军种的作战支援最大化。武装冲突/战争期间,太空段维持将聚焦于重建型活动,如根据需要快速恢复降级资产至运行状态或者进行资产机动,以使能力最大化。

(5)交会、接近操作和对接:它是例行完成未来许多太空中自主机动和后勤任务的先决赋能能力,包括利用轨道转移器完成航天器的部署后轨道抬升。

2)地面段

地面段包括运行或利用航天器所需的所有地面设备。这包括控制站、天线、跟踪站、雷达、发射场、发射平台、用户设备和关键基础设施。美国天军支持竞争连续体所有要素中的机动式和固定式地面能力。具体包括以下几个要素:

(1)所需的支援:美国天军面临的独特挑战和作战需求迫使它对事关武器系统可靠性、可用性和可维护性的维持采用全寿命管理方法。美国太空系统司令部通过协调作战需求;与商业供应商签订维持合同;与美国国防部和其他机构进行"系统与系统"集成,在武器系统维持方面发挥重要作用。美国空军、海军、陆军、海军陆战队和商业伙伴支援位于全球各地的美国天军地面资产。

(2)维持优先级:美国天军应基于所支援的作战,对支持太空能力的关键系统的维护和维持进行优先级划分。同样,当作战要素正在支援高强度冲突中的联合作战时,指挥官应特别关注对这一时段内维护(计划内和计划外)和维持的规划。

(3)人员:人事服务的维持功能包括人员管理、战备和补充。

(4)东道国支援:东道国协议是确保东道国支援能够有效支援作战的关键部分。维持专业人员的部分关键考虑包括站点安全和对东道国操作人员与维护人员的训练(必要时)。

3)链路段

链路段由连接地面段和太空段的电磁频谱信号组成。需要全面考虑和预先规划太空系统维持活动,并做好准备和执行工作,确保中断是有限的并减小航天器面临的风险。

美国天军在地面和在轨太空系统的维持方面面临着许多挑战。采办与维持部门应对这些维持挑战的能力对于任务成功向联合部队提供持久太空能力至关重要。太空作战特有的挑战包括但不限于:太空能力的高需求低密度(HDLD)特性、老化的系统、当前正在实现的用于改进现有能力或增加新能力的快速部署过程。

4.角色、职责和关系

"角色、职责和关系"部分明确了维持相关角色的职责和关系,包括美国天军部门(太空作战部长办公室及天军太空系统司令部、太空作战司令部、太空训练与战备司令部)、其他美国国防部门(空军装备司令部、空军研究实验室),以及美国情报界、其他政府机构、盟国和商业伙伴。

7.5.2.6 《太空条令出版物5-0:计划》

2021年12月20日,美国天军太空训练与战备司令部发布了《太空条令出版物5-0:计划》(图7-30),旨在阐明当前美国天军在太空力量计划方面的最佳做法、经验教训和太空作战的考虑因素。《太空条令出版物5-0:计划》指出,天军事实力和太空安全是确保其他作战域行动自由的基础,为维护国际安全和稳定发挥重要作用。有效拟制计划对天军敏捷持续遂行太空作战、履行维护行动自由,支撑联合战斗力和效能,提供独立选项三大顶层职责至关重要。

图7-30 美国天军《太空条令出版物5-0：计划》文件封面

《太空条令出版物5-0：计划》包含"引言""太空计划拟制程序的实施""计划拟制其他考虑因素"三部分核心内容。

1. 引言

"引言"部分介绍了以下九个主要内容：

(1)"计划拟制"的目的希望美国天军太空作战知识体系能够与联合计划拟制程序紧密匹配。

(2)"计划拟制"涉及了解态势、设定未来期望、确定未来实施战役和作战行动的有效方法。"计划拟制"是指挥官为落实战略或上级指导，确定军事方法和手段（与相关风险）的周密过程。

(3)"计划拟制和战争层级"小节指出战争包含三个层级——战略、战役和战术，定义并明确了众多目标、作战方法和战术行动之间的关系。

(4)"计划拟制和竞争连续体"小节对竞争连续体作出了阐述，指出竞争连续体是对复杂竞争环境的更准确描述，在该环境中，指挥官应将太空军事力量与其他非军事国家力量工具结合运用。

(5)"太空力量计划拟制"的基本原则旨在处理整个太空力量计划拟制过程中的众多特殊因素，包括聚焦目标拟制计划、一体化拟制计划和任务式指挥。

(6)"太空力量有效拟制计划"的关键包括了解太空域作战、了解太空域作战战略环境、保密与公开、风险评估、风险管理、多域考虑等。

(7)"太空计划拟制程序概述"小节指出太空计划拟制是建立在持续评估支持下的迭代过程，可为计划人员分析作战环境以及从大量资料中梳理提取有用数据和信息提供帮助。

(8)"太空计划拟制中的联合职能"是组合成若干群组的相关能力和活动,以帮助计划人员集成、同步和指导作战。

(9)"太空计划拟制中的联合作战原则"包括目标明确、积极进攻、集中优势、机动灵活、节约兵力、统一指挥、注重防护、出敌不意、简明扼要、克制、坚毅、守法。

2. 太空计划拟制程序的实施

太空计划拟制程序嵌入在联合计划拟制程序之内,聚焦于太空能力与作战整合,以实现总体战略和作战目标;适用于受援或支援的联合部队或联军部队组织计划拟制活动,以确保对任务和指挥官意图的共同理解;同时,帮助指挥官了解问题、预见可能发生的事件、制定应对方案、确定重点,并根据局势变化及时作出调整。太空计划拟制程序包括以下八个步骤:

(1)启动计划拟制主要由有关职权方发布计划拟制指南,以了解运用军事能力支持联合部队指挥官目标并应对潜在或现实危机的方案。

(2)任务分析是领会并分析受领的任务,以及识别完成任务所需的其他有关任务。

(3)拟制行动方案是为完成受领任务而制定的潜在方式方法,是运用作战艺术和作战设计、开发作战策略的延伸。

(4)行动方案分析与推演是详细审查各种潜在行动方案以揭示方案细节的过程,使计划人员能够评估每个方案的有效性并识别其优缺点。

(5)行动方案比较是一个主观和客观相结合的过程,各个行动方案使用参谋人员和指挥官制定的一套标准分别进行评估。

(6)行动方案审批是参谋人员向指挥官汇报行动方案比较和分析推演结果及重要支撑信息的审查,并由指挥官给出判断。

(7)计划或命令拟制是将指挥官选定的行动方案转化为适当级别的计划或命令,作为指挥官表达其决定、意图和指导的主要手段。

(8)执行转化目的是确保计划成功过渡到执行,包括内部转化和外部转化。

3. 计划拟制其他考虑因素

计划拟制还应考虑指挥控制和评估两方面因素。

(1)指挥控制计划的拟制应为作战部队划清左右边界,通过发布任务式命令实施任务式指挥,实现集中指挥、分布控制和分散执行。包括兵力提供、指挥关系、制定太空效果优先级。兵力提供指由军种向统一作战司令部指挥官提供能力;指挥关系定义了一个指挥官对编属和配属部队行使的权力;制定太空效果优先级指在不同方面对同一太空效果的需要造成资源冲突时,需要为太空效果具体执行制定优先级。

(2)评估指判断完成一项任务、创造一个条件或实现一个目标的进展,贯穿太空计划拟制的全过程。包括拟制评估计划和总结经验教训两部分。拟制评估计划指构建正确的评估工具,使用效能衡量指标和战绩衡量指标持续对作战进行评估,判断产生的效果是否满足计划中列出的作战目标;总结经验教训指完成评估后,对演习或作战事件的评估和观察将转化为经验教训,可反馈到未来的计划拟制工作中。

7.5.2.7 《太空条令出版物3-100:太空域感知》

2023年11月,美国天军发布了《太空条令出版物3-100:太空域感知》(图7-31),该条令遵循当前的天军条令和太空作战部长规划指南,阐明了利用现有能力实现太空域感知的最佳实践和经验教训,旨在确保天军的安全作战的能力,并保卫和保护天军在太空中的行动自由。美国天军指挥官和参谋人员需要依靠及时且可操作的太空域感知来履行美国天军基本职责。本条令介绍了美国天军建立和维护太空域感知的方法,以支持其在太空、从太空和向太空的行动自由。

《太空条令出版物3-100:太空域感知》包含"战略要务""太空域感知作战""太空域感知能力""组织结构"四部分主要内容。

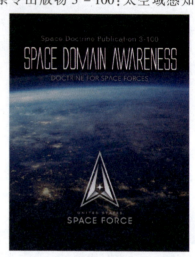

图7-31 美国天军《太空条令出版物3-100:太空域感知》文件封面

1. 战略要务

"战略要务"部分介绍了当前的太空和战略环境,主要包括以下内容:

(1)太空运行环境:即美军太空系统的运行环境,涉及自然性太空运行环境等太空碎片环境。

(2)对手的进攻性太空行为:对手试图通过剥夺美国在太空的行动自由来拒止美国的太空优势,手段包括但不限于电磁攻击、网络空间攻击、天基武器攻击、直升式反卫导弹、地基攻击、高空核爆炸。

(3)对手对太空的军事利用:对手正在将太空能力纳入先进常规武器杀伤链,利用途径包括情监侦、通信、定位导航授时、快速响应发射。

(4)商业太空:有效利用商业太空服务有助于集成商业太空服务、理解对手对商业太空能力的利用、确保太空航行安全、履行国际条约义务。

2. 太空域感知作战

"太空域感知作战"部分介绍了太空域感知的基本概念,并重点讨论了联合作战环境中的太空域感知作战。太空域感知是通过情报、监视、侦察、环境监测和友军跟踪的集成来实现的。在联合作战环境中,整个作战环境的协同至关重要。太空域感知能够增强联合部队指挥官对作战环境的了解,有助于联合作战任务保障、威胁预警和评估、太空战斗管理和信息环境作战。具体包括以下内容:

(1)使命保证:太空域感知提供必要的基础信息来支持防御、重建和弹性行动,具体途径包括指挥控制、作战环境下的情报准备、信息质量确保、时效性。

(2)威胁预警和评估:即评估迹象并向决策者预警潜在或实际攻击、气象影响,以及其他对作战产生影响的各领域风险因素的能力。

(3)太空战斗管理:太空域感知是成功管理太空战斗的关键,太空域感知通过理解和分析对手的预期和意外行动来保障太空优势,为太空战斗管理提供支持。

(4)信息环境作战:太空域感知数据和信息可以通过利用信息环境来应用、集成或与其他方式同步,从而能够影响、破坏、妨碍或篡夺对手的决策。

3. 太空域感知能力

"太空域感知能力"部分介绍了太空态势感知能力、传感器和数据源的优化使用、太空域感知任务数据三方面内容。

(1)太空域感知能力:美军太空域感知能力主要通过太空监视网实现,太空监视网是用于检测、跟踪和识别太空物体的传感器组合,包括雷达、光学和红外传感器、无源雷达射频传感器、太空环境监视传感器等。

(2)传感器和数据源的优化使用:应当根据固有的系统功能和当前的任务需求分配传感器,通过使用各种传感器可以最大限度地加强对优先太空物体的监管。

(3)太空域感知任务数据:美国天军太空域感知数据系统应实现信息跨多个安全分类级别顺畅流动,太空域感知数据考虑因素包括数据体积、数据种类、时效性、真实性、优先性。同时,太空域感知作战依赖因素包括环境监测、综合评估、脱轨和再入支持。

4. 组织结构

美国天军和更广泛的太空界的组织合作,整合情报、监视和侦察信息,太空态势感知数据,非传统数据以开发可靠的太空域感知。主要涉及的组织包括:

(1)太空作战司令部:太空作战司令部是美国天军的直属司令部,负责打造、呈现和维持战备情报、网络、太空和战斗支援部队,太空作战司令部的第2

太空德尔塔部队负责美国天军的太空域感知。

(2)太空司令部:太空司令部是地理型统一作战司令部,负责对指定和附属的太空域感知部队执行作战指挥控制,以实现战区和全球目标,同时支持作战指挥官并实现国家安全目标。

(3)可用传感器提供组织:美国天军以外的许多组织都运行有太空监视网的雷达或其他传感器,并将依照要求向太空监视网提供支持,包括麻省理工学院林肯实验室、林肯太空监视综合设施、里根导弹试验场雷达、加拿大"蓝宝石"光学卫星等。

(4)数据共享合作组织:数据共享是太空安全的关键,参与太空域感知数据共享的组织包括美国的国防部、情报界、政府机构、国际机构、民间机构、盟友、合作伙伴、学术界、商业实体等。

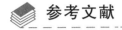 参考文献

[1] 芦雪,张睿,刘钟秀.拜登政府执政下美太空作战联盟发展的新态势[J].国防科技,2023,44(02):33-38.
[2] 程腾霄.2022年美国天军重点建设领域发展情况综述[J].国际太空,2023(04):29-33.
[3] 王阳阳,邢月亭,龚丽,等.美国太空军航天采办9条原则及主要特点分析[J].中国航天,2023(04):51-54.
[4] 胡敏,张锐,徐灿.太空信息支援发展现状及趋势分析[J].中国电子科学研究院学报,2023,18(03):270-273.
[5] 潘亚玲,赵雪研.拜登政府太空战略的安全化动向[J].现代国际关系,2023(03):100-116,151.
[6] 杨开.2022年国外航天运输系统发展综述[J].国际太空,2023(02):34-40.
[7] 赵雪研.美国太空军情报机制:组织架构、运作逻辑与现实启示[J].情报杂志,2023,42(05):1-9,48.
[8] 李准,邓孝慈.美太空军高官渲染"中国威胁"[N].环球时报,2023-02-21(003).
[9] 任远桢,金胜,鲁耀兵,等.美国国防太空体系架构发展浅析[J/OL].现代防御技术:1-8[2023-07-19].http://kns.cnki.net/kcms/detail/11.3019.TJ.20230217.1450.014.html.
[10] 艾赛江,谢堂涛,张映昊,等.美天军使命任务及作战能力研究[J].战术导弹技术,2023(01):174-182.
[11] 路建功,吕久明,蔡红维,等.美国商业太空力量军事潜力及对太空安全形势影响剖析[J].国防科技,2022,43(06):51-56.
[12] 郭凯,汪琦,魏晨曦,等.美国太空军组织机构发展简析[J].航天电子对抗,2022,38(06):60-64.
[13] 王小军.下一代航天运输系统发展思考[J].导弹与航天运载技术(中英文),2022(06):1-7.
[14] 范炳健,佟博桉.美国国防部2022年版《太空政策》解析[J].中国航天,2022(11):56-60.
[15] 苟文波,罗威,毕成龙.美军太空训练与战备司令部浅析[J].中国航天,2022(11):66-69.
[16] 张绿云,才满瑞,杨开,等.美国"航天发射系统"重型火箭成功首飞及其发展分析[J].中国航天,2022(11):35-41.
[17] 侯娜,潘婧,刘晓宇.美国太空军2023财年预算提案解析[J].国防科技,2022,43(05):40-48,95.
[18] 赵竹明,刘璐,王浩.美国天军重构太空测试体系的战略规划——美国天军《太空测试体系愿景》要点[J].国际太空,2022(10):47-50.
[19] 籍润泽,陈国玖,张瑜,等.美国太空军建设发展动向研究[J].中国航天,2022(10):56-61.
[20] 张兆春,张皓阳.美军联合作战太空指控机制研究[J].中国航天,2022(10):62-68.
[21] 申育娟,陈国玖,赵巍,等.美国太空政策演进及趋势分析[J].中国航天,2022(09):46-51.
[22] 吴敏文.弹性太空架构:美太空军发展新步骤[J].军事文摘,2022(17):35-39.
[23] 刘璐,明宇.国外太空军事能力发展特点和趋势[J].国际太空,2022(07):28-33.
[24] 羌丽,郎宗灵.美军深入推进联合太空作战能力建设[J].国际太空,2022(07):34-36.
[25] 李义,艾赛江,王海军.美国太空军2021年五大优先事项进展情况分析[J].中国航天,2022(07):47-52.
[26] 司孟韩.英《国防太空战略》综合分析与启示[J].中国航天,2022(07):53-57.

[27] 侯迎春,崔巍巍.太空信息支援联合作战"四链"探析[J].国防科技,2022,43(03):49-56.

[28] 陈亚飞.美军太空防御联合特遣部队(JTF-SD)指挥控制体系研究[J].航天电子对抗,2022, 38(03):59-64.

[29] 明宇,刘璐,王浩.美国天军太空系统司令部能力分析[J].国际太空,2022(06):46-50.

[30] 夏焱炜.特朗普政府对美国太空战略的重塑及其影响研究[D].北京:外交学院,2022.

[31] 赵荣.发布首个国家太空战略 英国欲重振航天雄风[J].太空探索,2022(05):40-47.

[32] 孙烨鑫.特朗普政府商业太空战略发展分析[D].沈阳:辽宁大学,2022.

[33] 段宁,刘旭蓉,武暾,等.美国太空军《理想的卫士》解读分析[J].中国航天,2022(04):52-56.

[34] 艾赛江,赵军,赵继伟.美天军2021年建设发展动态及趋势[J].军事文摘,2022(07):49-53.

[35] 郑娟,李理,董康生,等.美天军发展动态浅析[J].国际太空,2022(03):53-58.

[36] 宋易敏,艾赛江,宣坤,等.美国天军太空装备体系及其发展趋势[J].国际太空,2022(03):59-64.

[37] 龙雪丹,杨开.2021年国外航天运输系统发展综述[J].国际太空,2022(02):48-53.

[38] 谢珊珊,王路,朱贵伟.美国天军2022财年军事太空装备预算分析[J].国际太空,2021(12): 10-16.

[39] 邹思良.美加速构建太空军事同盟意欲何为[J].军事文摘,2021(21):41-45.

[40] 侯迎春,白洪波.美军太空信息支援战区作战研究[J].国防科技,2021,42(05):88-95.

[41] 杨晟,常壮,熊龙飞,等.外军太空演习特点分析及对我威胁挑战[C]//中国指挥与控制学会.第三届中国空天安全会议论文集.2021:289-294.

[42] 李义,赵峰,高锐达.美军太空作战条令发展演变分析[J].国际太空,2021(09):55-57.

[43] 张雷,赵满运,杜昕民.美军太空作战样式探析[J].飞航导弹,2021(09):80-83,89.

[44] 电镜之鹰.美国太空军建设的进展和动向[J].卫星与网络,2021(07):66-71.

[45] 高松.美国太空军建设前景及政府对"太空作战域"的态度[J].世界知识,2021(13):72.

[46] 粟锋,徐能武.美国国防太空力量发展的动向及应对——基于对美国2020年《国防太空战略》的解读[J].国防科技,2021,42(03):91-97.

[47] 张健,许培.美国《太空顶层出版物:天权》评析[J].世界知识,2021(12):70-71.

[48] 罗绍琴,张伟.美国太空战略转型及其影响[J].美国研究,2021,35(03):6-7,60-80.

[49] 郭丽红,蔡润斌,李臻.2020年美国太空军事力量发展综述[J].国际太空,2021(05):43-47.

[50] 羌丽,陈娇,王燕.美国推进天军太空能力建设——《太空作战司令部规划指南》解读[J].国际太空, 2021(04):46-49.

[51] 胡擿旎,钟江山,魏晨曦,等.美国"下一代太空体系架构"分析[J].航天器工程,2021,30(02):108-117.

[52] 彭振忠.美太空军X-37B装备应用模式解析[J].军事文摘,2021(07):46-49.

[53] 侯迎春,张戈.太空信息支援指挥控制支持平台构建初探[J].国防科技,2021,42(01):19-26.

[54] 杨开,米鑫.2020年国外航天运输系统发展综述[J].国际太空,2021(02):61-68.

[55] 熊海峰,韩春阳.美国《太空作战规划指南》解读[J].军事文摘,2021(03):55-60.

[56] 杨开,米鑫.国外航天运输系统发展态势分析[J].国际太空,2021(01):63-68.

[57] 张健.美国新版《国家太空政策》解读[J].世界知识,2021(02):36-37.

[58] 张小林,顾黎明,吴献忠.美国下一代太空体系架构的发展分析[J].航天电子对抗,2020,36(06):1-6.

[59] 美太空军举行"施里弗演习2020"[J].航天电子对抗,2020,36(06):17.

[60] 段锋.解读美国天军《太空力量》条令[J].国际太空,2020(12):61-64.

[61] 宋万均,马志昊,徐灿.美国太空态势感知演习分析[J].飞航导弹,2020(12):73-77.

[62] 马宝林,刘德胜.美天军元年的发展分析[J].飞航导弹,2020(12):17-19.

[63] 艾赛江,曹迎禧,赵军,等.美国太空军体制变革现状及分析[J].国际太空,2020(11):46-53.

[64] 徐嘉,王天喆,梁巍.美国新太空战略观及其军事航天力量建设分析[J].中国航天,2020(11):18-22.

[65] 原晋谦,李之宇,叶勉.《美国天军卫星通信发展愿景》分析[J].国际太空,2020(10):37-39.

[66] 王晓海,周宇昌.美国太空态势感知体系研究新进展的启示和建议[J].卫星与网络,2020(09):62-66.

[67] 陈方舟,李靖,李浩,等.多域战背景下的美太空作战指挥体系研究[C]//第八届中国指挥控制大会论文集.北京,2020:94-98.

[68] 罗剑,于小红,苏宪程.从跨域联合的视角看美军太空作战体系改革[J].飞航导弹,2020(08):7-10.

[69] 赵志斌.美国太空态势感知装备体系研究[J].飞航导弹,2020(07):77-80,84.

[70] 艾赛江,谢堂涛,梅光焜,等.美国太空作战指挥体系浅析[J].国际太空,2020(05):54-58.

[71] 朱祥玲,赵爽.2019年多国组建天军情况发展综述[J].国际太空,2020(02):60-64.

[72] 陆晓飞,孟红波,梅发国.从美军"施里弗"系列演习看太空作战趋势[J].中国电子科学研究院学报,2020,15(02):110-114,146.

[73] 吴新峰,杨玉生,李潇,等.美军太空旗帜系列演习综述[J].飞航导弹,2020(02):26-29.

[74] 高桂清,孟二龙,王康.美太空部队主要特征及启示[J].飞航导弹,2019(12):58-62.

[75] 李义,艾赛江,谢堂涛,等.美军太空作战优势及弱点分析[J].国际太空,2019(11):60-65.

[76] 况腊生,鳃宇杰.美军太空武器装备发展探析[J].国际研究参考,2019(09):27-31,26.

[77] 谢堂涛,汤亚锋,艾赛江.美军太空假想敌部队现状及发展趋势[J].国际太空,2019(08):42-46.

[78] 冯丽,陈杨,宗志伟,等.美军太空作战指控装备发展研究[J].西北工业大学学报,2019,37(S1):120-124.

[79] 李慧丽,续焕超.美国太空态势感知能力解析与展望[J].网信军民融合,2019(07):50-52.

[80] 陆晓飞,梅发国,曹仁政,等.从美军"施里弗"系列演习分析太空作战趋势[C]//2019第七届中国指挥控制大会论文集.2019:60-64.

[81] 贺绍飞,谷振丰,王佳奇,等.美国太空军事力量建设进展与计划[J].中国航天,2019(06):56-62.

[82] 天鹰.美国太空对抗作战概念与装备技术进展分析[J].国际太空,2019(05):15-21.

[83] 彭辉琼,吕久明,路建功.美国太空作战演习主要成果探析[J].航天电子对抗,2019,35(02):59-64.

[84] 宋博.美国组建"天军"的最新情况分析与研判[J].国际太空,2019(01):60-63.

[85] 李大光.美国天军作战力量体系介绍[J].生命与灾害,2019(01):18-23.

[86] 刘闻,王晓路,王长庆,等.美军太空旗系列演习解读[J].飞航导弹,2018(11):20-24,30.

[87] 李智,汤亚锋,李颖.美军太空指挥控制系统"标记"的建设情况及启示[J].指挥与控制学报,2018,4(02):95-100.

[88] 慈元卓.美空军"太空军旗"演习剑指何方[J].太空探索,2018(05):53-56.

[89] 冯云皓.美空军举行首次"太空旗"演习演练太空作战技能[J].防务视点,2017(10):39.

[90] 杜小平,李智,王阳.美国太空态势感知能力建设研究[J].装备学院学报,2017,28(03):67-74.

[91] 汤泽滢,吴萌,吴玮佳,等.美军"施里弗"系列太空作战演习解读[J].装备学院学报,2017,28(01):54-60.

[92] 严冬冬,侯迎春,姜伟.美军太空力量作战训练研究[J].装备学院学报,2017,28(01):61-66.

[93] 魏晨曦.从"施里弗"系列演习看未来太空作战的发展[J].国际太空,2016(06):29-36.

[94] 果琛宇,蔡华堂.新形势下太空作战特点规律及启示[J].国防科技,2015,36(04):71-74.
[95] 孔艳飞,杨乐平.太空作战指挥训练评估研究[C]//空天资源的可持续发展——第一届中国空天安全会议论文集.烟台,2015:121-126.
[96] 郭俊.从"施里弗"演习看美军太空威慑力量构建[J].国防科技,2015,36(01):68-70,89.
[97] 郭俊.美军新版《太空作战》联合条令的主要内容、变化及分析[J].国防科技,2013,34(06):73-75,88.
[98] 张睿,李智,熊伟.美军举行第七次"施里弗"太空作战演习[J].国际太空,2012(07):51-53.
[99] 吴硕.解密美太空防御司令部[J].科学24小时,2011(Z1):29-31.
[100] 汪立萍,张亚.从太空作战演习看天战的最新发展[J].航天电子对抗,2011,27(03):4-6,42.
[101] 美进行第6次太空演习[J].航天电子对抗,2010,26(04):53.
[102] 阿兵.美国进行施里弗-2太空战演习[J].国际太空,2003(05):10-12.
[103] 袁俊.美军太空战略与太空战演习[J].中国航天,2001(07):26-29.
[104] 于小红,冯书兴,秦大国.美国太空军事演习的影响与启示[J].指挥技术学院学报,2001(02):96-99.